U0813986

前言

《油气勘查与评价》是新一轮专业调整和教学改革后资源勘查工程专业(油气勘查方向)的专业主干课程。《油气勘查与评价》是在石油地质学理论指导下阐明油气勘查和资源评价的相关理论、方法技术和部署决策等方面的综合应用课程。通俗地说,《油气勘查与评价》就是找油、找气的方法学或油气勘查学。

课程的设立旨在引导学生理解油气勘查中技术运用的宏观思想和资源评价中的科学决策观,传授油气勘查及资源评价的相关知识和理论,阐明油气勘查不同阶段中的技术手段运用和资源评价方法,培养学生发展油气勘查技术和建立油气资源评价理论的基本思想和能力,同时了解国内外油气资源状况以及勘查技术与资源评价领域的进展,增强油气勘查的责任感和使命感。

油气勘查与评价方面的教学在我国石油地质专业的本科教学中起步较早,研究生教学相对较晚。20 世纪 60 年代以来,我国地质院校的石油专业和石油院校的地质专业都先后开设油气勘查与评价方面的课程。20 世纪 60 年代初,原北京石油学院石油地质系参考苏联的相关教材编写了《油、气田的调查与勘探》教材,该教材为国内首本油气勘查方面的教材;之后他们以大庆油田勘探经验为基础,编写了《油气田勘探》教材。20 世纪 80 年代初,原华东石油学院在重新补充国内外油气田勘探资料和一些新方法的基础上,由张一伟主编了新的《油气田勘探》教材。1985 年,原石油工业部胡朝元、张一伟等合作编写了《油气田勘探及实例分析》,以供勘探高级专门人才的继续教育和业务培训使用。1987 年,成都地质学院朱世新、宋芝祥和西北大学王定一根据地矿部颁布的石油专业教学计划编写了《油气田调查勘探与资源评价》高等学校试用教材。1994 年,中国石油天然气总公司石油勘探开发研究院武守诚编著了《石油资源地质评价导论》一书供研究生使用,2005 年修编第二版改名为《油气资源评价导论》。1999 年和 2001 年中国石油天然气总公司和中国石油化工集团公司分别组织编写了《油气资源评价技术》和《石油勘探开发技术》两本适用于中高级专业技术人员继续教育和培训的教材。2001 年吴欣松等重新编写了《油气田勘探》教材。2001 年童晓光等编写了《油气勘探原理和方法》作为石油地质或勘探专业高年级大学生和研究生教材。2006 年庞雄奇组织再次编写了《油气田勘探》高等院校石油天然气类规划教材。国外油气勘探原理和方法方面的教学内容多安排在石油地质学等相关教材中,Rice 主编过油气评价方法与应用方面的文集,Gotautas 等主编过勘探方法与概念方面的文集。AAPG 油气勘探方面的专著主要有由 Magoon 和 Dow 1994 年编写的《The Petroleum System - from Source to Trap》(AAPG Memoir 60),该书 1998 年由张刚等翻译、石油工业出版社出版。由 Edward Beaumont 和 Norman Foster 主编的《Exploring for Oil and Gas Traps》,2002 年由刘德来等翻译、石油工业出版社出版。我们看到,油气勘查和资源评价方面的教学始终是地质院校和石油院校资源勘查工程本科专业中油气勘查方向、硕士能源地质工程和矿产普查与勘探等专业完整课程教学体系中重要和关键的环节,受到了国内外石油地质教学界的广泛重视。

当前国内外石油地质和勘探事业迅速发展,新理论、新方法、新技术不断出现,学科之间的渗透和相互配合势在必行，综合运用各种技术手段和资源评价方法已成为石油勘探工作所必需，《油气勘查与评价》即是为适应新形势下油气综合性勘探和评价教学而编写的。教材编写确定“以勘查阶段为主线、以资源评价为核心、以技术方法为基础”的课程体系，基本按照勘查和评价的主要对象：盆地、区带、圈闭和油气藏来组织和展开。本教材将着重反映国内外油气勘查和资源评价的基本概念、基本理论和基本方法，同时在内容上力求展示油气勘查的新进展，反映勘查理论和技术的新动态，并结合国内外油气勘探实例分析，解决实际问题。

本书前言、第一、第二、第三章由梅廉夫编写，第四、第八、第九章由叶加仁编写，第五、第六、第七章由周江羽编写，第十章由黄耀琴编写。全书由梅廉夫统稿。

本教材的编写和出版得到中国地质大学（武汉）“十一五”精品教材建设基金、研究生课程教材建设基金和教育部“资源勘查工程”特色专业建设项目资助；在本书的编写中引用了国内外大量的专著、教材、公开文献和内部资料；初稿完成后得到了费琪、马立祥、张树林、徐思煌教授、赵援等的审阅，提出了很多有益的修改意见。在此一并致谢！

本书涉及从石油地质和油气勘查理论到油气勘查和评价技术、以及勘查决策和经济评价等内容。编写这样一本书，既要有广泛的专业理论知识，更要有丰富的勘查实践经验，编者深感这两方面都很欠缺。书中存在的不足及错误之处，衷心欢迎读者批评指正。

希望这本教材的出版能为推动我国油气勘查方法学或油气勘探学的教学和研究以及综合性的油气勘查人才的培养起到积极的作用。

编　　者

二〇〇九年十月

中国地质大学(武汉)地学类系列精品教材

中国地质大学(武汉)"十一五"精品教材建设基金
中国地质大学(武汉)研究生课程教材建设基金　联合资助
教育部"资源勘查工程"特色专业建设项目

油气勘查与评价

梅廉夫　叶加仁
周江羽　黄耀琴　编

中国地质大学出版社
Zhongguo Dizhi Daxue Chubanshe

图书在版编目(CIP)数据

油气勘查与评价/梅廉夫,叶加仁,周江羽,黄耀琴编．—武汉:中国地质大学出版社,2010.3(2014.7重印)

ISBN 978-7-5625-2426-7

Ⅰ．油…

Ⅱ．①梅…

Ⅲ．①油气勘探-高等学校-教材②石油资源-评价-高等学校-教材③天然气资源-评价-高等学校-教材

Ⅳ．①P618.130.8②TE155

中国版本图书馆CIP数据核字(2010)第018459号

油气勘查与评价 梅廉夫 叶加仁 周江羽 黄耀琴 编

责任编辑:张晓红 张 琰 责任校对:张咏梅

出版发行:中国地质大学出版社(武汉市洪山区鲁磨路388号) 邮编:430074

电话:(027)67883511 传真:67883580 E-mail:cbb @ cug.edu.cn

经 销:全国新华书店 http://www.cugp.cn

开本:787毫米×1092毫米 1/16 字数:531千字 印张:20.875

版次:2010年3月第1版 印次:2014年7月第2次印刷

印刷:武汉鑫艺丰彩色印务有限公司 印数:1 501—2 500册

ISBN 978-7-5625-2426-7 定价:36.00元

如有印装质量问题请与印刷厂联系调换

中国地质大学(武汉)地学类系列精品教材

策划、编辑委员会

策划部组成

主　任：梁　志

副主任：刘桂涛

成　员：张晓红　段连秀　赵颖弘

编辑部组成

主　任：刘桂涛

成　员：张晓红　段连秀　赵颖弘

谌福兴　王凤林　周　华

目　录

第一章 绪 论

油气是世界第一大能源，是工业的血液，是国家经济发展的基础资源。中国是世界上最大的发展中国家，经济持续、高速的增长对油气资源的需求正成倍增长。我国从1993年成为石油净进口国之后，石油供需缺口迅速扩大、年年递增。预计到2010年，我国石油净进口率将达到50%。我国的石油供应对国际市场的依赖程度越来越高。温家宝总理指出，石油天然气是重要的战略资源，关系国民经济和社会发展，关系国家安全。世界石油天然气资源丰富，自有记录以来，全球探明的石油储量的增幅大于所消耗的石油产量。以目前的开采速度，石油和天然气的已探明储量分别可以用42年和60年(BP，2008)。由于世界油气资源分布极不均衡，油气资源作为世界重要战略资源的地位在未来可预见的时间内将不会改变，并仍将是国家和地区间政治和经济争夺的焦点。

当前油气勘查理论日新月异，勘查技术突飞猛进，全球油气勘查的新领域和新成果不断涌现。随着地质认识的深化和新技术的应用，成熟盆地的勘探获得新的突破。全球对稠油、油砂、煤层气、油页岩和天然气水合物等非常规油气资源给予更多的关注。勘探技术的发展和应用也由单一技术向多项技术集成以及高精度、数字化、模型化方向发展。

中国是发现、利用石油和天然气最早的国家之一。中国近现代石油勘查从1878年台湾省钻探第一口油井开始，已有130多年的历史。中华人民共和国成立以来，我国油气勘查事业取得了巨大的成就，原油年产量由建国初的12×10^4 t上升到2008年的1.897×10^8 t，进入到全球产油大国的行列。这一成绩的取得正是我国石油工作者在油气地质理论创新、油气勘查技术发展、油气资源评价方法上的进步和科学的油气勘查决策等方面的综合体现。

本章将重点讲述课程性质、油气在国民经济中的地位、油气勘查技术和资源评价的一般概念、相关的基本理论和通用原则以及油气勘查和资源评价的发展历史及趋势。

第一节 课程的性质、任务以及在专业课程体系中的位置

一、油气勘查与评价课程的性质

油气勘查与评价是在石油地质学理论指导下阐明油气勘查和资源评价的相关理论、方法技术和部署决策等方面的综合应用课程。通俗地说，油气勘查与评价就是找油、找气的方法学。

“油气资源”指在自然条件下生成并赋存于天然地层中，最终可通过各种方式和方法被人们开采利用的石油和天然气的总体。

所谓“油气勘查”是指对油气资源普查和勘探的总称。普查和勘探是寻找和发现油气、确定其性质和规模的两个阶段。可以理解为首先普查找到油气，然后进行勘探。然而在现代油气勘查过程中，并没有将普查和勘探截然分开，勘探界也普遍将“油气勘查”称为“油气勘探”，二者具有相同的含义。而“油气资源评价”是指在特定的时期和技术条件下对油气资源描述和测算，包括存在特点、分布状况、规模概率和序列等，为勘探开发整体部署、计划安排、工作量测

算以及勘探开发效益分析提供科学的基础，为石油工业和国民经济计划提供有效的依据。简单地说，通过油气勘查主要就是回答三个问题——有没有油气？有多少？在什么地方？

石油和天然气在英文中分别为“oil 或 crude oil”和“gas 或 natural gas”。“petroleum”泛指石油，包括气态、液态、半固态或固态的烃类化合物及其衍生物，因此在泛指油气时均可使用 petroleum。“exploration”和“prospecting”在北美均指勘查或勘探，前者在油气勘查中广泛使用。油气勘查可以表达为“petroleum exploration”或“hydrocarbon exploration”，油气资源可以表达为“petroleum resources”。油气资源评价可以表达为“petroleum resource assessment”或“petroleum resource evaluation”，也可简化为“petroleum assessment”或“petroleum evaluation”。在中文文献中广义泛指的石油工业一般都包含天然气工业，是狭义的石油工业和天然气工业的总称。

油气勘查与评价紧扣专业调整和教学改革后的资源勘查工程(油气勘查方向)本科生主干课，以及能源地质工程专业和矿产普查与勘探专业研究生学位课程的要求。既融入油气勘查和资源评价的“三基”内容，又传授最新知识和相关理论，并能够紧跟国内外石油工业的发展水平和技术动态。

课程着重反映国内外油气勘探新理论、新方法、新技术，并结合国内外油气勘探实例分析，解决实际问题。同时在内容上力求展示油气勘探的最新进展，反映勘探理论和技术的最新动态，特别是对当前广泛应用的各种勘探综合评价技术——盆地评价、区带评价、圈闭评价、油气藏描述进行较系统的综合介绍。

结合相关专业的特点，课程力求做到通俗易懂，难易适度，既体现综合性，又做到普适性。课程涵盖油气勘查基本过程、不同阶段的主要技术与方法、勘探部署、勘探管理与决策等方面的内容，同时能兼顾它们之间的异同，使之融为一体，这对于培养综合油气勘探人才尤为重要。

油气勘查与评价是一门综合性应用课程，既要注重油气勘查技术与评价基础理论和基本方法的介绍；又要做到选用能说明问题且贴近理论的实例进行分析，使之具有实践性和可操作性。

二、油气勘查与评价课程的任务及内容

油气勘查的基本任务是寻找工业性的油气藏，为油气开发做准备。油气勘查与评价课程的任务是引导学生理解油气勘查中技术运用的宏观思想和资源评价中的科学决策观，传授油气勘查技术和资源评价的相关知识和理论，阐明油气勘查不同阶段中的技术手段运用和资源评价方法，培养学生发展油气勘查新技术和建立油气资源评价新理论的基本思想和能力，同时了解国内外油气资源状况以及勘查技术与资源评价的进展，增强油气勘查的责任感和使命感。

当前国内外石油地质和勘探事业迅速发展，新理论、新方法、新技术不断出现，学科之间的渗透和相互配合势在必行，综合运用各种技术手段和资源评价方法已成为石油勘探工作所必须，《油气勘查与评价》即是为适应新形势下油气综合性勘探和评价教学而编写的。教材编写确定“以勘查阶段为主线、以资源评价为核心、以技术方法为基础”的课程体系，基本按照勘探和研究的主要对象(盆地、区带、圈闭和油气藏)来组织和展开。教材将着重反映国内外油气勘探和资源评价的基本概念、基本理论和基本方法，同时在内容上力求展示油气勘探的新进展，反映勘探理论和技术的新动态，并结合国内外油气勘探实例分析，解决实际问题。

《油气勘查与评价》的主要内容包括：

(1)油气勘查和资源评价的概念、相关的基本理论和通用原则。油气勘查、勘查技术和资

源评价的发展历史和趋势。

(2)油气勘查各类技术的基本原理、特点、运用原则和希望达到的目的。说明各类技术的使用范围和条件。

(3)油气勘查的程序、勘查阶段的划分,油气勘查阶段的特点、任务和技术布置的原则和安排。

(4)油气资源评价的目的及意义,资源分类和评价的通用方法,各类评价方法的系统阐述以及相关流程和实例。

(5)盆地勘查和评价的目的及意义,盆地勘查技术的部署和使用,盆地评价方法以及描述、模拟和资源量计算方法等。

(6)区带的概念以及区带勘查和评价的目的及意义、区带勘查技术的部署和使用以及区带描述和资源量计算的主要方法。

(7)圈闭勘查和评价的目的及意义,圈闭的识别方法和相关的勘查技术手段,圈闭描述方法、圈闭风险分析和圈闭资源量计算等。

(8)油气藏勘查和评价的目的及意义,油气藏勘查的原则,勘查方法的使用和工作部署,油气藏描述方法、建模技术和储量计算方法等。

(9)油气勘查的风险性和科学性,油气勘查决策的内容及勘查决策的现状和发展趋势。

(10)油气勘查经济评价的原理和方法,不同勘查阶段和对象的经济评价模型,油气勘查项目的经济可行性评价。

三、油气勘查与评价课程在专业课程体系中的位置

油气勘查和评价的对象是石油和天然气,在进行油气勘查和资源评价的过程中始终需要知道的是石油和天然气是如何形成的?它们的聚集和分布规律是什么?由此我们可以看到与《油气勘查与评价》课程关系最密切的是《石油及天然气地质学》。换言之,《石油及天然气地质学》是《油气勘查与评价》的理论基础(图 1-1)。

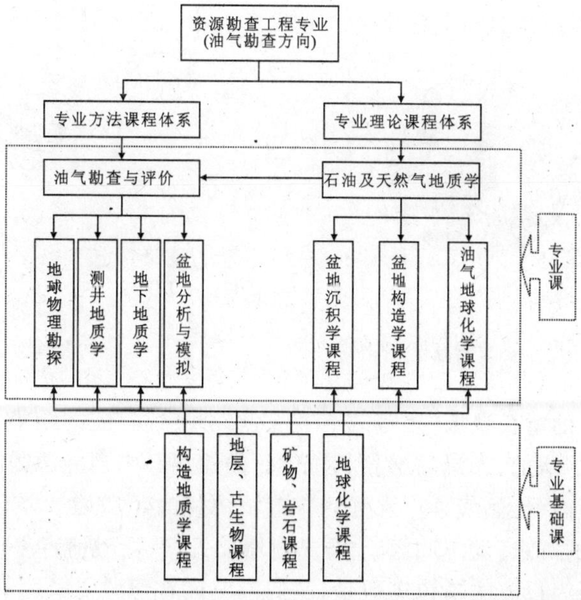

图 1-1 油气勘查与评价课程在资源勘查工程专业(油气勘查方向)课程体系中的位置

油气勘查与评价课程与专业基础课和专业课紧密相关。课程的专业基础包括地质学基础（构造地质学相关课程，地层、古生物相关课程，矿物、岩石相关课程，地球化学相关课程等）和石油地质学基础（盆地沉积学课程，盆地构造学课程以及油气地球化学课程等）。由于油气勘查必须借助各种技术手段和方法来实现发现和探明油气藏的目的，因此地球物理勘探、测井地质学、地下地质学、盆地分析和模拟等方法和技术性的课程与《油气勘查与评价》课程密切相关。

第二节　油气及油气勘查在国民经济中的地位和作用

油气是世界第一大能源，是工业的血液，是国家经济发展的基础资源。油气勘查是国家石油工业中最基础的工作，是石油工业的上游产业。

一、油气在国民经济中的地位和作用

1. 石油与天然气的重要性

石油和天然气是重要的战略物资，被称为工业的血液，对交通、国防、石油化工、工农业生产都有举足轻重的作用，大到宇宙飞船、航天飞机、轮船、火车、汽车，小到家用电器中的冰箱、洗衣机、电视机以及天然气洁净燃料等，无不与油气产品有关。我国96%的乙烯、99%的合成橡胶、30%的合成氨、66%的塑料等化工产品，都是以油气为原料生产的。

全球能源消耗结构中，石油占40%、天然气占23%，二者之和接近总能源消耗的2/3（图1-2）。我国能源消耗结构中，石油占20.6%、天然气仅占2.9%，二者之和接近总能源消耗的1/4（图1-3），煤炭仍然是我国的能源消耗的主体，占总能源消耗的70.2%。中国从1993年成为石油的净进口国以后，石油进口量逐年上升（图1-4），对国外石油资源的依赖程度日益扩大。对外依存度从1995年的7.6%增加到2005年的42.9%。2002年，中国超过日本，成为全球第二大石油进口国，仅次于美国。

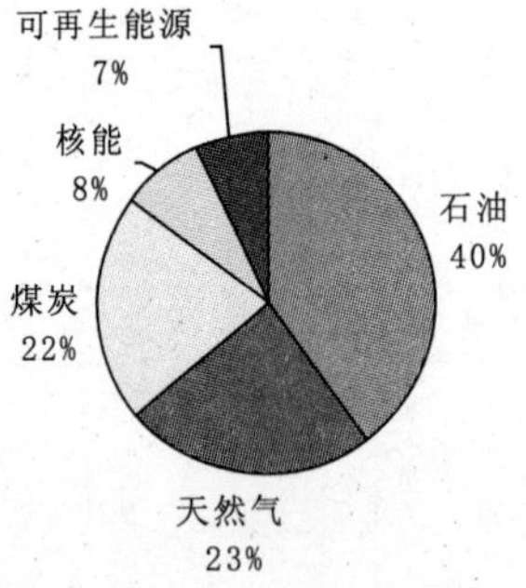

图1-2　全球能源消耗比例

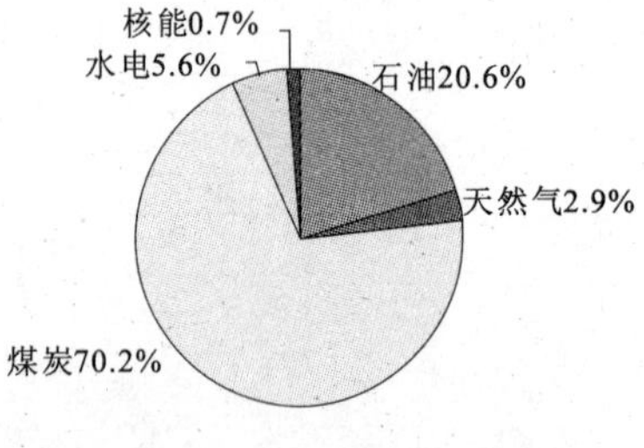

图1-3　中国能源消耗比例

中国能源需求的增长是30多年改革开放、经济持续发展的结果。这一长期的繁荣表现为外贸的扩展、收入的增加、人口的增长和城市化的加快。中国能源需求的增长在种类上包括了所有的类型：煤、石油、天然气、电、水力和核能。快速的经济增长步伐导致能源需求量迅速攀升，特别是对石油的需求。随着中国政府决定增加天然气产量，将来天然气在保障中国能源的需求方面将担当更为重要的角色。但是，我们也应该看到："中国的GDP数字里有相当一部分是靠牺牲后代的机会获得的。中国每创造1美元产值所消耗的能源，是美国的4.3倍，德国和

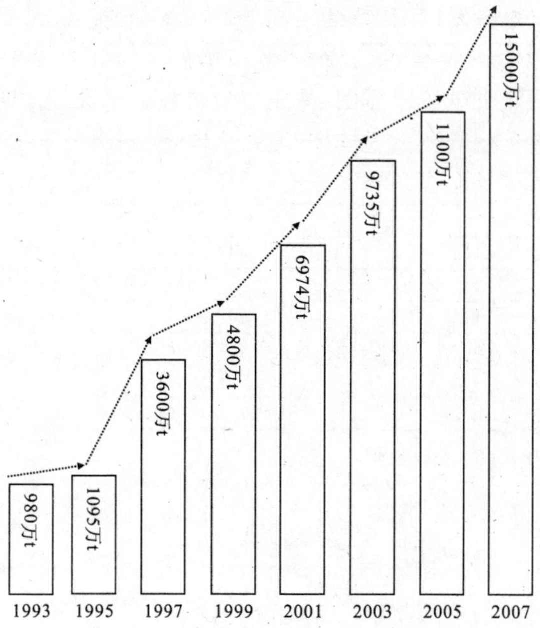

图 1-4 1993—2007 年中国原油进口量图

法国的 7.7 倍，日本的 11.5 倍。我国消耗了全球 31%、30%、27%和 40%的原煤、铁矿石、钢材和水泥，创造出的 GDP 却不足全球的 4%。”中国社会科学院数量技术经济研究所所长汪同三教授进一步指出：“经过 20 多年持续高速增长，中国目前已出现了不少影响发展后劲的问题。2003 年中国贡献了世界经济总量不到 4%，对钢材、水泥等材料的消耗却占到全球总量的 1/3 左右。长远来看，这样的增长不仅中国承受不起，整个世界也承受不起。”

2. 全球油气资源的状况

据美国地质调查局(USGS)1982 年的统计，全世界沉积盆地有 575 个，产油气的盆地有 215 个，占 37.4%；其中有大油气田的 75 个，占 13%。这 75 个产油气盆地中发现的经济可采储量却占了世界油气总发现量的 70%和产量的 2/3。Halbauty(1984)的统计，全世界沉积盆地有 650 个，产油气的有 160 个，占 24%；有 240 个盆地经勘探未发现商业性油气田；25 个产油盆地的发现储量超过 100×10^8 桶(油当量)，占世界总量的 86%，其中 4 个盆地超过 500×10^8 桶，占发现总量的 65%(表 1-1)。

截至 2002 年，全球剩余石油可采储量 $1\,427\times10^8$ t，储采比为 40∶1，按每年采出 40×10^8 t 计算，可以保证 35 年供应；考虑每年平均新增可采储量 30×10^8 t 的因素，35 年以后仍然有 $1\,225\times10^8$ t的可采储量(从 1989 — 1998 年统计看，世界累计采出石油 300×10^8 t，与此同时，剩余可采储量从 800×10^8 t 增加到 $1\,411\times10^8$ t，纯增加 531×10^8 t)。全球剩余天然气可采储量 156×10^{12} m^3，储采比为 61∶1，有很大的开发潜力。据研究分析，全球陆域油气勘探程度总体处于中早期阶段，石油平均探明率不足 50 %，天然气平均探明率不足 40 %，全球海域勘探程度尚处于早中期阶段，油气探明率不超过 30 %。全球油气资源储量每年在采出的同时，也在不断地补充，每年都在发现新油田，增加新储量。因此，油气资源仍然是 21 世纪的主要能源，并将对世界经济运动继续起到举足轻重的作用(图1-5)。世界一次能源消费在2007年

表 1-1 全球沉积盆地与产油气关系的分区统计(甘克文,2007)

地区	发现大油气田的盆地	发现中小油气的盆地	不产油气的盆地	盆地总数
北美、格林兰	28	37	112	177
拉丁美洲	6	30	74	100
非洲	8	16	60	84
欧洲	8	16	60	84
中东	3	2	10	15
亚洲、大洋洲	13	44	156	213
中国	5	9	14	28
前苏联、蒙古	11	14	48	73
南极	0	0	21	21
合计	82	179	538	799
所占比率(%)	10.26	22.4	67.3	100

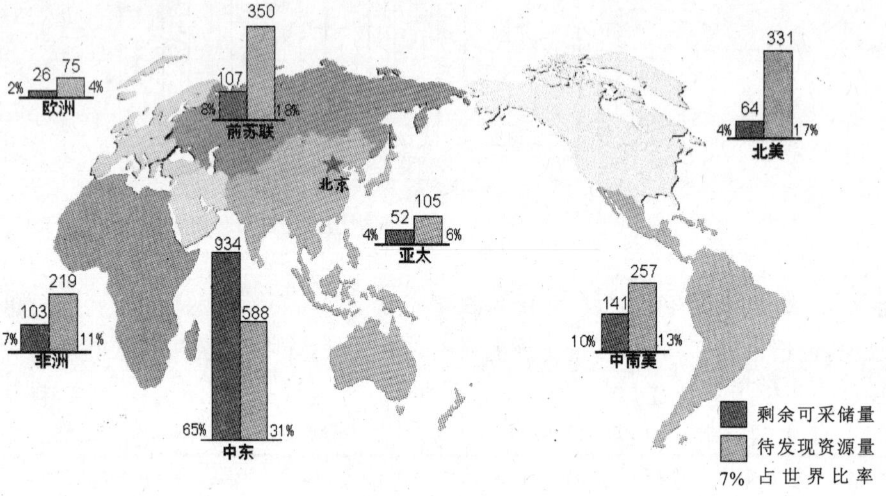

图 1-5 全球石油剩余资源分布

(单位:亿 t;资料来源:BP2003 年世界能源统计评论、USGS2000 年世界油气资源评价)

增长了 2.4%,尽管较之 2006 年 2.7%的增长率略微下降,但仍连续 5 年高于平均增长水平。亚太地区占据了全球能源消费增长的 2/3,并以高于平均水平 5%的速度在持续增加。2007 年全球探明石油储量略微下降了 0.1%,维持在 1.24×10^{12} 桶。石油储量依然分布集中。储量排名前十位的国家占据了全球储量的 81%,石油输出国组织成员占了 76%,另外有 10%集中在前苏联地区。2007 年,全球天然气储量增加了 $1\times10^{12}\,m^3$ 多,即 0.6%,总量为 $177.4\times10^{12}\,m^3$。中东和前苏联地区的储量令其他地区相形见绌,分别占全球的 41%和 32%。2007 年的增长大都归功于对早先在印尼、伊朗和中国的天然气发现所做的调整。2008 年,全球一次能源消费,包括石油、天然气、煤炭、核能和水电的增幅为 1.4%,是 2001 年以来增长最为缓慢的一年(表 1-2、表 1-3)。

在各国政府的支持下,可再生能源继续从很低的基础上迅速扩张。经过几年的发展,在某些国家可再生能源的贡献已非常明显,比如巴西和美国的乙醇燃料,欧洲和中国的风能等等。全球乙醇供应按体积计量达 92×10^4 桶/d,或占整个石油消费的 0.7%,已经开始对美国和巴西的汽油消费以及炼油带来了影响。目前已有的估计表明,全球发电大约有 1%～1.5%是来自于风能、太阳能和地热能。在目前燃料发电占绝对比重的情况下，可再生能源对降低能源产成的全球碳排放的贡献可以说是微不足道。然而，在丹麦、葡萄牙、西班牙和德国，风能在装机容量上已经跻身于占两位数的份额。

表 1-2 截至 2008 年底全球石油探明储量表(BP 世界能源统计，2009)

国家或地区	1988 年度	1998 年度	2007 年度	2008 年度			
	10×10^8 桶	10×10^8 桶	10×10^8 桶	10×10^8 t	10×10^8 桶	占总量比率	储产比
美国	35.1	28.6	30.5	3.7	30.5	2.4%	12.4
加拿大	11.9	15.1	28.6	4.4	28.6	2.3%	24.1
墨西哥	53.0	21.6	12.2	1.6	11.9	0.9%	10.3
北美洲总计	100.0	65.3	71.3	9.7	70.9	5.6%	14.8
阿根廷	2.3	2.8	2.6	0.4	2.6	0.2%	10.5
巴西	2.8	7.4	12.6	1.7	12.6	1.0%	18.2
哥伦比亚	2.1	2.5	1.5	0.2	1.4	0.1%	6.0
厄瓜多尔	1.5	4.1	4.0	0.5	3.8	0.3%	20.3
秘鲁	0.9	0.9	1.1	0.2	1.1	0.1%	25.5
特立尼达和多巴哥	0.6	0.7	0.9	0.1	0.8	0.1%	15.2
委内瑞拉	58.5	76.1	99.4	14.3	99.4	7.9%	—
其他中南美洲国家	0.6	1.1	1.4	0.2	1.4	0.1%	27.7
中南美洲总计	69.2	95.6	123.5	17.6	123.2	9.8%	50.3
阿塞拜疆	—	—	7.0	1.0	7.0	0.6%	20.9
丹麦	0.5	0.9	1.1	0.1	0.8	0.1%	7.7
意大利	0.8	0.8	0.9	0.1	0.8	0.1%	21.1
哈萨克斯坦	—	—	39.8	5.3	39.8	3.2%	70.0
挪威	7.3	11.7	8.2	0.9	7.5	0.6%	8.3
罗马尼亚	1.2	1.2	0.5	0.1	0.5	—	13.3
俄罗斯	—	—	80.4	10.8	79.0	6.3%	21.8
土库曼斯坦	—	—	0.6	0.1	0.6	—	8.0
英国	4.3	5.1	3.4	0.5	3.4	0.3%	6.0
乌兹别克斯坦	—	—	0.6	0.1	0.6	—	14.6
其他欧洲及欧亚大陆国家	63.2	2.1	2.1	0.3	2.1	0.2%	13.4
欧洲及欧亚大陆总计	77.3	104.9	144.6	19.2	142.2	11.3%	22.1
伊朗	92.9	93.7	138.2	18.9	137.6	10.9%	86.9
伊拉克	100.0	112.5	115.0	15.5	115.0	9.1%	—
科威特	94.5	96.5	101.5	14.0	101.5	8.1%	99.6
阿曼	4.1	5.4	5.6	0.8	5.6	0.4%	20.9
卡塔尔	4.5	12.5	27.4	2.9	27.3	2.2%	54.1
沙特阿拉伯	255.0	261.5	264.2	36.3	264.1	21.0%	66.5
叙利亚	1.8	2.3	2.5	0.3	2.5	0.2%	17.2
阿联酋	98.1	97.8	97.8	13.0	97.8	7.8%	89.7
也门	2.0	1.9	2.7	0.3	2.7	0.2%	23.9
其他中东国家	0.1	0.2	0.1	1	0.1	—	10.6
中东总计	653.0	684.3	755.0	102.0	754.1	59.9%	78.6

续表 1-2

国家或地区	1988 年度 10×10⁸桶	1998 年度 10×10⁸桶	2007 年度 10×10⁸桶	2008 年度			
				10×10^8 t	10×10^8桶	占总量比率	储产比
阿尔及利亚	9.2	11.3	12.2	1.5	12.2	1.0%	16.7
安哥拉	2.0	4.0	13.5	1.8	13.5	1.1%	19.7
乍得	—	—	0.9	0.1	0.9	0.1%	19.4
刚果共和国	0.8	1.7	1.9	0.3	1.9	0.2%	21.3
埃及	4.3	3.8	4.1	0.6	4.3	0.3%	16.4
赤道几内亚	—	0.6	1.7	0.2	1.7	0.1%	12.9
加蓬	0.9	2.6	3.2	0.4	3.2	0.3%	37.0
利比亚	22.8	29.5	43.7	5.7	43.7	3.5%	64.6
尼日利亚	16.0	22.5	36.2	4.9	36.2	2.9%	45.6
苏丹	0.3	0.3	6.7	0.9	6.7	0.5%	38.1
突尼斯	1.8	0.3	0.6	0.1	0.6	—	18.5
其他非洲国家	1.0	0.7	0.6	0.1	0.6	—	12.0
非洲总计	59.0	77.2	125.3	16.6	125.6	10.0%	33.4
澳大利亚	3.4	4.1	4.2	0.5	4.2	0.3%	20.4
文莱	1.2	1.0	1.1	0.1	1.1	0.1%	16.9
中国	17.3	17.4	16.1	2.1	15.5	1.2%	11.1
印度	4.5	5.4	5.5	0.8	5.8	0.5%	20.7
印尼	9.0	5.1	4.0	0.5	3.7	0.3%	10.2
马来西亚	3.4	4.7	5.5	0.7	5.5	0.4%	19.8
泰国	0.1	0.4	0.5	0.1	0.5	—	3.9
越南	0.1	1.9	3.4	0.6	4.7	0.4%	40.8
其他亚太地区国家	1.0	1.3	1.1	0.1	1.1	0.1%	12.8
亚太地区总计	39.9	41.3	41.3	5.6	42.0	3.3%	14.5
世界总计	998.4	1 068.5	1 261.0	170.8	1 258.0	100.0%	420
其中:欧盟	8.3	8.9	6.7	0.8	6.3	0.5%	7.7
经合组织	118.3	89.2	90.3	12.0	88.9	7.1%	13.2
石油输出国组织	764.0	827.2	957.1	129.8	955.8	76.0%	71.1
非石油输出国组织	173.5	157.6	174.7	23.6	174.4	13.9%	14.8
前苏联	60.9	83.8	129.2	17.4	127.8	10.2%	272

表 1-3 截至 2008 年底全球天然气探明储量表(BP 世界能源统计,2009)

国家或地区	1988 年度	1998 年度	2007 年度	2008 年度		
	10^{12} m³	10^{12} m³	10^{12} m³	10^{12} m³	占总量比率	储产比
美国	4.76	4.65	6.73	6.73	3.6%	11.6
加拿大	2.67	1.75	1.63	1.63	0.9%	9.3
墨西哥	2.08	0.85	0.51	0.50	0.3%	9.1
北美洲总计	9.51	7.24	8.88	8.87	4.8%	10.9
阿根廷	0.77	0.69	0.44	0.44	0.2%	10.0
玻利维亚	0.15	0.15	0.71	0.71	0.4%	51.0
巴西	0.11	0.22	0.27	0.33	0.2%	23.6
哥伦比亚	0.13	0.20	0.12	0.11	0.1%	12.4
秘鲁	0.34	0.25	0.33	0.33	0.2%	98.5
特立尼达和多巴哥	0.29	0.56	0.48	0.48	0.3%	12.2
委内瑞拉	2.86	4.15	4.84	4.84	2.8%	—
其他中南美洲国家	0.15	0.14	0.07	0.07	—	17.5
中南美洲总计	4.79	6.35	7.27	7.31	4.0%	46.0
阿塞拜疆	—	0.81	1.16	1.20	0.6%	81.3
丹麦	0.08	0.10	0.07	0.06	—	5.5
德国	0.38	0.26	0.14	0.12	0.1%	9.2
意大利	0.33	0.27	0.13	0.12	0.1%	14.2
哈萨克斯坦	—	1.81	1.85	1.82	1.0%	60.3
荷兰	1.73	1.77	1.39	1.39	0.8%	20.6
挪威	2.30	3.79	2.88	2.91	1.6%	29.3
波兰	0.17	0.14	0.11	0.11	0.1%	27.1
罗马尼亚	0.17	0.36	0.63	0.63	0.3%	54.6
俄罗斯	—	43.51	43.32	43.30	23.4%	72.0
土库曼斯坦	—	2.51	2.43	7.94	4.3%	—
乌克兰	—	1.02	0.93	0.92	0.5%	49.2
英国	0.59	0.76	0.34	0.34	0.2%	4.9
乌兹别克斯坦	—	1.58	1.59	1.58	0.9%	25.4
其他欧洲及欧亚大陆国家	38.81	0.40	0.43	0.44	0.2%	43.2
欧洲及欧亚大陆总计	44.53	59.09	57.39	62.89	34.0%	57.8
巴林	0.19	0.14	0.09	0.09	—	6.3
伊朗	14.20	24.10	28.13	29.61	16.0%	—
伊拉克	2.69	3.19	3.17	3.17	1.7%	—
科威特	1.38	1.48	1.78	1.78	1.0%	1.78
阿曼	0.28	0.57	0.98	0.98	0.5%	40.7
卡塔尔	4.62	10.90	25.46	25.46	13.8%	—
沙特阿拉伯	5.02	6.07	7.30	7.57	4.1%	96.9
叙利亚	0.11	0.24	0.28	0.28	0.2%	51.8
阿联酋	5.66	6.00	6.44	6.43	3.5%	—
也门	0.16	0.48	0.49	0.49	0.3%	—
其他中东国家	—	—	0.05	0.05	—	18.4
中东总计	34.34	53.17	74.17	75.91	41.0%	—

续表 1-3

国家或地区	1988 年度	1998 年度	2007 年度	2008 年度		
	$10^{12}m^3$	$10^{12}m^3$	$10^{12}m^3$	$10^{12}m^3$	占总量比率	储产比
阿尔及利亚	3.23	4.08	4.50	4.50	2.4%	52.1
埃及	0.33	1.02	2.07	2.17	1.2%	36.9
利比亚	0.83	1.32	1.54	1.54	0.8%	96.9
尼日利亚	2.48	3.51	5.22	5.22	2.8%	*
其他非洲国家	0.82	0.84	1.21	1.23	0.7%	66.2
非洲总计	7.68	10.77	14.54	14.65	7.9%	68.2
澳大利亚	1.11	1.65	2.41	2.51	1.4%	65.6
孟加拉	0.35	0.30	0.37	0.37	0.2%	21.4
文莱	0.32	0.38	0.34	0.35	0.2%	28.8
中国	0.92	1.37	2.26	2.46	1.3%	32.3
印度	0.60	0.67	1.06	1.09	0.6%	35.6
印尼	2.56	2.18	3.00	3.18	1.7%	45.7
马来西亚	1.49	2.41	2.39	2.39	1.3%	38.2
缅甸	0.27	0.29	0.49	0.49	0.3%	39.9
巴基斯坦	0.65	0.61	0.85	0.85	0.5%	22.7
巴布亚新几内亚	0.13	0.43	0.44	0.44	0.2%	*
泰国	0.20	0.42	0.32	0.30	0.2%	10.5
越南	—	0.17	0.48	0.56	0.3%	70.1
其他亚太地区国家	0.27	0.51	0.40	0.39	0.2%	22.1
亚太地区总计	8.86	11.39	14.80	15.39	8.3%	37.4
世界总计	109.72	148.01	177.05	185.02	100.0%	60.4
其中:欧盟	3.65	3.77	2.91	2.87	1.6%	15.1
经合组织	16.57	16.17	16.56	16.63	9.0%	14.6
前苏联	38.48	51.48	51.50	57.00	30.8%	71.8

赵鹏大院士在严峻的矿产资源形势呼唤加强矿产勘查工作一文中指出:进入 21 世纪以来,对矿产资源的需求有增无减。

到 2020 年,我国人口将达到 15×10^8 人,需要生产粮食 6×10^8 t,城市化程度将从现在的 40%提高到 55%,城镇建设用地预计将增加 360×10^4 ha,我国经济总量将在 2000 年基础上翻两番,对能源的需求急速增长,煤炭要新增产能$(7\sim10)\times10^8$ t,石油对外依存度有可能达到 60%,45 种主要矿产到 2010 年可以保证消费的为 21 种,而到 2020 年仅有 9 种,我国金属矿山回收率比国际水平低10％～20％。矿产资源已出现“入不敷出”局面，即储量增长低于产量增长，而产量增长又小于消费增长的局面。矿产资源成为社会经济发展和社会可持续发展“瓶颈”的状态日益突出。

3.油气能源安全

从根本上讲，能源安全指无论何时何地，当我们需要能源时都能够得到供应保障来支持国家的经济增长和社会发展。能源应当是可获取的、价格合理的并且与消费者的需求和环境的要求相符合的。

能源安全不仅仅是关于石油。它还包括其他形式的能源，比如电力、天然气和煤炭。因为石油是当今世界交易量最大的商品，石油供应安全有着最强的国际性。电力供应安全则是最重要的，因为它同人们的日常生活息息相关，也有着最广泛的影响力。天然气供应安全需要特别关注，因为它的供应网络有很强的刚性——一旦系统到位，就很难再做改动。然而，对于像中国这样一个以煤作为整个能源体系基础——煤炭提供70％一次能源的国家供应，长期的煤炭供应安全及清洁利用则是至关重要的。

世界范围内，关于能源安全的讨论主要集中在石油安全问题上。但我们不能忽视其他形式能源的重要性。对于中国这样一个越来越多依赖进口的国家来说，石油安全到底意味着什么？实际上，这个问题来自两方面：首先，从国际角度来说。石油安全是指一个国家要为本国的炼油厂提供可靠的、价格合理的并且低风险的原油供应；第二，从国内角度来看，石油安全意味着向消费者，包括个体消费者以及工业消费者，提供与我们的需求相适应的，价格合理、质量达标且符合环境要求的石油产品，并保证这些产品供应不会出现紧缺或中断。所以，国际石油市场的有效运作非常重要，因为它能够确保一个国家炼油厂的原油供应来源。从这个角度讲，我们需要认识到当今的国际石油市场的一个重要特征：由于大多数石油交易是通过金融市场来进行的，石油市场和金融市场已经高度一体化。因此，对于一个国家的能源安全来说，贸易和风险管理能力十分重要。国内市场的有效运作同样重要。假如一个国家的炼油厂不能够提炼国际市场上货源十分充足的那些原油，或者其国内分销体系不能为消费者提供可靠的油品供应，那么这个国家在能源安全上是失败的。因此，当大家主要从国际角度讨论石油安全的时候，我们不应该忘记一个国家的国内市场问题对于石油安全来说同样重要。

如何来实现中国的能源安全？

首先是多元化。丘吉尔曾经说过：石油供应安全的关键在于多元化，且仅在于多元化。这句话至今还是真理。然而，多元化究竟是指什么？“多元化”需要包括以下几点：能源供应结构多元化，鼓励替代燃料的发展；能源科技结构多元化，鼓励开发创新的解决方案；能源基础设施多元化，将对于任何一个单一渠道或者枢纽的依赖性降至最低；能源进口来源多元化，以减少对于任何一个单一国家或地区的依赖；产品进口多元化，这不仅指不同品种的原油，还包括终端石油产品和化工产品；能源进口合同形式的多元化；市场参与者的多元化。多元化是能源安全的基础，而这种多元化的基础则是市场参与者的多元化。也就是说，只有多种多样的市场参与者才可以带来多种多样的资源供应、多种多样的能源合同等等。市场参与者的多元化是形成竞争性市场的基础。

第二是开放。1979年开始实行的改革开放政策让中国有了今天的发展。为了应对能源安全的挑战，需要进一步走开放的道路，以便更实际有效地利用国际资源和技术。在油价居高不下的时候，石油输出国的政府，比如中东国家，正在加紧对能源行业的控制。因为能源是他们国家发展所需的经济收入的主要来源。这种国家主义行为不足为怪，但石油生产国应当将他们的能源行业对国际投资开放，因为全球的能源安全亟需这种投资来支撑。

作为一个石油进口国，中国同美国、日本和欧洲一道处于另一端。一个能源进口国需要以最有效的方式吸收全球的能源资源，来满足它的经济发展和人民的需求。开放精炼行业可以促使世界级炼油厂的建成以处理来自世界各地更多种类的原油；开放运输和物流行业，可以建立起一个现代化、高效率的石油运输体系；开放批发和零售市场可以让产品分销系统更具竞争力。开放是一个国家能源安全的重要组成部分。

第三是合作。中国的能源安全同世界的能源安全是紧密相连的。在一个全球化的能源市场，能源安全是一个全球性的问题。中国不可能独立于世界其他各国来解决自己的能源安全问题。中国能源问题的解决方案也可能会适用于世界的其他国家。

王新新(2007)在提到能源安全保障时还强调了建立完备的石油储备制度。由于屡屡受到石油危机的打击和世界错综复杂的政治经济关系，越来越多的国家不得不开始考虑石油的“备战备荒”问题。美国花了近10年时间打造石油储备体系，其中包括颁布《能源政策和储备法》，实施战备石油储备计划，在国内封闭了许多油井，有的虽已勘探开发，但并不马上生产，而是作为战略储备封存起来，以备急用。目前美国能源部已开始将战备石油的储备由原来的5.5亿桶增至7亿桶，而这个储备量足可令美国维持100天的紧急状态。

目前我国石油战略储备计划已经启动，2004年6月，中国石油战略储备的基地开始建设。中国石油化工集团公司、中国石油天然气集团公司和中国中化集团公司三大石油集团公司受国家委托，负责工程总体建设。目前有首批4个国家战略石油储备基地，四大基地建成后，石油战略储备能力有一定的提高。

4. 石油工业的构成

石油工业的主要对象是地下不可再生的石油和天然气资源。在石油工业生产过程中将油气勘探开发、储运炼制和油气化工及销售联系起来形成一体化的石油工业。一般情况将其中油气勘探开发称为上游工业，而储运炼制、油气化工及销售称为下游工业。

以英国的BP石油公司为例(由前英国石油、阿莫科、阿科和嘉实多等公司整合重组形成)，公司的业务划分为：勘探与生产以及炼油与营销。通过这些业务板块，提供运输燃料、零售品牌以及取暖与照明所需的能源。

我国近代石油工业从清政府开发石油(台湾蝗坑、陕西延长、新疆独山子)开始，演化到目前从事油气上下游一体化工业主要有中国石油天然气集团公司(简称中石油、CNPC)、中国石油化工集团公司(简称中国石化、Sinopec)和中国海洋石油总公司(简称中海油、CNOOC)三大公司(表1-4、表1-5)。

目前世界范围内大的主要上下游一体化的石油公司包括：美国的埃克森美孚石油公司(Exxon Mobil Corp.，2008年《财富》世界500强排名第2，下同)、英国荷兰的壳牌石油公司(Shell，排名第3)、英国的BP石油公司(BP，排名第4)、美国的雪佛龙石油公司(Chevron，排名第6)、法国的道达尔公司(Total，排名第8)、美国的康菲石油公司(ConocoPhillips，排名第10)、中国石化(Sinopec)和中国石油(PetroChina)分列2008年《财富》世界500强第16位和25位。

表 1-4 中国石油工业政府管理部门演变表(据国土资源部油气资源战略研究中心,2006)

时 间	成立部门	撤销部门
1878—1911 年	清政府开发石油时期(台湾蝗坑、陕西延长、新疆独山子)	
1911—1949 年	国民党政府开发石油时期(共产党在延安开发 12 年)	
1949 年 10 月 1 日	中央政府设燃料工业部(专管煤炭、石油和电力等工业)	
1950 年 4 月	燃料工业部设立全国石油工业管理总局	
1955 年 7 月	石油工业部、煤炭工业部和电力工业部	燃料工业部
1970 年 6 月	燃料化学工业部	合并煤炭部、石油部、化工部
1975 年 1 月	煤炭工业部和石油化学工业部	燃料化学工业部
1978 年 3 月	石油工业部和化学工业部	石油化学工业部
1982 年 2 月	中国海洋石油总公司	
1983 年 7 月	中国石油化工总公司	
1988 年 6 月	国家能源部	
1988 年 9 月	中国石油天然气总公司	石油工业部
1993 年		能源部
1998 年 4 月	国土资源部负责油气的勘探开发管理	
1998 年 7 月	中国石油天然气集团公司 中国石油化工集团公司	中国石油天然气总公司 中国石化总公司
1998 年底	国家经贸委国家石油和化学工业局	
2000 年底		国家石油和化学工业局
2002 年 3 月	国家发展和改革委员会能源局	

表 1-5 我国油气公司演变表(据国土资源部油气资源战略研究中心,2006)

时 间	成立部门	从事工作	撤销部门
1982 年	中国海洋石油总公司	海域油气勘探开发	
1988 年 3 月	中国石油天然气总公司	陆域油气资源勘探开发	石油工业部
1996 年 3 月	中联煤层气有限责任公司	煤层气勘探开发和对外合作	
1996 年 12 月	中国新星石油有限责任公司	陆域、海域油气勘探与开发	
1998 年 7 月	中国石油天然气集团公司和中国石油化工集团公司	集油气勘探开发、运输炼化和国内外销售于一体	中国石油天然气总公司和中国石化总公司
1999 年 3 月	国务院批准中国石油天然气集团公司、中国石油化工集团公司享有陆上石油对外合作勘查、开采的专营权		
2000 年 2 月	新星公司整体并入中国石油化工集团		

二、油气勘查在石油工业中的地位和作用

1. 油气勘查在石油工业中具有先导地位

石油工业具有一个从油气勘查→油气开发→油气储运→油气炼制→油气化工→油气销售等构成的完整链条,从这个链条中我们可以看到油气勘查处于一个先导和基础的地位,为整个石油工业提供基础资源,因此没有油气勘查,石油工业将不复存在。

从石油工业的构成中可以看出,石油工业是建立在油气田或油矿之上的大型系统产业链。油气勘探开发是石油工业的主体,只有通过勘探发现大油气田,才能为石油工业提供充足的物

质来源。没有油气勘探上的大发现,就不会有石油工业发展上的大突破。

油气勘查又遵循"先查后探"的原则,通俗地说是先有大区普查,后有具体的勘探。因此油气勘查又是以油气普查为先导的。

2.油气勘查在石油工业中起基本保障作用

无论在国内市场还是在国外市场,只有通过勘探不断地发现油气田,才能为石油工业的发展提供充足的油气后备储量。而目前,制约我国石油工业发展的瓶颈是油气资源接替紧张,中国油气资源相对不足,使得我国石油工业对外依存度越来越高。要实现中国石油工业的可持续发展,必须大力加强油气勘探。只有发现一批大中型油气田,使我国油气的探明储量和产量有一个较大幅度的提高,才能从根本上改变目前我国石油工业与国民经济发展不协调的局面。

中国石油天然气集团公司领导在高层发展会议中指出:"油气工业的上游业务是公司盈利的支柱,也是中石油公司的优势所在,必须始终坚持把油气勘探放在首位,努力寻找优质高效资源,提高油田开发水平,实现原油产量稳中有增,保持在国内市场的主导地位。"这充分体现了油气勘探在石油工业中的地位和作用。

石油工业是资源性工业,可采油气储量是石油工业发展的基础,因此石油工业发展的首要问题是加强勘探,在条件成熟时开展对外合作,以期发现新的油气田,以最快的速度增加可采油气储量,从而提高生产能力。实践证明,石油工业的发展依靠油气储量的增长,而油气储量的增长必须建立在充分而可靠的勘探工作量的基础之上,因此,每年必须有足够的勘探资金,保障油气勘探有步骤、有计划地进行。

第三节 油气勘查的性质、特点和对象

石油和天然气与煤炭、金属矿以及非金属矿等一起构成总的矿产资源。矿产资源是人类赖以生存和发展的物质基础。因此矿产勘查是人类主动的、有目的性的必然活动。油气勘查是矿产勘查的一部分,与煤炭、金属矿以及非金属矿勘查相比,在勘查性质、特点和基本思想上有其共性和个性。产生个性的原因主要是石油和天然气为液态和气态,具有可流动性和迁移性。

一、油气勘查的性质及特点

1.油气勘查的基本概念

油气勘查是对油气资源普查与勘探的总称。

油气普查是在一定地区范围内以不同的精度要求进行找油或发现油气的工作,通常分为概查和详查两个阶段或两类工作,具体包括盆地概略普查(概查)和区带详细普查(详查)。找油气通常是综合性的,即寻找盆地内可能存在的油气资源,并对它们的质和量及可能的经济意义作出初步判断或评价;对成盆、成烃和成藏以及油气聚集规律进行初步分析,并对进一步工作提出建议和设计。发现油气不是一件容易的事,油气存在于盆地中,看不见、摸不着;然而,油气的形成和聚集又是有规律的,是有章可循的。

油气勘探是在油气普查之后,对被认为具有进一步工作价值的对象进行更为详尽的勘探。主要对油气田的规模、形态、产状、质量及开发技术、经济条件等作出评价。通常分预探和详探两个阶段或两类工作,具体包括圈闭预先勘探(预探)和油气藏评价勘探(详探)。

2.油气勘查是一项系统工程

油气勘查是以石油地质学中的油气生成、聚集、油气分布规律等理论为指导,通过采用科学的勘探程序、合适的技术方法、先进的管理部署,以达到经济、有效、高速地寻找、发现和探明油气田为目的的系统工程。

油气勘查首先要通过地质调查、物探、化探、钻井等多工种的联合作业,系统采集反映勘探对象地质特点的资料,然后综合利用地层学、沉积学、构造地质学、储层地质学、石油地质学、地球物理学、地球化学、勘探经济学、管理学等多学科专门知识,对勘探对象进行地质评价、资源量评价以及勘探经济评价。油气勘查是一项综合性非常强的系统工程、是一个不断缩小靶区,逐步逼近目标(油气田)的过程。

3.油气勘查是一项向地下未知领域探索的科技活动

油气勘查是一项地区性强、探索性强的科学研究活动。主要表现在两个方面:一方面,勘探的对象是确定的,它是某一区域或某一盆地,埋深、边界条件、地层年代等都是确定不变的。对于某一盆地或地区获得的认识不能套用到其他盆地或地区。另一方面,勘探的对象和范围随着世界油气工业的发展是不断变化的,时常遇到新问题、新情况。海相地层与陆相地层油气地质条件差异大、断陷盆地与坳陷盆地油气富集规律不同,即便在地质条件相似的同一类盆地,油气成藏条件和机制也因地而异。在资料有限、技术水平有限、人类认知有限而问题无限的情况下,开展油气田勘探是一项探索性极强的科学研究活动。

正因为油气勘查投资大,面临的风险多,迫使人们采用各种高科技手段(如卫星遥感技术,三维地震叠前深度偏移处理技术、井下和井间成像技术等),使用各种高精尖的仪器设备(如电子显微镜、岩心CT扫描、电子探针、同位素质谱仪等),动用世界上功能最强大和速度最快的计算机硬件及软件系统,油气勘查的科技含量之高绝不亚于任何其他产业。我国自行研制生产的第一代超高速银河巨型计算机,首先投入应用的领域就是国防工业和石油地球物理资料处理与解释。

勘探所动用的各种工程,与一般的工业工程有很大的差别。一般的工程施工,如建房,不但要有全套的图纸和施工程序,而且对房子建成后的功能作用以及其价值都有完全的了解。勘探是向地下未知领域的探索,有找到油气藏的可能,也有失败而无发现的可能。即使到了勘探程度较高的阶段,发现了油气藏,可能对其规模、油气藏的空间形态构成有了大致的了解,但真实的情况只有详细勘探后才能基本上说清。勘探是以工程作业为手段取得地下资料,对地下油气资源状况作出判断。仅从这个角度上讲,取得了资料,哪怕做出对油气藏否定的判断,也是一种成绩。因为反映这些认识的地质资料和研究报告同样是勘探成果和资产。

有人把勘探比作在大海上搜寻沉船,把勘探学比拟为搜索学。从相当大面积的普查性的侦查为起始,逐渐否定某些地段而接近可能有沉船的区块。越是接近目标,越要加大搜索的力度,最终发现沉船并初步探索其性质、内载物、有无打捞的可能性等。从认识的方式上讲,这种比拟是有道理的。

4.油气勘查是一项高投入、高风险和高产出的产业

由于油气勘查工作的特殊性,需要从各方面采集地下地质信息,取得各种各样的数据,所以需要投入各种先进的仪器设备。因此,勘探的资金投入很大,包括地震勘探费、钻井工程费、租地费、分析测试费、资料处理与解释费、综合研究费等。在我国东部地区,一口深约3 000m的探井,钻井费用一般需要上千万元人民币,而在地表条件和地质情况复杂的中、西部地区,如

四川盆地，6 000～7 000m以上的探井钻井费用就超亿元人民币。

勘探既然是向地下深处未知领域的探索，那么其风险远大于一般意义上的工程施工。风险主要有三个方面：①工程风险：某项勘探工程试图从一个侧面、一种物理的或化学性质上去认识地下与油气藏有关的某些情况，可能因达不到这一目标而失败。②资源风险：由于资源本身分布的巨大不均衡性，勘探施工证实没有油气、钻井是干井，或者虽有油气显示却不够工业要求，不能构成具有经济或次经济价值的油气藏。③认识风险：人类的认识水平是有限度的，此外还由于所取得的地质资料不全、不准确，由于对间接反映油气的地球物理和地球化学信息的多解性认识不够，做出不符合实际的判断，在认为存在油气藏的地区没有收获，而在评价为不利的地区或领域上，后人取得了发现。其他风险还有政治上的、经济上的以及自然上的。

油气勘查虽然投资规模大，风险性高，但其巨额的经济回报也是其他工业项目所不能比拟的。在全球500强排名前10名中就有6家上下游一体化的石油公司。20世纪后半期石油工业上下游之间投资比例关系的逆转性变化(由以下游为主，占比例高，转为以上游占比例高)是与利润回报高为因果的。石油工业发展早中期下游的利润回报率明显高于上游的时代至少到20世纪90年代已经不复存在了。埃克森美孚、壳牌、BP、道达尔等18家上下游一体化公司的统计结果表明，无论是从20世纪90年代平均值还是各年度值看，上游的投资回报率都明显高于下游，而20世纪90年代平均值亦高于化工和天然气及电力等部门。

二、油气勘查对象

油气勘查的对象按对象规模和勘查程序可划分出盆地、区带、圈闭和油气藏四个级别。这四个对象的划分体现了从大到小完整链条和逐渐逼近目标的原则。油气勘查实践中不同的勘查对象有不同的勘查价值和意义。

1. 盆地——油气生成、运移和聚集的基本场所

“没有盆地就没有石油。”沉积盆地是一个独立的、完整的成油单元。油气的生成、运移和聚集的全过程都是在沉积盆地的范围内进行的。进行油气勘查工作应首先了解盆地的范围大小、沉积特征、发育历史以及油气形成的地质条件等，对盆地进行分类、描述、评价和优选。

2. 区带——盆地内油气聚集的成因单元

区带可以理解为盆地的同一区域内有相同成因联系的所有圈闭或潜在勘探目标的总和。它是盆地内油气聚集的基本场所，是为适应局部油气勘查和评价而产生的过渡性地质单元。从规模范围上考虑，它介于盆地与圈闭之间。通过区带综合石油地质研究，可达到对其中圈闭发育及油气聚集有利性的完整认识，预测成藏模式及分布规律，为计算油气资源量打下基础。

3. 圈闭——油气勘查的基本目标

圈闭是油气勘探具体和基本的目标。圈闭评价工作从区带研究中的圈闭准备开始，直到钻探并获得商业价值油气流为止。它以圈闭风险分析和资源量计算为核心，以油气成藏理论为依据，充分利用多种资料和手段，展开圈闭的识别、描述、综合评价和优选。

4. 油气藏——油气勘查的最终目标

油气藏评价从圈闭预探获得工业油气流开始，直到油气田探明并投入开发为止。它是油气勘探的最终目标。主要任务是综合运用所有油气藏资料，对其构造、储层和油气分布等进行滚动式动静态和宏、微观三维综合研究，为油气田开发提供地质依据。

三、勘探哲学

油气勘查是人类认识和探索油气聚集和分布规律以及实施油气勘查的过程，因此人类自身的知识水平和认知能力在这一过程中居于绝对的主导地位。勘探哲学就是探索石油勘探学家如何通过自身能力（性格、学术背景、思维过程、创造性、预测性和团队精神）的培养更聪明地寻找油气。这一方面的问题 Beaumont 在 20 年前就开始了很好的研究，并在 1988 年到中国地质大学（武汉）讲授过他的“石油勘探中的创造性”。国内费琪教授也很早就关注到这一问题。

1. 油气勘查人员的基本素质

成功的油气勘探家有着使他们得以成功的共同品行。通过调查发现，他们具有探索的激情，以及能够通过使用科学技术来发现油气资源而带来的极大满足。他们具有如下共同品性：①积极思维（消极思维的人不会发现油气）；②具有主观能动性；③持之以恒；④具有切合实际的丰富想象力；⑤通过形象思维来发展创造力。

从理论上讲，受过正规的学术培养的地质学家，都具有成为一名成功的勘探家所必要的学术背景。在构造地质学、地层学、沉积学、地貌学、古生物学、遥感学、矿物学、岩石学、火山学、地球物理学和地球化学上的全面训练是必不可少的。石油工程课程也是有益的。除此之外，严格的野外地质训练是必不可少的。因为，地质学家必须学会在野外实际观察、记录信息，以三维和四维的方式来思考，从而掌握识别地质体形态和演变的方法。

2. 油气勘查的思维方式

假定大多数地质和地球物理学家在专业方面都是胜任的，那么，是什么东西使油气勘探家如此出众呢？创造性是勘探工作中最重要的部分，而它却能通过形象思维而得以提高。创造性可以定义为以不同的方式看待同一个问题的能力，包括从许多不同的角度看待问题。一个人应该积极主动地认识世界，而不是回避那些未被认识的客观事实。

创造性思维过程由六个阶段组成。

(1)初感阶段：在石油勘探中，伴随着初感（基本上是右脑活动），一个人可能知道一个地区的潜力，这是由于有好的油气显示和储层，附近有类比油气远景区存在。

(2)浸润阶段：浸润阶段紧接着初感阶段，包括与问题有关的所有可利用信息的充分研究。这主要是左脑活动。当大脑被所有可利用的信息（如钻井数据、地面地质和地震数据等）充分浸润的时候，接下来就是酝酿阶段了，这包括在下意识的大脑右侧进行分析。

(3)酝酿阶段：对创造性的主要障碍之一，来自于浸润阶段末期。教学体系主要用阅读、写作和算术等科目来训练大脑的左侧。我们习惯性认为，一旦数据被收集和研究之后，就应该能够将其置入公式，并立即得出结果。这并不是创造性思想出现的方式。信息必须在大脑右侧加以处理，找出问题的分布模式和结论。浸润阶段之后，最好放松一下，让下意识（右侧）大脑得出结论。需要让问题充分地“炖煮”，这就是酝酿阶段。

(4)萌发阶段：通常，在夜深人静、散步或当你在办公桌前凝视窗外的时候，问题的答案在你脑海里闪现出来。猛然，大脑左侧得知其右侧酝酿问题的答案，这一相对较短的时期被称为萌发阶段。

(5)证实阶段：对问题新的判断，存在着对与不对的可能。因此，必须转回到大脑左侧，用数据来严格地测试这一想法。在石油勘探中，这些将包括所有的钻井和地面地质数据。在全面验证之后，如果仍然存在着该想法正确与否的可能性，接下来将进入最后阶段——应用阶段。

(6)应用阶段：在勘探中，应用阶段是创造性的又一个主要障碍。因为许多勘探项目，都没有经过验证而直接进行。在勘探早期阶段，如果一个想法可能是正确的，就必须钻一口井。先进行野外地质调查，然后采集地震数据。筹措资金，用钻探来证实那些好的想法。当然，不钻探这些创造性的油气远景区，也就不会发现石油。新的、创造性的想法必须被应用，这样才具有价值。

然而，在油气勘查中，强化创造性最重要的方法之一，就是提高我们的想象能力。

(1)想象能力：学习绘画与绘图有利于形象思维。通过绘画和视觉练习，人们可以学会正确地观察事物，因而，大大地提高了创造能力。

(2)想象力与石油勘探：成功的石油勘探家们一直强调，通过想象力来发展创造力。Wallace Pratt 说：当人们不再相信还有油可以寻找，不可能发现更多石油的时候，然而，只要有一个找油人心中孕育着一个新的油气远景区，加上自由和开放性的探索，接下来或许新的油气远景区层出不穷。找油人必不可少的特性，就是想象。如果新油气远景区首先成型于地质学家和勘探家的脑海里，那么，发现它只是有待于我们大脑的形象化——我们的创造力。

(3)绘画艺术：学习素描和绘画，也许是强化创造性形象思维的最佳途径。就像 Betty Edwards 一样，倒置一个物体，避开左脑逻辑思维的定式，让处于下风的右脑接管过来。通过观察一个物体的形状、阴影、光亮部分、背景空间和其他视觉特征，我们可以很容易地画出这个物体。对于一个以观察为基础的学科，比如地质学，一个知道如何绘画的人，要比一个不知道绘画的人更具有观察力和想象力。因为，绘画迫使人们从一个物体中提取出最重要的部分。

(4)地质学家们的绘画：很多地学科学家有艺术家的才能。一些人(像 William Henry 和 King)的野外露头素描和从中提取出来的地质信息，具有传奇般的效果。许多早期地质学家的绘画也是如此。图 1-6 所示的是 King 的野外露头素描图(a)，和从中推断出的美国二叠纪盆地维多利亚单斜挠曲的剖面(b)。通过绘制露头和提取地层层序关系，King 能够理解和展示碳酸盐岩台地的进积特征。

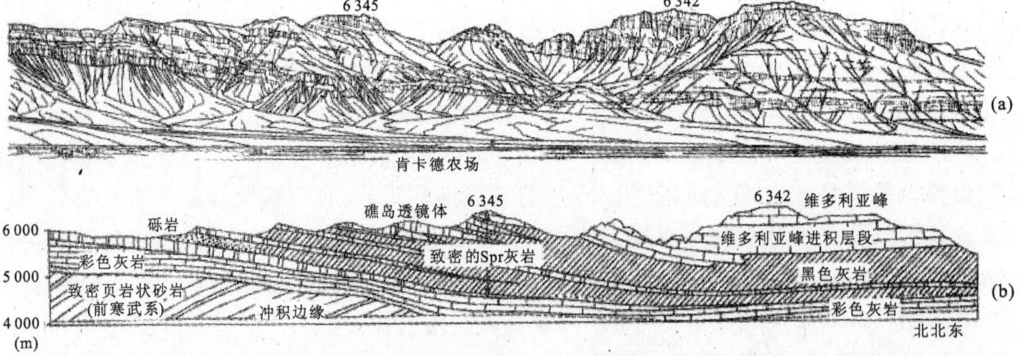

图 1-6 King 的野外露头素描图(a)和推断出的美国二叠纪盆地维多利亚单斜挠曲的剖面(b)

Ira Cram (1945)曾用下面的一段话来说明勘探家需要具有推销员的气质：找油人员不需做别的事情，他们要用自己的解释去打动他们自己，然后把自己的想法推销给那些完成整个勘查过程的人。由于推销不当而使好主意不被采纳，将会无限期地推迟一个重要油田或气田甚至一个新产油区的发现。推销员的气质在整个勘探过程中都是最重要的。

Pratt (1952)指出："归根结底石油首先是在人们头脑中找到的，尚未发现的油田只能存在于某些找油人员的想法之中，一旦不再有人相信还有剩下的油可以找到，那就再也不会发现任何油田了。但是，只要还有一个找油人员在思想上认为还有新的油田可寻，而且又有勘探的自由和激情，则新油田还将继续发现。"

Leverson (1943)说："地质勘查的方法很多，就像我们常用的工具箱，其中有些工具都生锈了。与所谓的'常规地质学'相比，更需要的是'创造性'地质学。机遇应赋予那些有才干和有能力对地质学进行创造性研究的人。让他们去真正地干地质，让他们能高瞻远瞩地花点时间，使他们能在头脑中构思和重建过去地质时代的条件与环境。"

Dickey 也有一段著名的话："在新区经常可用老思想找到石油，有时，在老区可用新思想找到石油。但是，在老区用老思想则难以发现更多的石油。过去有好几次我们以为石油已经用完了，而实际上，用完的只不过是我们的思想。"

原 AAPG 主席 Jack Parker 说："创造性来自我们的头脑。它就是把我们已经熟知和记得的概念与事实联系起来。创造性只有克服障碍才会来到。而要克服障碍首先必须要敢于克服它。"

推进创造性的另一位近期 AAPG 主席 Ted Beaz 说："我坚信，在石油勘探中除了所有的科学与技术进步之外，还有一个最重要的因素，这就是创造性的思维。世界上最好的科学也未见能找到油田。只有石油地质学家，把手头上的各种分散的科学信息创造性地综合起来，才能完成此任务。新思想在较老的油气区不可能由资料处理人员产生，它们要由创造性思维产生。"

几乎人人都同意，寻找石油是一种艺术，需要有创造性的思维。然而，如果以是否找到石油为标准，则大多数勘探人员就不具备创造性了。Mason Hill 在其接受 Sidney Powezs 奖的授奖演说中指出，寻找石油的地质学家只有 5%真正找到过石油。Dan Bush 在获奖时也说过，20 个地质学家中，找到石油的人不到 1 个。

Ted Bear 及 Jack Elam 有一次在 Midland 举办的探区人员短训班上问班上学员中有谁曾经完成过一个勘探区研究，并进行了钻探，结果班上 85 人中只有 6 人举手，这 6 人中打到油的仅有 1 人。Ted Bear 在他担任 AAPG 主席期间，曾多次强调，只要把找到石油的地质学家的人数从 5%增加到 10%，就可以把石油工业的勘探效率翻一番。

3. 油气勘探中的工作方法

在油气勘探中，应遵循科学工作方法六步骤。

(1)第 1 步：提出目标。在勘探中，普遍的问题是确定具有工业开采价值的、油气聚集量大的位置。另外还要注意以低成本寻找大量的油气。

(2)第 2 步：收集数据。在勘探中，所做的大量技术工作可以归结为收集整理和分析数据。这些工作包括检测样品、记录各类地质、地球物理和地球化学等数据，并加以分析。

(3)第 3 步：确定假设。在第 3 步里，勘探家们确定出在第 1 步里所提出的问题(油、气在哪里)的假设结论(解释)，这个问题与第 2 步里的观测数据是一致的。当勘探家们解释数据时，对发现有工业价值的油气这一问题，确定假设结论。

勘探技术工作经常在第 3 步陷入困境。许多人认为，从最新收集和仔细获取的数据中派生出来的新的解释，是一个高水平的科技工作，它应具有一个高置信度。然而，我们必须知道这样的解释仍然只是一个没有被证实的假设(第3步)。例如，比较下列两个地层工作：① 一张简单的砂岩等厚图，基本上没有被后期进一步钻井的结果而改动。这样一个正确的预测，代表着已经具有高置信度的工作，因此，圆满通过第3步。② 另一个类似砂体单元的环境、岩相和地震地层的解释。是以一种令人难忘的高科技手段做出的，但是，它没有被验证只能是一个的假设。因此，也只能停留在第3步。

科学的方法只承认假设的可信程度，而不是用于获取解释数据的先进程度。

(4)第4步：预测结果。在科学方法中，第4步是应用第3步中作出的图件等来预测在一个具体的地点发现并生产工业性油气。在对具体内容置信度估计发生变化之前，预测的内容就被正确地记录下来，预测才是最有价值的。

(5)第5步：验证预测。接下来，必须根据一切验证的结果，来检查并评述第4步的预测。比如，钻一口井，或用地震来描述(重新采集)一个油气远景区。

(6)第6步：接受、修正或拒绝假设。在一个勘探区域内钻一口探井，既不能完全证实也不能完全否定最初的解释。通常，在第5步里所进行的验证，要或多或少地进行修正。由该解释改变了置信度。根据新的解释也许需要钻另一口探井，作一次新验证，最后做出继续勘探或放弃勘探的决策。

第四节　油气勘查的基本理论和资源评价的一般原则

长期以来，人们对油气勘查理论的研究缺乏足够的重视，而且常常以石油地质理论代替油气勘查理论。赵鹏大(2001)在阐述矿产勘查理论存在的问题时明确地指出：诚然，区域地质构造分析和区域成矿理论分析都是进行矿产勘查不可缺少的工作，而且是基础性的工作。只有基础地质工作做得扎实可靠，对地区地质体的认识，对地质构造及其演化历史的认识，对矿床成矿特征及控制因素的分析等等，都能取得比较符合客观实际的结果，矿产勘查才有可能取得令人满意的结果。然而，如果矿产勘查工作部署不当，不能遵循矿产勘查的客观规律办事，则有可能事倍功半，甚至导致矿产勘查工作的失败。矿产勘查不仅是一项地质工作，同时，它又是一项经济活动。因此，勘查目标的选择，勘查对象的价值评估，勘查过程的设计与优化，勘查成果的市场需求分析，勘查最终产品的竞争力评价，勘查工作的投入-产出及经济效益分析等都是十分重要的问题。由此可见，矿产勘查不仅要遵循地质规律，而且还要遵循经济规律。同样道理，我们也认为油气勘查理论不能完全等同于石油地质理论，它应该有自身独特的勘查基本理论。

一、油气勘查的基本理论

油气勘查的特点和性质决定了油气勘查是在不同阶段相对应的不确定性下所进行的勘查决策，因此油气勘查的核心是预测和评价。我们认为油气勘查是在油气成因和聚集理论的指导下，将理论与实践相结合、贯彻区域性和循序渐进的思想以及对立统一和优化准则的过程，它们构成了油气勘查的基本理论。

1.油气成因和聚集理论

油气成因和聚集理论是油气勘查中预测和评价的根本。我们知道，只有在油气生成之后才有油气的运移、聚集和破坏等一系列石油地质过程。阐明油气成因不仅是石油地质理论上的需要，更是油气勘查的必须。实际上在确定不同勘查对象、区域和勘探目的层时，我们都是在一定的油气成因假说和油气聚集理论指导下进行的。

当代油气成因和聚集理论以有机成因说为基础，兼顾无机成因说(特别是无机天然气成因方面)。我们看到，油气成因和聚集理论是伴随石油和天然气工业的发展而形成和丰富的。当代油气地质理论正在不断地向深度和广度发展。在过去的几十年里，我国的石油地质工作者在油气勘查的实践中，根据中国的实际情况，总结出了反映中国油气地质特征和油气聚集规律的陆相生油理论、复式油气聚集(区)带理论等，对我国的油气勘查起到了重要的指导作用。

2. 理论与实践相结合原则

在一个沉积盆地进行油气勘探工作，已知的、经过实践考验的理论总是在指导我们。这些理论一般是公认的和成熟的，大多数都可以在有关专家的报告中、教科书和地质文献中找到。这些理论和认识，对于指明油气勘探方向和远景区有重要的意义。但是就一个特定的盆地而言，就一些具体的勘探对象而言，只有公认和成熟的知识往往是不够的。每一个盆地都有自己的特殊规律。在盆地勘探的初期，由于勘探工作量的稀少，由于对具体油气分布规律了解少，由于油气地质条件的多样性和不均衡性，在资料缺乏及认识程度极低的情况下，我们很难对勘探方向作出完全符合客观实际的准确判断，也很难预测出具体的油气田位置。勘探工作总是在一般理论指导下，沿着实践、认识，再实践、再认识的道路，不断探索、不断改正、不断总结和不断前进，经历了失败与成功的交替，最终认识了一个盆地的地质特征和油气分布规律。

3. 区域性和循序渐进的思想

(1)油气勘查的区域性思想是由油气形成和分布规律的区域性所决定的。也就是说，油气的生成、运移和聚集都是受区域大地构造、古地理、古气候和古沉积环境所控制，而这些条件是区域性的。因此，寻找油气藏，必须首先从区域入手，只有查明全区的地质情况，才能从中选择出最有利的油气聚集带和进一步的勘探目标。

(2)油气勘查的循序渐进的思想同样是由于油气田的形成是受区域地质条件所控制的，因此，寻找油、气必须先查明盆地的区域成油气条件，如生油凹陷的位置，再进一步查明聚集油气的二级构造带的位置，然后对局部构造进行分析和勘探，选定在最有利的圈闭上钻探，以便发现油气藏。这种由面到点、由浅入深、循序渐进的工作方法是油气勘查所必须的，也是认识论所要求的。从广泛到具体、从粗略到精细，油气勘查过程是一个阶段性很强的工作。从盆地区域普查阶段、区带详查阶段、圈闭预探阶段到油气藏评价勘探阶段，其评价目标分别是盆地、区带、圈闭和油气藏，勘探精度越来越高，工作投入越来越具体，评价结果可信度随评价目标的缩小和工作量的投入的增加而逐步提高。

4. 对立统一和优化准则

油气勘查的一个矛盾是勘查范围和精度的有限性和油气藏分布状况的局限性和变化性。显然，一个勘查区的勘查程度越高，发现油气藏的概率就越大。但勘查程度越高，勘查成本就越高，勘查周期也越长。因此必须寻找一个合理的“度”，这个“度”就是一系列矛盾对立的统一点，也就是寻找一种优化准则。赵鹏大(2005)在总结矿产勘查的对立统一和优化准则时，提出了“勘探过程最优化准则”，其最基本的优化准则可以概括为五个方面：①最优地质效果与经济效果的统一，它是一切油气勘查工作所应遵循或追求的最基本的最优化准则。它包含的概念是：油气勘查工作必须以获取最佳地质效果为目的，但同时又必须以达到最好经济效果为前提。②最高精度要求与最大可靠程度的统一，是由于油气成藏事件及其结果具有随机性。所以油气勘查结果具有不确定性，由于油气藏的变化性及勘查的局限性，所以获取的结果必然有误差。当然，必须要求油气勘查工作的结果尽可能的正确，尽可能地减少误差或尽可能地缩小不确定的范围。但若既不想降低可靠性，又要缩小估计范围、保证精度，那就只有增加勘探工作量，但这有时不是经济合理的，所以应努力把二者加以统一，即寻找某种最优解。③模型类比与因地制宜的统一。油气勘查和资源评价中的类比方法在油气工作中被广泛使用，模型类比的选择与因地制宜的统一是非常重要的。我们必须遵循一般规律与具体实际相结合，模型类比与因地制宜相结合的原则，它们的统一构成了油气勘查的另一个最优化准则。④随机抽样与重点观测的统一。随机抽样是指为了保证对地质客体观测的正确性，油气勘查过程中的勘查工作投入(比如地震测线的均匀网格布置)首要是切忌主观任意性，避免人为选择性。这种方法是一旦确定了起始观测点的位置，则其他观测点也以某种规则(例如按一定的几何网格布点，按一定间距布线等)一次性地确定了。确保了各点都有同等被观测的机会，这就保证了整个抽样观测的随机性。但在油气勘查中，为了针对性地研究某一问题，或为了解决某个问题，往往也选择一些关键性区域进行有意识的重点观测。因此，在油气勘查中要做到随机抽样与重点观测的统一。⑤全面勘查与循序渐进的统一，它是决定油气勘查工作能够达到地质效果和经济效果统一的基础，因而它是决定油气勘查全过程的最优化准则之一。全面勘查是分层次和分阶段的，在不同的油气勘查阶段，有不同的勘查任务和要求。全面勘查的含义是必须查明该阶段勘查对象的整体特征，而不是局部特征。循序渐进的原则是油气勘查的基本准则。在油气勘查实践中应该追求全面勘查与循序渐进的统一。我们认为这五项准则有其普适性，同样适用于油气勘查中。

二、油气资源评价的一般原则

1. 成因原则

成因原则是指在进行油气资源评价过程中所遵守的从油气生成到运移、再到聚集成藏的基本原则，它是油气资源评价过程中最基本的原则，其核心是弄清油气生成过程、计算生成量并分别求得各过程中的油气耗散量，最终达到计算资源量的目的。

2. 黑箱原则

与成因原则相对应的是黑箱原则，它不关心油气的具体成藏过程，而是把油气藏的形成过程看作为一个黑箱，试图在测定的地质变量与油气储量之间寻找对应关系。把可测定的地质变量看成是系统的输出 x，把地质储量(用单位体积的储量密度 ρ 表示)看成是输出，建立它们的内在联系方程：

$$\rho = f(x) \tag{1-1}$$

3. 木桶原则

木桶原则也叫最弱因素原则或瓶颈效应。生油岩、储集层、盖层、圈闭、运移、保存及相互之间的配置关系都是控制油气成藏的主要影响因素。设油气藏存在的概率为 P，控制油气藏存在的生、储、盖、圈、运、保各因素及其时间配制的概率分别为 P_S、P_R、P_{SL}、P_{ST}、P_M、P_T、P_{MT}，则油气藏存在的概率为：

$$P = P_S \times P_R \times P_{SL} \times P_{ST} \times P_M \times P_T \times P_{MT} \tag{1-2}$$

只有上述条件都存在时，油气藏才存在；任意一个条件不存在，油气藏就不存在。

4. 地质滤波理论

在不同的油气勘探阶段，其评价参数的准确度是不一样的。对油气藏大小分布有：

$$G(q)=\lambda(t)\cdot S(q) \qquad (1-3)$$

式中，$\lambda(t)$称作地质滤波函数，它与勘探无关。大油气田一般在勘探初期就被发现了，而勘探中、后期所发现的油气藏一般都偏小。对于其他地质信息也是如此，这一特征叫地质滤波原理。根据这一原理，我们在使用地质信息、选取油气资源评价参数时，须结合油气勘探过程具体分析。

5. 测不准原则

油气资源评价中经常同时面对两个主要问题，即资源量大小及其在盆地或次级构造单元中的三维空间位置分布。对于盆地评价而言，油气资源量的预测往往误差范围不大，我们认为其数值预测结果是相对准确的，而对于所评价资源量的具体位置往往是不知道的；对于圈闭评价而言，其三维空间位置是相对准确的，但测得的圈闭资源量数值误差范围往往很大。举一个极端的例子，如果一个圈闭是一个干圈闭（即没有油气），那么其误差值将是无穷大，而在油气勘探中干圈闭占很大的比例。对于盆地与圈闭而言，油气资源量及其空间位置两者不可兼得，通常把这一现象叫做测不准原则。掌握这一原则可以对油气资源评价结果的可靠性做出准确的评价。

第五节　油气勘查的历史和发展

一部油气勘查的历史就是一部石油工业的历史，也是人类认识自然和探索自然以及科学技术发展历史的一部分。

一、世界油气勘查历史

（一）世界油气勘查史

人类发现和认识石油及天然气至少有近 3000 年的历史。《易经》中“上火下泽”、“火在水上”、“泽中有火”等的描述就是发现天然气在水中燃烧的现象，这是世界上有文字记载的最早的天然气发现。英国著名科学史家李约瑟在《中国科学技术史》一书中明确指出：“今日勘探油田所用的钻井或凿洞技术，肯定是中国人的发明。”

从远古到 19 世纪 40 年代以前，对于石油和天然气的发现，纯属偶然现象，缺乏正确的科学理论为指导，在对石油和天然气的认识上，也带有神秘的宗教色彩。从地下冒出来的天然气，一经燃着，常多年不息，因而称之为“永恒之火”。俄国的巴库地区，“永恒之火”非常著名，当地人在附近筑有庙宇，奉若神灵。在伊朗，7 世纪前有拜火教盛行。远古时期，石油、天然气和固体沥青已经被世界各地人民所利用，一般用于医药、照明、润滑油、建筑材料以及战争等。

中国对石油的发现和利用最早的记载见于公元 1 世纪，我国著名的史学家班固所著的《汉书·地理志》中写道：“高奴有洧水，肥可燃。”而所谓“肥”，即水上飘的石油。北宋著名科学家沈括是世界石油工业发展史上划时代的人物，他首次提出了“石油”这个名称，并第一次对油气资源提出了“生于地中无穷”的科学评价意见。

近代世界油气勘查历史大致可以划分为三个阶段。

（1）油气田勘探的原始发展阶段（1859 年以前）：1859 年以前，古巴比伦、古埃及和古希腊都有使用石油的记录，这一时期在油气田勘探开发利用上，主要是开采天然露头的石油，即使有一些油气开发活动，也并非商业性的，石油生产的规模很小，对世界工业进程影响甚微。生产出的石油主要被加工成煤油用于照明。因此，该时期又被称为“煤油时代”或“灯油时代”。

在大规模的西方资产阶级工业化革命之前，由于人们对油气需求不大，科学技术比较落后，所以对油气勘探缺乏规律性的认识。这一时期油气勘查具有以下特征。

1)关于油气成因没有统一的认识，更没有科学的解释。对地表存在的油气苗现象，更多的是用宗教或迷信的方式加以解释。

2)在油气勘探方法和找油理论上，我国和欧美等西方国家主要是根据地表油气苗来判断地下油气田的存在。在勘定井位上，“观龙脉”确定井位，“看风水”定井位，“甩帽子”定井位等在这一时期非常盛行。

3)在钻井上，主要使用的是简易的顿钻。1720 年四川地区采用顿钻成功钻探盐井 295 口，到 1785 年增加到 413 口，其中有天然气井 11 口。这是世界上的首批采气井。

(2)油气田勘探的快速发展阶段(1859 — 1960 年)：1859 年 8 月，一位叫埃·德雷克的人用他发明的钻机在美国宾夕法尼亚州泰特斯维尔镇打出石油，引发了一场能源革命。德雷克井成为近代石油工业诞生的标志。1870 年，29 岁的洛克菲勒创立了美孚石油公司。19 世纪 70 年代至 80 年代，美国俄亥俄州利马油田的勘探开发，使美孚石油公司成为世界石油巨人。

1914 年至 1960 年是世界跨国石油公司的兴起时期，也是世界油气勘查事业的兴旺发达时期。这期间经历了两次世界大战，第一次世界大战证明了石油的作用。汽车工业的发展极大地带动了石油工业的成长，汽油取代煤油成为主要的石油产品，这一时期被称为“汽油时代”。第二次世界大战使得石油工业快速发展。二战后，勘探技术的突飞猛进导致了世界一系列大油气区的发现和储量的成倍增长。如北美阿拉斯加油区、西西北利亚油区、北海油区、北非撒哈拉沙漠油区，澳大利亚油区和中国东部油区等。

1948 年，美国从一个石油净出口国变成净进口国，开始从中东大量进口石油。

1960 年石油输出国组织(OPEC)成立(目前成员国包括中东的伊朗、伊拉克、科威特、卡塔尔、沙特阿拉伯、阿联酋，北非的阿尔及利亚、利比亚，西非的安哥拉、尼日利亚，亚太地区的印度尼西亚，南美的委内瑞拉)。OPEC 逐步取得石油生产和价格控制权，并导致后来两次世界范围内的石油危机，提高了人们对石油作为战略资源重要性的认识。

在这 100 多年的油气勘探开发过程中，世界油气勘探具有以下特点：

1)在油气成因上，人们认识到油气是一种可燃有机矿产。其有机性就提示人们开始思考油气的成因。从 1876 年以门捷列夫为代表的无机生油说，到有机生油说的出现，标志着人们抛弃了对石油成因的迷信或宗教上的片面认识，开始对石油成因有了比较客观的认识。

2)在找油理论上，出现了“背斜说”。19 世纪中叶，美国宾夕法尼亚州的地质学家注意到油气分布于背斜高点这一现象，由此诞生“背斜找油”理论。1861 年怀特正式发表文章，第一次明确提出了背斜是油气聚集场所。1875 年背斜理论传到欧洲，并在欧洲油气勘探中取得巨大成功。1917 年美国石油地质家协会(AAPG)宣告成立，标志着石油地质学的诞生。从此，石油地质学开始取代“风水论”和“龙脉说”等原始找油观念，成为油气勘探开发中一门不可缺少的科学。

3)在油气勘探方法上，20 世纪 20 年代早期开始使用地球物理方法去查明地下构造，在这方面欧洲走在了世界的前列。1910 年德国的维奇特得到了第一张地震反射剖面，1914 年该反射剖面被用于找油。1923年至1926年提出了反射波法地震勘探理论，1930年用地震反射波法取得地震剖面资料，并成为当时最好的找油方法。从此，地震勘探成为石油勘探最为重要的手段。多年来，人们一直在不断改善地震资料的采集、处理和解释手段，以力求在地震剖面上可以获得更多与石油相关的地质信息。

4)在钻井上，1865年发明使用了冲击钻，1895年发明使用了与今天类似的旋转钻机，这种钻机于1941年在世界范围内广泛推广使用，但与钻井配套的技术还很原始。1926年在阿堪萨油田首次应用钻杆测试器。1937年出现录井仪。1927年德国的彼奇勃恩开始试验电测井，5年后得到广泛应用。1932年开始使用射孔仪。随着各种基本的测井、录井、测试方法的逐步完善配套，与钻井配套的各种勘探技术在油气勘探中得到了广泛应用，这大大加快了油气田的勘探开发进度。

5)在油气产量上，1960年全球石油产量约为10.8×10^8t，是1860年石油产量的1万倍。短短的100年间，世界石油工业有了突飞猛进的发展，这很大程度上得益于油气勘探理论和技术的进步和提高。

(3)油气勘探的稳定发展阶段(1960年至今)：20世纪60年代是世界油气勘探活动量最大、发现大油田的高峰时期。全世界已发现的32个特大油田，其中有24个分布在中东。1960年初石油输出国组织(OPEC)成立后，中东各国相继实行石油国有化，OPEC对世界石油生产和原油价格的影响越来越大，到1978年中东地区的原油产量已达10×10^8t，波斯湾地区逐步成为世界石油勘探开发的中心。

自20世纪60年代开始，世界油气勘探具有以下特征。

1)在油气成因上，近代物理学、化学、生物学及地质学等基础理论科学的辉煌成就，加之色谱、光谱、质谱、电子显微镜和同位素分析等先进技术的广泛采用，为解决油气成因问题创造了良好的前提条件。20世纪70年代初，法国著名地球化学家Tissot等综合归纳前人的研究成果，建立了干酪根热降解生烃演化模式，提出并完善了干酪根晚期生油学说，揭示了油气形成、演化与分布规律，使人们对油气成因的认识更加科学合理。在干酪根晚期生烃理论广泛为国际石油界所接受的同时，在世界许多国家的油气勘探实践中，不断发现有“未熟—低熟”石油的存在；很多盆地的中、新生代煤系地层中发现与煤热演化有关的大油田，从另一个方面说明油气成因的多样性，表明现代油气成因理论需要进一步充实和完善。

2)在找油理论上，20世纪60年代初中国石油地质学家根据大庆油田和渤海湾油区油气勘探实践，总结了油气分布的“源控理论”，并在以后的油气勘探实践中得到发展和完善。

20世纪60年代末，国外也相继出现了与“源控论”相近的观点，并在勘探实践中得到了广泛的验证。例如在1971年，蒂索在研究巴黎盆地侏罗系生油问题时，发现所有的油田均位于生油层最好的地区之中。俄罗斯的地质学家罗诺夫的研究也表明，伏尔加乌拉尔含油气区的泥盆系生油层质量较其他地区好得多。可见“源控论”不仅适用于陆相沉积盆地，同样也适用于海相沉积盆地。“源控论”从客观上反映了生油岩是油气藏形成的物质基础。自“背斜说”提出后，从1920年至1960年的40多年油气勘探实践中，人们一直把“背斜圈闭”作为油气勘探的主要目标。20世纪70年代初隐蔽圈闭概念的提出，是对背斜聚油气理论的补充和完善，它拓展了人们找油气的空间，使人们对油气在地层中分布规律的认识更加深入。

20世纪70年代我国地质学家根据渤海湾盆地油气勘探实践提出了“复式油气聚集理论”、“古潜山油气勘探理论”，是对油气聚集理论的发展和完善。从20世纪70年代Dow提出的“石油系统”到20世纪90年代Magoon等提出的含油气系统理论等，标志着人们对油气成因、油气分布规律的认识已经从探索走向成熟。

3）在油气勘探方法上，20世纪70年代初地震勘探多次覆盖技术的广泛采用和数字地震仪的出现，以及计算机处理技术的提高，使得地震剖面质量得到极大改善。20世纪80年代初油气勘探已进入三维地震技术、高精度地震数字处理技术、计算机交互地震解释技术以及各种地下成像技术时代，油气勘探技术的进步，显著提高了钻探的成功率和勘探效益。

4）在钻井技术方面，不仅能钻深井、超深井，还可钻探定向井、水平井、丛式井以及高温高压特殊工艺井等。同时井控技术、油气层保护技术、现代试井技术、综合录井技术、测井技术等与钻井相关的油气勘探技术也得到极大改进和提高，钻井及其相关的配套技术正向自动化和智能化方向发展。

5）在石油产量上，2004年世界原油产量近40×10^8t，是1960年原油产量的4倍，世界石油勘探开发走向了成熟稳定的发展阶段。

（二）世界油气勘查的发展方向

1. 近期全球部分地区油气勘探进展

（1）非洲油气勘探：在阿尔及利亚，费斯特卡尔加里公司的雷得迈特南1井成为陆上伯凯恩盆地的最大发现。桑特拉克特公司在海斯梅萨伍德盆地也获得了一个重大发现。同时，在欧德姆亚盆地钻探的BKP2井测试也获得了产油量为430.1t/d、产气量为$59.5\times10^4m^3/d$的高产油气流。在刚果，深水勘探获得了4个重要发现。其中道达尔公司的卡尼拉1井测试产油量为952t/d，雪佛龙德士古公司的KX2井测试产油量为700t/d。据报道，在埃及获得了多个重要发现，主要是苏科公司在苏伊士湾，斯佩特罗尔公司在陆上阿布加拉迪革盆地的初探，壳牌公司在阿布加拉迪革盆地的勘探。在赤道几内亚，道达尔公司在尼日尔三角洲深水区域钻探的普利欧维1B井获得了重要发现。在毛里塔尼亚海上已经钻了多口探井，其中丹那公司钻探的珀利坎1井的勘探成果最好。已经证实了$291.7\times10^8m^3$的地质储量。

（2）大洋洲油气勘探：在澳大利亚，雪佛龙德士古公司在北卡纳冯盆地的韦特斯通1井获得了高产天然气流。在新西兰，NZOP公司在阿莫库拉1和帕特克2获得了油气显示，这是新西兰多年来首次发现石油。

（3）欧洲油气勘探：在法国，埃克森美孚公司在阿奎坦盆地钻探的莱斯米诺萨1GD井获得了该国最大的发现，该井产油量为224t/d，被视为阿奎坦盆地几个发现中远景最好的一个。在波兰，PGNG公司在前苏德蒂克单斜钻探的扎涅姆索3井获得天然气产量为$7.1\times10^4m^3/d$，在外卡帕仙前渊区钻探的谢皮兹2井的天然气产量为$76.2\times10^4m^3/d$。

（4）远东地区油气勘探：在孟加拉，由土劳公司经营的邦戈拉1井被认为是一个潜在的巨大发现。该井钻遇了多套含气层系，对3个气层段进行测试，获产量为$1.2\times10^8m^3/d$的高产气流。中国石油天然气集团公司在渤海湾盆地冀东滩海钻探的老堡南1井成为2004年最大和最重要的发现。此外，中国石油天然气集团公司还在塔里木盆地获得了包括轮古39井在内的5个重要发现。印度海上已连续两年成为重要探区。2004年，信任公司在NEC97/2区块济鲁海构造上勘探获得最重要的发现。在印度尼西亚，杰鲁克1井是桑托斯公司所获得的一个重要的石油发现，在海上东爪哇盆地至少获得了$2\,380\times10^4$t油当量的储量。埃尼公司在塔拉坎盆地中心深水区完成的阿斯特1井也获得了重要发现。

（5）拉丁美洲油气勘探：在哥伦比亚的拉诺斯巴里纳斯盆地，Perenco公司钻探的乔丹东

1 井获得了重要发现。在古巴，雷普索尔公司钻探的雅玛瓜 1 井是一口重要的探井，它是在古巴深水区钻探的第一口井，而且发现了轻质油。墨西哥海上油气勘探获得了重要成果。在国家石油公司所报告的 21 个发现中有 7 个在海上。据委内瑞拉国家石油公司估计，在特拉维东构造成功完钻的特拉维东 2X 初探井获得原油地质储量为 $9\ 380\times10^4$ t，天然气地质储量为 $736.2\times10^8 m^3$。

(6)中东油气勘探：据报告，科威特石油公司在迪迪巴次盆地的巴拉 28 井获得了油产量为 679t/d 的成果。利比亚报告了 6 个重要发现，其中雷普索尔公司在迈尔祖格盆地测试产油量为 329t/d。沙特阿拉伯的沙巴 700 是 2004 年的重要发现，新发现了一个非伴生天然气和凝析气区带。

2. 成熟盆地勘探现状

尽管成熟盆地的勘探程度较高，但通过深化地质认识及强化新技术的应用，仍有可能发现新的油气田。2005 年 AAPG 年会关于成熟盆地勘探的报告主要包括以下内容。

(1)在地质情况复杂、勘探难度较大的探区，应用新的地质模型和新技术，勘探又有新的突破。如应用连续的构造模型重新解释西加拿大盆地山前构造带，从而发现了两个新的气藏，使天然气储量翻番。

(2)在成熟盆地，通过三维地震资料的重新采集，或利用新技术(包括地震资料的特殊处理、AVO、地震资料反演等)对老资料进行重新处理、解释，重新认识了老探区，使一些成熟盆地又有新的发现，原油产量不断增加。例如应用高质量的三维地震资料，对阿尔伯达中南部泥盆系 Leduc 组进行重新解释，在 Innistail 油田的边缘新发现了两个油藏，使原油产量提高了一倍。

(3)成熟盆地新的成藏组合和圈闭类型的发现，开辟了新的勘探领域。如对西加拿大盆地浅层气、British Columbia 东北部的新探区(Russum 和 Botterill)、不整合圈闭(Ihrahim)和 Anadako 盆地的毛管压力圈闭(Martino)的识别，都有新的发现。

(4)成熟盆地的非常规油气资源勘探，使成熟盆地再现生机。如西加拿大盆地的深盆气勘探(Russum 和 Botterill)、Appalachian 盆地的页岩气和沥青油(Gooding)勘探以及 Williston 盆地 Bakken 组中的页岩油(Kreis)勘探等。

(5)对成熟盆地的新认识开辟了新的勘探领域。如对北美古生界碳酸盐岩地层中受构造控制的热水白云岩化的研究表明，北美古生界与热水白云岩化作用有关的油气资源具有相当广阔的勘探前景。对与热水白云岩化有关的已知油气田的类比研究表明，北美古生界有可能成为油气勘探的新领域。

3. 非常规油气资源研究状况

(1)稠油、油砂和油页岩资源越来越受到重视。稠油和油砂形成的主要原因之一是生物降解作用，传统观点认为生物降解与低温和含氧环境有关。Aitken 从世界范围内大批降解原油样品中分离出的还原性环烷酸，成为原油厌氧生物降解作用的地球化学标志，这一标志对改善油藏原油降解的预测模型具有极为重要的意义。Karlsen 认为原油生物降解级别与大气降水有因果关系，降解级别的控制因素包括低温以及近地表(或接近地表)的含氧水。另外，油藏内近油水界面生物降解与冰期海平面波动和大气降水流入油藏有关。

Bunger 等开展了 Athabasca 油砂与绿河油页岩资源的对比分析，绿河的油页岩带与阿尔伯达的商业油砂相比，在富油级别上等同，甚至更为富集，估计有 5.6×10^8 t 的可采储量。预计每吨油页岩可产油量为0.0975t，甚至更高。Clarkson等估计，在未来10年间大约有300×10^8美元的资金投入到油砂工程项目中，且绝大多数将被用于应用蒸汽辅助重力驱油(SAGD)技术从油砂中抽提沥青的项目。全球已经开始对页岩气进行资源评价。Chalmers等对加拿大British Columbia东北地区下白垩统页岩气资源潜力进行的研究结果表明，下白垩统平均地层厚度为105m；有机碳含量(简称TOC)为0.42%～14.48%；在压力为6MPa，温度为30℃的条件下，甲烷的吸附能力为0.05～1.15cm^3/g；总含气量为$18.48\times10^8 m^3/t$。地层的TOC含量与富存甲烷量有良好的正相关关系，高产气样品的惰质组含量普遍较高。

(2)煤层气勘探的实质性进展。阿拉斯加Cookinlet盆地Norathon Grassimos－kolkoff－1井的资料表明，煤层解吸过程中二次气体释放会使资源量增加40%，这一成果对煤层气资源评价具有重要的现实意义。Bustin等研究表明，与甲烷解吸相关的体积应变导致的渗透率回弹对深层煤层气产量有着重要影响。美国南部的煤层气勘探目前已钻井1 100口，纯煤层厚度为0.3～4m，富气构造为断层相关褶皱，"甜点"沿褶皱枢纽带分布。阿尔伯达盆地上石炭统马脚谷地层由于没有突水现象，煤层气产量快速增长，近18个月产出的煤层气量增加到$2\,183\times10^8 m^3/d$，预计今后还会呈指数增长。在未来5年估计有5 000口煤层气井投产，煤层气产量将占到天然气总产量的10%，从而使西加拿大盆地的煤层气资源得以利用。尽管煤层气的勘探开发取得了实质性进展，但煤层气资源的工业性开发依然面临着很多问题，尤其是对开采出来的地层水的处理是一个急需解决的重要问题。

(3)天然气水合物研究方法的新突破。从天然气水合物中提取天然气的传统方法，如热采、降压、抑制剂注入法等均存在弊端，Cranganu等提出了一种新的天然气水合物开采方法，即条件性热采方法。该方法的优点是：允许燃料注入与解吸气体排出在同一井筒中进行，避免使用注采两口井，节约了能源。McGrail提出一种利用二氧化碳提高天然气水合物产量的新方法，该方法已经在实验室获得成功。正是多种方法的提出为美国地质调查局建立阿拉斯加天然气水合物勘探、开发和生产模型创造了条件。

4.深水油气勘探

当前，以美国埃克森美孚、雪佛龙德士古、英国BP、荷兰皇家壳牌、法国道达尔、挪威国家石油公司以及巴西国家石油公司等为代表的大型石油公司，在全球掀起了深水油气勘探开发活动的热潮。

深水是个动态的概念，随着科技发展，其内涵不断变化。1998年以前一般认为水深达200m即可称为深水，1998年后的一段时间深水的概念一般认为是300m，目前大部分人将500m作为深水的界限，而1 500m以上为超深水。世界深水油气勘探开发始于20世纪70年代末期，当时只能在水深数百米的水域进行油气勘探活动，20世纪90年代发展到水深2 000m，至今已能在超过3 000m深的水域进行油气勘探。目前，世界最大水深钻探纪录为2003年墨西哥湾Toledo 1号井，该井水深3 050m。通过改进隔水管材料、完善接口技术、增加隔水管数量以及随着相关技术的进步，将可在更深水域进行钻探作业。

深水油气资源非常丰富，据美国地质调查局和国际能源机构估计，全球深水区最终潜在石油储量有可能超过$1\,000\times10^8$桶。随着深水油气勘探的深入，实际储量很可能远超此数。据统计，现有60多个国家进行深水油气勘探，累计发现的石油储量超过250×10^8桶，天然气达160×10^8桶油当量。据估计，全球深水和超深水区石油储量占全球石油储量的6%。另据介绍，未来世界油气的44%将来自深水区。

深水油气勘探效益好，投资回报高，近期的高油价史是刺激深水投资迅猛增长的主要原因。据Douglas-West-wood公司Steve Robertson介绍，2006—2010年，全球深水区投资总计将超过200×10^8美元/年，年均增长7.3%。深水油气产量也增长迅速，所占比例越来越大。到2010年，全球深水区投产油气田的储量将达到273.15×10^8桶(油)和6.141×10^{12} m^3(气)，约占浅水区将开发储量的1/4，其中西非、巴西、墨西哥湾最多，其次是挪威、亚太地区、英国等。另据Douglas-Westwood公司在《2005—2015年世界海洋油气预测》报告中介绍，2004年海洋石油的10%来自深水区，而2015年这个比例将增长至接近25%。2010年后，海上油气的增长将全部来自深水区，从而补偿浅水区产量的下降。

近年来，世界上取得的重大油气发现大部分在海上，尤其是深水海域。2006年我国南海北部陆坡荔湾3-1-1井在深水首次发现了天然气，它是我国目前海域最大的天然气发现。海上油气勘探开发向深水区转移的趋势十分明显。

5.油气勘探技术的新进展

在地震勘探技术方面，多波多分量地震技术的研发和应用取得了新的进展，新型采集系统的结构和物理属性较以前的采集系统有了很大的改进，在直接寻找油气、提取岩性参数、发现岩性油气藏、研究岩性的各向异性、探测裂缝发育与分布等方面都有成功实例。其中地震成像技术的发展尤为突出，高质量三维地震资料和可视化技术使得地震形态成像技术已经成为储层描述与识别的一种重要工具。

在非地震勘探技术的研发和应用方面取得了一批重要成果。

(1)虚拟露头技术有了新的发展。所谓虚拟露头技术就是利用全球定位系统、高端计算机和激光技术建立三维露头模型并获得更多深层次地质信息的一项新技术(得克萨斯大学)。该技术的基本原理是通过激光脉冲发射系统向露头发射激光束以及接收、测量由露头反射的激光束，经过多次、多角度、多点的发射、接收和测量，获得大量三维露头资料；然后对这些资料进行分析处理，建立三维数字露头外观图像；最后再将数字图像覆盖在数字地形模型上。其特点是采集三维露头资料省时省力，并可获得比过去地表研究更多的地质信息。虚拟露头技术的改进使得利用露头信息进行储层模拟成为可能。

(2)基于DNA的油田微生物群分子测量技术。地表地球化学勘探方法是探测烃类在垂向上直接或间接运移的有效方法。通常土壤中的烃类化合物经过了大量微生物的变异，因而对样品的测量结果很难解释。微生物学的测量尽管可以揭示这些变异的有机质的存在，但这种方法的局限性在于土壤微生物的绝大部分(大于99%)不能被培育。解决"培育瓶颈"的答案就是应用分子测量技术，即基于DNA的探测方法。美国能源部资助的一项应用微生物仿形技术能识别复杂的微生物群(称SARD)，对从美国加利福尼亚州、德克萨斯州和怀俄明州正在生产的油田采集的12个近地表土壤样品进行的微生物DNA实验显示，微生物群的子集与丙烷和丁烷有明显的共生关系，这表明在含油气远景区通过测量微生物种群的分布可以揭示地下烃类的存在。因此，SARD法代表了一种将生物与地化解释应用于直接找油的勘探方法。

(3)将先进的空间热辐射和反射雷达仪用于油气勘探中。日本的地球遥感解译中心(ERSDA)正在开发一种可直接用于自然资源(矿产、地热、油气)勘探开发和环境评价的遥感技术，这样可将卫星遥感资料用于评价地下构造。

全球油气勘探总体的发展趋势是：①随着勘探工作的不断深入，世界级巨型油气田发现逐年减少，但许多重要的发现仍能使世界油气储量保持较大幅度的增长；② 成熟盆地勘探日益受到重视，采用新方法、新技术重新认识老探区，发现新油气田的潜力依然巨大；③ 非常规油气资源已经成为全球勘探的热点，与之相配套的评价方法、勘探技术也正在形成之中，预计常规油气资源勘探和非常规资源勘探并存的局面即将形成；④油气地质基础理论研究的方法日益完善，手段日益更新，且正在由单项的基础研究向多学科综合方向发展；⑤勘探技术呈现出由单一技术向多项技术集成以及高精度、数字化、模型化方向发展的趋势。

美国国家石油委员会按照美国能源部的要求，组织业界 350 多位专家学者共同参与，历时 21 个月，于 2007 年 7 月完成了题为《面对能源问题的严峻事实——纵观 2030 年全球石油和天然气前景》的研究报告。报告提出了 2030 年前需要重点研发的 6 项勘探技术，用以极大地改善未来 20 年的油气勘探成效。

(1)可控源电磁技术(CSEM)。CSEM 技术近几年来在国外深水油气勘探中发挥了巨大作用，有效降低了深水勘探的钻探风险，能有效检测出以往不易发现的薄油气层及区分其中所含流体是油还是水。CSEM 技术优势明显，数据采集设备集成化很高。它可以避免气候变化引起的影响和天然源信号微弱与随机性的弱点；激发频率可控，探测深度可根据探测目标体的需要而定；海底 CSEM 技术可直接把场源放到海底靶区，检测海底以下数千米的薄油气层。目前已在世界范围内的不同地质背景和大范围的不同水深海域实施了 250 多项 CSEM 勘探，CSEM 技术结合地震、测井等资料成功地实现了复杂构造油气藏的识别和深海布井。

(2)高密度地震数据采集和快速处理具有更高信噪比的高密度地震数据采集技术。该技术将产生更高的分辨率，从而为储层特征和油气远景带的解释提供更强有力的支持。然而，必须对数据处理方法进行持续的改进，方可提升高密度数据的商业影响力。

(3)对超高密度地震数据采集和处理地震数据采集密度和处理效率持续改进。若能采集超高密度数据并以较低成本进行高速处理，则无论在发现新的油气方面还是在取得更高的开发效率等方面，将会实现质的突破。

(4)盐下地震成像技术。高质量盐下地震成像是取得盐下勘探成功的关键。盐是一种高度失真的声透体，会造成盐下“盲点”(屏蔽区)。盐下成像质量的提高无疑将带来新的油气发现和更大的经济效益。

(5)地震波动理论研究。业界和学术界一直在持续进行波动理论的基础研究，目前二者之间的协作已见成效，随着研究的不断深入以及理论的发展和完善，在实现更精确的地震数据定量模拟等方面可带来质的飞跃。

(6)“地震搜索引擎”自动化。该技术将以高度自动化的方式，充分利用计算能力、模式识别技术、地球物理数据和地质概念方面取得的进展。

二、中国油气勘查历史

我国现代石油工业是 1949 年新中国建立后发展起来的。20 世纪 60 年代以来，经过几代人艰苦卓绝的努力，原油年产量由 1949 年的 12×10^4t 发展到 2007 年的 1.867×10^8t，居世界第 5 位；天然气 2007 年的年产量为 693×10^8m^3，居世界第 7 位。

1922 年美国地质家斯坦福大学教授 Blackwelder 撰文《中国和西伯利亚石油资源》指出：“中国没有中、新生代海相沉积，古生代沉积也大部分不生油，除了中国西部、西北部某些地区外，所有各个年代的岩层都已剧烈褶皱、断裂，并或多或少被火成岩侵入。因此，中国决不会生产大量石油。”从此“中国贫油论”在世界传播。中国现代油气勘查历史是一部我国石油地质工作者奋发图强、艰苦探索、创新油气地质理论、发展勘查技术以及进行科学的油气勘查决策的历史,也是一部突破"中国贫油论"的历史。

1. 中国油气勘查史

从20世纪50年代初到目前,我国先后在150个沉积盆地开展了勘探工作,范围达 $400\times10^4km^2$。截至2003年底,我国已在25个省、市、自治区和近海海域开展了油气资源勘查工作,共设置石油天然气探矿权区块1 000余个,勘查面积达320万 km^2。采矿权660多个区块,开采面积近7万 km^2。在23个含油气盆地中累计发现了580多个油田,建成了大庆、胜利等25个油气生产基地。

(1)油气勘探的萌芽时期(1878—1949)——中国早期油气勘查与玉门油田的勘探开发。

新中国建立以前70多年的漫长岁月,是油气勘探的萌芽时期,本世纪早期我国只能雇用外国人见油苗打井,没有什么地质理论的依据,1878年清政府聘请美国钻井技师在台湾省苗粟打了中国第一口油井,1907年聘日本技师在陆上陕西延长打了第一口油井(延1井),1909年雇用俄国人在新疆独山子开凿油井。当时只有少数"洋人"在中国境内从事地质调查,如1862—1865年德国人李希霍芬(Richlhofen)、1905—1909年俄国地质家奥布鲁切夫。以石油为目的的首次地质勘查始于1913年,1913年美国美某公司组成调查团到我国陕西、山东、河南、河北、甘肃、东北等地进行石油地质调查并于1914年在陕北打井7口,均未获工业油流。

中国地质学家李四光、谢家荣、翁文灏等通过亲身的勘探实践,指出中国石油勘探充满希望。1937年抗日战争爆发,石油来源断绝,大后方严重缺油。1938年冬孙健初等一行9人骑骆驼,顶寒风,在戈壁滩上开始石油勘探。1939年8月11日1号井钻至88.81m获工业油流日产油10t,发现了老君庙油田。到1945年10月由翁文波组建的我国第一个重磁力队开始在酒泉盆地作重磁力测量,1947年刘永年组建了老君庙油矿第一个电测站,1940年前钻井主要用标准顿钻,1940年开始引进德制800m两用钻机(旋转和冲击)钻探L油层,日喷油估计千余吨,这是我国第一次著名的油井井喷。1942年从美国聘请了两名钻采技术人员,对我国钻采技术提高起了重要作用,使老君庙第一次进入了近代油田钻采技术的范畴。

20世纪40年代,在一系列勘探实践的基础上,中国的石油地质理论开始萌芽。1941年潘钟祥在美国石油地质协会会志(AAPG)发表《论中国陕北和四川白垩系陆相生油》的论文,1947年黄汲清、翁文波等提出"陆相生油,多期、多层含油的理论",1948年翁文波撰写了《从定碳比看中国石油远景》,是中国陆相生油理论的先导。

新中国建立以前全国只有台湾省的蝗坑、陕西延长、新疆独山子和甘肃老君庙4个小油田,以及四川自流井、石油沟、爷灯山和台湾省锦水、竹东、牛山、六重溪7个小气田。1943年产油量最高达 32×10^4t,1949年全国只有8台钻机,年产原油 12×10^4t,石油职工1万多人,石油专业技术力量十分薄弱。

(2)油气勘探的开创时期(1949—1959)——建国初期的石油勘探,克拉玛依大油田的发现。1949年11月,新中国燃料工业部成立,1950年7月在燃料部下又成立了石油管理总局,新中国得以迅速发展石油勘探开发事业。

20世纪50年代早期,我国油气勘探的地区主要在陕北、河西走廊和新疆天山南北,1953年又扩展到四川盆地。20世纪50年代我国油气勘探基础薄弱,学习苏联的先进勘探经验和技术,在苏联专家帮助下开展工作。建立石油地质勘探技术方法(如地质点构造点工作法、气测、地面电法等技术)制订各项技术规程,培训技术人员。

1953年以后，我国石油勘探力量迅速壮大，全国成立了石油地质局和钻探局，下属陕北、酒泉、湖水、新疆、青海和四川6个地质大队，以及玉门、延长、永坪、四郎庙、虎头岸等油矿和探区。到1956年底，石油部等有地质队80个、地震队21个、重磁力队25个、地面电法队15个、测量队61个、轻便钻井队51个、测井队48个。地质部在1955年开始成立石油普查大队，在大西北开展区域石油地质普查。建国初期，由于物探工作起步晚，又都在中西部露头区盆地边缘勘探，勘探主力军仍是地面地质调查。从1950—1956年，钻探井612口，进尺57×10^4m，探明地质储量5 750×10^4t，平均每口探井仅探明地质储量9×10^4t，每米进尺探明储量100t。

1955年下半年，原石油部部长助理康世恩率中国石油代表团访问苏联，学习并借鉴俄罗斯地台发现第二巴库和西西伯利亚勘探经验，成绩显著，提出要重视地台区的综合勘探和评价研究、重视勘探程序，打基准井、地质浅井、提高圈闭落实程度等。克拉玛依油田的发现与探明，以及东部地区勘探的展开都得益于勘探指导思想与技术方法的进步。

1955年在柴达木盆地发现油泉子、油砂山等5个小油田后，1958年，青海石油勘探局在冷湖5号构造打出日产800t原油的高产井，1959年探明了冷湖5号、4号和3号油田，年产油30.7万t。在酒泉盆地老君庙和青草湾构造之间的鞍部预探鸭1井喷油发现了鸭儿峡油田。1959年底全国探明石油地质储量3×10^8t，年产油量275.8×10^4t，天然气产量25 150×10^4m^3。

(3)中国石油勘探的战略东移(1958—1978)——东部石油勘探的重大突破，发现了大庆油田和渤海湾油气区

20世纪50年代早期，我国石油产量还远不能满足国家经济建设的需要，第一个五年计划石油产量没有完成国家计划，1957年全国年产油量仅145×10^4t，天然油和人造油基本持平，天然油年产量86×10^4t，人造油年产60×10^4t，但勘探开发天然油的经济效益却很低，加之当时天然油产地偏居西北一隅，而我国工业偏于东部沿海各省，由于运输不便，当时对发展我国石油工业靠天然油还是人造油的问题没有彻底解决。李四光、谢家荣、康世恩等人从我国含油区大地构造特征出发提出了对我国石油勘探向东转移的战略意见。

中国石油勘探东移以后，主要勘探领域在广泛大面积覆盖的平原区开展工作，总结以往勘探经验教训，以盆地全局着眼，以物探为主力军，在松辽平原、华北平原开展大规模的油气综合勘探，取得了良好的效果和经济效益，勘探效益比我国20世纪50年代早期提高十倍至数十倍。发现了众多的大油田。1959年9月26日松基3井喷出工业油流，宣告了大庆油田的诞生。

这20多年中，油气勘探主要依靠我国自己的技术力量，在困难时期我们提出："破除迷信，解放思想，打破框框，丢掉洋拐棍，走自己的道路"，制定了符合我国国情的勘探程序和方法，在许多重要环节上改变了以往老一套的做法，在勘探技术装备上提倡国产化，地震、测井、测试、钻采、地质录井等仪器装备、制造主要立足于国内，勘探技术水平上了一个大台阶。在石油地质理论上大破"陆相贫油"、"中国贫油"论，根据不同类型盆地的特点总结出陆相生油的地质理论。

这个时期勘探成果十分显著，在我国东部发现了众多油田。20世纪60年代初的大庆油田会战是我国石油工业发展史上的重大转折。这次会战的胜利，实现了我国石油的基本自给。尔后，石油勘探在渤海湾地区进一步大规模展开，相继发现了胜利、大港、辽河、华北等储量丰富的油田，原油产量迅速增长，1978年突破了1亿t，从此我国进入了世界主要产油国之列。

(4)油气勘探的全面发展时期(1978—1998)——西部油气勘探重大突破，海洋发现大油

气田。1978 年，十一届三中全会以后，我国石油工业进入了一个新的发展时期，从我国西部天山南北的塔里木、准噶尔盆地，到我国东部大陆架的黄海、东海、南海等海域，油气勘探工作全面展开，海上、陆上油气勘探开发相继对外合作开放。石油地质理论和高新技术与装备的引进，使我国的勘探技术向国际水平靠拢。在这一阶段，我国陆上自营打探井每年平均在 800～1 000d，进尺(200～300)$\times10^4$m，完成一维地震测线约 10×10^4km，1985 年后广泛开展三维地震勘探，年完成 8 000～1 000km^2。20 年中发现并开发了一批大中型油气田，在“稳定东部、发展西部”的方针指导下，在东部地区新发现了河南的中原油田，南阳油田，山东孤东油田，辽河的大民屯油田，内蒙古的二连油田。大力发展西部油气勘探，在新疆二大盆地和陕甘宁盆地又新发现了大油气田，如彩南、石西、丘陵一鄯善，塔中 4 号等大中型油田，还发现并开发了我国陆上最大的陕甘宁中部大气田。海上发现了流花 11－1，绥中 36－1，秦皇岛 32－6 大油田和崖城 13－1、东方 1－1 大气田。截至 1997 年底全国共探明石油地质储量 190×10^8t，天然气地质储量 $1.7\times10^{12}m^3$，年产原油 1×10^4t，天然气 $223\times10^8m^3$，石油产量位居世界第五位。

(5)新世纪、新突破，我国油气勘探迎来新局面(1999 — 2007)。进入新世纪，我国东部、中西部和近海海域三大油区，已探明石油地质资源量 693×10^8t，占全国已探明石油地质资源量的 90％以上；待探明石油地质资源量 458×10^8t，占全国待探明石油地质资源量的 86.25 ％，不仅是我国现有的主要产油区，而且是今后我国油气资源的主要来源地。

东部地区石油地质资源探明率已经超过 52％，但待探明石油资源有 157×10^8t，仍很丰富，尤其是渤海湾盆地（陆上）、松辽盆地待探明石油地质资源量约 122×10^4t。近年的勘探结果表明，石油新增探明储量平均每年增长$(3～4)\times10^8$t，仍然是我国石油增储上产的主要地区。辽河油田滩海葵东 1 号构造，预探发现井葵东 1 井在东营组钻获日产油 100～170m^3和天然气 $1.5\times10^4m^3$的高产油气流，之后又钻探 4 口井均获成功，初步估算预测石油储量规模可达 1 亿 t 左右。大港油田滩海张东构造，完钻预探井、评价井 8 口，有 5 口井获工业油流，估算也可形成 $5\,000\times10^4$t 的石油储量规模，进一步展现了滩海地区的石油勘探前景。继徐家围子气田发现后，松辽盆地 2006 年又先后在盆地北部的徐家围子断陷东部的斜坡带营城组火山岩有利岩性圈闭进行钻探，有 2 口井获得突破。其中，徐深 21 井获日产 $41.4\times10^4m^3$的高产气流。徐深 23 井也在相同的层位钻获厚的气层，有望获得高产。根据上述两口井的成果和正钻 4 口预探井的资料分析，该岩性圈闭带可形成千万立方米天然气储量富集区；在松辽南部长岭断陷达尔罕断凸带英台深层构造，腰深 1 井在相应的层位获得日产$(29～33)\times10^4m^3$的高产天然气流。初步估算天然气储量规模也可达到 $500\times10^8m^3$左右。这表明营城火山岩储层和砂岩储层形成的气藏有较大面积的分布，将成为大庆深层主要的天然气资源勘探开采领域。据预测，东部地区还可以稳定增储上产 5～10 年以上。勘探的主要目标已经由构造圈闭为主向构造—岩性和地层—岩性圈闭为主转变，由中浅层向深层转变。富油凹陷及周缘的构造—岩性和地层—岩性油气藏，是东部的松辽盆地、渤海湾盆地油气勘探开发的主要目标区，是深化东部勘探和稳定东部主产区的主体。地层—岩性油气藏隐蔽性强，要进行更为深入细致的研究和勘探工作，加强储层预测，指导油气勘探。

中西部地区石油资源丰富，待探明石油资源为 213.41×10^8t，占我国待探明石油地质资源的40％，石油探明程度20.18％，其中塔里木、鄂尔多斯、准噶尔 3 大盆地待探明石油资源丰富，石油待探明地质资源量 167×10^8t，待探明可采资源量 46×10^8t，且都处于中低勘探程度，找到大中型油田的可能性极大。

四川盆地东北部和中北部的普光、龙岗等地区发现了我国海相最大的天然气藏。龙岗1井位于四川盆地中北部，于2006年9月钻至井深6 530m完钻。发现了二叠系长兴组生物礁、三叠系飞仙关组礁滩两套孔隙型优质储层，经测试在长兴组生物礁获日产气$60\times10^4m^3$、飞仙关组鲕滩获日产气$120\times10^4m^3$的高产气流。这是继川东北宜汉一达县地区普光大气田发现后的又一重大发现。普光大气田发现于2003年，是一个储量规模大、埋藏深、丰度高的海相气田，气田至2008年底累计探明储量超过$3\ 000\times10^8m^3$，这一大气田的发现是我国天然气勘探的历史性突破。四川盆地除了海相勘探层系的突破外，在三叠系须家河组陆相天然气勘探上同样获得了重大突破。一是盆地川西坳陷龙门山前大邑构造上，预探发现井大邑1井于2006年7月完钻，经测试获日产天然气$12\times10^4m^3$。这是继孝泉—新场构造带上新场深层新856井获得高产后的又一重大发现，展现了龙门山山前构造带有着较大的天然气勘探潜力。二是盆地中部的广安和安岳地区都获重大发现。广安地区2006年有16口井预探和评价获工业气流，在须六和须四两个气藏中预测可新增天然气储量$1\ 000\times10^8m^3$以上；安岳地区5口探井已有5口井获得工业气流或气层，产气层为须二，经气藏描述在$400km^2$的范围内，估算可获预测天然气储量超$1\ 000\times10^8m^3$。

塔里木盆地主攻台盆区的古隆起古斜坡的下古生界油气藏继续获得重大发现。塔中隆起塔中1号坡折带礁滩复合体勘探向纵深发展，有7口探井获工业油流和高产油气流，进一步落实了塔中72井、塔中82井、塔中86井三个井区的油气当量储量规模达1×10^4t以上。塔北隆起斜坡塔河油田毗邻地区，先后在西南托甫台地区的TP7，TP8两口井，在奥陶系中统一间房组酸化压裂后日产$70\sim190m^3$的工业油流。这表明该区$756km^3$的范围内，6 500m深的储集条件仍然较好，估算储量规模可达1×10^8t以上。在塔河油区盐下奥陶系也有一批井获高产油气流，估算储量规模可达1.5×10^4t左右。塔河油田北部的英买力地区—英34—英35井区新发现志留系储层获高产油气，英买32井区有3口井获高产油气流或见到良好显示。这表明志留系这一新的领域有一定规模的潜力。

准噶尔盆地南缘天然气勘探获得大发现，准噶尔盆地南缘在玛纳斯背斜高点上钻探的玛纳1井，于古近系砂岩储层中钻获日产气$50\times10^4m^3$、原油13 m^3的高产油气流，初步估算该构造的天然气储量规模可达$300\times10^8m^3$左右。这一发现表明准噶尔盆地山前冲断带油气比较富集，是今后该盆地最具有勘探潜力的接替区。

渤海海域、珠江口和北部湾盆地石油资源丰富，石油探明程度21.4 %，待探明石油地质资源量88×10^8t，其中，渤海湾(海域)、珠江口两大主力盆地待探明石油可采资源量61×10^8t，勘探前景十分广阔，具备增储上产的资源基础。且经过多年勘探，对盆地石油成藏规律的认识较为深入。近几年的勘探势头良好，储量保持上升态势。加大我国海域和深水的技术攻关，力保油气资源的可持续供给。

2006年南海北部陆坡荔湾3－1－1井在深水首次发现了天然气，是我国目前海域最大的天然气发现。荔湾3－1构造位于南海北部珠江口盆地珠二坳陷白云凹陷东南部的29/26合作区块。该构造上的第一口预探发现井LW3－1，海水深1 480m，是我国海域第一口深海石油探井。在中新统中钻获气层厚达70余米，获得高产气流。据有关专家分析估算，储量可达$(1\ 100\sim1\ 700)\times10^8m^3$。这一发现有可能使荔湾3－1构造成为我国南海深水第一个大气田。

关于南海海域的油气勘查，金庆焕院士(2008)指出：目前南海周边国家在南沙群岛附近海域已发现油气田100多个，其中个别气田属特大型规模，另有一批大中型油气田。越南、马来西亚、印度尼西亚、文莱还有菲律宾等国已在南沙海域进行了大规模的油气开发，南沙海域的油气开发给周边国家带来了巨大的经济利益。我国早在1993年就已做好了在南沙群岛附近海域上钻的前期工作，由于种种原因，最终未能实施钻探。对没有争议的海域，应加大投入力度和勘探力度，首先是提高地震采集和处理的质量，争取得到能反映中、深层的高分辨率地震剖面，为下一步的普查和详查奠定基础。争取在短期内部署一批探井，包括少量科学井；还应该大力发展我国的深水油气勘探技术。至于有争议的海域，应尽快进行划界谈判；也可考虑跟相关国家进行合作和开发，如近几年中、菲、越在礼乐滩附近海域进行的合作勘探。

2. 中国油气勘查技术发展史

油气勘查工作的目的是发现油气田，油气勘查技术是达到这一目的的手段。中国油气勘查技术的发展，经历了初始阶段、发展阶段和现代化阶段三个阶段。

(1)初始阶段(1949—1964)：这个阶段的油气勘查技术主要是：野外地质调查、光点地震仪地震勘探、电阻率测井、井口捞砂样录井、抽提式试油。其主要的工具是罗盘和榔头，以及一些简单的地形测量仪、地震仪、重磁力仪和半自动电测仪。这一阶段先后发现了克拉玛依油田、大庆油田、扶余油田、胜利油田、大港油田等。

(2)发展阶段(1965—1978)：这一阶段许多技术手段都有了显著的改善，地震勘探技术方面普及了模拟磁带地震仪，并发展了地震资料的数字处理与解释技术；地质录井技术方面逐步采用了多参数综合录井(包括气测、泥浆及钻井参数录井技术)；数字测井和资料数字处理技术及中途测试技术也相应有了新的发展。这个阶段发现了苏北油田、辽河油田、江汉油田、长庆油田、中原油田、冀中油田等。

(3)现代化阶段(1979—　)：以地震和测井两项主要技术为核心，并在钻井和测试方面出现了许多新技术。地震勘探技术完成了数字化改造的全过程，并向高精度地震勘探发展(三维地震)，资料处理用大型计算机完成，处理方法和软件也不断创新；测井技术由数字测井向数控测井技术发展，资源卫星遥感技术广泛应用，勘探综合配套技术(盆地模拟、地震地层学、油藏描述等)也迅速发展。

3. 中国油气资源评价历史

我国的油气资源评价工作早在20世纪30年代末到40年代初就进行过，当时的一些地质学家根据地质调查资料预测了中国的石油储量。新中国成立后，随着勘探工作的发展，石油工业部每年都对各探区(盆地)进行资源评价，预测有利地区，并在20世纪50年代末到60年代初进行了全国的油气资源评价与远景预测。20世纪70年代以来，由于有机地球化学的进展，以及计算机技术的广泛应用，资源评价研究逐渐由定性向定量方向发展。

自20世纪80年代以来，我国组织了三次全国范围的油气资源评价。

(1)第一次油气资源评价(1981—1987)：在对国外油气资源评价理论和方法进行充分分析的基础上，对国内掌握的50余种评价方法进行了分析、筛选，结合我国石油地质条件、评价技术和分析化验技术的特点，研究并形成了适合我国具体情况的远景资源评价方法系列，即RES-851评价系统。它由石油地质风险评价、资源量概算及资源量的经济地质分析三大部分组成。第一次油气资源评价获得的全国油气资源总量分别为787×10^8t和$34\times10^{12}m^3$。

(2)第二次油气资源评价(1992—1994)：与第一次相比，在地质评价、方法研究、软件研制、资料积累、参数研究、方法选用、指导勘探等许多方面都取得了明显进展。主要的方法有：地质风险概率法、模糊集合综合评价法、容积法、油田规模序列法、加拿大PETRIMES方法、特尔菲法、专家评估法、地球化学方法(热模拟法、热解法、残烃法)、蒙特一卡罗法等等。第二次油气资源评价获得的全国油气资源总量分别为 940×10^{8} t 和 38×10^{12} m^{3}。

(3)第三次油气资源评价(2003 — 2005):2000 年三大石油公司在全国第二次油气资源评价结果的基础上,分别对各自探区内的部分盆地重新进行了评价。汇总三大石油公司评价结果,得出全国共有石油地质资源量 $1\ 021\times10^{8}$ t,可采资源量 150×10^{8} t;天然气地质资源量 47×10^{12} m^{3},可采资源量 12×10^{12} m^{3}。2004 年,由中国工程院完成的"中国可持续发展油气资源战略研究"报告通过汇总全国三大油公司 2000 年以来的最新资源评价成果,采用平均采收率法重新评价,根据翁氏模型法预测结果,综合确定全国的石油可采资源总量为 150×10^{8} t,天然气可采资源量为 14×10^{12} m^{3}。

2003 — 2005 年,在充分借鉴近期石油公司层面油气资源评价成果的基础上,由国土资源部、国家发展和改革委员会及财政部联合组织开展了新一轮全国油气资源评价。评价结果:除南海南部 14 个盆地外,我国陆地和近海海域 115 个含油气盆地石油远景资源量为 $1\ 085.57\times10^{8}$ t,地质资源量为 765.01×10^{8} t,可采资源量为 212.03×10^{8} t;天然气远景资源量为 55.89×10^{12} m^{3},地质资源量为 35.03×10^{12} m^{3},可采资源量为 22.03×10^{12} m^{3}。新一轮全国油气资源评价首次开展了全国范围内的油气资源可采系数研究,建立了全国油气资源可采系数取值标准、类比评价标准和标准应用方法,确保了不同盆地油气可采资源量计算方法规范、参数选取合理、计算结果可信,进而保证全国油气可采资源量计算结果更趋客观。

参考文献

[1] BP 公司. BP 世界能源统计 2008[EB/OL],http://www.bp.com/statisticalreview. 2008.

[2] BP 公司. BP 世界能源统计 2009[EB/OL],http://www.bp.com/statisticalreview. 2009.

[3] 车长波. 关于我国油气资源发展战略的思考[J]. 中国矿业,2004, 13(2):7～10.

[4] 瞿　辉,赵文智,胡素云. 我国油气资源潜力及勘探领域[J]. 中国石油勘探,2006(4):1～6.

[5] 丁　锋,余钦范,韩志强. 全球油气资源形势与发展趋势[J]. 资源经济,2006(10):18～21.

[6] 费　琪,范土芝,梅廉夫,等. 成油体系分析与模拟[M]. 北京:高等教育出版社. 2001.

[7] 费　琪. 油气勘探中的创造性思维[M]. 北京:地震出版社. 2005.

[8] 海因里希. 中国的能源需求. 国外理论动态[J]. 2007(2):26～28.

[9] 甘克文. 概论全球油气分布. 石油科技论坛[J]. 2007(3):27～32.

[10] 金庆焕. 全球海域油气勘探现状与我国海域油气勘探[J]. 海相油气地质,2008,13(3):1～4.

[11] 李建武,丁　锋,李香菊,等. 国内油气资源"十一五"勘探重点与方向[J]. 中国矿业,2008,17(1):9～21.

[12] 李晓兰. 6 项重大技术提速未来 20 年油气勘探[J]. 海洋石油,2008(4):69.

[13] 李干生. 2006 年中国油气资源勘探重大发现的特点与思考[J]. 当代石油石化,2007,15(6):1～6.

[14] 吕福亮,贺训云,武金云,等. 全球深水油气勘探简论[J]. 海相油气地质,2006,11(4):22～28.

[15] 马永生. 四川盆地普光大气田的发现与勘探[J]. 海相油气地质,2006,11(2):35～40.

[16] 庞雄奇. 油气田勘探[M]. 北京:石油工业出版社. 2006.

[17] 邱中建,龚再升. 中国油气勘探[M]. 北京:石油工业出版社,地质出版社. 1999.

[18] 王新新. 中国的能源安全与能源战略选择[J]. 中国科技论坛,2007(1):17～21.

[19] 童晓光. 油气勘探原理和方法[M]. 北京:石油工业出版社. 2001.

[20] 武守诚. 石油资源地质评价导论[M]. 北京:石油工业出版社. 1994.

[21] 爱德华·A·博蒙特,诺曼·H·福斯特. 油气圈闭勘探[M]. 北京:石油工业出版社. 2002.

[22] 张文昭. 当代中国油气勘探历程的回顾与展望[J]. 中国矿业,1999,8(2):6～9.

[23] 张文昭. 中国百年石油勘探实践与重大突破[J]. 中国矿业,2000(4):103.

[24] 赵鹏大,池顺都,李志德. 矿产勘查理论与方法[M]. 武汉:中国地质大学出版社. 2006.

[25] 赵鹏大,池顺都,曹新志. 矿产勘查理论与方法[M]. 武汉:中国地质大学出版社. 2001.

[26] 赵政璋,吴国干,胡素云,等. 全球油气勘探新进展. 石油学报[J]. 2005, 26(6):119～126.

[27] 朱世新,宋芝祥,王定一. 油气田调查勘探与资源评价[M]. 北京:地质出版社. 1987.

[28] 金之钧,张金川. 油气资源评价技术[M]. 北京:石油工业出版社. 1999.

[29] Downey M W,Threet J C,Morgan W A. Petroleum provinces of the twenty - first century[J]. AAPG Memoir 74,Tulsa,Oklahoma: AAPG. 2001.

[30] Hurst A,Brown G C,and Swanson R I. Swanson's 30 - 40 - 30 rule. AAPG Bulletin[J]. 2000, 84(12): 1 883～1 891.

[31] Klett T R,Donald Gautier L,and Thomas S. Ahlbrandt. An evaluation of the U. S. Geological Survey World Petroleum Assessment 2000/AAPG Bulletin,1 033～1 042.

[32] R Peter. Rose. Measuring what we think we have found:Advantages of probabilistic over deterministic methods for estimating oil and gas reserves and resources in exploration and production[J]. AAPG Bulletin,2007, 91(1):21～29.

第二章 油气勘查技术

油气勘查是在油气地质理论指导下的油气勘查实践过程，要发现油气和探明油气田必须依靠各种油气勘查技术的科学应用。

油气勘查技术是油气勘查过程中各种技术、方法和手段的总称。从某种意义上讲，油气勘查实质上是不同勘查技术的组织与实施，是不断获取信息，处理、分析信息并作出评价的过程。油气勘查技术在油气勘查过程中的使用与勘查阶段、地质条件、地理条件、经济条件以及技术本身的条件有关。在油气勘查中，并不是越先进、越贵的技术就越好，而是适合于勘查对象、满足各类条件、能够达到勘查目的和具有经济性的技术才是最好的技术。

本章将重点讲述油气勘查中各类技术的特点、运用原则和能够达到的目的。

第一节 概 述

油气勘查技术按各类技术的专业范畴和实施方式及途径可以分为地面地质调查技术，地球物理勘探技术（地震勘探技术、重磁电法勘探技术、遥感技术），地球化学勘探技术，井筒勘探技术（钻井技术、测井技术、录井技术、井下测试技术）以及实验室分析技术五个大类（图 2-1）。勘探界也有把各类技术分为地质、物探、钻井、测井和试油五个部分，有“五位一体”搞勘探的说法。因此，油气勘查技术的组合和使用是一个系统工程，对于一个勘探家来说，重要的不是精通所有这些技术，而是明白每种技术的特点、性能以及能够达到的目的，以便采用最经济而有效的手段，达到最终的勘探目的。

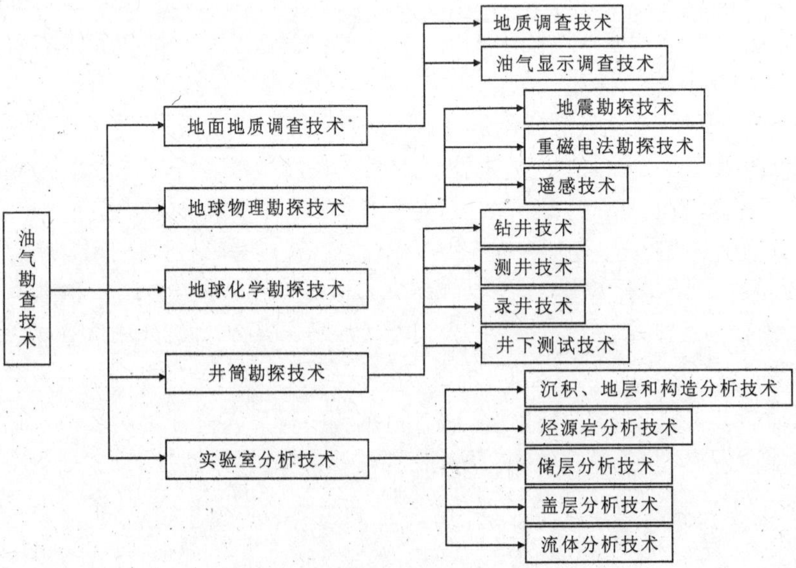

图 2-1 油气勘查技术分类及组成框图

油气勘查技术虽然是油气勘查过程中战术层面的内容，但油气勘查终归要靠勘查技术去实现。因此，油气勘查过程中要十分重视勘查技术的重要作用，勘查技术会影响整个勘探战略布局的决策。对于油气勘探者来说，主要是要注意各种勘查技术对某些特定地质、地理环境的有效性和经济性，及时总结在油气勘查中的经验教训，以便取得最好的勘探成效。

第二节 地面地质调查技术

地面地质调查技术是油气勘查中最古老、最直接、最基本、风险和成本最低的一项勘查技术。地面地质调查技术不仅是一切地质工作的基础，也是油气勘查的基础。

一、概　述

地面地质调查技术的使用贯穿了从盆地早期勘查到油气藏评价勘探的整个油气勘查过程和各个阶段。油气勘查工作虽然是为了查清地下石油地质情况，但却离不开地面地质调查工作。这一方面是由地质工作、石油地质工作本身的性质决定的，另一方面也是油气勘查对象本身的属性所决定的。我们知道，从大的方面讲，油气勘查的对象首先是盆地，而盆地本身在周缘区和盆地内部的局部地区就发育有露头，这些露头所包含的地层、构造、沉积等信息、边界断层、盆山关系信息、勘探目的层本身的生储盖信息、油气显示信息等，就是我们从事油气勘查的第一手的、直接的，也是最珍贵的信息。从小的方面讲，在油气藏评价勘探阶段进行储层描述和模拟的过程中，我们还安排地面地质调查到露头区去进行储层描述和建模(如裂缝储层建模)的类比分析等工作。地面地质调查技术还是油气勘查其他技术的基础，是一切物探、化探资料解释的主要依据和出发点。

地面地质调查是古老的找油方法，曾起过极为重要的作用。全世界可采储量大于 0.68×10^4 t的大约400个大油田中，有23个是由地面地质方法直接发现的。我国的克拉玛依油田就是通过地面地质调查发现的。老君庙油田是我国第一个老油田，其轴部的间泉子油苗和东南面的石油沟油砂露头均十分壮观，早就引起了人们的注意。1935年，著名石油地质家孙健初通过地面地质调查技术在《甘肃玉门油田石油地质报告》中，首次指出老君庙油田为一不对称的穹隆状背斜，闭合面积为 $19.5km^2$，生油层为白垩系，储油层为第三系，并拟定了具体的钻探井位。1939年春，孙健初设计的第1口探井，钻至井深23m处发现了油气，同年8月10日继续用顿钻钻至井深115m，钻开了白垩系油层，完钻后试油获得日产原油10t，从而发现了该油田。玉门油田成为我国第一个石油生产基地。直到1955年克拉玛依油田发现前，它一直是我国最大的油田。

“由表及里”、“将今论古”的工作原则历来是地质工作的出发点。虽然油气勘查技术的发展日新月异，但作为联系盆地地下地质与地面地质的唯一纽带，地面地质调查技术的作用是不可替代的。“脏”的露头始终是石油地质工作者从事石油地质研究和油气勘查的不可或缺的对象。

地面地质调查技术大致包括地质调查技术和油气显示调查技术两类。前者主要指石油地质的基础地质调查，后者指有针对性的油气苗和固体沥青的调查。

二、地面地质调查的目的和任务

1.地面地质调查的目的

地面地质调查的目的是查明盆地的大地构造属性、区域构造、地层分布和沉积环境以及生储盖等成藏条件和油气显示，并开展具有针对性的勘查对象（区带、圈闭和油气藏）的专项研究，同时考察区内的政治、人文、地理、气候及经济环境等，为进一步勘探及其他勘探手段的运用提供依据和意见。整体而言，地面地质调查是盆地普查早期最先开展的工作，同时也是不同勘查阶段有选择性开展工作的内容。

2. 地面地质调查的任务

地面地质调查的任务主要包括如下几方面。

(1)查明盆地的大地构造属性、构造格架、地层分布和沉积环境。通过地面地质调查首先从大的方面查明盆地的大地构造属性、区域构造特征以及地层特征和分布等基础地质背景，然后进一步了解盆地结构特征、主要边界断裂体系、沉积岩的沉积环境和沉积相等，如图 2-2 所示。

(2)分析生、储、盖等成藏条件和调查油气显示。开展石油地质调查的任务主要包括构成油气成藏条件中的成藏物质基础的存在与否，包括烃源岩、储集岩、盖层的特征和分布状况；可能的二级和局部构造发育特征及展布，构造改造情况，地层的抬升和剥蚀状况；油气显示的类型、性质、分布等(图 2-3)。

图 2-2 盆地角度不整合界线

图 2-3 沿断层充填的沥青脉

(3)采集与上述研究任务相关的各类样品用于室内研究和分析测试。

(4)了解调查区内的政治、人文、地理、气候及经济环境，为油气勘查决策服务。因为地面地质调查是深入到勘查对象的实际区域，也是最先开展的油气勘查工作，地面地质调查过程中了解到的调查区内的政治、人文、地理、气候及经济环境，可为进一步的油气勘查决策提供依据。

三、地面地质调查的内容和方法

地面地质调查的内容包括区域地质调查、成藏条件调查和油气显示调查三项内容。需要注意的是这些调查内容都是基于野外石油和天然气地质调查，不同于一般意义上的区域地质调查。野外石油和天然气地质调查在中华人民共和国石油天然气行业标准的《野外石油天然气地质调查规范》中定义为以寻找石油天然气为目的，对某一地区地面上的岩石、地层、构造、油气苗、水文地质、地貌等进行地质填图或专题研究。

地质填图是指将地面上各种地质体及有关地质现象按一定的比例尺填绘在地形底图上以构成地质图。地质填图一般分为概查、普查、详查和细测四种。概查是用小比例尺地形底图，对未作过石油天然气地质调查的大面积地区进行综合性的地质路线调查研究工作，成图比例尺 1∶100 万～1∶50 万。普查是用中等比例尺地形底图，对有石油天然气远景的地区进行综合性的地质填图和调查研究工作，成图比例尺 1∶20 万～1∶10 万。详查是用较大比例尺地形底图，对油气藏分布的有利地区进行详细的地质填图和调查研究工作，成图比例尺 1∶5 万～1∶2.5 万。细测是全面追踪有利储油气构造的岩层与编制构造图的工作，成图比例尺 1∶1 万～1∶0.5 万。

1. 踏勘

踏勘是指在野外石油天然气地质调查之前，到工区实地察看、访问、了解地质条件和工作条件。了解工区的地理、交通、住房、水源、食物供应条件，确定野外工作时间、交通工具、装备用品、基地和宿营地点等。踏勘的任务包括：

(1)各类地质体的特征、分布与接触关系；

(2)主要地层单位的特征和填图单位的划分标志；

(3)地质构造类型与复杂程度；

(4)岩层裸露程度，覆盖物的类型、分布面积和厚度；

(5)油气显示和有用矿产的种类和分布。

踏勘的方法包括：对不同的构造类型、不同的地质体及自然景观区，进行穿越路线踏勘；重点调查典型的地层剖面、地质现象和油气显示。

2. 实测地层剖面

实测地层剖面包括三类：标准地层剖面、辅助地层剖面、地层厚度剖面。地层剖面应选择在能代表一个区域或一个小区的地层岩性和厚度特征的地方，包括区域岩性变化的过渡带，地层露头连续分布、完整清楚、化石丰富、横向上掩盖少的地段，尽量选择在构造简单的地段。

3. 地质填图

概查填图的任务是调查区内有无可能存在生油层，指出可进行石油普查的远景区。普查的任务是指出调查区内可能存在的生储盖组合，估算生烃量，对远景区进行初步评价，提出进一步详查的地区。详查的任务是明确提出调查区的生储盖组合，指出有利构造及构造群的基本构造要素；预测储量，明确重点构造提供钻探或细测。细测的任务是作出构造图，明确钻探目的层，提出初步钻探设计，预测储量。

地质填图工作的基本要求包括如下几点。

(1)一切地质现象都必须实地观察，实地定点，现场描述记录。严禁事后用标本、地形图等补作追忆式的定点与描述。

(2)一切能表示在地形图上的地质现象和地质体，如地质界线、褶皱轴线、断层线、超覆、尖灭、相变、火成岩和变质岩体、地貌分区线、油气苗、沥青和地蜡分布点、水泉、有用矿产、井坑位置等均应在现场用符号填绘在地形底图上。严禁事后在室内根据观察路线和观察点的描述来补绘。

(3)在地质填图过程中，如发现原定分层标准与实地情况不一致时，可以增加辅助界线。不得擅自变动或更改填图单位和统一的分层标准。

地质填图的基本方法是选择一定的观察路线和观察点进行系统的野外观察、描述、定点、连线成图，以不同的观察路线和观察点的密度反映不同比例尺的调查精度要求。

4. 油气显示调查

石油、天然气以及石油衍生物在地表的天然露头叫油气显示。液态原油由地下渗出到地面叫油苗，而气苗是天然气的地面露头。地蜡和沥青等是与石油有直接成因联系的固体显示。油气显示是油气勘查中直接表明油气存在的标志，它代表了研究区具有一定的烃源岩条件，并且有过油气生成的过程，因此具有重要的价值和意义。地面地质调查中要特别注意油气显示的调查和取样工作。

5. 标本和样品的采集

标本和样品是地面地质调查中的重要成果，是野外调查的延续，是将野外调查带入室内研究的一个桥梁。标本包括岩石、地层标本、矿物、古生物标本、原油和沥青标本等。样品主要包括油气水样、烃源岩样，涉及储层和盖层的岩石样、构造样、古生物样等。

样品应有代表性、真实性和明确的目的性。岩石样品应在生根的岩层新鲜露头上采集，不得在风化壳上采集，不得采集滚石样品，化石样品要有明确的产层层位，不得沿途拣拾，流体样品应采集流动的、新鲜的。

采样应按采样种类、日期、地点顺序排列编号，不得混乱，一个样品一个编号，不得重复，样品的编号应与标签、野外记录本、实际资料图相符。

6. 野外工作检查和验收

野外工作的中途和结束后应进行野外工作检查和验收。中途检查的任务是全面检查野外工作完成情况，是否符合设计与规范的要求；具体帮助解决野外技术上与工作上的困难。结束后的验收是对地面地质调查工作的室内和室外的全面检查和验收。

7. 总结

地面地质调查工作的总结包括报告和图件等，正式报告的附件还应包括各种野外记录、钻井、探坑、探槽剖面、油气苗、泉水、水井的描述(登记表)、厚度丈量计算表、构造点换算本、各种采样登记本、化验分析的各种报表、各种统计资料本、各种正式成果图的透明底图、照相册、录相带(并附说明)。

第三节　地震勘探技术

地震勘探技术是现代油气勘查最核心的技术之一，它在油气勘查中使用最多、效果最好、发展最快。无论在地层出露区还是覆盖区，地震技术都是查明深部目的层构造形态、地层划分和岩相分析、储层识别和烃类直接检测的关键技术，它为油气勘查提供了大量和系统的地质信息，成为勘探决策和提高勘探成效必不可少的工具，因此勘探界有“地震先行”的说法。

一、概　述

地震勘探技术包括野外资料采集、室内资料处理、综合解释研究三个环节，当前施工、处理和解释每个环节发展都日新月异。1949 年新中国成立后，石油物探队伍从无到有，从弱到强。几十年来，石油物探广大职工不断采用物探先进设备、先进方法、先进技术，为钻探提供了丰富的地震地质成果，为发展中国的石油工业做出了卓越的贡献。石油物探已成为一支专业齐全、装备和技术力量雄厚、具有世界先进水平、能在各种复杂地表条件下进行施工的勘探队伍。近年来，物探技术围绕“三高一准”(高分辨率、高信噪比、高保真度、准确成像)提高勘探水平，资料达到了高质量，已形成和发展了一系列配套技术，如高分辨率技术的应用和发展，大沙漠区二维、三维技术系列的新进展、黄土塬区技术系列的突破，多波技术和滩海区技术的进一步完善，等等；资料处理技术和解释水平都已接近国际水平。

以地震勘探为代表的石油物探技术的发展，经历了光点技术、模拟技术、数字技术三个阶段，目前正在向开发地震技术发展，此技术在油气田开发中将起到重要作用。地震技术的发展，已从编制构造图向地层、沉积、构造、储集层评价、层序地层学、油气藏描述和流体研究的方向发展。

全球油气勘探开发难度的增加向地震勘探技术提出了更高的要求，使其始终处于不断丰富和发展之中。地震采集技术的进步主要是围绕提高效率和分辨率两个目标，在采集装备及设计方法两方面进行发展，可控震源、超多道地震仪、检波器等仪器设备逐步完善；地震数据处理技术日趋完善，并针对大量数据的处理、管理和算法提出了一些新的思路与方法。由于这些进展使得一些复杂的目标检测成为可能。

井中地震近期取得了较大进展，主要体现在采集设备的更新、采集方式的增加、高分辨率成像技术的发展和应用领域的拓宽等方面。多种井下仪器的开发研制和不断完善大大提高了井间地震技术的实用性，井间地震测量的数据采集、处理、成像和解释技术日趋成熟，为最终成果的可靠性和效果提供了保证。

起初仅作为三维地震资料视图工具的三维可视化技术发展迅猛，在行业各领域的应用进一步扩大，并不断改善着地震的综合解释环境。三维可视化技术成为连接数据类型和技术领域之间的桥梁，为综合作业流程随时存取、视图和解释地质、地球物理、岩石物理、钻井轨迹和油藏工程等资料提供了有效手段。

二、地震勘探技术的类型

地震勘探是通过人工方法激发地震波，研究地震波在地下岩层中的传播特点，并通过将地震信息转化为地下地质信息为油气勘查服务。地震勘探以其分辨率高和效果突出为主要特点，包括折射波勘探、反射波勘探、横波勘探、转换波勘探以及多波勘探，其中反射波勘探是使用最广的一种。按震源与观测点的相对位置可分为：地面（海上）地震勘探、垂直地震勘探（VSP）、井间地震勘探（CT）。地面（海上）地震勘探可分为二维（2D）地震勘探、三维（3D）地震勘探和四维（4D）地震勘探。

1. 二维地震

长期以来，地震勘探一直是在地面上沿一维测线观测地震信息，这种在(x,t)平面内采集数据和处理地震资料的方法称为二维地震勘探（图 2－4）。

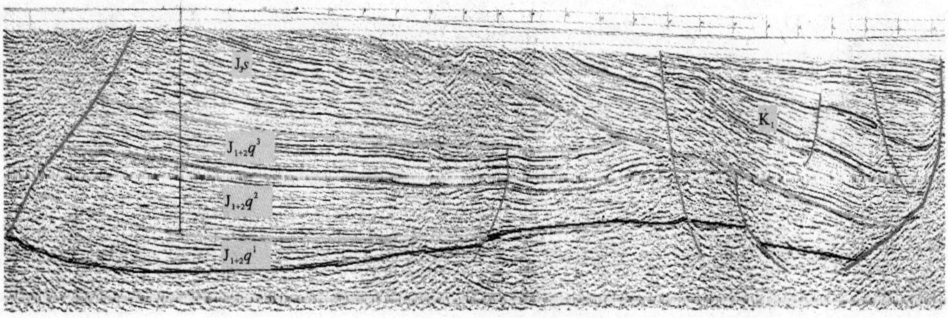

图 2－4　二维地震勘探剖面

二维地震勘探是沿各条测线进行地震施工采集地震信息，然后经过电子计算机处理就得出一张张地震剖面图，在二维空间上显示地下的地质结构情况。

由于二维地震勘探的成本低、野外施工简便易行，资料处理与解释容易等优点，二维地震勘探是截至目前使用最多的一种地球物理勘探方法。然而，二维地震观测只能获取反映(x,t)平面内的地质信息，即使在生产实际中，二维观测有时也在地表按面积布置测线，但每一条测线却是按二维采集数据并按二维偏移处理，由于二维偏移是沿着测线的视倾角方向进行的，因此偏移结果不完全，也不准确，尤其对于地下复杂的地质构造，进行二维地震勘探并按二维归位处理就不能反映地下界面的真实情况。

2. 三维地震

由于二维地震勘探的测线只提供了二维的信息，要了解一定面积内的地下情况需要把各条测线的地震剖面进行对比，找出相关的信息，推断测线之间的地下情况，才能形成整体概念，这就可能产生相当大的人为误差。

针对二维地震勘探技术中存在的问题，在20世纪70年代末期兴起了三维地震勘探技术。所谓的三维地震勘探是在一个平面上采集地震信息，并在(x,y,t)三维空间进行处理，这种勘探方法为三维地震勘探（图2-5）。

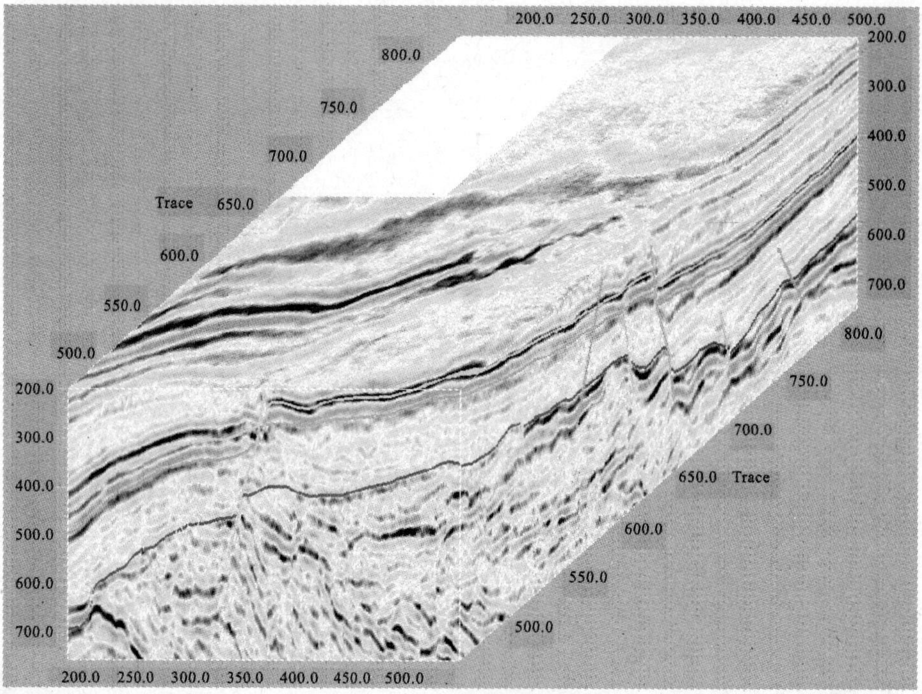

图2-5　三维地震数据体

三维地震采集的数据是一个三维数据体(x,y,t,A)。三维偏移是在空间上进行的，各点都是按照它们的真倾角方向偏移，因此可以回到它们各自的反射点位置上去。三维偏移的结果与真深度是一致的。由于地下的地质体本身就是三维的，所以要真实地反映地下构造、地层、岩性和油气圈闭的空间位置，就必须进行三维地震勘探并进行三维成像处理。

由于三维地震是在一定的面积上采集地下地震信息的方法，它可从三维空间（立体的）反映地下地质构造情况。这种方法可以提供剖面的、平面的、立体的地下地质体的构造图像，大大地提高了地震勘探的精确度，对地下地质构造复杂多变的地区特别有效。

正是由于二维地震勘探的局限性（即使反复加密测线，增加覆盖次数，也难于查明较复杂的油气田的地质问题）及三维地震勘探的众多显著优点，使三维地震勘探技术得到了迅速发展。与此同时，适应于三维地震勘探的技术装备——多道数字仪和大型数字处理计算机的发展，也为三维地震技术的发展创造了必要的条件。从二维地震勘探到三维地震勘探标志着地震勘探技术进入了一个全新的水平。

3.四维地震

四维地震又称时间推移地震（time lapse seismic），实际上它是三维地震的重复观测。所谓的四维地震勘探，是相对于二维和三维勘探而言的。四维勘探是由三维勘探发展演变而来，是由通常的三维空间和时间组成的总体，勘探作业时用空间的三个坐标和时间的一个坐标，通过随时间推移观测的勘探数据间的差异来描述地质目标体的属性变化。

四维地震是指伴随着油气田的开发与开采，每隔一定的时间对油区内进行新的三维地震测量，以获取地下产油气层内流体特征（如剩余油分布、油气水饱和度、地层压力、孔隙度等）的地震勘探工作，这种方法多用于油气田开发后期地下流体的动态监测。该项技术主要用于开采后期的强化采油阶段。四维地震与常规地震勘探的不同之处在于它以不变的激发、接收点位置和不变的观测参数对同一目标进行多次重复观测。通常，第一次观测必须在EOR方案重复预测的基础上进行。通过对各次监视观测所得数据的对比，特别是与第一次观测所得数据（基础数据）的对比，可以解释EOR过程不同阶段地震响应的变化，进而揭示驱替过程和进展情况以及油藏不均匀性对它的影响。四维地震能在注入的驱替流体到达生产井之前作预测，能预报过早贯穿或波及效率太低的现象，从而使油藏工程师能够提前调整EOR方案，提高生产效率。

近年来，EOR工程的地震监测技术发展很快，该技术不仅奠定了岩石物理的理论基础，而且已逐步应用于生产，如在北海地区典型的储层深度（3 000～4 000m）内，用四维地震能成功地监测气驱采油过程。实践证明，四维地震能够大面积监测EOR方案的实施，并及时反映注入流体的运动情况，其分辨率不够高的缺陷可用高分辨率的井间地震来弥补。

4.垂直地震剖面（VSP）技术

在油藏描述和评价中，除利用常规VSP研究井孔附近的构造和地层为油藏描述提供基础信息外，还取得了以下两方面的显著进展。第一，利用三分量VSP给出的横波偏振和横波分裂信息研究储层的不均匀性和各向异性。这种方法对于描述裂缝性油藏或识别油藏中的裂缝尤为重要，它能给出裂缝系统的分布、方位、密集度等结果。第二，采用VSP测量与三维地震测量相结合的方法来改善油藏填图的精度，主要包括用高精度和高分辨率的VSP资料以三维地震进行层位标定；用VSP下行波场评价和改善叠前三维地震数据。研究表明，在采用VSP与三维地震相结合的方法时，减小三维地震采集检波间隔，并使用宽频带震源和高采样率，方能收到理想的效果。

另外，多种井中震源的试制成功和钻头震源的问世，为VSP测量开辟了新的途径。只要设计得当，这种逆VSP数据就能用于层析成像处理。因此，逆VSP与三分量VSP已成为油藏地球物理的重要研究领域之一。

5.井间地震

井间地震是所谓"正宗"的油藏地球物理技术，目前正处在试验和试生产阶段。由于井间地震的数据采集是在一个井中激发，在另一个井中接收的，震源和检波器都位于低速带之下，避开了吸收性强的风化层，因此所记录的频率几乎比地面地震高一个数量级，最高可达1 000Hz，从而使分辨率大为提高(理想情况下可达2m左右)。或许正是由于这个原因，1989年美国能源部将井间地震确定为油藏非均匀性测量的关键技术。近年来，在北美、欧洲等地相继出现了许多井间地震试验基地。

井间地震可以发现及落实分布广泛的小断块，地层圈闭(不整合、超覆或退覆、尖灭等)与岩性圈闭(砂岩体、裂缝带、火成岩等)。在开发阶段，井间地震将在储层静态描述与动态监测等诸多方面发挥作用。井间地震在地面三维或四维高分辨率地震、测井、油藏地质之间搭起一座相互联系的桥梁，将其所提供的丰富的超高频率资料与其他资料综合研究，可以解决薄互层、储层连通性、流体分布、注气、稠油蒸气驱与压裂效果等复杂的地质问题。

井间地震测量的技术要求较高，主要包括：①较密的井网，激发井与接收井相距通常为几十米，最大不能超过300m；②井中震源要求产生必要的平缓力输出；③激发井需要有良好的泥固结和套管条件；④高质量、高频率的井下检波器。

层析成像技术是井间地震的关键。近年来，这项技术发展较快，无论在成像精度上还是在提供的信息量上都大有改善。目前，常见的成像技术有射线追踪法、代数重建法(ART)、联立迭代重建法(SIRT)等，能够提供的成果图件包括纵、横波速度层析成像、孔隙度层析成像、泊松比层析成像等。

在油藏地球物理技术中，井间地震不仅分辨率高，而且适用性强，几乎能够满足油藏工程的各种需要，其主要用途有：①求取储层参数；②测量油藏的空间不均匀性，即弄清油藏的几何形状、油藏内部断裂系统的分布，区分连续层与间断层、渐变带与突变带；③寻找死油带；④协助油藏管理，主要是根据油藏特征的变化监视开采方案的实施；⑤指导EOR工程，主要用于查明高渗层、阻挡层及盖层泄漏，以预测井提高注入流体的波及效率，有时也用于监视注入流体的运动情况，如蒸气驱前缘的移动等。

目前，井间地震技术尚存在诸如横向探测范围受到限制，层析成像的效果还不很理想等不足之处。

6. 矢量地震

矢量地震是地震勘探的发展方向。随着层析成像测量以井中多分量测量的形式实现，人们对地面地震多分量测量更加重视。近年来，国内外广泛开展了不同层次的矢量地震的研究与应用。1989年，SEG(地球物理勘探家协会)矢量波场研究小组的初步成果显示，记录矢量波场的主要目的在于提高原油的采收率，多分量测量能以其特有的方式增进人们对油藏环境的了解；全弹性矢量波场包含大量储层环境信息，信息量比用传统方法所能得到的多很多。因此，多分量地震数据的转换或处理技术将变得更加重要。另外，裂缝在确定孔隙度和渗透模式方面有很大作用，裂缝往往决定流体波优先流向，从而严重影响EOR方案的正常实施。因此，用矢量地震探测油藏中的地震各向异性意义重大，它将使人们了解裂缝的方位和密集程度，进而认识断裂系统在拟订油田开发计划和EOR方案中的影响作用。

近10年来，国内外不少单位已将多分量地震用于油藏工程，如美国科罗拉多矿业学院的油藏特征描述计划(RCP)已在各种油藏环境中进行了多分量三维地震测量。RCP在用纵波查清油藏内部构造细节，用横波测量油藏不均匀性特别是裂缝的密集度，以及用纵、横波相结合的方法获取其他储层信息等方面均取得了成功。

矢量地震在油藏工程中的重要性毋庸置疑，但由于理论方法上的难度和技术环境、财力等因素的限制，它的实际应用范围仍很小。我国在这一领域也做了一些试验研究工作，在利用纵、横波资料提取油藏物性参数和利用横波技术进行地层、岩性横向预测方面均有明显的进展。

7.地震资料的处理技术

地震资料的处理是地震勘探三个环节（采集、处理、解释）的中间环节，它既要适应野外数据采集条件的需要，又要满足资料解释的各种需求。

地震资料处理的基本目标可归纳为“三高一准”，即高信噪比、高分辨率、高保真度和准确成像。信噪比是衡量地震资料质量优劣的一个重要指标，地震资料的信噪比越高，其质量越好，处理结果越可信。严格把握野外施工进程和质量是提高信噪比的关键，以各种滤波方法为主的数字处理技术也有助于信噪比的提高。对地震资料在储层预测、精细构造解释、油藏描述等方面的要求越来越高，其中最令人关注的是提高地震资料的分辨率，高分辨率地震勘探是一个系统工程，涉及到地震采集、资料处理和解释应用三个方面。保真度是指经过数字处理后的地震剖面或数据体与地下实际地质情况的吻合程度，提高保真度就是提高这种吻合程度。准确成像就是研究反射界面的波场特征、振幅和反射率等的空间变化。就地震偏移而言，准确成像则是使经过偏移处理后的地震剖面或数据体与地下实际情况具有最佳吻合。随着勘探程度的日益加深，勘探目标变得越来越复杂，因此，地下复杂构造精确成像的重要性显得日益明显。

地震资料的常规处理流程通常由三部分组成，即预处理、叠前处理和叠后处理。目前常用的处理流程是：输入→预处理→滤波→反褶积→速度分析→动、静校正→叠加→偏移→输出。

地震资料的特殊处理通常指为了达到地质上的某种特殊要求而设计的专门处理流程，包括的方法很多，并随着技术的发展，新的方法层出不穷。

亮点技术是利用反射波振幅检测油气的方法技术。所谓亮点，狭义地说，是指在地震反射剖面上，由于地下油气藏的存在所引起的地震反射波振幅相对增强的“点”，因为在剖面底片上这组强反射透明得发白（在剖面图上是黑的），而与其上下左右的反射相比，更显其明亮，因此叫亮点。经过亮点处理后的反射波振幅异常是指示油气藏存在的主要标志，但还需要综合利用极性反转、水平界面、速度降低及吸收系数增大等一系列标志，才能比较可靠地确定油气藏的存在，减少解释的错误。亮点技术在直接检测油气中有着重要作用，在国内外都有不少成功的例子。但也应认识到，这项技术也有其局限性，在解释中还要细心地识别假象。首先要指出，我们常把亮点技术称为直接找油找气的方法，严格讲，这是不确切的，实际上亮点技术还是一种间接找油气的方法。亮点并不是直接反映地下的油气，而是反映了岩石孔隙中油气存在所引起的储层波阻抗的变化。而且振幅的异常也不是直接反映储层本身的特性，而是反映储层与上覆地层之间的波阻抗差。

振幅随偏移距变化（AVO）分析技术是识别气藏和预测岩性横向变化的有效手段，近年来已得到广泛应用。在油藏描述中，AVO以其横向预测能力而备受重视。最新研究表明，AVO异常与油藏状态有关。油藏状态主要由岩性、孔隙度、孔隙流体、埋深、超压状态、温度等储集环境参数决定，而这些参数又能引起杨氏模量、泊松比、纵横波速度、密度等弹性参数的显著变化，因此通过AVO分析可以反演储层参数。在油藏描述中，AVO的灵敏度是人们所关注的问题，即关注AVO在预测储层非均匀性方面究竟能达到多高的分辨率。法国ELF公司新近的一项研究结果回答了这一问题。该公司在对地震数据的处理过程中，采用非线性声波全波$\tau-p$反演方法有效地压制多次波，恢复绝对反射系数；利用速度资料反演RVA（反射系数随角度的变化)信息;利用振幅分解方法求出能反映储层岩性变化的振幅趋势。该处理过程有效地压制了薄层干涉效应,使数据的分辨率提高到几米的量级。三分量 AVO 是一个新的研究领域。在理论上,只有三分量数据的 AVO 分析才是对真振幅随偏移距变化趋势的分析。研究表明,三分量 AVO 分析不仅能进行横向岩性预测,而且在确定油藏中流体的类型及其分布方面很有潜力。

PVO(相位随偏移距的变化)是一种重要的地震信息。测试表明,与 AVO 趋势相比,PVO 趋势具有更大的空间变化性和更高的噪声灵敏度,它能约束传统的 AVO 分析。因此,PVO 与 AVO 相结合的分析方法可望成为更有效的油藏描述技术。

地震资料处理按方法分类包括叠前偏移、叠后偏移,按实现的域分类包括时间域和深度域。为了提高地震资料采集的信噪比,一般采用多次重复观测,观测点资料一般不是来自该点正下方,需要偏移归位,归到地下真正的反射点位置上。所谓叠前偏移是指先偏移归位后叠加,所谓叠后偏移是指先叠加后偏移归位。时间域偏移剖面一般是用均方根速度(速度只是旅行时函数)作偏移的地震剖面,深度域偏移剖面是用速度-深度模型(速度是时间和空间的函数)做偏移处理后输出的地震剖面。目前,地震资料处理最有影响力的是叠前深度偏移技术,它已日益成为复杂地质找油找气的关键技术。从方法上讲,叠前深度偏移对地下情况基本不作假设,速度-深度模型直接用叠前资料建立,地下速度纵横向均可变化,CMP 道集考虑非双曲效应。因此,叠前深度偏移符合实际地下情况,特别是也能符合复杂地质的地下情况。其特点是方法精细,运算量大。常规叠后时间域处理是假设地下介质为均匀或水平层状,它只适用于缓变介质或不甚复杂地质构造的油气勘探。其方法较为简单,运算量小。

8.地震资料的解释技术

地震资料的地质解释,指根据地震资料确定地质构造形态和空间位置,推测地层的岩性、厚度及层间接触关系,确定地层含油气的可能性,为钻探提供准确井位。

地震勘探的地质成效,在很大程度上取决于地震资料的正确与否。而要正确地解释地震资料,必须了解地震剖面上的反射特性及其与地质剖面的内在联系,了解并掌握地质现象及变化规律的地震响应,要善于识别和区分地震假象,要正确认识和理解地震勘探的分辨率,同时也要明确,在沉积岩地区地震剖面上大多数反射是干涉复合的结果,地震资料的地质解释往往具有多解性和局限性。

地震资料中蕴藏着丰富的地质信息,主要有两大类:一类是运动学信息,另一类是动力学信息。

运动学信息主要是指地震波反射时间(T_0 及层间旅行时差),同相性和速度(平均速度、层速度)等,利用这些信息可以把地震时间剖面变为深度剖面,绘制地质构造图,进行构造解释,搞清岩层之间的界面、断层和褶皱的位置及展布方向等。

动力学信息主要是指地震反射特征,如反射波的振幅、频率、吸收衰减、极化特点、连续性,反射波的内部结构、外部几何形态等。从这些地震信息中可以提取非常有用的地层岩性信息,借此确立地震层序、分析地震相、恢复盆地的古沉积环境、预测生储盖相带的分布、寻找地层或岩性圈闭油气藏。除此之外,借助于地震波的振幅、频率、极性等动力学信息并结合层速度以及钻井、测井资料,提取岩性和储层参数,如流体成分、储层厚度与性质、孔隙度等,进行地震资料的岩性分析及烃类检测。

地震解释大致可分为三个阶段,即构造解释、地层岩性解释和开发地震解释。20 世纪 70

年代以前，地震勘探方法和技术在解决地质问题过程中，主要以地震资料的构造解释为主，即利用由地震资料提供的反射波旅行时、速度等信息，查明地下地层的构造形态、埋藏深度、接触关系等。在这一阶段中，地震勘探技术在各种构造圈闭油气藏的勘探中作出了重大贡献。但是，随着人类对能源需求的不断增长和构造油气藏的大量发现和开发，比较容易找到的构造油气藏已经越来越少，于是人们不得不设法寻找非构造油气藏。与此相应，在地震勘探技术发展的基础上，对地震资料的解释工作提出了更高的要求，于是，在20世纪70年代后期出现了地震资料的地层岩性解释。这一阶段应该说包括两部分内容：一是地震地层学解释——根据地震剖面特征、结构来划分沉积层序，分析沉积岩相和沉积环境，进一步预测沉积盆地的有利油气聚集带。二是地震岩性学解释——采用各种有效的地震技术（如地震资料的各种分析及特殊处理方法），提取一系列地震属性参数，并综合利用地质、钻井、测井资料，研究特定地层的岩性、厚度分布、孔隙度、流体性质等。油田进入开发阶段后，地震技术为开发服务则产生了开发地震解释，包括油藏精细描述、储层参数预测、油藏动态监测等。

可视化技术是以可见方式获得数据图形表现的技术，它深化了对数据的理解，揭示了新的视野。这个定义中的关键字是“直观”。应用3D地震数据的三维可视化试图用直观的方式表达数据及其解释。3D可视化技术作为3D解释的一部分在近10年被广泛使用，3D可视化技术提高了效率、精度和解释的完整性。用一种容易理解的显示方式把大量数据综合起来，极大地增近了研究组内外不同专业人员间的交流。如果在解释过程中没有使用3D可视化技术，解释人员会降低生产率，解释也会不完全或不精确。

沉浸式可视化中3D桌面可视化、光/阴影、透明、立体和某些情况下的三大追踪（改变数据以匹配解释人员头部相对屏幕位置的改变）已被应用于界面和体的显示中。对于每一种3D表示的附加的可视提示，对工作效率的提高都是有意义的，对获得数据的新视野以及加强交流都有作用。

1997年ARCO、Texaco和Norsk Hydro分别安装了大型沉浸式可视化环境。Texaco设备是幻像大屏幕（2.4～3.0m高）可以在约160°内水平画线，也可垂直画线。数据通过3个投影仪投影到屏幕上，每一部分覆盖屏幕的1/3。ARCO和Norsk Hydro根据伊利诺伊斯大学CAVE的发明建立了沉浸式可视化室。该室包括4个投影界面——三个垂直平面墙壁和地面。墙上的影像是真正的投影，而地面的影像是由顶上投影下来的。沉浸式影像可以通过启动外周景象和数据立体投影获得。在这样的环境中，数据环绕在解释人员周围，实际上填充了整个房间。解释人员可以沿着解释层位和穿过目标层位的断层在数据间走动。由于使用了头部跟踪装置，可以根据头部的位置改变投影数据，所以数据的影像变得非常直观。

三、勘探阶段任务和方法

1. 地震勘探的阶段划分

地震资料是部署各类探井的主要依据，因此，拥有高质量的地震资料是加快油气勘探进程的重要因素。在不同勘查阶段，地震勘探的作用和任务有很大差别，一般地，随着勘探的深入，需要解决的地质问题也更加复杂，地震勘探的精度也必须相应提高。通常地震勘探可以分为概查、普查、详查、精查四个阶段，对应于盆地、区带、圈闭和油气藏四个勘探对象。

地震概查一般是在一个勘探新区，只有少量或者没有探井的地区，应首先根据其他物探资料部署地震区域概查。其主要任务是结合地面地质调查和其他资料，查明盆地的地质结构，包括盆地的边界、基岩的起伏特征、沉积岩体的厚度等，确定含油气的远景区，并为部署参数井和基准井提供依据。

地震普查是在终有含油气远景的地区，配合钻井及其他方面的资料，一方面基本搞清基底深度及基底以上各构造层的基本形态、主要断裂展布，划分区域构造和二级构造带，初步划分时间地层单元；另一方面，可以通过区域地震地层学分析，进行沉积相研究，预测生油和储油条件，为优选有利区带、确定探井井位提供依据。

地震详查是在有利的区带上开展的地震勘探工作，其主要作用是查明二级构造带上圈闭的形态和基本要素，通过地震资料的特殊处理，寻找岩性圈闭和其他非构造圈闭。结合井资料，开展储层横向预测，研究储层的分布和厚度变化，为圈闭描述和评价服务。其最终目的是为提供有利局部构造、断块或者潜山等提供地质依据。

地震精查或者三维地震的部署，一般是在勘探后期的油气藏评价或者复杂类型油气藏滚动勘探开发阶段，为提供准确的油气藏顶面构造形态，预测油气层的分布，进一步查明油气层的构造形态与内部结构，进行储层参数的地震反演，研究油气层物性提供研究资料。

2.地震工作的部署设计

地震先行，不仅是指施工顺序要先钻井而行，而且要特别强调地震资料必须具有解决不同勘探阶段地质任务的能力，能够满足探井部署和钻探实施以前综合研究和部署决策的需要。因此，对不同勘探程度的地区、不同的勘探目的层系和勘探领域要有一个总体规划和统筹安排，对拿储量的重点地区、储量的后备区、甩开侦察的地区的接替关系，提供资料的进度和精度，要提出较为完整的要求，并按照这一要求去安排地震施工的先后顺序，保证所需的地震资料能够“正点到达”。在正式施工前，对进行大面积施工的新区，或者是原来难以获得高质量地震资料的地区，要安排资料的采集试验，防止地震施工的被动，这也是保证地震先行和高质量的重要保证。另外，要留出一定的时间，进行地震资料特殊处理和解释，这是保证高水平解决不同阶段地质问题、提高勘探效益的关键环节。

地震资料采集的好坏严重影响到地震资料的质量，从而极大地影响人们对地下地质情况的认识。因此，在部署地震测线过程中，要根据具体的地质任务，进行全面整体的设计规划，做到心中有数是非常关键的。在具体设计实施过程中应遵守以下的主要原则：

(1)每条测线必须地质任务明确，针对性强、长度够，能够控制构造形态和研究的地质对象，同时又要注意节省工作量；

(2)主测线原则上要垂直于主要构造带的走向，主测线和联络测线应尽量垂直，但是出于整体性的需要，也可以适当部署一些其他方向的测线；

(3)地震测线一般要按直线施工，但是在区域概查和普查阶段，若地表条件比较复杂，无法按照直线施工时，可采用弯线；

(4)工区内的主要探井应有地震测线通过，以便于层位的追踪和对比；

(5)在与相邻工区的测线或不同年度部署的测线的连接区，应有一定长度的重复，一般为600m，这样比较有利于在地震处理和解释中消除闭合差；

(6)测线桩号的大小根据测线方向与南北方向的关系来确定，凡是交角小于或等于北东和北西45°的，南小北大；交角大于北东和北西45°的，西小东大。测线号则根据测线的方网里坐标加上(或者减去)一个固定的常数来确定。

第四节 重力、磁力、电法勘探技术

重力勘探、磁力勘探和电法勘探是通过地下地质体的岩石密度差、磁性差、电性差为主要依据，通过在地表或地表上空地球重力场、电场、磁场特性的变化来达到反映地下地质特征的目的。其作用概括起来有三个主要方面：一是反映地壳深部结构及其特点；二是反映基底顶面深度与起伏状态以及基底断裂与岩性；三是在条件有利的情况下，反映沉积盖层的构造特征。因此，重力、磁力和电法勘探既可以为大地构造单元的划分提供依据，也可以在一定程度上圈定有利构造。重力、磁力和电法勘探作为研究区域构造和局部构造的有效方法，常常是互相配合使用。特别是在区域勘探阶段，在查明区域构造特征方面，具有效率高、成本低的优点。

我国在 1945 年成立了第一支重力勘探队。20 世纪 50 年代起开始从苏联引入各种仪器装备，对我国东部诸盆地进行普查和局部地区的详查工作。在大庆油田的发现井——松基 3 井井位拟定过程中，电法勘探就发挥了重大作用。当时电法勘探表明中央凹陷的大同镇存在一个电法隆起，是个很有希望的“凹中隆”，并与后来新的地震资料绘制的构造图相吻合，从而为松基 3 井的井位拟定和勘探部署提供了充分的依据。

包括重力、磁力和电法勘探以及地震勘探技术在内的物探技术发展的总趋势是主要针对复杂地表、复杂构造、各向异性的地区，以数据库为基础，在卫星及网络支持下，突出以三维数据体为对象的采集、处理、解释一体化，以叠前资料为基础的多域、多属性目标处理解释综合分析，以地震、非地震联合反演为核心的综合地球物理勘探，以地质模型为核心的地质、测井、地震多学科综合研究以及以油藏为目标的勘探开发一体化。

一、重力勘探技术

1. 重力勘探在油气勘查中的作用

利用小比例尺（1：100 万～1：150 万）的重力勘探资料可以研究区域地质构造，划分构造单元（图 2-6），在沉积覆盖区快速经济地圈定出油气远景盆地的范围。例如在未经勘探的新地区开展区域性的地质普查，以确定是否存在值得进一步调查的足够大的沉积盆地和足够厚的沉积地层。大多数沉积岩的密度都小于基底岩石的密度，因此，凡是满足这种条件的地区，都可以根据密度差查明界面并且确定沉积盆地的大致厚度和分布。在海水覆盖的大陆架地区的早期勘探中重力资料特别有用。

用中等比例尺（1：20 万～1：10 万）的重力异常资料可以划分盆地内的次一级的构造，进一步地圈定出有利于油气藏形成的地段，寻找有关的局部构造，例如地层构造、古潜山、盐丘、地层尖灭和地层封闭等。利用高精度的重力测量还可以查明与油气有关的局部构造细节。

2. 重力勘探原理

重力勘探是以地壳中不同岩石之间的密度差异为基础，通过观测和研究天然重力场的变化规律以查明地质构造和矿产分布的一种物探方法。在重力勘探中期望测量到地下地质体的密度不均匀性（即密度异常），由密度异常的分布来推断该地质体在地下的界面形态和空间位置。地质体的密度差异是指该地质体的密度 ρ 与其周围地层岩石密度 ρ_0 的差值，即，$\Delta\rho=\rho-\rho_0$，$\Delta\rho$ 称为剩余密度。在野外无法直接测量剩余密度 $\Delta\rho$，但是，由牛顿万有引力定律知，密度与重力加速度 g（在重力勘探中简称为重力）有密切的关系。当地层岩石的密度在横向上发生变化时，重力 g 也随之发生变化。重力的变化在地面或空中是可以直接用仪器进行测量的。因此，在重力勘探中人们是通过直接测量重力的变化来了解地层密度的变化，进而推断地质体在地下的展布情况。

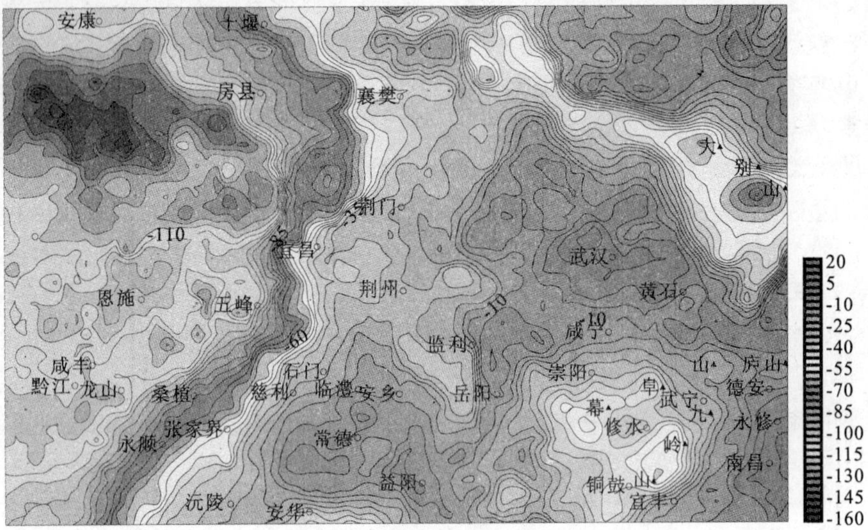

图 2-6　中扬子地区布格重力异常图

3. 重力勘探仪器与野外工作方法

原则上说，与重力有关的物理现象都可以用来测量重力值。根据测量物理量的不同，重力测量分为动力法和静力法。动力法是测量物体的运动状态（时间和路径），用以确定重力的全值（绝对重力值）；而静力法是观测物体的平衡状态，用以确定两点间的重力差值（相对重力值）。通常所称的重力仪就是这种测量相对值的仪器。在重力勘探中，重力测量的精度应达到重力全值的 $10^{-7}\sim10^{-9}$ 量级，因而重力仪是一种十分精密的仪器。

重力野外测量应按一定的测网和一定的精度要求进行。首先根据承担的地质任务进行现场踏勘并编写技术设计，以确定工作的比例尺、测网密度、精度要求、误差分配和测量路线等。由于不同的研究对象产生的重力异常不同，对同一研究对象其研究程度也有不同，因而测网密度和测量精度要求也不相同。随着研究程度的深入，测网的密度应越来越大，测量的精度应越来越高。在区域重力调查中，基本比例尺有 1∶100 万、1∶50 万、1∶20 万和 1∶10 万四种。前两种主要用于重力调查的空白区，用以研究区域构造和地壳深部构造；后两种主要用于油气普查。当对沉积盆地进行深入的研究时，如基底断裂分布、寻找古潜山等局部构造，可采用 1∶5 万或1∶2.5 万的比例尺。

由于重力仪本身存在着无法消除的零点漂移，随着观测时间的延长，零点漂移积累越来越大，且往往不是与时间呈线性关系。因此，用重力仪在测点上观测时，需要有一些精度更高、重力值已知的点来控制。这些点称为基点。重力基点在观测时都要联成封闭的网络，称为基点网。任一测段的重力普通点观测均应从基点开始，并终止于基点。基点网的作用是控制重力普通点的观测精度，避免误差的积累；检查重力仪在某一段工作时间内的零点漂移，确定零点漂移的校正系数；推算全区重力测点上的相对重力值或绝对重力值。

普通点是测区内为获得被测对象产生的重力异常而布置的观测点，在普通点上一般可采用单次观测，但都必须在规定的时间内（即最大线性时间间隙）起止于基点上。

4. 重力勘探资料处理

从野外观测到的资料需经过一系列的整理才能获得重力异常，这些整理包括初步整理和异常计算两部分。初步整理的目的是求得消除仪器零点漂移之后各测点相对于基点的相对重力值。这个相对值包含了地下密度不均匀、地形、高度和纬度等因素的影响，因此，必须消除与密度因素无关的影响，这一过程称之为异常校正。对测量值进行地形校正、布格校正和正常场校正后的重力异常称为布格重力异常，它是油气勘探中使用最广的一种重力异常。

校正后的布格重力异常仍然存在一定的误差，且是多种地质因素产生异常的叠加。因此需要进一步消除各种校正时引入的一些偶然误差，消除那些与勘探目的无关的某些近地表小型密度不均匀体的干扰，从叠加的异常中划分出与勘探目标有关的异常，最后进行位场转换以满足解决反演问题的需要。

数据处理的内容包括重力异常的平滑，去掉偶然误差；重力异常的划分，从叠加的异常中划分区域异常和局部异常；位场转换，由观测平面上的重力异常值 Δg 换算成同一平面上重力位场的各阶导数等。

5. 重力勘探资料的地质解释与应用

重力异常包含了丰富的地质信息，要想获得对异常的地质解释，需做如下工作：①检查用于解释的重力异常资料是否可靠，是否满足研究地质目标的精度要求。②分析工区内不同研究对象之间的重力异常的差异。③从区域地质环境入手，先把握全局，对重力异常进行分区（分类），研究各区异常特征与区域地质环境的内在联系。然后深入到局部，研究各区内的局部异常与地质因素的关系，即从面到点的认识过程。④由已知到未知。相近的地质条件产生的重力异常具有相似的特征。利用露头区的异常特征去推断邻近覆盖区的异常成因，或者利用少量的钻井资料及地震资料解释结果，去推断周围条件相似地区的重力异常解释。⑤重力异常具有多解性，应尽可能地收集工区内相应的地质、钻探、物性和其他勘探资料，以减少重力异常解释的不确定性。⑥利用正演技术，对重力异常的初步解释结果进行模拟验证，以提高解释结果的可靠性。

二、磁力勘探技术

（一）磁法勘探原理及其在油气勘查中的作用

磁法勘探是观测地壳内部各种岩石之间因磁性差异而引起的磁场变化，以查明地质构造和矿产分布的一种物探方法。按观测仪器所处空间位置的不同，磁法勘探可分为地面磁测、航空磁测、海洋磁测和井中磁测四类。磁法勘探资料可用来研究区域地质构造，预测成矿远景区，勘查含油气构造，寻找大型磁铁矿床等。

由于大部分沉积岩磁性非常小，在地面观测到的磁场变化都是由基底的地形或岩性变化或者由火成岩侵入体所产生。因此，在油气普查中，磁测资料主要用来研究结晶基底的起伏、结晶基底的结构，确定沉积盆地的范围，圈定深大断裂和火成岩活动地带。用高精度光泵磁力仪测量，可研究沉积岩结构或直接寻找油气田。

磁法勘探是通过观测和分析岩石的磁性差异及磁场特征，来研究地质构造及其分布形态和寻找矿产。

1. 地球的磁场

在地球内部及其周围存在着磁场，称为地磁场。地磁场是一个矢量场，分布范围广，从地核到空间磁层边缘处处有分布。地磁场的分布、变化规律及起源等问题属地磁学研究的范畴。根据地磁学的研究结果，地球磁场具有下列主要特征。

(1)地磁场近似于置于地球中心的磁偶极子的磁场，它具有两个极：在地理北极附近的磁极称为磁北极(具S极性)；在地理南极附近的磁极称为磁南极(具有N极性)。这个磁偶极的磁轴与地球自转轴相交于一个角度 $\theta_0=11.5°$。

(2)地磁场是一个弱磁场，在地面上的平均强度约为 0.5×10^{-4}T。

(3)地磁场是由不同来源磁场叠加的结果，主要由两大部分组成：一部分是来源于地球内部的稳定磁场；另一部分是来源于地球外部的变化磁场。变化部分的磁场比稳定部分的小得多，最大变化(磁暴)也只占地磁场强度的2%～4%。因此，地磁场的主要部分是稳定的。

(4)稳定磁场部分除偶极子场T外，还有大陆磁场TM(非偶极子场)和异常磁场Ta。大陆磁场来源于地表以下磁化率高于地球平均磁化率的那部分物质。异常磁场来源于地壳中岩石的磁化，它属于局部现象。偶极子场与大陆磁场之和称为基本地磁场，在磁法勘探中又称其为正常场。

(5)地球的基本磁场不是恒定的，而是随时间缓慢变化的，这种变化称为基本磁场的长期变化。

2. 磁法勘探中的磁异常参数

地磁场T是正常场 T_0 与地壳中岩石磁化形成的异常磁场 T_a 之和：$T=T_0+T_a$。在地磁学中，正常场值是确定的，磁异常的意义也是明确的。但在磁法勘探中使用的是相对磁异常。在以找矿为目的的地面磁测中，常在矿体引起的异常外围选一个点(称为基点)，以此点的磁场值为正常场；对于以研究区域地质构造为目的的大规模航空磁测或海洋磁测，有时在进行正常磁场梯度校正后，以测区内磁场的平均值作为正常场值。

在应用中，人们不直接测量 T，而是测量它的某个分量。在地面磁测中，通常测量 T 垂直分量的相对变化，即垂直磁力异常。

3. 岩石的磁性

磁法勘探的物性基础是岩石的磁性。研究和掌握岩石的磁性还有助于更好地进行地层对比、确定岩石的年代、再造地壳的运动过程等。岩石最重要的磁性是它们的磁化率。大量岩石标本(包括火成岩、变质岩和沉积岩)的实验室测定数据表明，火成岩和某些变质岩一般都具有比沉积岩高的磁化率。但是它们的变化范围太大，仅靠磁测资料是难以辨别岩石类型的。一般来说，沉积岩的磁化强度非常小，因此，很难用磁力剖面来反映沉积剖面内的构造特征。

(二)磁法勘探仪器与野外工作方法

磁场的测量分为绝对测量和相对测量。相对测量是测定不同点之间的地磁要素的差值。在找矿和研究地质构造的磁法勘探中，只需测量相对值，相对测量比绝对测量简单一些。

目前油气勘探中均采用电子式磁力仪。电子式磁力仪有磁通门磁力仪、核子旋进磁力仪、光泵磁力仪和超导磁力仪四种。磁通门磁力仪又称为磁饱和式磁力仪，20世纪五六十年代广泛应用于我国的航空磁测，地面和井中磁测中也有应用。核子旋进磁力仪主要用于航空磁测和海洋磁测，其精度为1nT，我国于20世纪60年代开始使用。光泵磁力仪和超导磁力仪是20世纪60年代新发展起来的高灵敏度仪器，前者的灵敏度高达0.011nT，后者高达 10^{-6}nT。

这类仪器除可用于磁法勘探外，还可用于地磁绝对测量、国防磁探测以至宇宙磁探测。我国在20世纪80年代初开始在石油航磁中采用光泵磁力仪。

地面磁测的野外工作方法与重力勘探的基本相同。首先根据地质任务，确定磁测精度、仪器类型和磁测比例尺(测网大小)。含油气盆地一般以弱磁异常为主，因而应尽量采用观测精度较高的仪器。研究含油气盆地的区域地质构造时，常采用1∶100万至1∶20万比例尺的面积测量；研究沉积岩局部构造时采用1∶5万比例尺的面积测量较多，或者用更大的比例尺。

测线原则上垂直于测区内测量对象的走向或构造走向，有利于测量地质引起的磁场特征，受方位角的影响较小，有利于计算基岩的深度。在油气勘探中地面磁测应用较少，主要使用航空磁测和海洋磁测。

(三)磁法勘探资料处理

磁力仪的测量值反映的是测点对磁场起作用的一切因素的总和。我们需要的仅是反映地壳内磁性差异的磁异常图，因此，必须对观测结果进行各种校正和处理。随着仪器的不断完善，校正工作越来越少。但对观测结果进行日变校正和正常场校正是必需的。

在对磁测结果进行地质解释之前，还需对校正后的结果进行必要的处理，压制干扰异常，突出有效异常。常用的处理方法有以下几种。

(1)压制干扰。磁异常受人工设施或浅部磁性体的干扰比较明显，尤其是用于油气勘探中的高精度磁测。为确保解释结果正确，必须对这些干扰进行压制。

(2)延拓计算。把观测面向上延拓，消除浅部磁异常的影响；向下延拓，增强异常的清晰度和分离叠加异常。

(3)导数换算。为了消除区域背景磁异常的影响和确定磁异常体的边界，需要计算出磁异常的二次导数图。

(4)垂向地磁极。将斜磁化的异常图转换为垂向磁化的异常图。在垂向磁化下，磁异常的形态及其与磁性体的对应关系比较简单，便于地质解释。

(5)计算磁源重力异常。将磁异常通过泊松公式转换为“磁源重力异常”，将该异常图与重力异常图对比，可以利用更多的信息来判断磁异常的性质。经资料处理后的成果形式是能用于地质解释的磁异常等值图。

(四)磁法勘探资料的地质解释与应用

磁法勘探资料的解释，是指根据磁测资料、岩石的磁性资料以及地质和其他物化探资料，运用磁性体磁场理论和地质理论解释并推断引起磁异常的地质原因及其相应地质体的空间赋存状态、平面展布特征、矿产和地质构造分布的全过程。磁测资料地质解释的一般步骤包括磁测资料的预处理和预分析，磁异常的定性解释、定量解释，地质结论和地质图示。磁测资料的预处理和预分析是使解释工作建立在资料完整、可靠和使用方便的基础上。解释开始之前分析磁测精度、测网密度、系统误差和正常场选择的合理性和正确性。

磁异常的定性解释包括两个方面。其一是初步解释引起磁异常的地质原因，其二是根据实测磁异常的特点，结合地质特征，运用磁性体与磁场的对应规律，大致判断磁性体的形状、产状及其分布。

磁异常的定量解释是补充定性解释的结果，它的目的是根据磁性地质体的几何参数和磁性参数的可能值，结合地质规律，进一步判断场源性质，提供磁性地层或基底的几何参数(埋深、倾角和厚度)在平面或剖面上的变化关系。

地质结论是磁异常地质解释的成果，它是磁场所反映的全部地质情况的归结，是由定性和定量解释所得出的地质推论。地质图示是磁法工作成果的集中表现。磁法勘探的成果应尽可能地用图件的形式反映出来。如推断的地质剖面图、地质略图、矿产预测图等。在油气勘探中磁测资料用于研究下列地质问题。

1. 结晶基底内部构造研究

结晶基底内部构造对地台区大地构造分区具有重要意义。已有的研究表明，沉积盖层的构造单元与基底内部构造间具有一定的规律性。

2. 结晶基底起伏形态研究

结晶基底是经过强烈的褶皱和变质作用的岩层，存在大量的岩浆体，在被披盖上沉积盖层以前，结晶基底已遭受了长期的风化侵蚀，结晶基底内很多孤立的、具有陡立产状的磁性岩体顶面被削平，出露在基底表面，构成结晶基底表面的一部分。因此，直接研究这些孤立磁性体顶面的深度便可了解结晶基底表面的起伏形态(图 2-7)。

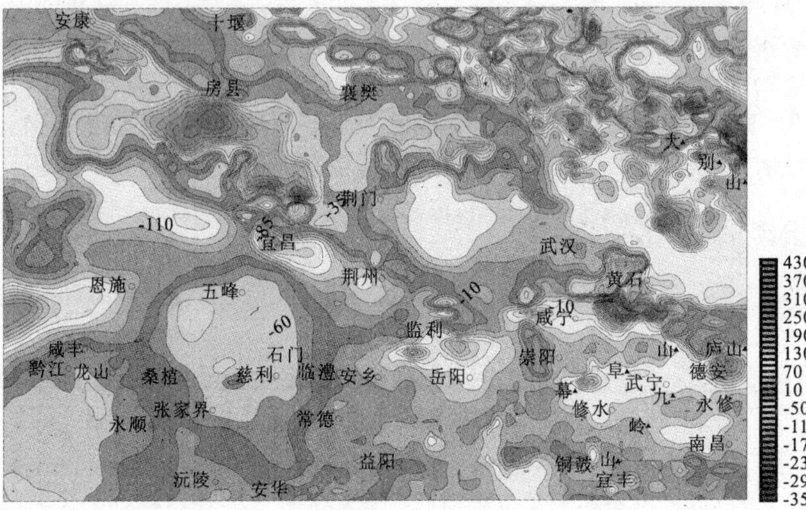

图 2-7 中扬子地区航磁异常图

3. 间接寻找二级构造带

大部分油气藏都在沉积盖层中，多数沉积盖层构造与基底构造、断裂活动，甚至火成岩活动有关。因此，通过磁测资料研究结晶基底可间接地寻找沉积盖层构造。

4. 圈定含油气远景区

利用磁测资料圈定含油气远景区是在对磁场特征、深度图及区域构造略图分析的基础上进行的：在深度图和构造图内寻找长期发育的深坳陷区及边部所圈出二级长垣和局部隆起，然后结合油气显示情况圈定含油气有利地区。

5. 直接寻找沉积岩构造

光泵磁力仪的出现，使磁测精度提高了一个数量级。有些地区沉积岩具有弱磁性，可被其探测到。高精度磁测可以直接用于研究沉积岩构造。目前我国石油航磁已由研究区域构造为主转入研究沉积盖层为主。

三、电法勘探技术

电法勘探(简称电法)是以岩石、矿石的电性差异为基础,通过观测和研究天然的或人工的电场或电磁场的空间和时间分布规律来勘查地质构造和寻找油气的一类勘探方法。在电法勘探中,利用岩石和矿石的电学性质主要有:电阻率、电导率、介电常数和极化特性。自然界中任何一种地质体都或强或弱地具有这几种电性。人们可以单独利用其中的一种性质,也可以同时利用多种电学性质,以便从不同的侧面了解和研究地质体。

在油气区域普查中,电法用于研究区域构造,确定沉积盆地基底起伏,圈定含油气远景区。在火成岩、碳酸盐岩覆盖地区和地震地质条件比较复杂、难以取得良好地震记录的地区,电法勘探是地震勘探的一种补充。在条件有利时,电法可以确定水平层状构造、垂直构造等。虽然电法勘探的方法很多,但在油气勘探中主要有:直流电测深法(VES)、大地电磁测深法(MT)、可控源声频大地电磁测深法(CSAMT)、频率测深法(FS)、瞬变电磁测深法(TEM)以及激发激化法(IP)等。

(一)直流电测深法

直流电测深法是根据岩石和矿石导电性的差异,在地面上不断改变供电电极和测量电极的位置,观测和研究所供直流电场在地下介质中的分布,了解测点电阻率沿深度的变化,达到测深、找矿和解决其他地质问题的目的。

1. 岩石的电阻率

岩石的导电性通常用电阻率 ρ 或电导率 $\sigma=1/\rho$ 来描述,它是电测深法的基础。电阻率越低,物质导电性越好;电阻率越高,物质的导电性越差。电阻率的单位为欧姆·米(Ω·m)。影响岩石电阻率的因素很多,例如组成岩石的矿物成分和结构,岩石中所含水分的多少及其矿化度的高低,岩石所处环境的温度和压力,以及岩石在高温高压条件下出现的各种物理化学变化(相变、脱水、部分熔融)等。这些因素使得岩石的电阻率值变化很大。即使同一种岩石,当处的环境不同时,彼此间的电阻率值也相差很大,甚至达几个数量级。

一般地,火成岩和变质岩的电阻率较高,通常在 $10^2\sim10^5$ Ω·m 范围内变化。沉积岩的电阻率较低,例如黏土的电阻率约为 $10^{-1}\sim10$ Ω·m,砂岩为 $10\sim10^3$ Ω·m,致密灰岩的电阻率相对较高,干燥时可达 10^7 Ω·m。在沉积盆地中,岩层的地质年代、沉积环境和含水的多少不同,其电阻率也不一样。因此,用电测深法研究沉积盆地的区域构造,甚至寻找和圈定局部构造是完全可能的。

2. 原理及工作方法

在地表沿测线放置两个电极 A、B(称为供电极)并插入地下。当在 A、B 上供给稳定的电流 I 时,电流由 A 极通过地下岩层,再流到 B 极,从而在地下建立了一个电流场。在地面测点 O(AB 的中点)的两侧再插入两个电极 M、N(称为测量电极),以测量 M、N 极之间的电位差。利用公式 $\rho_a = k\Delta U_{mn}/I$,可计算出电阻率值。当地下介质均匀时,由上式计算出的 ρ_a 即为均匀介质的电阻率。当介质不均匀时,则计算出的 ρ_a 称为视电阻率,即把非均匀介质等效为均匀介质时的等效电阻率。

视电阻率是一定范围介质电阻率的综合反映;这个范围大约是 AB 电极之间深度为 AB/$\sqrt{2}$,在该范围内集中了 96%的电流。其中在 AB/$\sqrt{2}$ 处电流密度最大。因此,常称 AB/$\sqrt{2}$ 为勘探深度。当改变 AB 电极距大小时，勘探深度也随之改变。

在实际工作中，以上方式的电极排列称为四极对称装置。还有其他的排列方式，如三极不对称装置（B 极在无穷远），有施伦贝尔格排列、维纳排列等。

3. 电测深资料解释

电测深资料解释的目的是将实测的电测深曲线反演求得相应的地电断面，并进行地质解释。解释工作可分为三个步骤：电阻率参数研究、定性解释和定量解释。三个阶段往往交替进行，相互补充。

（二）大地电磁测深法

大地电磁测深法，简称 MT，是前苏联学者 Tikhonv 和法国学者 Cagniard 于 20 世纪 50 年代初提出来的，利用天然交变电磁场研究地球电性结构的一种勘探方法。由于它不用人工供电，成本低，工作方便，不受高电阻层屏蔽，对低电阻层分辨率高，且勘探深度随电磁场的频率变化，浅至几十米，深达数百千米，因此，近来在许多领域都得到了成功的应用，引起了地球物理学家的广泛兴趣和极大的重视。

大地电磁法也有它的不足。第一，野外施工期限和每个测点上数据采集时间都受大地电磁场变异强弱的制约，记录的质量也取决于场源的性质和尺寸，属“靠天吃饭”的被动源工作方式，大大影响了工作效率，增加了工作成本。第二，体积勘探的性质决定了 MT 的分辨率低，而且电阻率越高，频率越低，分辨能力越低。第三，观测误差较大，尤其是低频，不仅受场源性质、构造复杂性和干扰大小的制约，而且也有赖于观测时间的长短和叠加次数的多少。第四，在复杂地质条件下的资料处理和解释方法还不成熟，有待于进一步研究和发展。

1. 大地电磁场

地磁场分为基本磁场和变化磁场两大部分。基本场起因于地球的内部，是磁法勘探的研究对象；而变化磁场却源于地球的外部，是大地电磁法和磁变测深法的研究对象，因此，这种变化场又称为大地电磁场和大地电磁变异。根据现代理论，大地电磁变异与太阳风引起高空电离层的电流运动以及大气中的放电现象等有关。研究表明，在地球表面不仅随时随地都存在着大地电磁场，而且具有一定的规律和特征。

2. 原理及工作方法

在地表测量大地电磁场的电场分量和磁场分量的时间序列，经谱分析后计算出电磁场的谱，并给出张量阻抗 Z 的各个分量、电性主轴（走向和倾向）方位、相应的主轴方位上的阻抗、电阻率和相位，对视电阻率、相位等进行解释。

野外工作包括选点、布点、观测等过程。观测结果为五个电磁场分量，即磁场的三个分量和水平面的两个电场分量。对这些观测结果需经过大量的数据处理后才能用于地质解释。

大地电磁测深资料的地质解释是一件繁杂的工作，其过程主要包括曲线的分析、资料的再处理、定性解释、半定量解释、一维反演、二维反演以及地质解释。解释结果可用于研究地壳和上地幔的电性结构、研究区域构造（基底起伏、埋深和断层的分布）、研究电性层位地质解释与地质推断（图 2－8）、研究局部构造、研究特殊地质现象（推覆构造、裂谷、深大断裂）。

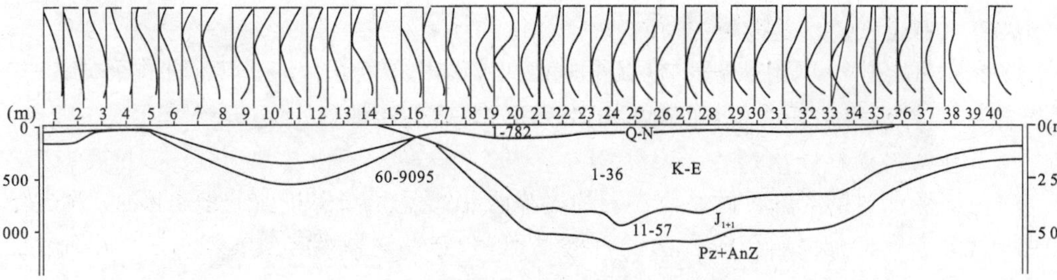

图 2-8　大地电磁拟二维反演盆地沉积层的埋深

第五节　遥感技术

遥感技术包括航空遥感和卫星遥感两类。随着卫星遥感分辨率的不断提高，这种高效率而费用较少的方法，正成为遥感技术的主流。

1972 年，美国发射地球资源技术卫星(ERTS—1)以来，卫星测量已覆盖了全球，经过计算机处理可以获得高精度的“假彩色”照片。遥感技术是利用所获得的大量数据，通过图像处理、统计分析和地理信息系统等手段，解译分析地质构造和圈定可能的油气富集区。目前油气遥感技术可分为两类，即石油地质构造信息分析技术和烃类微渗漏直接检测技术。

米纳斯油田的发现就是遥感技术一个非常典型的例子。米纳斯油田是东南亚地区最大的油田，该油田位于中苏门答腊第三纪盆地中，地面为丛林和现代沉积所覆盖，地质构造难以辨认。但是在航空照片上，可以明显看出一个高的隆起，由该隆起高区向四周的径向泄流系统十分引人注目，呈环状辐射分布。1938 年，一名年轻的地质学家开始对该区进行早期的石油勘探，在一条北东-南西向的剖面上，用手摇钻钻了 3 000 口 6m 深的浅井，其结果证实了该区上新统和中新统中存在一个背斜构造。1943 年 12 月 4 日，米纳斯构造上第一口探井完钻，井深为 800m，经测试获工业油流，从而发现了该油田。

遥感技术以其概括性、综合性、宏观性、直观性的技术特点，正日益成为油气勘探中的一种成本低、省时、适用于交通不便及环境恶劣地区进行地面地质调查的先进方法。它是在利用卫星遥感手段获得大量数据的基础上，运用统计分析、图像处理、地理信息系统等技术手段，解译和分析地质构造，圈定油气富集区(图 2-9)。

构造信息提取与分析是遥感在石油勘探中最早应用并逐步发展起来的，也是国内外应用最广泛、最成功、最有效的方法，包括地貌构造解译分析、地质动力解译分析等。20 世纪 80 年代中期以来，随着地理信息系统(GIS)技术的引入、烃类微渗漏遥感直接检测技术的开发应用，伴随着强大功能的电子计算机的出现，使得现代遥感技术在卫星图像的分辨率、光谱频带范围、立体成像、图像处理与解释等方面不断提高和完善。新一代卫星获得的高质量商业化数字式图像，已经使遥感技术的应用开始从区域勘探转向区带评价。

卫星遥感图像形象真实，具有宏观性特点，是其他资料无法比拟的。在普查阶段，通过对研究区域进行遥感地质构造解译，分析不同构造层次，反演各期次应力场，从而探讨盆地形成的时空规律及形成机制，预测含油气构造带分布。

在详查阶段，遥感以提取油气藏的烃类微渗漏信息为主。而这类信息很微弱，因此要从下

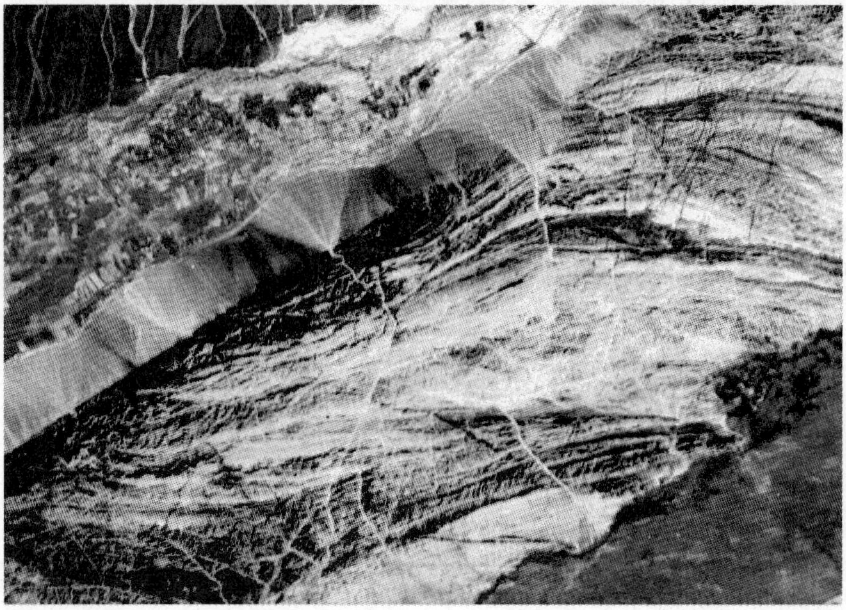

图 2-9 示断裂和褶皱带的遥感影像

面两方面加强研究。一是详细研究图像异常形成机制，即烃类微渗漏引起的蚀变现象的光谱行为，加强不同成油条件、不同环境背景下，遥感异常与油气微渗漏两者间相关性研究；二是加强遥感图像异常信息提取方法研究，运用多种图像处理方法（如比值分析、主成分分析、矿物吸收指数等），突出与油气藏有关的异常信息。

遥感技术只是油气勘查中的一种手段，要注意遥感技术与油气化探、地面波谱测试、地磁、地温、能谱测量、地电化学勘探手段结合，将遥感图像异常特征分析与地质构造、地貌特征分析结合起来，并融合各种非遥感信息，这样才可以提高遥感油气探测的水平和精度。

在当今油气勘探中，来自航空和海上地球物理系统的遥感资料，正越来越多地得到利用，以期降低风险、提高效率。卫星测高法、全球定位系统（GPS）和重力梯度法 3 种先进技术，使人们获取高分辨率重力资料的能力得到提高。同样，在高分辨率磁力测量中，利用遥感（合成孔径雷达、热红外及可见光）与综合地球物理资料相结合的复合判别方法，可快速圈出油气异常靶区，作出早期油气远景评价。美国推出的这项技术利用高速卫星传递系统，将海上地球物理调查的地震数据，借助 ACTS 卫星的强大功能，由陆地配合超级计算机接收数据进行同步处理，科学家可根据处理结果指示调查船迅速赴指定海区进行加密测线，寻找含油气构造。英国也在研究利用卫星图像探测海底石油的新方法。

美国《地球物理勘探遥感原理》的作者里根的一段话，对油气遥感技术的发展也许是有益的。他说："总的说来，对卫星遥感技术，某些勘探家仍持十分怀疑的态度，其中不少人将其贬低到有点像魔杖一类的东西。遥感沦为这种状况，不是完全没有根据的。实际上，早期（没有多少年）由于过分地兜售和随便地到处滥用，使这个领域的声誉受到了很大损害。当然，目前遥感技术已逐渐成熟起来，走上了一条经过深思后的研究道路，并成为勘探工作的一种有价值的手段。"

第六节　地球化学勘探技术

石油天然气在形成和运移过程中，在岩石、水体、土壤、气体和生物体中留下了痕迹，利用这种痕迹形成的地球化学异常，进行石油和天然气勘探的技术手段，就是油气地球化学勘探(简称油气化探)，它是利用地球化学异常进行石油与天然气资源勘探的一种方法。

油气化探是在石油地质学和地球化学的基础上发展起来的一门综合性学科，是在系统测试分析自然界中与油气有关的化学异常，从而评价区域含油气远景，寻找油气藏的一种直接找油技术。1923年德国 Laubmeyer 首次将地表烃类与地下油气藏联系起来。20世纪30～40年代是油气化探发展最快的时期，多种化探方法不断涌现，各大石油公司纷纷建立了专门的研究机构，开展油气化探普查。由于当时石油勘探技术比较落后，只能寻找一些地质构造相对简单、埋藏比较浅的油气藏，而化探作为一种直接检测油气的方法，获得了理想的勘探效果。进入20世纪50年代后，由于诸多原因使得油气化探的声誉开始下降，总体处于低谷和停滞时期。原因之一是勘探条件的日趋复杂，超越了化探本身力所能及的范围，如目的层埋藏太深等；原因之二是其他勘探方法的迅速发展并逐步走向成熟；原因之三是化探方法忽视了同其他勘探方法的配合，实行单兵种作战，从而影响了其使用效果；原因之四是化探理论基础研究薄弱，许多学者对浅层沉积物中的烃类来源争议很大，使得油气垂直运移理论在实际中遇到了许多不能自圆其说的矛盾。20世纪60年代中期以后，经过近十几年的深刻反思，加上理论基础研究的深入，工作方法的完善，分析测试手段的改进，油气化探热潮再度高涨，开始进入复兴时期，各种化探方法的研究得到较快的恢复和发展。目前油气化探的开展处于相对平稳时期，美国和俄罗斯等国家将化探成果列为预探井的重要参考资料。

一、油气化探的理论基础和原理

油气化探的理论基础是烃类微渗漏。国内外学者对油气微渗漏的大量研究证明，油气微渗漏的通道是多种多样的。油气微渗漏可以沿着地层中的孔隙喉道、节理、微裂缝、层面网络、封闭断裂等通道进行。已有研究表明，地质条件下，垂向上压力梯度是水平方向上的223倍，大大高于水平方向的压力梯度，显然压力降总体指向基本是垂直向上，水平方向很微弱，不构成显著影响。温度梯度具有与压力梯度类似的变化规律，垂向上温度梯度是水平方向上的100倍，即温度降总体指向垂直向上。油气聚集后的微渗漏动力有多种，主要有油气藏内部与周围存在的地层静水压力和水流压力梯度、浮力、水动力、温度差、浓度差、渗透作用等造成的压力差等。Price(1986)总结了烃类垂向微渗漏的4种动力学机理：扩散、渗逸、随水的对流和渗透。烃类垂向微渗漏的动力存在以上各种因素的复合作用。

油气藏从形成到消失实质是烃类由分散到集中及由集中到分散的两个连续过程，烃类及伴生物逸散至近地表形成地球化学异常。在获得各种介质的地球化学指标之后，可以通过各种数学地质方法进行数据的处理和分析，来圈定这些异常。因此，油气化探数据处理是油气化探工作的重要环节，其目的之一在于压制和消除干扰，如地表干扰、景观条件变化等，二是提取异常，结合地质构造等关系进行分析，可以确定有利的勘探远景区或目标。目前化探数据处理常用的数学地质方法包括数据标准化、趋势分析、判别分析、聚类分析、主成分分析等。

运移至近地表的烃类形成异常一般有多种形态，包括串珠状(线状)、面状(块状)、环状和多环状等。串珠状异常是透镜状或条带状异常沿控油断裂按一定方向断续分布造成的。面状异常是连片的高含量点或集中分布于一定范围内的高含量点所构成的异常,它往往是烃类沿油气藏上方微裂隙运移的结果。一般位于油气藏顶部或稍有偏离的部位。环状异常是晕圈状高含量带,中央为低值或背景值,高含量带表现为连续或不连续的环,晕圈呈圆形、半圆形、椭圆形等各种形态。环状异常是"烟囱效应"及"微生物作用"的结果,油气藏中的烃类沿着垂直通道向上运移,由于氧化过程中伴随着次生碳酸盐的析出,导致油气藏上方形成致密层,阻碍后续烃类的向上运移,从而形成环状异常。或者是因为在油气藏上方近地表有强烈的微生物活动,消耗了大量向上逸散的烃类,导致异常消失,而油气藏边部因逸散的烃类减少,满足不了微生物生存最低浓度限,微生物不能生存,造成边部异常值反比油气藏顶部要高,形成环状异常,这就是"微生物作用"的结果。

二、油气化探的基本方法

油气化探的方法很多,从不同的角度,可以对油气化探进行不同的分类。按照分析项目不同,油气地球化学勘探方法可分为土壤烃气体测量法、土壤硫酸盐法、稳定碳同位素法、汞和碘测量法、地下水化学法等。按照取样位置的差别,可以分为空中化探、近地表化探和井中化探。

1.空中化探

空中化探是主要研究大气层中的气体成分组成与含量,特别是轻烃气体在大气中的变化规律,来预测地下油气田分布的一种化学勘探方法。1969 年美国根据卫星遥感图片资料初步圈定了大庆油田的范围,其依据就是大庆地区由于油气田的勘探开发,这一地区大气中轻烃气体含量较高,其光谱特征与相邻地区相比具有异常现象。

由于空中化探受地表气象、工农业生产和人类生活的影响较大,尤其是在有油气田生产区,其测定结果更具多解性,所以在生产实践中一直未得到广泛应用。

新近发展起来的遥感地球化学是一门以物质电磁波理论为基础,借助遥感技术获取数据来研究化学元素在地表或其他行星表面的分布、含量及迁移的科学。目前,遥感地球化学除了能获取地球静态参数外,还可以测量地球动态参数。其应用领域已扩展到矿产勘探、环境地球化学、生物地球化学、行星研究以及全球变化等诸多领域,显示了其特有的快速、宏观、动态监测的技术优势,预示了其良好的发展潜力。

遥感地球化学在各相关技术学科不断完善中得到快速发展,并在矿产勘探、环境监测等领域发挥重要作用。如今遥感地球化学可以探测到具有诊断性光谱特征的、指示矿床和矿化带存在的蚀变黏土矿物、碳酸盐、氢氧化物等,由此可以绘制矿物成分分布图及丰度图指导找矿;也可以根据烃类微渗漏理论,利用地下油气藏在地表形成的地化异常特征波谱响应,圈出勘探靶区,达到提高勘探效率和效益的目的,有可能成为石油勘探的有力工具。

2.近地表化探

近地表化探则以地壳表层为对象,通常限于侵蚀面以上的地质空间范围的烃类及其衍生物含量的异常检测,可以用来进行有利含油气区带预测和圈闭含油气性评价。该方法是油气化探中应用最广的一种方法和技术(图 2-10)。

3.井中化探

井中化探是在探井中进行,主要研究源岩层、油气储层地球化学特征,以直接地化指标进行生油层和储集层评价,及时发现和预测油气层及油气性质,为选择试油层位及近地表化探的

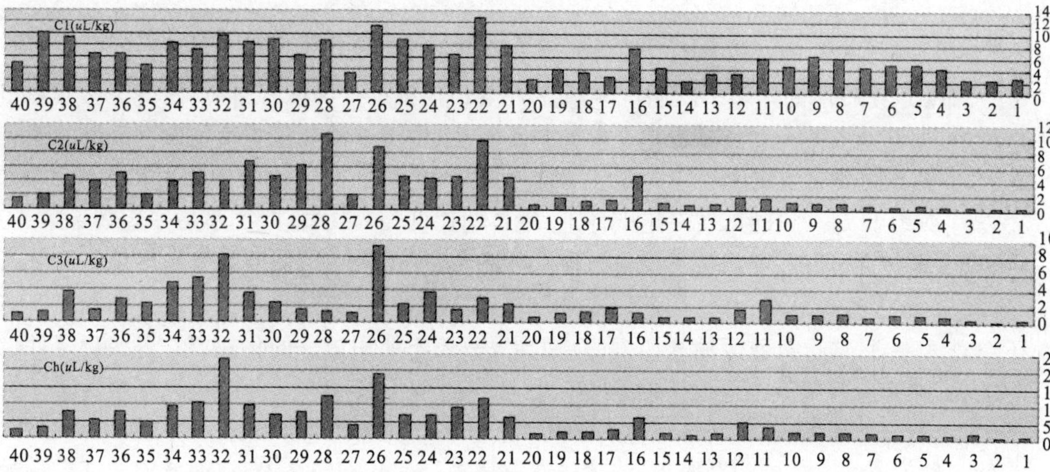

图 2-10　近地表化探的 **C1**、**C2**、**C3**、**Ch** 的指标剖面

解释服务。

4. 海洋油气地球化学勘探

海洋油气勘探地球化学检测模式的研究表明，海底油气贮存与海底水体平均甲烷浓度，与湿气（乙烷－丁烷）标准衍生物总浓度之间均具有良好的相关性。同时还发现 V/Ni、V/ Cu、Ni/ Cu、Co/ Cu 比值可作为石油运移的有效指标。另据测定，水样的平均甲烷浓度小于 100nL/ L 为无油区，大于 200nL/ L 为含油区，介于两者之间为贫油区。在海底大油田上方，常有油气渗透至海底表层，并逐步积累形成一种海底薄沉积层，现已研制出一种可以测定渗透油气比值的仪器，美国大陆石油公司用这种新仪器在我国南海进行了测试并初见成效。

根据分析介质的差异，又可将油气化探分为以下几种。

1. 气态烃测量法

烃类中 C1－C5 因在近地表的温度、压力条件下呈气态存在，所以可用直接测量气体的办法来探测。常用的方法包括游离烃测量，即对土壤中采集到的游离状态的气态烃 C1－C5 进行色谱分析，依其烃类组成特征达到寻找油气的目的。

W. L. Gore 和 Associates 公司近期推出一种新的地表化探方法，该方法与传统的主要直接测量土壤中甲烷和乙烷浓度以及微生物含量的地表化探方法不同，它是通过将获得专利的吸附剂模块置于地下 60cm 深处 17d 来测量乙烯和更重烃类的浓度。这种新的采样技术可以最大限度地降低近地表烃气变化的影响，扩大对有机化合物的灵敏范围，可以有效避免仅靠测量甲烷无法判断异常区是否具商业开采价值而可能导致的无效钻探，从而降低勘探风险，提高钻探成功率。

2. 土壤测量法

是针对土壤样品进行多指标分析、研究的油气化探方法，包括酸解烃、蚀变碳酸盐（ΔC）、热释汞、紫外荧光法、微量铀、碘测量等方法。

3. 水化学测量法

是利用盆地中的水介质携带有油气生成、运移的信息，来寻找油气的方法，其主要分析指标包括 C1－C5 的浓度、苯系物和酚系物的溶解度、水的总矿化度、水中的 U^{6+}、I^- 等无机离子浓度等。

需要注意的是与任何勘查技术一样,油气化探也有它的局限性。主要由于下列原因:①土壤中的烃类的来源不是单一的,除了从深部油气田逸散的烃类以外,也可能由于土壤中植物腐烂所致,也可能由于人类或动物界产生的有机物质;②深部油气田中油气向上逸散的途径是复杂的,在地表烃类富集的部位不一定正对着油气田的上方;③地表的土壤可以因流水而搬迁。地表的沙漠可以被风迁移,在一定条件下,搬迁的速度相当快,使烃类不易在地表聚集;④土壤中烃类的浓度比较低,要把烃类的异常值从背景值中分辨出来,需要有灵敏度很高的分析仪器和方法。由于这些原因,油气化探的成果存在着多解性和不确定性,还有许多问题需要进一步研究和试验,目前可以作为油气勘探的辅助方法,还不能用单一的化探方法直接确定井位。针对油气化探特点,似乎作业地区的地表条件选择也很重要,在气候干燥和人类活动稀少的地区、土壤搬迁慢的地区,有利于与地下油气田有关的烃类聚集,地化勘探的效果可能会好一些。

油气化探应有正确的勘探程序,才能充分体现油气化探经济、快速的特点。任何一种化探方法都具有多解性、局限性,用多指标、多方法相结合,才可能圈出油气有利富集区。多年油气勘探实践表明,化探在勘探油气藏方面具有重要作用,在勘探程度较高地区,是不可缺少的寻找复杂类型油气藏的有效方法。

第七节 钻井技术

钻井技术是井筒技术的组成部分。井筒技术通常概括为从建井到完井全过程中,围绕着井筒不同的地质和工程需要,实现以油气勘查为目的所采用的不同工程专业的技术系列的总和,它包括钻井、测井、录井和井下测试等技术。钻井技术不但是井筒技术的载体,而且是实现油气勘查最终识别、发现、保护、获得油气层、探明储量的关键技术,也是进行油气商业开采将油气从地下采到地面所依靠的对象。钻井技术复杂,在油气勘查中具有最有效、最直接和成本高的特点。

一、概　述

在钻井过程中,如何使钻头沿预置轨道钻进并保持井眼稳定(减少或避免漏、涌、喷、卡等井下复杂情况和事故),如何优选钻头和钻井参数以提高钻进速度,如何实现钻井自动化与智能化以减少钻井间断及提高钻井质量和效率,如何有效地保护储层以提高钻探效果等,都是钻井中的关键问题。

钻井成本较大,钻井费用的投资约占整个油田勘探开发总投资的40%。在塔里木地区,1996年统计结果表明,油气钻探费用占勘探总成本的80%以上,油田开发钻井费用占开发总成本的50%以上。此外在油气钻井过程中,因预防措施不力而对井喷失去控制,将会对周围环境造成十分严重的污染,后果难以估量;若对废弃钻井液及其他废弃物处理不当,则会对周围环境或水源产生污染,甚至危及其中的生物;在钻井过程中遇到地下有害气体(如H_2S等),如处理不当,也会污染周围环境,甚至殃及人畜的生命。

新中国的石油钻井事业经历了组建、发展和提高三个时期。建国前,中国只有甘肃玉门老君庙油田一个钻井机构。1951—1952年,除新疆根据中苏协定成立中苏石油公司外,先后在甘肃玉门老君庙油矿、陕西延长油矿和四郎庙探区,以及永昌窨水和青海民和地区成立了钻探大队，在四川成立了西南石油勘探处。1958年后，随着石油勘探的重点由西向东实行战略性转移，钻井队伍不断发展壮大。1958—1977年，钻井队由205个扩大为570个，钻机由319台增加到942台。钻井队伍多次参加全国石油会战，作风得到新的锻炼，技术得到迅速提高。改革开放为引进国外先进钻井技术创造了良好的外部环境，科教兴国的基本国策为组织规模性攻关创造了良好的内部条件。自1978年以来的30年，随着国民经济实施每一个五年计划，钻井技术都踏上一个新的台阶，这是我国钻井技术发展提高最快的时期，也是由经验钻井发展到科学钻井的时期，其中深井、超深井技术、大沙漠地区钻井工程技术、海洋钻井平台技术等都得到了迅猛的发展。

未来的钻井技术将以降低勘探开发总成本和钻井直接成本为主要目标，以实现自动化钻井为核心研究内容，带动整个钻井技术的进步。钻井技术将更好地与地质、地震、测井和录井等专业技术紧密结合，形成一套高效、自动化程度高的钻井系统，不断提高油气勘探成功率和单井产量，缩短钻井时间，提高油气井的寿命。

世界范围内，钻井领域在多分支井、大位移井、欠平衡钻井、钻井信息技术、自动化钻井和深水钻井等方面不断推出新的技术产品的同时，现有技术产品也得到了改进和发展。比如为实现井眼更小、效率更高，壳牌公司前不久推出了膨胀管技术。该技术发展较快，无论在陆上还是在海上，使用该技术不仅常常可以解决一些意想不到的钻井问题，而且还可以缩小井场用地、节约钻井液和管材、提高钻井效率、减少环境污染，从而达到降本增效的目的。膨胀管技术是钻井的关键技术之一。随着膨胀管技术的发展，单直径技术应运而生。单直径技术的推出为进一步实现井眼更小、效率更高的钻井目标迈进了一大步。壳牌勘探生产公司利用单直径技术钻井，在井内下了$9^{5/8}$ in衬管，完井时又在衬管内下了常规套管串，中间的套管为生产套管。另外，壳牌公司还计划近期在墨西哥湾海上钻第一口单直径井。连续管钻井是一种采用连续管完成钻井的新技术，发展和应用始于20世纪90年代初，近几年该技术有了很大的发展，最新研制成功了连续管和钻杆两用钻机、复合材料制成连续管以及连续管位移增大工具等，这些都为连续管钻机技术的发展和推广创造了条件。

我国在石油钻井技术方面所面临的问题主要表现在：一是整体钻井速度慢，国外每年进尺(5～6)万m，我国只有3万m。特别是深井建井周期长、投资大、深部油气资源勘探的成功率低。国外井深为5 000m左右的单井，完井周期大约为3个月，井深6 000m左右的井，完井周期大约为6个月。二是国外近十几年新兴的钻井技术，如大位移延伸井、欠平衡钻井、地质导向钻井、分支井钻井、小井眼钻井技术等等，在我国，有的尚属空白，有的刚起步研究。所以，必须大力开展钻井新工艺、新技术、新材料的攻关，如超深井、大位移延伸井、欠平衡压力、优质钻井液、地质导向钻井、分支井钻井技术等等，缩小与国际先进水平的差距，以满足油田勘探开发的需要。

二、探井类型

油气勘查过程中不同的勘查阶段有不同类型的钻井，不同类型的钻井在钻井目的和钻井方式上都有明显的不同。按照勘查阶段和所达到目的的不同，探井可以分为科学探索井、基准井、参数井、预探井和评价井等类型。

1. 盆地区域概查阶段的科学探索井、基准井和参数井

科学探索井、基准井和参数井是盆地区域概查阶段所布置的探井，也可称为区域探井。

科学探索井简称科探井，一般是在没有研究过的新区，为了查明区域沉积层系、地层接触关系、生储盖及其组合特征等，评价盆地的含油气远景，或者是为了解决一些重大地质疑难问题和提供详细的地质资料而部署的区域探井，也可以说是在区域普查初期部署的一些重点参数井，如江苏油田部署钻探的圣科1井就是一口以探索下扬子地区中、古生界地层、结构和碳酸盐岩含油气性的科探井。科探井的钻探深度一般较大，研究项目比较齐全，要求高。第一，要求系统取心，至少在重点层段全部取心；第二，以探地层为主，要求钻在盆地地层较全的部位；第三，要求分布均匀，对盆地有较好的控制作用。

基准井具备探明和标定盆地基础地层组成层序、结构特征、岩石物理特性等全面性任务、并具有战略性找油的特点。基准井一般布置在地壳长期沉降并有利于油气形成的坳陷(或凹陷)上，这里沉积剖面齐全，也是生、储、盖层系发育的地区。在我国最著名的基准井是松辽盆地的三口基准井，在盆地概查阶段设计的这三口基准井分别位于东北隆起、东南隆起和中央凹陷三个不同构造单元的次一级构造上，它们之间相距约100km，这样可以控制盆地的大半部分，了解三个不同构造单元的地层、岩性、岩相、含油性及基底构造等情况。松基1、松基2两井取得了盆地东部完整的地层剖面，搞清了地层层序，掌握了东部基底岩性、构造的一些特征。松基3井设计在大庆长垣上，由于发现油层提前完钻，该井是大庆油田的发现井。我国在20世纪50～60年代使用的“基准井”实质上就是一种科学探索井，目前这一概念已基本停止使用。

参数井的任务是了解勘查区域的地层层序、岩性岩相、生储盖条件，并为物探解释提供参数。参数井的功能要小于科探井，其任务和性质与基准井又有所不同，项目没有基准井齐全，只要求断续取心，为物探、测井解释提供参数。参数井兼有评价性(或试探性)找油的任务，参数井的使用比基准井更为普遍，数量多于基准井(因投资和钻探时间不如基准井花费多)，采用条件比较灵活。如江汉盆地钻探的潜参1井就是为了探索整个盆地、特别是潜江凹陷的地层层序、生储盖条件及含油性等而设计的参数井，井深5 020m，钻探到白垩系渔洋组，该井目前仍然是盆地内最深的井。

2. 圈闭预探阶段的预探井

圈闭预探的主要任务是寻找工业性油气田，因此必须通过钻探来实现油气的发现。圈闭预探阶段的预探井是在地震详查的基础上，以局部圈闭、新层系或构造带为对象，以揭示圈闭的含油气性，发现油气藏，计算预测储量为目的的探井。根据其钻探目的不同，又可分为新油气田预探井(在新的圈闭以寻找新油气田为目的)和新油气藏预探井(在已探明油气藏的边界之外或者已探明浅层油气藏之下以寻找新的油气藏为目的)。

预探井布置的重要问题是选择合理的布井系统：井位、井数和确定钻井次序，同时包括正确地确定井深和设计井身剖面(井位横剖面图和钻井施工表)。所谓“系统”，是指井与井之间的关系。预探布井的关键问题是将井位设计在构造(圈闭)聚油的最有利部位上。

3. 油气藏评价勘探阶段的评价井

通过预探井发现工业性油气藏后，为了进一步查明油气藏类型，确定油藏特征(原油性质、油气水界面、构造细节、油层厚度)，评价油气田规模、生产能力、经济价值，落实探明储量为目的而部署的探井称为评价井，评价井又称详探井。

评价井部署的原则，主要是要全面查明油气藏，保证油气田迅速投入开发。要全面查明油气藏，获取资料，就需要部署钻井、大量取心和分层试油，其结果将导致勘探实践延长，投资过大。为了解决上述矛盾，就必须科学、合理地处理取心、试油及勘探速度三者之间的关系，把三者有机地统一于整个评价方案的总体部署中。

对某些主要油层已探明，而次要油层或开发区块生产目的层上下含油情况尚不清楚的油藏，在部署开发井时，有目的地设计几口生产井先承担勘探其他层的任务，待勘探任务完成以后再返回开发目的层承担生产任务。这种性质的开发井称为兼探井。

三、探井方式及相关技术

按照油气勘探开发目的的不同，既要最大限度地勘探好和开采地下油气资源，又要节约勘探开发成本，因此设计了不同的钻井方式和相关技术。目前的钻井方式主要有直井、定向井、水平井、大位移井、多分支钻井、小井眼等类型，相关技术主要有深井、超深井、平衡钻井、欠平衡钻井、自动化钻井、井下增压钻井等。

1. 直井

直井就是从地表垂直向地下钻探的井。钻井过程中钻杆与地面始终保持垂直。直井钻井的优点是设备简单、钻进速度快、井场操控容易、易于掌握、钻井成本低。钻直井是延续了100多年的最古老的钻井方式，目前全球85%的油气田勘探开发仍然采用直井钻探方式。

2. 定向井

定向钻井是指钻头垂直到达一定深度后，借助特殊造斜工具，使钻头沿预定的井斜和方位钻达目的油气层的钻井技术。按定向井的用途可以分为普通定向井、多目标定向井、丛式定向井(丛式井)、水平井和分支井等。目前，定向井在海上和陆地油气田勘探开发中已得到广泛的应用。

通常把进入油气层井眼的井斜角不低于86°的井段称为水平井段，能沿油层走向形成这种水平位移的特殊定向井归为水平井。水平井能有效地增加油气层的探测和泄漏面积、提高油气的采收率。水平井钻井技术从20世纪80年代初开始研究，90年代大规模推广应用，目前已作为常规钻井技术应用于各类油藏。水平井钻井成本已降至直井的1.5～2倍，甚至有的水平井钻井成本只是直井的1.2倍，而水平井产量则是直井的4～8倍。

定向钻井是海上油气田开发过程中，为了节省钻井平台的搬迁费用和避免拖行造成事故而设计的一种钻井方式。在一个井点向地下不同方位目的层钻的多个定向井的组合被称为丛式井。目前，定向井和丛式井在海上和陆地油气田开发中已得到了广泛的应用。中国海洋石油总公司大力采用水平井、树状井和大位移井，大大提高了钻井效率、采取率和油气产量。1997年，在南海所钻西江24－3－A14井，总井深达9 320m(含水平段8 200m)。南海流花11－1大油田开发更是全面采用水平井开发、水下卧式采油树、电潜泵集油技术、湿式电接头技术、水下机器人作业、水下跨接管连接技术、多功能液压系统与遥控水下井口系统等7项世界第一的高新技术，不仅使油田投资节约了3 000万美元，而且使我国深水(＞300m)油田的开发技术跃居世界前列。

分支井与常规直井相比是享有共同的井口和上部井段，因而可以缩短钻井时间，降低钻井成本。除此之外，分支井还具有有效地开采多产层油藏、以较少的井开采形状不规则的油藏、节省井场占地面积等优点(图2－11)。多分支井可以在1个主井筒内开采多个油气层，实现1井多靶的立体开采，多分支井可以从老井也可从新井中再钻几个分支井眼或者再钻几个分支水平井。20世纪90年代后期，国外大力发展多分支井钻井技术，并认为其是21世纪国际石油工业的重大技术。分支井的欠平衡钻井是目前钻井技术的一大进展,主要优点是钻井效率明显提高,可使重力驱油与平面波及所产出的油量达到最大,可将已衰竭油藏恢复到最大限度,并可降低钻井作业的费用。欠平衡钻井与分支水平井的结合可减少钻井和完井液滤失所引起的储层损害,也可消除钻井和完井液的过度滤失。

图 2-11　三分支井示意图

3. 大位移钻井

大位移井(ERD)是指水平位移(HD)与垂直深度(TVD)之比等于或大于 2 的井,而水平位移与垂直深度之比等于或大于 3 的井则称超大位移井。

大位移井的优越性主要表现在用大位移井开发海上油田,可利用现有平台外扩钻井,节省新建平台的投资,实现海油陆采,节省建平台和人工岛的投资,使用大位移井还可以替代复杂的海底井口开发设备,节省大量的投资。

我国开发成功大位移井井眼轨道控制工具和作业系统,在渤海钻成水平位移近 4 000m、垂深比大于 2 的大位移井。采用这项技术在已建成的平台上向邻近的小油田钻 4 口大位移井,使边际油田开发成本大幅度降低,节约油田开发投资 5 000 万元,使原来经济上无开采价值的油藏获得新生。

4. 平衡钻井

在钻井过程中,始终保护井眼压力等于地层压力的一种钻井方法叫作平衡压力钻井。

在一个新区油气钻探过程中,人们面临最大的问题就是井喷。为了防止井喷,早期钻井都是通过增加泥浆的密度来加大井筒中液柱压力,使之大于或等于地层压力,这样地层中的流体就很难流入井中而发生井喷。

所谓平衡钻井是指钻井过程中钻井液液柱压力高于或等于地层压力,地层孔隙中流体很难流入井眼和流出井口,使得井喷事故得到有效控制的一种钻井方式。目前,大多数油气勘探开发的钻井方式仍采用平衡压力钻井。

平衡压力钻井的优点是钻井过程中的辅助设备少、操控简便、钻进速度快。平衡压力钻井的缺点是当钻井液体密度过高时，容易渗入地层，导致油气层的污染和损害，致使油气层产量下降，使油气层被封闭，而导致油气田难以被发现。

5. 欠平衡钻井

与平衡钻井相反，欠平衡钻井是指钻井过程中钻井液液柱压力低于地层孔隙流体压力，允许地层流体流入井眼、循环出来，并在地面得到有效控制的一种钻井方式。

欠平衡钻井亦称欠平衡压力钻井、有控制的负压钻井，这一概念早在20世纪初就提出来，由于井喷问题一直没有得到有效的解决，所以在油气勘查中一直未得到应用。直至20世纪80年代初井控技术和井控设备的出现这个问题才得以解决，故20世纪80年代末和90年代初这一技术才得到大规模的应用。

欠平衡钻井的优越性主要有减轻地层伤害，提高井的产能，有利于正确评价储层，还可提高钻井效率和降低钻井成本。欠平衡钻井的主要优点是能减轻地层损害、增加油井产能。地层损害的原因都是因钻井过程中钻井液侵入地层而致，而造成侵入的关键因素是过平衡压力。如果消除过平衡应力因素，侵入会减轻或消除。在欠平衡钻井作业中，因钻井流体的静水压头低于地层压力，在钻井过程中流入井眼的地层流体，消除了钻井液对其的污染，对于探井来讲就可以通过岩屑录井、中途测试或电测，认识到储层的真实情况，从而为正确评价储层提供条件。应用欠平衡钻井技术由于大幅度降低了钻井液的密度，提高了机械钻速，可以减少钻进时间，并能提高钻头寿命，减少或防止压差卡钻。

6. 深井、超深井

深井、超深井的界定在国内外有一定的差异。在我国一般把井深超过4 500m的井都定义为深井，井深超过5 500m的井定义为超深井。在国际上，井深在4 500～6 000m的井定义为深井，井深超过6 000m(20 000ft)的定义为超深井。

随着油气勘探开发工作不断向深层发展，深井钻井的规模日益扩大，深井钻井已经成为勘探钻井的重要组成部分。美国自从1938年钻成第一口4 573m的深井以来，深井钻井技术已经有了很大的发展：1949年钻成6 255m的超深井，1972年又把深井记录提高到9 583m。目前世界深井钻井最高记录是前苏联科拉半岛上的SG－3井，井深为12 200m。随着勘探深度的加大，我国深井、超深井的钻探数量增加得很快，钻井速度也得到很大的提高。在西部塔里木盆地的勘探中，近年钻的4 500m以上的深井占钻井总数目的80%以上，最大井深已达7 100m。深井钻井液是深井钻井的一大技术难点。新型探井钻井液在性能上的改进，特别是重晶石加重钻井液突破了2.4g/cm^{3}的密度极限和抗高温能力超过200℃的大关，可以说是深井钻井液的又一突破性的发展。我国攻克了高温超压钻井世界性技术难题，能抗220℃高温、100MPa高压的油基泥浆钻井液和溴盐完井液体系研发成功，并经受了200℃高温井试验的考验；新开发的地层压力实时预测、监测系统成功预测了东方1－1－11井高压气层层位，并能保证钻井顺利穿越高温超压地层；高温超压气藏测试管柱和安全控制系统首次测得高温高压工业气流。东方1－1－11井的钻探成功，创造了举世瞩目的钻探业绩，揭开了我国南海10^{16}m^{3}天然气勘探的序幕。

与国际深井钻井水平相比，我国的主要差距是：①设计水平较差，主要表现是地质依据不足，针对性差，软件落后等。②钻井设备相对落后，缺少深井大功率电动钻机以及配套顶驱、自动仪表等辅助装备。③随钻监测和钻头，参数优选技术跟不上。④超深井钻井液体系有待进一步提高。⑤缺少适用于深井的特殊钻具及防斜、减振等井下工具。⑥超深井的闭环钻井技术欠缺,如防斜打直的 VDS 垂直钻井系统等。

7.井下闭环(自动化)技术

现代钻井工程的主题是努力降低成本,提高探井的成功率。利用现代高新技术提高钻井速度、保证钻井质量、减少钻井事故是实现这一主题的关键。要实现现代钻井目标,就必须向汽车工业、化学工业那样,实现作业的自动化闭环控制,即实现闭环钻井。所谓闭环钻井,就是全部钻井过程依靠传感器测量多种参数,同时依靠计算机获取数据,并进行解释和发出指令,最后由自动设备来执行,钻井过程变成一种无人操作的自动控制过程。其明显的优点是非正常钻井时间和体力劳动大大减少,井身轨迹控制更加精确无误,既可严格按预定轨迹钻进,也可完全根据地下情况来钻井。

闭环钻井作业可以划分为以下四种:井下开环钻井、井下半闭环钻井、井下闭环钻井、全闭环钻井。在国内,井眼轨迹自动控制技术的研究工作已经展开,但就目前的技术现状来看,与国外仍然有着很大的差距。自动化(闭环)钻井(包括配套的自动化钻机)代表着最先进的钻井技术发展方向,已经成为国外许多公司的重点钻井研究项目,不仅进行基础理论研究,而且已经研究出了一些实际样机,预计这种研究趋势还会继续下去。自动化钻井的实现将会给钻井技术带来一场重大的革命,会促进和带动钻井技术总体水平(包括钻机、设备、工具、仪器材料和软件等)的极大提高。

8.井下增压钻井技术

井下增压钻井技术是指利用井下增压泵在井下给一小部分钻井液液流增压,通过一特制超高喷嘴,产生超高压射流辅助钻井,以此大幅度提高钻井速度。井下增压泵是由美国 Flow-Dril 公司和美国天然气研究所联合研制的,我国科技人员早在 1989 年就着手研究井下水力自动增压来实现高压喷射钻井。由于井下增压钻井技术能明显改变目前存在的机械破岩效率低的状况,大幅度提高钻井速度,且易于实现从常规钻井方法向井下增压钻井方法的转变,因而受到国内外许多研究机构的重视。可以预见,经过科研人员的努力,井下增压泵会得到不断的改进和完善,这项高新钻井技术可在不久的将来在实践中得到推广应用。

9.套管钻井技术

加拿大 Tesco 公司自 1995 年开发套管钻井技术,已经改装了一台专用的套管钻井,并已成功地完成了一口井。套管钻井工艺的基本特点是以套管代替钻杆钻井,利用顶部驱动装置带动套管传递扭矩,带动安装在套管端部工具组上的钻头旋转并钻进。由于钻头直径小于套管内径,不能钻出直径大于套管外径的井眼,故在钻头上方工具组上另外装有两个可以张开或缩进的扩孔钻头。钻井工况下,先令两个扩孔钻头张开,即可将井眼扩大。钻井液自套管当中进入,由套管与井眼之间的环形空间返回。

套管钻井的主要优点有减少起下钻的时间,减少意外事件的发生,节省与钻杆和钻挺有关的采购、运输、检验、维护和更换的费用,起下钻时能保持钻井液连续循环,可防止钻屑聚集,也减少了井涌的发生。

10.三维多目标井

三维多目标井(designer well)是在大位移井的基础上发展起来的一种新型结构的油气井,目前主要集中在挪威的 Gullfaks 油田。所谓三维多目标井,就是通过在水平段扭方位,使井眼穿过多个目的层,达到增加泻油面积和同时开发多个目的层的效果。三维多目标井与大位移井的不同之处在于，三维多目标井不是始终对准某一个固定目标，因此位移不再是衡量钻井工作量的重要参数。在设计三维多目标井时，要兼顾各个钻探目标，既要考虑向左或向右扭方位，又要尽量使井眼轨迹呈流线型，因此增加了难度和风险。

三维多目标井的优越性主要有能发现更多的石油储量、提高单井产量和采收率以及节省油田开发投资。

第八节　测井技术

测井技术也称为地球物理测井，简称测井，它是井筒技术的重要组成部分，也是井中地球物理勘探的主要技术和方法。测井是指在井中放置特定的测试仪器，用以探测井眼及井眼周围的地层、流体等信息的技术。测井可以完整、连续地取得井下地层和流体的各种物理和地质数据，是现代钻探工作中最重要的组成部分之一，对油气勘探开发及石油地质研究工作和钻井工程均有不可替代的重要作用。

一、概　述

测井作为井中地球物理勘探的主要方法，与地面地球物理勘探(重、磁、电勘探和地震勘探等)相比，具有自己的优势和特点。地面物探主要是用来进行盆地、区域或局部的构造分析，以寻找有利的油气聚集场所和局部圈闭为目标，在平面上覆盖面广，信息连续。而测井主要特点是在垂向上提供数量大、信息连续的资料，为认识地下地层岩性、物性、含油性；评价产层岩性、物性、含油性、生产能力及固井质量、射孔质量、套管质量、井下作业效果等；分析研究沉积特征与沉积相模式、构造特征、地层接触关系，探测裂缝，确定地层异常压力、进行储量计算、检测钻井工程质量等提供依据。

测井的基本任务有：

1)建立钻井地质剖面，详细划分岩性和油气生、储、盖层，准确地确定岩层深度和厚度。

2)评价油气储集层的生产能力，估算储层性能——孔隙度、渗透率、饱和度。

3)对储集层的含油性作出评价，包括确定油气层的有效厚度、可动油气含量、流体密度和相对渗透率。

4)进行地层对比，研究构造产状和地层沉积等问题。

5)在油田开发过程中，提供油层动态资料，研究地层压力变化等。

6)研究油井的技术状况，如井斜、井温、井径、固井质量等。

测井最早利用现场资料进行处理出现于100多年前。1869年，与Drake在美国首次发现油气的同时，Lorcl Kelvin在英国通过测量地温随深度的变化，对浅井中的热流进行了解释。后来，Conracl Schlumberger对地下岩石的电阻进行了地面测量，并和兄弟一起对井眼进行了大量类似测量。1927年，Schlumberger兄弟在法国试用了他们的电测方法来识别岩层。随后，测井技术开始遍布全世界。1929—1949年间普通电阻率测井、自然电位、井径、井温和自然伽马测井等被应用。1949—1968年间声速、感应、侧向、补偿中子、补偿密度等测井方法相继问世。进入20世纪70年代，计算机技术在测井作业中得到应用。从1979年至今，测井技术有了突飞猛进的发展。现代测井技术广泛应用当代基础科学，发展的新技术和新成果已在油气勘探和开发中发挥日益重要的作用。

20世纪60年代来，我国测井技术经历了5次更新换代：第一代为半自动测井技术，第二代为全自动测井技术，第三代为数值测井技术，第四代为数控测井技术，第五代为成像测井技术。

(1)半自动测井技术：采用的方法有标准电测井、横向电测井、自然电位测井和井径、井斜、井温测井等。测井资料用人工解释。

(2)全自动测井技术：采用的方法除了标准电测井、横向电测井、自然电位测井和井径、井斜、井温测井外，还增加了微电极系、自然伽马、中子寿命和中子伽马。测井资料开始用计算机处理解释。

(3)数字测井技术：为测井数据采集和资料处理的数字化技术。主要有深、中、浅电阻率测井系列，声波、密度、中子测井系列，地层倾角测井仪，七参数组合生产测井仪等。

(4)数控测井技术：比数字测井仪更先进，可对数据进行质量控制和处理解释。采用的测井技术主要有：电磁波传播测井、井下电视测井、高分辨率地层倾角测井、长源距声波测井、双侧向-微球聚焦测井仪、岩性-密度测井、碳氧比能谱测井、裂缝识别测井等。

(5)成像测井技术：它是测井高新技术。成像测井系统是由电成像测井仪、声成像测井仪和配套使用的核孔隙度-岩性测井仪、核磁共振测井仪、模块(组件)地层动态测井仪等一系列井下仪器，以及数字遥传系统、多任务数据采集与工作站等组成。测井资料处理在测井工作站上完成。第五代成像测井技术不仅具有信息量大、清晰、直观、实感性强的优点，而且可以判别和评价钻井中非均质的复杂油气藏，从而大大提高了油气勘探开发的成功率，节省投资，提高经济效益。20世纪90年代初，我国率先引进、吸收了这项高新技术和设备，并在陆、海几百口探井油气测井中应用。这项高新技术使我国的油气测井技术进入一个全面发展的阶段，新发现了一批复杂油气田，探明了数十亿吨油气地质储量。

近年测井技术的进步主要体现在斯伦贝谢、哈里伯顿和贝克阿特拉斯三大服务公司推出了一系列新的技术与服务。同时，电流测井、随钻测井、地层测试及射孔等技术也得到了较快的发展。斯伦贝谢公司推出了新的岩石物理评价系统、移动式PVT分析实验室及MaxTRAC生产服务牵引器等产品和服务。DicisionXpress是该公司刚推出的岩石物理评价系统，此系统在测井作业完成后数分钟内即可给出高度综合的高质量岩石物理解释结果，有助于充分发挥测井数据在地质和石油工程中的应用价值。贝克阿特拉斯公司推出的FOCUS系统，是一种紧凑的高速裸眼井测井系统。该系统使用先进的井下探测器技术，仪器长度更短，重量更轻，性能更可靠，与常规测井系统相比，在精度和准确性相同的情况下，测速可提高1倍。FOCUS系统最近在加拿大西部进行了成功的现场测试，测试证实了裸眼井数据精度及仪器可靠性的改善，测速及组装效率的提高减少了测井时间。哈里伯顿公司向全球推出其商用GeoTap(tm)LWD地层测试器。这种地层测试器可以在钻井期间获得关键的地层数据，节省大量的时间，降低了风险，帮助作业者最大限度地开采油气储量。分布于世界各地的10个作业公司已对GeoTap地层压力测试器进行了广泛的现场和商用前测试，在5 700m以上的各种岩性地层和井斜角达104°的井中成功地获取了数据。目前，该测试器已经投入了商业应用。

二、测井类型

从油气勘探和开发生产两大阶段来讲，可将测井分为勘探测井(完井测井)和生产测井(开发测井)。按照测量的原理和测井方法，可分为以下几类：① 以岩石导电性质为基础的测井方法。如侧向、感应测井等。②以岩石电化学性质为基础的测井方法。如自然电位、人工电位测井等。③以岩石弹性为基础的测井方法。如声波速度、全波列测井等。④以岩石的原子物理及核物理性质为基础的测井方法。如自然伽马、密度、中子测井等。⑤其他测井方法。如核磁测井、地层倾角测井、气测井等。

1. 电阻率测井

电阻率测井是在钻井中用布置在不同部位的供电电极和测量电极来测定岩石(包括其中的流体)电阻率的方法。这种测井方法的实质是利用不同岩石导电性能的差别,间接地判断钻穿岩层的地质特性。每一种岩石都具有一定的导电能力。导电性可以用电阻率来表示。一般来说岩浆岩和变质岩都具高电阻,沉积岩的电阻率较低,其中碳酸盐岩较高而砂泥岩较低,而砂岩中的电阻率又与颗粒大小、胶结物和胶结程度、孔隙度、孔隙形态和所含流体的性质有关。所以电阻率测井对识别岩性和含油气性都起了极重要的作用,是矿场地球物理测井中最基本方法之一。几乎所有测井系列都包括电阻率测井。

电阻率测井过程是把测井仪下入井中,沿井身测定岩层电阻率的变化情况,将测量结果与岩心、岩屑等资料配合进行解释,可以较准确地划分地层界线并确定岩性。根据井下成对电极和不成对电极间距离的不同,可以组成两种类型的电极系:电位电极系和梯度电极系。

电阻率测井曲线主要应用在以下两个方面:①划分岩层界面。在进行钻井地质剖面地质解释时,其他录井方法都不能准确地确定岩层界面,必须依靠电测井曲线来完成这项工作。②确定岩性。在搞清岩性和电性关系的基础上,利用电阻率曲线可以判断岩层的岩性。划分油、气、水层。

2. 自然电位测井

自然电位主要是由于孔隙渗透产生的扩散一吸附电位和过滤电动势以及氧化还原电位。因此在渗透性差的井段,电位稳定,几乎是条直线,如泥岩。在渗透性井段则产生异常。当钻井液矿化度小于地层水矿化度时,为正异常,反之为负异常。自然电位的幅度除渗透性外,还受渗透层厚度、电阻率、井径、侵入带深度等诸多因素的影响。

自然电位测井也是最基本的测井方法之一,对划分渗透层、判断地层中泥质含量、计算地层水电阻率及沉积相研究都有重要作用。

3. 声波测井

声波测井是测量记录井剖面上岩石的声学性质——岩石的声速、声波在岩石中放大衰减规律等,借此判断岩性和估算储集层孔隙度及岩层的弹性力学性质,了解井壁附近岩层性质和分布的测井方法。声波测井中最主要的是声波速度测井。测定声波在地层中传播单位距离所需要的时间,称为时差曲线,其单位为 $\mu s/m$,声波测井分短源距和长源距,前者探测半径较小,所测定的主要是冲洗带速度,后者探测深度大。测的速度基本上反映了地层的真速度,高速地层时差为低值,低速地层时差为高值。

声波时差曲线用于划分地层,识别气层,计算地层孔隙度和地层速度。声波测井与地震反射波勘探都是声波在地层中传播速度的信息,当用钻井资料去标定地震资料时就利用声波时差曲线。声波测井也是最基本的测井技术之一。

4. 自然伽马测井

主要指常规自然伽马测井,它获取的是地层伽马射线的总量。黏土、海绿石、钾盐自然伽马为高值。一般情况下,自然伽马含量反映了泥质含量的高低,而泥质含量又是影响渗透性的主要因素,因此自然伽马测井对识别岩性和渗透性有重要作用。自然伽马曲线和自然电位曲线相结合可以对储层和非储层作出初步划分。

自然伽马曲线受钻井液和地层流体的影响很小，曲线形态稳定，是作为地层对比标志的主要测井曲线。在各个测井系列中一般都包含自然伽马测井。

自然伽马能谱测井是由几个窗口测量钾^{40}K、铀族元素和钍族元素的伽马射线，从而计算出各种元素的含量，它主要用于大井段岩性无变化的地层对比。这种测井技术，仅在一定情况下使用。

5. 密度测井

主要分为地层密度测井和岩性-密度测井两种。

地层密度测井利用向地层发射的伽马射线未被吸收部分的强度，它与岩石的密度有关，主要用于确定地层的孔隙度。对有些岩性的识别，对致密灰岩与裂缝孔隙碳酸盐岩的识别也有效果。这也是一种常用的测井方法。井壁垮塌、井眼不规则对这种测井的影响比较大。

岩性-密度测井除测量岩石体积密度外，还测岩石的有效光电吸收截面指数，其分辨岩性的能力更强，尤其对区别碳酸盐岩和变质岩各种岩性的效果较好。如辽河大民屯凹陷变质岩古潜山勘探中，利用有效光电吸收截面指数。较好地划分了变质岩地层，从而搞清潜山内幕结构。为了解决特定的地质问题可以进行这种测井。

6. 中子测井

广义的中子测井进一步可以分为中子测井、中子伽马测井、脉冲中子测井和中子与其他物质相互作用测井。

中子测井也称为中子-热中子测井，中子源放出的快中子与地层碰撞后裂变为热中子。中子测井是记录热中子密度，然后转换成中子孔隙度。所以这种方法最主要的作用就是求孔隙度。目前有三种中子测井仪，其中以补偿中子测井仪的精度较高。

中子伽马测井(NGR)是测定中子伽马强度。热中子被不同元素的原子核吸收后，放射出不同强度的中子伽马射线，具有识别岩性、渗透性和流体性质的作用。

脉冲中子测井即中子寿命测井，其曲线形态与孔隙地层真电阻率相似，主要用于判别油气水层。

7. 核磁共振测井

核磁共振(NMR)测井是以地层中氢核与外加磁场的相互作用为基础，它所提供的原始资料是信号幅度和信号衰减曲线。信号幅度正比于孔隙流体中氢的密度，借此可以求出孔隙度。信号衰减曲线可提供有关流体类型及其与孔隙空间相互关系的信息。在很多情况下，利用上述资料可以估算出井眼附近地层束缚水饱和度，地层渗透率和烃的含量及其类型。因此是很有发展潜力的新的测井技术。

8. 地层倾角测井

地层倾角测井是同时测出三条以上的电阻率曲线，找出曲线中同一层位点的空间位置，从而求出地层产状要素，绘制各种解释图件。主要有矢量图、施密特图和方位频率图、杆状图、线性极坐标图，用于研究地层的产状、层理结构、地质构造、断层、破碎带、地层接触关系等，对深入研究钻探对象的地质问题起相当大的帮助作用，适宜于在评价井时应用。

9. 井径测井

井径测井仪是用来测量钻孔直径的。在未下套管的井中可以测量井径的不规则程度，提供下套管固井施工所需要的水泥用量参数；还可根据钻孔的不规则形态，分析判断地下岩层的岩性和裂缝的发育程度及裂缝的方向,分析井眼的变化与地应力之间的关系。在套管受损坏的井中,可以测量套管损坏的位置和变形情况。

10. 成像测井

成像测井在复杂油气藏的勘探中发挥了很好的作用,它能够提供地层岩性、沉积相、孔洞、裂缝、层理和构造等地质信息。成像测井仪器性能稳定,分辨率高,采集的数据准确可靠,识别复杂的低孔、低渗的致密凝灰岩,各种裂缝性岩层(火成岩、火山岩、灰岩、砂岩和砾岩)中的裂缝。成像测井还能够准确划分地层层面与裂缝面,可以识别地层的产状、岩石结构和构造的变化,判断地层层序,从而提高井周围构造形态解释的精度,可见成像测井是复杂储层油气藏的有效测井技术。

11. 测井系列

单一的测井方法不能解决油气勘探中的各方面的问题,因此测井技术的应用是将某些测井方法组合成一个系列,进行组合测井。目前在砂泥岩剖面中应用比较广泛的测井系列由以下测井方法组成:井径、自然伽马、自然电位、深感应、中感应、微球形聚焦、岩性密度、中子、密度、声波时差。在地层电阻较高的条件下,往往将感应测井改为侧向测井(图 2-12)。

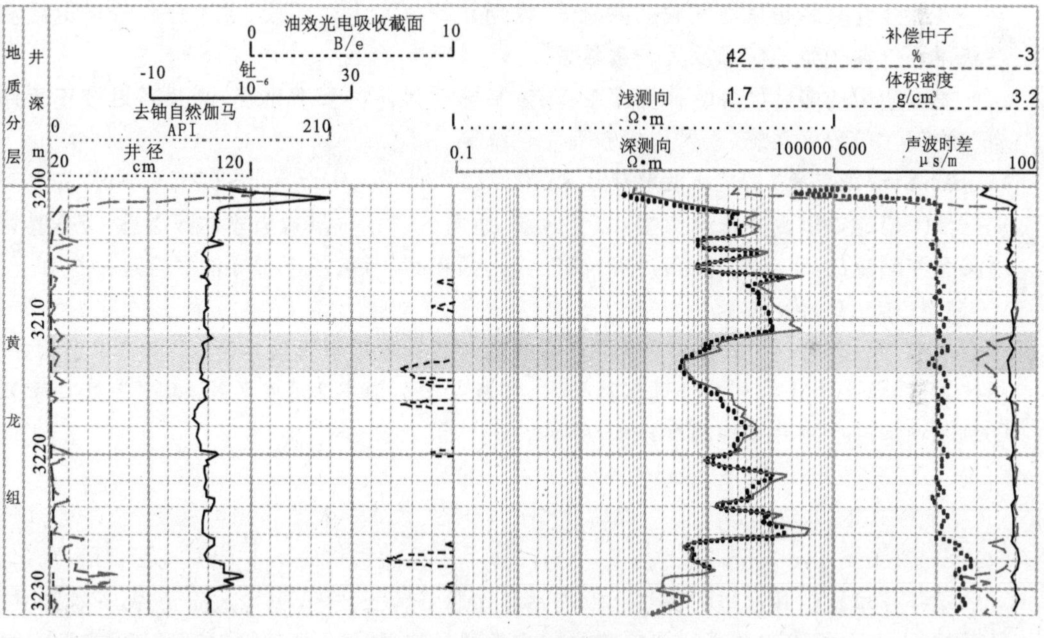

图 2-12 某井测井系列曲线

测井系列的选择还应该根据不同井段的岩性和测井的目的而有所变化。精心设计测井系列是勘探地质家的重要任务。

测井系列中的各测井方法,其作用各不相同。在油气层的识别中,电阻率测井起了主要作用,而孔隙度的识别,中子、声波时差和密度测井起了主要作用,从不同的物理性质方面反映储层的孔隙度。可以分别通过中子、声波和密度测井建立关系式。

中子和密度测井的孔隙度往往是结合起来用,用中子-密度交会法求孔隙度,实际上等于进行了泥质校正和油气校正。

一般都将测井计算的孔隙度与岩心分析的孔隙度相对比建立关系。各油田的特点不同,往往出现某一种测井方法与岩心分析的结果比较接近，而另一种方法较差。塔里木若干探井的分析结果表明，密度测井-岩心分析孔隙度相关系数 0.933 5，均方差 2.1，声波测井-岩心分析孔隙度相关系数 0.933 3，均方差 2.2，符合程度比较好。而中子测井-岩心分析孔隙度相关系数 0.777 7，均方差为 4.1，符合程度比较差。

从理论上讲，声波测井无法探测大孔隙，如灰岩溶洞发育的储层，密度孔隙度减去声波孔隙度等于溶洞孔隙度。另外根据中子测井的原理，在气层中的中子孔隙会明显降低。

三、测井处理解释

1. 单井处理解释技术

在测井处理解释技术中，单井处理解释技术是基础，其目的是评价储层，发现油气藏，其他三种处理技术都是在此基础上发展起来的。

单井处理解释程序系统，概括起来有：预处理程序系统、信息提取程序系统、成果显示程序系统、解释程序系统。

2. 多井处理解释技术

多井处理解释是从油气藏区域出发，以测井资料为主要手段，应用岩心分析刻度测井，最终获得评价油气藏的储量及其产量参数。

我国使用的多井处理解释程序系统有：基础资料评价程序系统、测井环境校正程序系统、岩石物理性质程序系统、成果与检验程序系统等。

3. 油藏（或气藏）描述处理解释技术

油藏描述是以测井资料为主，结合地震、地质、试采等资料，描述油藏形态、沉积特征、油气水关系和储量的三维空间分布，指出油气富集区和高产带，用于指导油藏合理勘探和开发。

4. 特殊处理解释技术

当前，我国油气勘探开发中推广应用的测井特殊处理解释技术有：①裂缝识别测井处理解释技术；②特殊用途的测井处理解释技术，如复杂岩性油气藏、水平井、薄层等处理解释技术；③剩余油饱和度测井处理解释技术，等等。

第九节　录井技术

录井技术指钻井过程中采集和收集钻井地质资料的技术，也称地质录井，简称录井。它与钻井技术、测井技术和测试技术一起构成完整的井筒技术。录井的基本任务是取全和取准各项资料和数据，为油气田勘探和开发提供可靠的第一手资料，其特点是手段多、第一手资料真实可靠、信息量大、便于综合应用。

常规地质录井主要包括岩屑录井、岩心录井、钻井液录井等，主要是靠人工的方法。其特点是简便易行，应用普遍，应用时间早。它具有获取第一性实物资料的优势，在油气勘查中一直发挥着重要的作用。气测和综合录井主要包括随钻检测全烃录井、组分录井、非烃录井、工程录井等。此外还有地化录井、罐装样轻烃录井、PK 录井、定量荧光录井等新方法。

录井技术起源于野外地质考察，是伴随着钻井技术的发展而发展起来的，具有悠久的历史。早在 900 多年前的宋代，录井技术已初具萌芽，在四川自流井地区天然气井的钻探中，用一种底部有阀的竹筒下井提捞泥浆和岩屑，有专职人员负责鉴别岩屑岩性、划分地层，并且每口井都建立“岩口簿”。

解放初期，我国只有常规的地质录井方法，技术落后。1961年大庆首创了投砂憋泵单筒式取心，1963年玉门研制成功了水力切割式双筒取心工具，1964年四川研制成功了双筒悬挂式取心。20世纪50年代，岩屑录井主要用于观察，综合利用差。20世纪60年代，胜利油田对岩屑录井作了大的改进和完善。气测录井是从上世纪60年代中期开始逐渐推广应用的，70年代初期推广应用了全自动气测仪，1993年，开始推广应用数字色谱气测仪。70年代末，国际上出现了标准的TDC(综合录井)装置，从80年代中期起我国开始引进，90年代初我国开始自行研制并投入实际使用，对指导钻进和保护油气层起着有力的作用。

目前录井技术正朝着扩大服务领域，多项技术综合分析发展，录井资料正由定性向定量化发展，数据资料的远程数字化传输是实现录井技术现代化的必由之路，突破油气层评价技术将带动录井技术整体水平的提高，实现同步发展是录井技术发展的重要途径。

一、钻时录井

钻时是指在钻井过程中每钻进单位厚度的岩层所用的纯钻进时间，单位为min/m。钻时录井就是系统地记录钻时并收集与其有关的各项数据、资料的全部工作过程。

钻时曲线是岩屑描述过程中进行岩性分层的重要参考资料，根据地层的可钻性在钻时曲线上的反映，可以定性地判断岩性。对砂、泥岩剖面效果更加明显。在无测井资料或尚未进行测井的井段，钻时曲线与录井剖面相结合，是划分层位、与邻井作地层对比、修正地质预告、卡准目的层、判断油气显示层位、确定钻井取心位置的重要依据。利用钻时曲线，还可以帮助判断裂缝、孔洞的发育井段，确定储集层段。

二、岩心录井

在露头区，我们可以方便地观察和研究地层和岩石等各种特征，而在覆盖区，地层、岩石深埋于地下，在勘探过程中，当需要直接进行岩石、地层等的研究时，就需要把岩石从地下取出来。所谓“岩心录井”，就是在钻井过程中用一种取心工具，将井下岩石(岩心)取上来，并对其进行分析化验，综合研究而取得各项资料的方法。虽然岩心录井是取得有关油层物性，油层含油、气、水情况，油田开发效果等宝贵资料的重要方法，但由于钻井取心成本高，速度慢，在勘探开发过程中，只能根据地质任务要求，适当安排取心。

还有一种简单和相对经济的取心方法叫井壁取心，井壁取心可以说是岩心录井的补充，亦或是岩屑录井的补充。在探井完钻后进行。井壁取心指用井壁取心器按预定的位置在井壁上取出地层岩样的过程。通常是在测井后进行。取心器一般有36个孔，孔内装有炸药，通过电缆接到地面仪器上，在地面控制取心深度并点火、发射。点火后，炸药将取心筒强行打入井壁，取心筒被钢丝绳连接在取心器上，上提取心器可将岩样从地层中取出。井壁取心的目的是为了证实地层的岩性、物性、含油性以及岩性和电性的关系，或者为满足地质方面的特殊要求。

三、岩屑录井

地下的岩石被钻头破碎后，随钻井液被带到地面，这些岩石碎块就叫岩屑，又常称之为“砂样”。在钻井过程中，地质人员按照一定的取样间距和迟到时间，连续收集和观察岩屑并恢复地下地质剖面的过程，称为岩屑录井。由于岩屑录井具有成本低、简便易行，了解地下情况及时和资料系统性强等优点，因此，在油气勘探开发过程中被广泛采用。

岩屑录井资料是现场地质录井工作中最直接地了解地下岩性、含油性的第一性资料。通过岩屑录井，可以掌握井下地层岩性特征，建立井区地层岩性柱状剖面；可以及时发现油气层；通过对暗色泥岩进行生油指标分析，以便了解其区域的生烃能力，还可进行地层对比，为测井解释提供地质依据，配合钻井工程等。

四、钻井液录井

钻井液，俗称泥浆，是钻井工程的血液。普通钻井液是由黏土、水和一些无机或有机化学处理剂搅拌而成的悬浮液和胶体溶液的混合物，其中黏土呈分散相，水是分散介质，组成固相分散体系。由于钻井液在钻遇油、气、水层和特殊岩性地层时，其性能将发生各种不同的变化，所以根据钻井液性能的变化及槽面显示，来判断井下是否钻遇油、气、水层和特殊岩性的方法称为钻井液录井。

在钻进过程中通过泥浆槽、池油气显示，发现并判断地下油气层，通过钻井液性能的变化，分析研究井下油气水层的情况。利用钻井过程中钻井液性能的变化，可以判断井下的特殊岩性。通过进出口钻井液性能及量的变化，发现水层、漏失层或高压层。通过钻井液录井，发现盐层、石膏层、疏松砂层、造浆泥岩层等。加强泥浆循环槽、池面观察及液面定时观测记录，及时发现油气显示、井漏或井喷预兆、盐膏浸等异常情况，采取必要措施，确保安全钻进。合理调整钻井液性能，保证近平衡钻进，可以防止钻井事故的发生，保证正常钻进，加快钻井速度，降低钻井成本。为发现油气层、保护油气层提供措施依据，是打好井、快打井、科学打井的重要措施与前提。

五、荧光录井

荧光录井仪根据石油的荧光性特性，将现场采集的岩屑浸泡后，直接测定岩样中的含油性。现场常用的荧光录井工作方法有：岩屑湿照、干照、滴照和系列对比。荧光录井灵敏度高，对肉眼难以鉴别的油气显示，尤其是轻质油，能够及时发现。通过荧光录井，可以区分油质的好坏和油气显示的程度，正确评价油气层。在新区新层系以及特殊岩性段，荧光录井可以配合其他录井手段，准确解释油气显示层，弥补测井解释的不足。荧光录井成本低，方法简便易行，可系统照射，对落实全井油气显示极为重要。

六、综合录井

综合录井技术是在钻井过程中应用电子技术、计算机技术及分析技术，借助分析仪器进行各种石油地质、钻井工程及其他随钻信息的采集（收集）、分析处理，进而达到发现油气层、评价油气层和实时钻井监控目的的一项随钻石油勘探技术。应用综合录井技术可以为石油天然气勘探开发提供齐全、准确的第一性资料，是油气勘探开发技术系列的重要组成部分。该项技术在国外一般称泥浆录井（mud logging）。综合录井技术的主要作用为随钻录井、实时钻井监控、随钻地质评价及随钻录井信息的处理和应用。

石油、天然气具有挥发、可燃、导热、吸附、溶解等性质。其主要组成成分：C_1、重烃（C_2、C_3、…）及少量 H_2、CO_2、N_2、CO、H_2S 等气体。一般油田气重烃相对含量为 10%～35%，气田气重烃相对含量为 0～2%、凝析气重烃相对含量为 10%～13%。气体检测是通过对钻井液中石油、天然气含量及组分的分析，以直接发现并评价油气层的一种地球化学录井方法，称为气测录井。

七、地球化学录井

岩石热解是20世纪70年代末发展起来的一种生油岩评价方法。岩石热解地化录井是根据有机质热裂解原理，利用岩石热解仪随钻对岩石样品进行分析，进而对烃源岩和储集层进行评价的录井方法。该方法是在实验室用Rock－Eval仪器评价生油层的基础上，经移植改造用于地质录井现场并拓展到对储集层分析评价的。

地球化学录井虽然是一种起步较晚的录井方法，但近年来发展异常迅速。在烃源岩评价方面，可以用于确定有机质类型，评价生烃潜力；在储层评价方面，可以用于快速评价储层物性、产液类型、原油物性。与其他录井方法相比，其评价方法更加简单易行，评价结果的定量化程度也较高。

第十节 井下测试技术

在油气勘探过程中，为了对探井钻遇的不同类别油气显示层段尽快作出准确的评价，就必须对可能的油气层进行产油气能力、流体性质和油气层特征的测定与试验，该项测定与试验的技术称为井下测试技术或测试技术，也称地层测试技术、地层测试与试油等。它是一种最终确定油气层性质的方法，具有快速和经济“确诊”油气层的特点，而且重要的是可以从动态角度，直接录取油气层在生产状态下的参数，为油气开发作准备。

近20年来，多项先进测试技术在全国各油田得到推广应用。在钻进过程中，中途测试技术也随之发展起来，为及早发现和评价油气层提供了重要资料，基本解决了深井、超深井、大斜度井及水平井的试油难题。地层测试技术已由浅井向深井、低温到高温、从陆地到海洋、从直井向定向井和丛式井等方向发展，大大加快了我国油气勘探开发的进程。

目前，地层测试器正以地层测试为中心，以仪器的机电一体化和自动化为发展目标。实现一次下井可多次对射孔段地层分别进行密封、测量，利用地层渗流理论即可直接测量出该段地层渗透率、污染系数、地层静止压力、地层流体密度、采液指数、气油水两相界面，完成一口井各分层段动态特性测试任务。

随着勘探开发水平的不断提高，各种特殊类型的油藏层出不穷，急需一系列适合不同类型油藏、不同油层地质特征的地层测试与试油技术，为油田扩大勘探、寻找新的地质储量提供有效手段。

一、井下测试的类型和获得的数据

井下测试主要包括电缆式重复地层测试、中途测试和完井测试三种类型。井下测试可以使用测井电缆和钻杆以及相适用的工具来进行测试，前者称为电缆式测试(RFT)，后者称为钻杆测试(DST)。

井下测试可以获得下列数据：①油分析数据，如密度、黏度、凝固点、含水、含盐、含碱、初馏点、馏分等；②天然气分析数据，包括相对密度、组分及百分含量、临界温度与压力等；③地层水分析数据，包括密度、pH值、各种离子的含量、总矿化度、水型；④高压物性油气水分析数据；

⑤油气水产量、油气比、压力资料(油压、套压、流压、静压)、温度数据(井口温度、流温、净温、地温梯度)、含水量、含砂量、高压物性与地面油气水资料。通过对这些资料的综合分析,可以确定油气层的产量(油气水产量)、压力(静压、流压)、产能、有效渗透率、表皮系数、串流系数等。

二、电缆式地层测试技术

电缆式地层测试技术,简称为 RFT,是 20 世纪 70 年代后期发展起来的新技术,其工作特点介于测井与测试之间。它是用测井电缆将地层测试器送到裸眼井段目的层深度,由地面仪器控制,启动液压装置,将测试器紧贴井壁,井与井筒密封分隔,取得所测层位的流体样品、地层压力、取样时的流体压力和钻井液静压等资料。电缆式地层测试技术测试方法比较简单,可以多次地、重复地进行。

三、中途测试

中途测试是指在完井之前,在钻井过程中的测试,这种测试方式都是用钻杆将测试工具和仪表(测试阀、封隔器、压力计等)送入井底待测位置。座封封隔器,截断地层与环空压井液的通道,施以外力打开测试阀,造成井筒与地层之间有一个较大的压差,地层流体在压差作用下,流至井筒,经过钻杆流到地面。作业方法是反复进行开井和关井,开井是搞清地层流体性质和产能,以及进行高压物性取样,关井是取得地层原始压力和压力恢复曲线。通过中途地层测试,可以获得测试层的原始地层压力、流动压力、H 产量、采油指数、流动系数、地层系数、有效渗透率、表皮系数、堵塞比、堵塞引起压降,研究(供油)半径、地层温度、流体性质及 pVt 成果。

四、完井测试

完井测试指探井完井后的试油工作。中途测试不能完全代替全部试油任务。完井测试主要是在套管内对油气层射孔后测试,在特定条件下为筛管段完井测试或裸眼测试。完井测试分两种:一种是用地层测试器进行测试,其工作原理和方法与中途测试相同;另一种是常规试油,对试油层段射孔后用自喷、间喷、抽汲、气举等方式进行试油作业。完井测试可以对油气层自下而上逐层试油从而搞清全井每个油气层的流体性质、产能和压力;由于有套管保护井壁,试油比较安全;可以采用各种作业,对低产油气层的测试可求得较真实的产能和压力;可以用改变油嘴的方法,改变井底回压的条件求产,能够正确地求出采油指数。

五、测试过程中的油气层改造技术

在测试过程(试油)中为了提高油气层的产能而施加增产技术,判断油气层是否能够达到商业油气流的标准。主要的增产改造技术包括压裂技术和酸化技术两种。

1. 油气层压裂技术

油气层压裂是指针对低孔、低渗油气层产量低的特点,在井场上采用一定的高压设备和措施,增加地层压力,使储集油气的地层产生更大裂缝或孔隙,从而达到增加油气产量目的的一种油气层改造技术。

油气层压裂技术是深层油气开发中油气层改造的关键技术,低渗透油气层大多需要压裂改造后才能达到工业油气流。许多原来不产或低产油气流井,通过实施人工压裂技术后,可以使深度超过 3 000m、温度达 170℃的地下特殊油气储层出现缝隙和通道,形成相应强度的支撑,产出工业油气流。

油气层压裂的主要对象是深层特低孔渗油气层、火成岩特殊岩性储层、砂岩中厚度薄和储集物性差的储集层。针对不同储层特征上的差异,采用的压裂技术也有一定的差异。如水力压裂是改造低压力、低渗透油气层的主要措施。其中所使用的压裂液是油气层压裂改造的血液,是决定油气层压裂改造效果好坏的主要因素。

长庆油田靠压裂技术,使很多无工业价值的井区产量提高,转变为有开采价值的油田。如马岭油田南区通过压裂,不但提高了产量,而且增加了新的油层。

2. 油气层酸化技术

为了解除钻井液和压井液对油气层的污染堵塞,用较低浓度的酸液洗井,起到解堵的作用,使油气层具有实际的生产能力,这种方法对各类油气层都是有效的。而酸化技术主要用于碳酸盐岩油气层和碳酸盐胶结的碎屑岩油气层。用较大浓度的盐酸或氢氟酸等,用比较大的泵压,注入油气层内,通过对裂缝或孔隙附近碳酸盐的溶解作用,扩大裂缝和孔隙,提高油气层的孔隙度和渗透率,从而提高油气层的产能。由于种种原因,如果一次酸化没有获得理想的效果,可根据实际情况,继续酸化。酸化使常规试油的干层或非商业性的油气层成为商业性油气层的实例比比皆是。华北任丘油田北坡的任 84 井奥陶系油层就是经过三次酸化,才获工业油流的。对四川盆地东部地区 1975 — 1983 年的统计表明,共进行了 348 井次的酸化措施,基本上是层层酸化,天然气测试产量净增 $1\ 286\times10^4 m^3$,占总产量的 42.87%。勘探地质家要根据储层的特征和钻井工程的实际情况精心设计确定酸化层位和方案。

油气层酸化技术以其施工简单、成本低廉等特点,已成为目前低孔渗油田近井地带解堵和地层深部改造的主要增产措施。酸化和压裂两种技术在一定情况下结合起来使用,效果更好。

第十一节 实验室分析技术

实验室分析技术是油气勘查技术的重要组成部分,是以室内分析测试为主的技术,它也是地面地质调查技术、地球化学勘探技术和井筒技术等勘查技术的自然延伸。它通过沉积、地层、构造、生储盖以及流体等样品的分析测试,为石油地质研究和油气勘查评价提供第一手资料。

我国以 20 世纪 50 年代苏联石油地质研究机构为样板,建立了地球化学及地层古生物等分析项目。实验室一建立,就与石油地质勘探的任务紧密结合,在松辽石油会战、华北石油会战中作出了重要贡献。松辽盆地几口重要的基准井(参数井)以及华北盆地最初的参数井地层划分、生油层确定、储油层研究成果中都包含了实验人员的劳动成果。我国各大油田都建有自己的实验研究中心,中石油石油勘探开发研究院建有实验中心,中石化建有无锡石油地质实验中心。经过几十年的不断完善和发展,目前我国已建成分析项目齐全、人员素质好、分析水平高的实验分析队伍,为石油地质研究和油气勘查作出了重要的贡献。

一、沉积、地层和构造分析技术

沉积、地层和构造是石油地质和油气勘查研究中的基础研究内容。与沉积、地层和构造相关的分析技术同时也是盆地沉积学、地层学和石油勘探构造分析的重要教学内容。盆地沉积学分析技术方面主要包括岩石、矿物、元素、同位素等相关分析。地层学分析技术方面主要包括古生物、古地磁、同位素等相关分析。石油勘探构造分析技术方面主要有年代学、热历史(裂变径迹、U/Th－He、R_o等)、应力大小和方向的岩组、电子显微镜、位错、同位素、包裹体等。

二、烃源岩分析技术

烃源岩分析技术主要以有机地球化学测试分析和热模拟为主要内容,其中有机地球化学测试分析技术是目前石油地质研究中发展最快、新仪器和新方法最多的技术。目前主要发展的测试技术包括岩石超临界抽提技术、有机岩石学分析测试技术、碳同位素分析测试技术、显微红外分析技术、岩石热解分析技术等。以GC－MS的发展为例,全二维气相色谱-飞行时间质谱仪(GC×GCTOFMS)是目前最高技术层次的气相色谱-质谱仪。它提供了一种全新的、强有力的分离鉴定油气复杂混合物的工具,具有比一维气相色谱质谱高几十到几百倍的灵敏度,同时可根据不同的样品选择不同的柱系统,具有不同的极性,化合物可根据不同意愿实现不同特征的分离分类(官能团、极性、沸点等),大大增强谱峰解析的准确度。

三、储层分析技术

储层测试分析技术发展最迅速的,当推油藏地球化学分析技术、包裹体分析技术、图像分析技术三项。近年来,由于地球化学与储层研究的紧密结合,开始形成一门新兴学科——储层地球化学。在勘探阶段经常利用储层地球化学分析技术开展储层次生孔隙分布预测和油藏注入史的研究。包裹体分析除了可以利用均一法及冷冻法测定包裹体流体的形成温度、压力、盐度、密度、pH值、*Eh*值外,还可以开展包裹体成分测定、同位素组成和年代学,尤其是烃类(包括液体烃类)包裹体成分,为重建储层的孔隙演化史、油气运移史、构造运动史的研究提供最直接、最可靠的地质信息资料。目前国内外大力发展的图像处理技术以研究储层的微观孔隙结构及其非均质性为主要目的,主要从荧光显微镜彩色图像处理、扫描电镜能谱图像处理和薄片图像处理三方面入手。

四、盖层分析技术

油气藏盖层研究是当今油气地质研究中不可缺少的重要工作,尤其是对于天然气聚集成藏而言,盖层显得更为重要。目前,针对盖层的物性封闭、超压封闭和烃浓度封闭机理的不同,实验室分析测定的盖层评价参数也不同。针对盖层的毛细管封闭机理,主要测定的是盖层岩样的微孔隙结构、盖层岩样粒度分布、盖层的突破压力等参数。由于盖层的超压封闭主要表现为盖层样品具有异常高的孔隙度,因此通过盖层岩样的孔隙度测定及孔隙结构分析测定,可以初步判定盖层是否具备超压封闭。盖层的烃浓度封闭可以通过密闭取心岩样的烃含量测定和盖层岩样的扩散系数的分析来确定。

五、流体分析技术

油气勘探开发的对象是地层中的石油和天然气。由于石油和天然气总是与地层水相伴生,所以在开采油气的同时,总是要有一定的水产出。地层中流体(油、气、水)的物化性质的差异,反映了油气成因上的不同。人们可以根据油、气、水物理化学性的特征,判断油气的成因,进行油气源追索,指导油气勘探。

原油的分析测试项目很多,常规的原油测试分析包括相对密度、黏度、凝固点、含蜡量、含硫量以及原油的组分组成和馏分组成等。非常规原油测试分析包括原油中的碳、氢、氧、硫、氮的同位素分析、原油的全烃色谱分析、原油的生物标志化合物分析和石油中金属元素含量分析等。

天然气的分析测试与石油相比,相对简单。常规分析测试主要包括气体的相对密度、溶解性,烃类气体中甲、乙、丙、丁烷的含量,非烃气体中CO_2、H_2S、CO、N_2的含量。非常规分析测试项目包括碳、氢稳定同位素测定、汞蒸气含量测定和天然气生物标志化合物检测等。

由于油田水埋藏于地下,长期与围岩和油气相接触,使得油田水的化学成分变得极其复杂。分析测试油田水中与油气相关的化学成分,对指导油气勘探具有重要的意义。油田水的分析测试项目很多,常规油田水分析化验包括油田水中的阴离子和阳离子数量测定、水型(苏林分类)和水类(帕勒梅尔分类)的划定等。非常规分析测试包括水中几十种微量元素(如:溴、碘、硼)、十几种有机组分(如:烃类、酚、有机酸)的分析化验。油田水中的某些微量元素的组合特征、异常值或比值,能反映油田水的起源、沉积环境、水的浓缩程度及水文地质封闭性。油田水中的环烷酸、酚的含量通常可作为油气田勘探的重要水化学标志。

参考文献

[1] 常子恒. 石油勘探开发技术(下册)[M]. 北京:石油工业出版社. 2001.

[2] 崔荣旺,杨树栋,王玉华. 石油与天然气勘探. 北京:石油工业出版社. 2001.

[3] 费 琪,范土芝,梅廉夫等. 成油体系分析与模拟[M]. 北京:高等教育出版社. 2001.

[4] 胡秋平. 2002年世界石油勘探技术发展态势[J]. 中国石油勘探,2003, 8(2):81~86.

[5] 胡秋平. 2003年世界石油勘探技术发展态势[J]. 中国石油勘探,2004, 9(1):47~51.

[6] 胡朝元,张一伟,查全衡等. 油气田勘探及实例分析[M]. 北京:石油工业出版社. 1990.

[7] 刘汉湖,杨武年. 油气资源勘查中的遥感技术应用综述[J]. 遥感信息,2007,(2):68~98.

[8] 莫 杰,高 平. 海洋油气勘查现代技术方法综合应用现状及发展趋势(上)[J]. 中国海上油气(地质),2002,16(2):137~144.

[9] 莫 杰,高 平. 海洋油气勘查现代技术方法综合应用现状及发展趋势(下)[J]. 中国海上油气(地质),2002. 16(4):215~220.

[10] 庞雄奇. 油气田勘探[M]. 北京:石油工业出版社. 2006.

[11] 邱中建,龚再升. 中国油气勘探[M]. 北京:石油工业出版社,地质出版社. 1999.

[12] 阮天健,费 琪. 石油天然气地球化学勘探[M]. 武汉:中国地质大学出版社. 1992.

[13] 童晓光,何登发. 油气勘探原理和方法[M]. 北京:石油工业出版社. 2001.

[14] 王益清. 油气勘探与石油地质综合研究[M]. 武汉:中国地质大学出版社. 1998.

[15] 吴欣松,张一伟,方朝亮. 油气田勘探[M]. 北京:石油工业出版社. 2001.

[16] 阎世信,曾 忠. 石油地球物理勘探技术的发展及需求[J]. 中国石油勘探,2002, 7(2):36~42.

[17] 张 抗,周总瑛,周庆凡. 中国石油天然气发展战略[M]. 北京:地质出版社、石油工业出版社、中国石化出版社. 2002.

[18] 中华人民共和国能源部. 中华人民共和国石油天然气行业标准《野外石油天然气地质调查规范》(SY 5517—92)[S]. 1992.

[19] 朱世新,宋芝祥,王定一. 油气田调查勘探与资源评价[M]. 北京:地质出版社. 1987.

[20] 爱德华·A·博蒙特,诺曼·H·福斯特. 油气圈闭勘探[M]. 北京:石油工业出版社. 2002.

[21] Smalley P C, Begg S H, Naylor M, *et al*. Handling risk and uncertainty in petroleum exploration and asset management: An overview[J]. AAPG Bulletin, 2008, 92(Oct): 1 251~1 261.

[22] Heggland R. Definition of geohazards in exploration 3-D seismic data using attributes and neural-network analysis, AAPG Bulletin, 2004, 88(Jun): 857~868.

第三章　油气勘查程序和阶段

油气勘查的目的是发现油气和探明油气田，但要发现油气和探明油气田就必须经历一个漫长、连续或不连续的勘查过程。这个油气勘查的过程必须分步骤、分时期和采用不同的方法进行，因此油气勘查是有阶段的，并且阶段与阶段之间的相互关系和工作的先后顺序还可建立起勘查程序。本章重点阐明油气勘查的程序、勘查阶段的划分和特点，概要讲述各阶段的任务和技术布置的基本原则。

第一节　概　述

一、基本概念

油气勘查对象：指实施油气勘查的特定地质单元。油气勘查的对象按地质单元的规模和勘查程序划分出盆地、区带、圈闭和油气藏四个级别。这四个对象的划分体现了从大到小完整链条和逐渐逼近最终目标的原则。油气勘查实践中不同的勘查对象有不同的勘查价值和意义。对油气勘查对象的划分国内外仍然有一定的差别。

油气资源评价目标与油气勘查对象原则上是统一的，依次为盆地、区带、圈闭和油气藏，评价结果可信度随着评价目标的缩小和勘查对象工作量投入的增加而逐步提高。

油气勘探评价系统(体系)：指由油气勘查对象和油气资源评价目标组成的统一组合。

油气勘查程度：指与油气勘查对象相匹配的实物工作量投入下勘查获得储量占盆地总资源量的百分比状态。分为未成熟盆地(已探明储量＜20％)、中等成熟盆地(已探明储量为20％～80％)及成熟盆地(已探明储量＞80％)。

油气勘查阶段：指针对不同勘查对象分步骤、分时期和分勘查方法进行，并按任务和评价结果来划分出的相对独立的阶段勘查过程。虽然油气勘查工作是一个相对连续的过程，但必须分阶段进行，即勘查是有阶段的，各阶段既有独立性又有连贯性。

油气勘查程序：油气勘查中阶段与阶段之间的相互关系和勘查工作实施的先后顺序称为油气勘查程序。

二、勘查阶段的划分

油气勘查阶段的划分在国内外均有一定的差异，主要表现在国家与国家之间、油公司与油公司之间、研究机构与研究机构之间等。

胡朝元、张一伟等(1985)在总结几十年中国油气勘探实践的基础上将勘查阶段划分为区域勘探、圈闭预探、油气田评价勘探和滚动勘探开发四个阶段。

朱世新等(1987)根据总的找矿规律一般都是按先“找”后“探”的原则，将其划分为调查与勘探两大阶段。第一阶段为调查阶段，主要任务是调查油气藏存在的条件，而不能一开始就直接去找油气藏。第二阶段为勘探阶段，主要任务是采用钻探井的方法去证实油气藏是否存在，也就是直接去寻找和探明油气藏。以上两大阶段的划分，目前在国内所采用的专业术语尚未完全统一，第一阶段有的人也把它称为区域勘探阶段，之所以采用这个名称，主要是强调它的区域性，即从全区（盆地或坳陷）出发，进行整体调查。此外，还强调方法的综合性，因为要完成整体调查的任务，查明油气分布的区域性规律，就必然要采用多工种的综合性勘探方法。因此将这样的勘探又称为综合性区域勘探，简称区域勘探。第二阶段有人称为工业勘探阶段，之所以叫这个名称，主要是强调勘探的性质已转入直接寻找和探明工业性油气藏的阶段，目的在于获得工业储量，提交油田开发。

武守诚(1994)指出：从石油普查到石油勘探，直至油田开发是由不同的勘探阶段所组成的。不同学者对勘查程序划分的依据不同，因此划分结果亦有所差异。如①有的以每个阶段所要达到的石油地质目的为依据，分为区域调查与勘探阶段（以盆地为主要对象）、局部勘探阶段（以区带和圈闭为主要对象）、油田勘探开发阶段（圈闭出油到油田开发阶段）；②有的以勘探工作量为划分依据，分为普查阶段、详查阶段及开发阶段；③有的以获得储量占盆地总资源量的百分比为依据划分为未成熟盆地、中等成熟盆地及成熟盆地；④有的则以获得储量的等级将勘探阶段划分为区域普查勘探（Ⅴ级推测资源量）、预探详探阶段（潜在资源量Ⅳ级与预测级控制级Ⅲ－Ⅱ级储量）、油田开发阶段（探明储量Ⅰ级）。总结以上各种划分依据，基本上可分为普查、勘探、开发三个程序，而勘探又可分为区域勘探、预探和详探三个阶段，实际工作中这些阶段总是交叉进行的（图 3－1）。

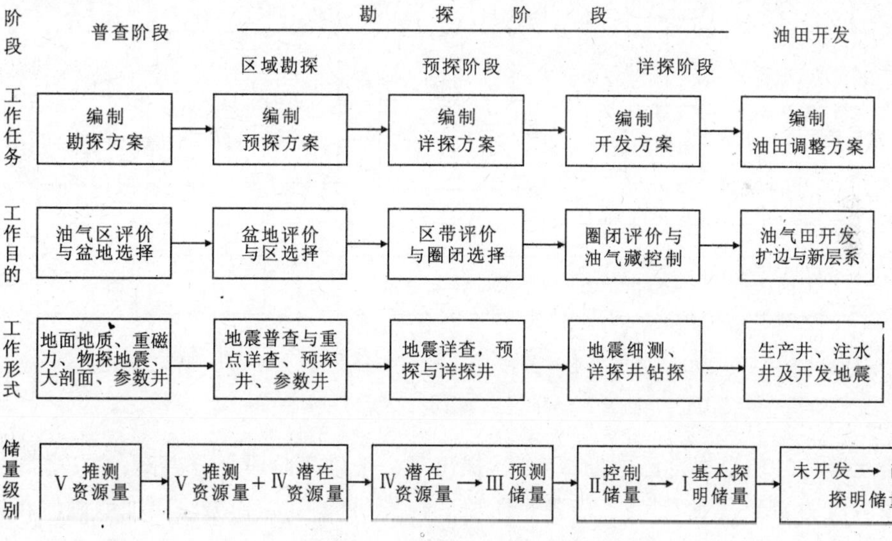

图 3－1 我国勘查程序的基本划分

（武守诚，1994）

1996 年丁贵明等提出盆地、圈闭、油藏的三级评价；1997 年胡见义提出含油气地质单元序列，包括五个级次，即含油气构造沉积体系、含油气盆地、含油气系统、含油气聚集带、油气藏；1999 年赵文智把石油综合研究分成盆地早期评价、盆地分析、含油气系统（凹陷）、油气成藏组合、油气藏五个阶段。

金之钧(1999)指出勘探对象包括盆地、区带、圈闭和油气藏；油气勘探过程一般经历了盆地区域勘探、圈闭预探和油气藏评价勘探三个步骤，评价目标依次为盆地（群）、区带与圈闭、油气藏。他同时指出油气勘探阶段与资源评价技术之间具有较为复杂的叠合关系（图 3－2）。

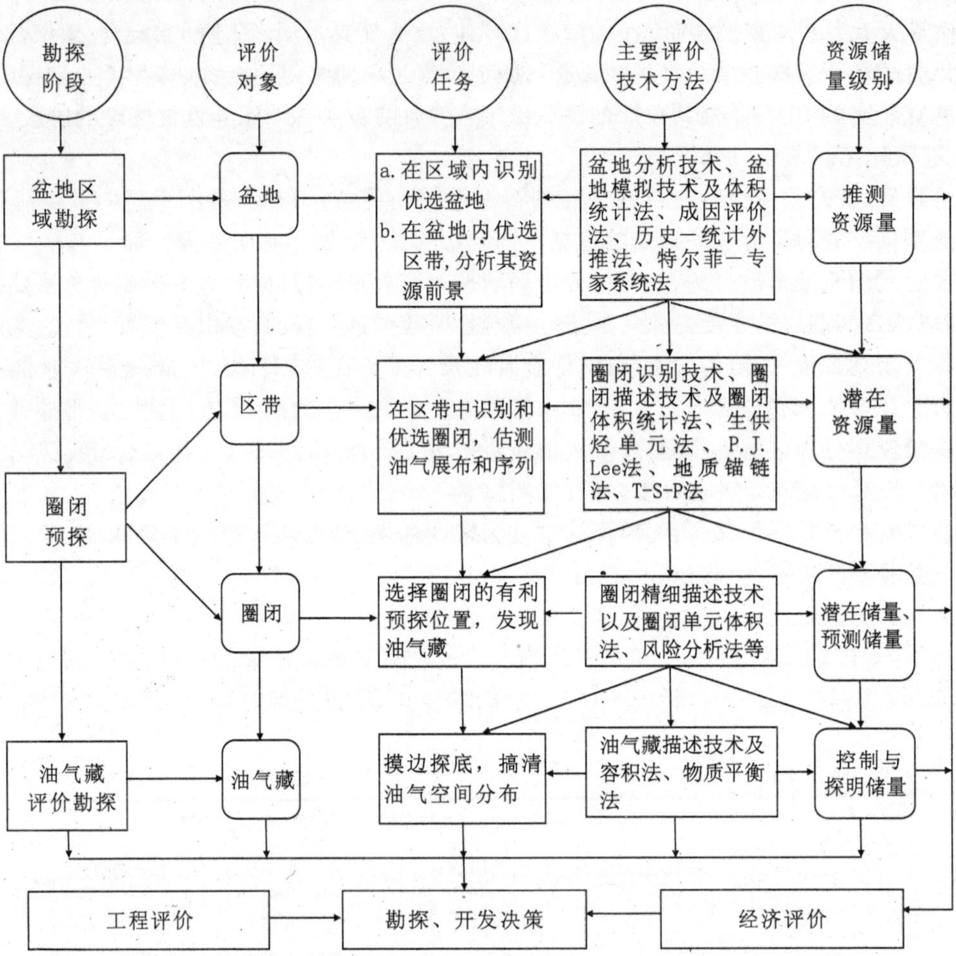

图 3－2 油气勘探阶段与资源评价技术基本关系示意图
（金之钧，1999）

童晓光等（2001）根据自己的勘探实践，提出了一个勘探阶段划分方案，这个方案的指导思想是勘探阶段的划分宜细不宜粗，使各个阶段的任务、目的和工作方法更加明确。在许多情况下，各个勘探阶段要互相结合和补充。第一，区域概查阶段。在全国或大区范围内优选盆地（或凹陷），为领导机关作出要不要上这个盆地（或凹陷），应该上多大力量的决策服务，并为勘探总体方案提供依据。第二，区域勘探阶段。在已选定的盆地内，通过整体评价确定生油层系和生油中心，优选有利层系和区带，对远景层系和区带进行预探，尽快发现油气田。第三，区带整体解剖和圈闭预探阶段。勘探实践证明，大部分圈闭是在一定层系内成群成带分布，受构造带或断裂带控制，或沿不整合面、超覆线、岩性变化线分布，圈闭依附于层系和区带，要从层系和区带的地质条件出发，按区带的类型整体部署。但具体的井位又必须落在优选出来的有利圈闭之上，因此区带整体解剖与圈闭预探是同时进行的。圈闭预探成功，不仅解决所钻圈闭的含油气性，同时为区带的含油气评价提供了依据。第四，圈闭评价或油藏评价阶段。对预探发现的含油气圈闭，以探明储量和提供油田开发各项基本参数为目的的勘探。第五，滚动勘探开发阶段，对于地质条件复杂的含油气盆地，存在多层系的大量隐蔽油藏，如果要一次探明，勘探工作量太大。在常规勘探阶段以主力层系和主力油藏为对象，其他层系和其他油藏则利用开发井或开发后继续勘探。这是在特定条件下采用的勘探方式。童晓光等(2001)还认为油气勘探评价系统应该由 6 个级次组成，即大地构造-地层大区、盆地、含油气系统、成藏组合、成藏带、远景圈闭。

常子恒(2001)介绍了原中国石油天然气总公司的勘查程序，将油气勘探分为区域勘探、圈闭预探、油气田评价勘探三个阶段。

吴欣松等(2001)和庞雄奇等(2006)根据目前我国油气勘探的实际情况，提出一种供推荐使用的勘查程序，根据勘探对象、地质任务和资源-储量目标的差别将勘探工作划分为资源调查和工业勘探两个时期。资源调查时期的最终目标是查明区域油气成藏的基本条件，确定有利的勘探靶区，提交各种级别的油气资源量。它可进一步划分为大区概查、盆地普查、区域详查 3 个阶段；工业勘探时期的最终目标则是发现油气田和探明油气田，提交各种级别的储量(预测、控制和探明储量)，包括圈闭预探、油气藏评价两个阶段。

在国外，Allen 于 1990 年出版的《盆地分析——原理与运用》一书比较系统地论述沉积盆地形成的力学机制、盆地充填的沉积学和盆地充填的演化；同时对成藏组合和远景圈闭这两个评价级次也有较系统的论述。随着“含油气系统”(petroleum system)的概念被广泛推广和接受，Magoon 和 Dow 在 1994 年提出四个级次的油气勘探阶段，即：沉积盆地(sedimentary basin)、含油气系统(petroleum system)、成藏组合(play)和远景圈闭(prospect)，在此基础上基本形成西方石油公司较为统一的油气勘探评价系统(表 3-1)。

表 3-1 Magoon 和 Dow 四个级次的油气勘探阶段(1994)

因素	沉积盆地	含油气系统	成藏组合	远景圈闭
勘探对象	沉积岩	油气	圈闭	圈闭
经济评价	无	无	必须	必须
地质时间	沉积时间	关键时刻	现今	现今
存在性	绝对的	绝对的	有条件的	有条件的
费用	非常低	低	高	非常高
分析和模拟	盆地	系统	成藏组合	远景圈闭

我们将油气勘查对象、油气资源评价目标与油气勘查阶段相统一，将油气勘查阶段划分为普查和勘探两个大的阶段，进一步划分出盆地、区带、圈闭和油气藏四级(表 3-2)。该方案与当前我国油气勘查实践具有一定的相适应性，对吸纳含油气系统等国外勘查阶段划分方案有一定的保留。我们认为含油气系统等思想在我国应用已近 20 年，更多的是作为一种石油地质理论来指导石油地质研究和油气勘查，国内勘探界仍然没有明确统一地将其作为一个特定的勘探对象以及划分为勘查阶段。

表 3-2 油气勘查阶段划分表

勘探阶段	油气普查		油气勘探	
	盆地概查	区带详查	圈闭预探	油气藏评价勘探
油气勘查对象	盆地	区带	圈闭	油气藏
油气资源评价目标	盆地	区带	圈闭	油气藏
勘查目的	盆地优选和区带初步评价	区带优选和圈闭初步评价	发现油气和圈闭评价	探明油气田和油气藏评价
评价成果	推测资源量	潜在资源量	圈闭资源量(潜在储量)和预测储量	控制储量和探明储量

第二节 勘查阶段和勘查程序的基本特点和划分原则

一、勘查阶段划分的意义和原则

勘查阶段划分的意义主要体现在三个方面。第一,它使得勘查的任务和目标更加具体明确。特别是突出了不同阶段的主要矛盾,便于检查和衡量每个阶段的工作效率;第二,它使得确定一个阶段进入另一个阶段,作出继续、放弃或者及时调整勘探决策部署的依据更加充分;第三,它有利于合理调配勘探力量和勘探资金。如果没有统一的勘查阶段划分标准,往往会使实际的勘查工作处于一种混乱状态。

在油气勘查过程中,为加速勘查进程,同时提高勘探效益,就必须有计划、分步骤、由大到小、由粗到细地进行。“阶段不能逾越,程序不能打乱”是一切石油勘探工作者必须坚持的首要原则。每个勘查阶段都有其要解决的主要任务,勘查阶段的超越有可能带来严重的浪费,如圈闭还没落实和系统的石油地质条件评价尚未进行,匆忙进行圈闭预探,就会增加钻井的风险。如在预探井尚未获得商业性油气流之前,就钻探评价井,就可能使大批评价井落空或成为低效井。

“节奏可以加快,效益必须提高”是科学地执行油气勘查程序中另一项基本原则。20 世纪 50 年代,我国主要是学习苏联的勘探程序和规范,比较死板。例如在确定钻探某一个构造后,要上 3～5 口井,打剖面,而不能一口一口地进行。基准井的部署主要是以了解地层为目的,要求从井口就全井段取心,完钻后自上而下分层试油,发现油气层后也不能完井,要继续打到设计井深。在松辽盆地的勘探中,就打破了一些条条框框,例如将基准井的部署与探地层和探油气相结合,要求打在地层发育较全的有利局部构造上。大庆油田的发现井松基 3 井设计井深 3 200m,为了加快钻井速度,自 1 051m 以下开始系统取心。由于当时钻井技术不过关,井斜过大,当钻至 1 471.76m 时,已经多次见到油气显示,并在取心中见到油砂。经石油工业部领导批准停钻试油,几乎所有在场的苏联专家都反对这个决定。但是,石油工业部仍然当机立断,坚持提前完钻试油,对于大庆油田的提前发现具有重大的历史意义。

“阶段不能逾越,程序不能打乱;节奏可以加快,效益必须提高。”既是几十年来我国油气勘探经验的深刻总结,也是树立科学勘探思想的必然要求,是油气勘探中的辩证法。

二、勘查程序的基本含义和制定原则

就整个勘查过程而言，勘查程序是指勘查工作应保持一定的阶段性和连续性，它遵循勘查范围从大到小、勘查精度由浅到深、勘查投入由少到多的原则。就某一具体的勘查阶段而言，勘查程序是指勘探工程（非地震物化探、地震勘探、钻探）实施的先后顺序，应遵循物化铺路、地震先行、钻井居后的原则。“物化铺路”是指非地震地质调查是地震部署设计工作的重要基础，特别是在新区勘探过程中，非地震物化探是查明区域构造和地质概况、划分构造单元、确定有利生油凹陷的主要手段，地震勘探工作必须在非地震地质调查的基础上，有针对性地开展普查和详查工作。“地震先行”是指地震先钻井而行。地震勘探工作是探井部署设计的重要前提。

勘查程序不仅明确界定了油气勘探的阶段划分（包括各阶段的勘探对象、工作任务、资源储量目标），而且也规定了各阶段应采用的主要勘探技术、勘探地质综合研究和资源评价方法等。“不经过地质综合研究，不能部署探井”是勘查程序中提出的明确要求，探井部署设计必须建立在综合地质研究的基础上。

因此，勘查程序在一定程度上是一种规范，是从事油气勘探工作的人员必须遵守的一种条例或者准则，它是人们在长期的勘探实践中总结出来的找油步骤，更是勘探管理工作的客观要求。

是否存在一种通行的勘查程序，使得所有国家、所有勘探机构都能够遵照它来从事油气勘探活动呢？实际上，不同国家、不同油公司由于国家经济制度、勘探管理体制、勘探对象的自然地理条件、勘探程度、勘探地质背景的差异，所制定的勘查程序往往也不尽相同。例如，我国和前苏联长期以来一直是在国家计划经济指导下从事油气勘探工作，其勘查程序与美国等西方国家在油公司管理体制下制定的油气勘查程序就存在较大的差别；我国从解放初期直到 20 世纪 80 年代，由于地质矿产部门和石油勘探部门勘探工作的侧重点不一样，所采用的油气勘查程序也不一样；陆上和海洋石油勘探由于自然地理条件和勘探条件存在区别，也必须采用不同的勘查程序，尤其在海洋油气勘探中，由于钻井成本太高，就很少打参数井。

不同的国家，由于整体勘探程度的差异，也会导致勘查程序有差别。例如美国大陆地区，各州的油气勘探程度已经很高，不可能有大的未曾勘探过的新区，而我国总体勘探程度还相对较低，必须从不同的含油气大区、含油气盆地整体出发，开展系统的勘探评价工作。

另外，我国多年的勘探实践也表明，无论是在坳陷盆地还是在断陷盆地中找油，无论是对大型背斜带，还是复杂断裂带，抑或是复杂岩性带的勘探，其勘查阶段的划分可以是基本相似的，但各阶段采用的勘探技术、方法却存在一定的差别。特别是对于一些复杂油气田和隐蔽油气田的勘探，只有采用滚动勘探开发程序，才能提高勘探成效。

勘查程序也不是一成不变的，它随着勘探技术的发展而变化。现有的勘查程序只能是当前技术条件下勘探思路的概括，物化探技术、油藏工程技术、直接找油技术等的发展，必然会大大简化勘查程序。例如，在早期的油气勘探过程中，油气藏的探边主要依靠钻大量的评价井来完成，而现在，一些小的油气藏、地质条件相对简单的油气藏，完全可以靠油藏工程方法，配合测井、地震信息就能够达到探边目的。因此，勘查程序应该随着评价技术方法的进步而不断进行修订，以便更好地适应新形势下油气勘查工作的需要。

三、勘查工作的长期性和连续性

勘查工作要经历一个相当长的时期，如果从一个新区（盆地）的第一口预探井开始，这个时期将一直延伸到盆地中所有油气田开发，在此之前，区域调查研究和勘探工作是不会停止的。油气勘查从盆地区域普查阶段到油气藏评价勘探阶段，勘探对象从盆地到油气藏，勘探成果从远景资源量到探明储量逐步升级。因此，整个勘探工作既具有长期性、连续性特点，又具有阶段性特点。各个阶段相互关联，前一阶段为后一阶段作准备，又是后一阶段工作的基础，而后一阶段是验证前一阶段的成果。只有各个阶段的勘探工作都做好了，总体的勘探效果才达到最佳。

油气勘查需要相当长的时间。一般说来，越是早期的工作，投入的工程施工量越少、投资越少，时间反而较长；越向后期，投入的工作量越大（且往往都是高投入的施工，如三维地震，特别是钻井），所需时间可能较短。具体的工作时间因年投资额和投入的勘探队（包括地质队、物探、化探队、钻井队）的多少可有很大的差异。

大致看来，一个过去工作很少的大型盆地或盆地群，盆地评价的完成需 3～5 年，甚至更长时间。这个时期需完成地质、地球物理的概查—普查，一般要求完成相应的1∶100万或1∶50万，直到1∶20万的区域系列图件。一般在数年的概查之后需要集中力量，综合分析各方面的资料写出详尽的报告，部署进一步普查的工作。

随着工作的深入，当肯定了盆地有了生烃和保存的基本条件，进而在二级构造单元划分的基础上肯定了有利区带后，勘探进度会明显加快。在有利区带上完成了以二维地震为主体的详查，发现并圈定若干构造，进行构造优选，按优选的顺序部署构造探井，多数是每个构造钻1～2口探井以求发现。一般说来，这需要 2～3 年的时间，如果见到较好的油气显示或油气流则区域上勘探的步伐大为加快。在勘探力量充分、投资有保证的情况下往往当年或次年就开始进入油气藏的评价勘探。在实际工作中，除了年度的总结报告外，一般在发现油气流后都要作出阶段总结，深化对油气生聚规律的认识，进而对下一步的勘探（包括盆地、区带，特别是圈闭勘探）作出整体性的部署。

总之，从早期的盆地评价到获得第一批储量，最顺利的情况也要 3～5 年，对于复杂的盆地或含油气并不那么丰富的盆地，5～10 年的工作才发现重要油气田的情况也是相当正常的。个别地表条件困难、地下情况复杂、而在认识上又走过弯路的盆地，勘探 20～30 年才发现了有代表性的重要油田。

从勘探各阶段内部看，大体上遵循随工作深入勘探进度加快的规律。早期的面中求点工作，对地质认识的积累往往进展相当慢；而一旦资料积累到一定程度，见到油气，就好下决心集中大量投资和勘探队伍。这正是勘探家们所说的，早期急不得、后期慢不得，当集中大量钻机进入油气藏评价时，完成快点就可以早得效益，顺利时短期可收回过去长期的投入。

四、勘查阶段的交叉性

对一个具体的油气田勘查来讲，从普查、详查、预探、详探直至提交开发，所经历的是一个纵向上连贯的勘探程序。而从某区域进展来看，往往发展是不平衡的，即当一个盆地的某处已进入预探阶段，而盆地有的地方还在进行详查工作，甚至有些面积还在补做个别的普查工作，勘探程序在横向上的交叉是很难避免的。如果从不同构造层的勘探来看，在油田上或油区内完全有可能重新进行面上的（寻找隐蔽油气藏）和深部的详查或普查工作。如渤海湾盆地第三系目的层的勘探进入到圈闭或油气藏勘探阶段，而深部的中生界和古生界目前处于盆地和区带勘查阶段。这些都是勘查程序交叉的特点。

五、勘查工作的曲折性或反复性

在整个勘探工作中，人们的认识过程很难一次完成，勘查技术条件也很难一次达到勘查目的。一次完成的想法往往是不符合勘探实际的，其中会出现一些反复，甚至遭受多次钻探失败之后，才能取得成功或重大的突破。调查阶段所作的推论与勘探证实的结果，二者之间往往是有差距的，这就需要通过地下钻探取得的资料，不断地改正、补充和丰富地面调查（多半是物探资料对地下的解释或综合性推断）的认识，甚至需要回过头来补做地面调查工作。因此勘探阶段不是调查阶段（指任务）的结束，而是调查与研究的继续，丰富的钻探资料，不但为重点深入研究某些专题提供了条件，同时也为综合性区域研究提供了更加充分的前提。因此，综合研究的内容和资源评价的任务，并非完全受勘探程序中各阶段的限制，当然，阶段性的综合研究和评价也是必不可少的。综合研究和资源评价工作是随着勘探程度的不断提高，逐步深入和向前发展的。

第三节　油气勘查程序

一、勘查程序是油气勘查客观规律的反映

（一）勘查程序与科学勘探

从勘查程序的形成来看，可大致分为 3 个阶段。

1. 就油气苗找油气和“撞大运”

在油气勘探初期，人们也像寻找其他矿产的初期一样，在油气苗附近选择自己认为合适的地点找油气，这当然会带来不少的成功。实际上，一直到 20 世纪初期，全世界的主要油田发现大多源于此。从现在的认识看，油苗众多意味着处于开启破坏的条件下，发现大油田的机会反而会减少；在地表无油气显示的情况下，可能因良好的封盖条件而保存有大油气田。因此，油气苗对油气田发现的意义低于某些金属矿。在 19 世纪后期和 20 世纪早期，限于当时的石油地质学和勘探技术，在油气苗附近的勘探只能运用极粗浅的石油地质理论，在一些地表背斜或盐丘上钻探。极低的成功率使勘探家被认为是冒险家或探险家，以至于把探井称为“野猫井”，意为没有什么根据的类似野猫在地上随便刨一下，楔个木棍就定了井位。耐人寻味的是这个名字却保留至今，现在许多西方国家仍把其作为探井，特别是预探井和参数井的代名。

2. 在油气地质学初步认识上的“勘探艺术”

20 世纪初期，石油公司开始雇用自己的地质学家。石油地质学家从背斜理论出发，开始向对生、储、盖、运、聚、保的全面的规律性认识进军。但对复杂情况下油气的成藏规律认识还很少，勘探的成功多归功于其决策者的个人智慧或者神秘化地认为是一种“只可意会”的勘探艺术。意味着无论在理论上还是在技术上，油气勘探还是不够成熟的，没有明显和公认的章法可依。

3. 油气勘探科学

现代石油地质学的研究使人们对大面积被新地层（如第四系）覆盖的大型盆地内的油气生成和聚集有了更明确的认识，二战后大规模的油气勘探和深入的研究促使石油地质学走向成熟。与之相应的是几乎所有的物理学、化学和生物学上的进展都被试图用来作为寻找地下资

源的工具,以地球物理和地球化学勘探为主体的探索地下情况和资源分布的新技术如雨后春笋般地涌现,人们得以对地下不同深度的状况从各个侧面的性质上得到了解,综合探矿成了勘探者手中最常用的方法。

在这个过程中,以前苏联为代表的"中央计划经济"国家,把油气勘探作为国家的一项基本建设来对待;国家可以集中大量的人力物力以大型盆地为单元逐步深入地开展工作,而不必像资本主义国家那样从一小块一小块的租地进行勘探。这样的工作办法和找油气思路对油气勘探本身有重大影响,应该说,幅员广大而能够集中力量勘探的前苏联和中国的勘探学家们对此作出了巨大的贡献。石油地质理论和大量的运用现代科学技术的勘探方法都达到了新的高度,油气勘探得以从油气地质学科中独立出来。有深厚的油气地质学功底,能驾驭现代勘探方法的油气勘探家产生了,油气勘探既不是撞大运的冒险,也不是听凭个人才智和"悟性"的艺术,而是一门科学。油气勘探阶段的划分及其在各阶段的必须完成的工作被相对固定为油气勘查的程序。

(二)油气勘查程序是客观规律的反映

1.勘查程序是认识深化过程的反映

油气勘查可以说是按照地质学的规律寻找地下资源相对富集体的过程,这个富集必须达到经济上有效益的程度。这实际上是个从已知到未知的探索过程,已知的可以说是地表地质现象和已有的该类资源的富集规律,未知的是探索区的特殊性、有无此类富集体、具体空间位置、数量和内部结构等。既然是向未知领域的探索,就应符合认识的规律。一般说来,在有一定基础知识和前人认识的理论总结时,这个认识过程就是从一个模式化的推断到实践中验证,不断反馈而修正(包括全部推翻)已有的模式、在新的更加接近实际的模式基础上再实施新的实践。从"搜索"的角度看,这也是个逐步缩小工作区,逐步接近靶区,最后找到目标的过程。按照勘探程序,从盆地到区带到圈闭,就是认识逐步深化的过程,逐渐接近油气田的过程。如果不在前一个阶段上有足够的工作,就不可能选准下一个阶段的目标,勘探就可能失败或迟迟不能发现主力油气田(群)。如在一个大盆地里没有经过认真的有足够根据的二级单元划分和评价优选就集中在一个区带工作,而这个区带却整体上含油气性差或不含油,就会导致大量工作后往往没有发现或没有重要发现。这时再转移到另一个区带就会推迟发现并使大量投资不能化为储量和产量,从投资决策上就是失败。

2.油气勘查程序是经济施工的要求

勘查不同于地质科学研究,主要在野外进行耗资巨大的工程作业。一般说来,在早期阶段施工的工程量少,所选择的工种往往较"轻"——投资较少,施工队伍所使用的设备相对轻便。越向后,工作量越大,施工相对密集(单位面积上投入的工种多,投资额高),所使用的设备也越来越"重"(以大型深钻为代表),越"高、精、尖"。就是同样一种工作方法,后一阶段的测线密度也明显大于前一阶段,工作量成指数幂增加。因此,早期工作尽量做得完善成功,以使下一阶段的优选正确,就节省了大量的投资。确切地说,把探索的失败尽量集中于较早阶段,从总体上来说就会节约大量的投资并使勘探周期缩短。

此外,还有一些工种只适合于某一阶段或在不同阶段的施工方案有很大不同,混淆了勘探不同阶段,往往事倍功半或徒劳无功。如航空磁测一般包含于盆地评价等早期阶段工作中。虽然近来以高精度航磁作大比例尺的航磁测量(如在柴达木盆地也作了1∶5万航磁的试验),但由于其干扰因素太多,而对具体勘探目标的选定尚无大帮助。在勘探不同阶段的化探工作其精度和选择的具体实验方法(分析项目)都不一样,在不考虑具体勘探阶段的目标而盲目部署不对路的化探,往往达不到预期的目的。

二、勘查程序在实践中的灵活运用

强调勘查程序,并不意味着在油气勘探中仅只是硬套上述的勘探阶段,等前一个阶段彻底完成后再提后一个阶段的议程。勘探是指挥千军万马的多工种队伍、在大自然中针对复杂地下情况实施的"战役"。情况相当多变、复杂,在科学的认识和施工程序中不乏"指战员"的勘探艺术。

1. 空间上勘查发展的不均衡性

勘查程序强调在前一个阶段经过评价优选出下一阶段的重点,这就是勘探家们常说的"面中求点",更确切些应是"面中求带,带上求点",或者说是个"面点结合"的问题。从较大的区域或全盆地中求带、求点,其目的是要求这些带和点是最优的、能最快取得最好效益的。这样不但可以很快地收回长期勘探的投资,而且也使之有更多的资金去勘探开发可能规模偏小而难度较大的油气田。从这个角度上说,面中求带、求点,使带和点上勘探向前发展一步就是勘探上的重大进展。在一个带、一个点上,首先进入更高的勘探程序的这种不平衡性是使勘探深化和发展的一种必然。

在带、点上的深化有可能反过来推动面上的评价。这不仅因为以实际资料验证了上一个阶段推测的正确与否以及正确的程度,而且带和点的深刻认识更丰富了面上的认识,使继续进行的面上选带、带上选点有更大的主动性。在遵循勘探程序的过程中做到面点结合、相互促进,是勘探指挥者驾驭水平的重要体现之一。

2. 时间上各勘查阶段的部分重叠性

这是空间上的发展不均衡在时间上的具体表现。从勘查的不同阶段上看它们延续的时间有一定的重叠,如盆地评价阶段可以延续到区带评价,甚至延续到部分油气田已求出储量的阶段。从同一个时间断面上看,一个区域或大盆地里可以同时进行几个阶段的工作,只是它们分布的区域不同,工作的目标不同而已。

这种时间上的部分重叠表现在大区域或大盆地,乃至全国。对于指挥全局的勘探指挥决策者来说,就有个统筹兼顾和时间排序问题。考虑到早期勘探阶段经历的时间一般较长,考虑到优选中比较的需要,一般在重点集中在某圈闭或圈闭群进行油气藏评价时,要有更多些的区块进入区带和盆地评价阶段,以形成逐步发展接替的良好的勘探纵深。这样,在一个或一批油气田的勘探完成后,可以不失时机地向准备好的新的勘探基地转移。这就要求它有相当成熟的前期工作基础,有可供评价优选的系统资料,有揭示这类油气藏的比较成熟配套的勘探技术系列。勘探家们常说的"吃一、拿二、看三"就是这种勘探系列的形象描述。

3. 勘查程序的可能重复

勘查面对着复杂的地下深部地质体,而勘探者手中的"武器"又总是不那么理想,投资也往往不充分。这意味着从主观上和客观上都存在着巨大的、有时是短期内难以逾越的困难。以主观上而论,钻机所能达到的深度,地球物理能得到资料的区域、深度和资料的可信度等等都制约着勘探能力,以至于勘探家们总是带着许多遗憾来总结某一地区某一阶段的工作。当对较浅部(如$<$3 500m 深度)进行下一轮工作后,面对深部(如$>$4 000m)的勘探往往就需要重新开展从盆地评价开始的区域性基础性工作。联系到中国地质的实际情况时,这种不同深度的工作就有了更深刻的含义，往往意味着对不同的构造层、不同的勘探领域开展工作。在有着复杂发育史的情况下，不仅是勘探目的层的岩性不同（如碎屑岩和碳酸盐岩），可能其构造格局也不同。具体地说其原型盆地的格局、改造（残留）盆地的格局可能都与上覆构造层的格局有相当大的差别，有时构造线的方向可以不同，对待这种新的勘探领域的开拓，不仅要从头做起，而且难度更大。

从认识上看，强调勘探是在某一模式或思想的指导下进行的。有时实践证明了原先的构想有较大的失误，甚至完全不对，这时勘探也要适当地走回头路，按新的勘探思路的要求去补做某些早期工作。应该说这是勘探中必然出现的重复，也是一种正常现象。

4.成熟区勘探的程序问题

这是勘探中一个比较新的问题，对具有复杂地质构造和演化历史的地区特别重要，是老区挖潜中的一个重要问题。

这个问题的实质是在勘探成熟区创造新的局面必须进行新领域的开拓。新领域，就是前人工作较少，但难度（包括复杂性和/或深度）相当大的勘探层系。这就需要对其早期的区域、区带评价优选再做某些补充工作。换言之，还是需要遵循勘探程序进行资料的收集，以工程作业取得相应的新认识并进行从面到带到点的系统综合研究。

工作越细、越深，越要强调勘探的新思维。如仅只是为了岩性油藏中扇—沟对应体系的发现就要重新进行层序地层学统帅下的地层和小层划分对比，重新绘制工区更细分层的古地理图等；对某些构造进行重新评价，就要对区域的二维、三维地震资料进行重新处理，重新编制各层的构造图，甚至综合更多的钻井和测井资料重新作各层的岩相-岩性图，没有这些偏重于基础和区域的新一轮工作，新思路的产生和勘探的挖潜都难以进行。

5.勘查中的“加法”和“乘法”规则

勘查中大量的工作是资料的积累，以多年、多工种取得资料的累积勾画地质体和含油性的各个侧面。累积的资料使规律性认识的产生成为可能。勘探家必须有计划有耐心地去做这种资料累积的工作，这就是“加法”。

在勘探的进行中，有些环节特别重要。如地震中的资料解释和处理。这个工作达不到要求会使前面的野外工作功亏一篑，不能发挥作用。在勘探中大量的工作为了确定探井井位，而后花更多的投资完成钻井及钻井中的储层保护、测井和固井等工作，最后一项是试油（气），希望获得工业油气流。固井、试油等关键性的工作不能出问题，否则前功尽弃。这被称为“乘法”规则，意即此项为零则整个系统值就为零。

对这样的关键工作除了要在技术上给以充分保证外，也要灵活处理。如确因技术上的失误（有时难以完全避免）可反复进行测试，必要时甚至可以开侧窗重新钻井（甚至钻水平井）、测井，裸眼试油或固井后再试油。

当然，说前功尽弃是从试油（气）获得突破角度上讲的，即使是试油（气）彻底失败，地质家们也要总结出许多正面和反面的认识、教训，努力使其不致“前功尽弃”。

第四节　油气勘查阶段

从广泛到具体、从粗略到精细，油气勘查过程是阶段性的工作。从盆地概查阶段、区带详查阶段、圈闭预探阶段到油气藏勘探评价阶段，其勘查对象和评价目标分别是盆地、区带、圈闭和油气藏，勘查对象和评价目标越来越小，勘查精度越来越高，工作投入越来越具体，勘查投入越来越高，评价结果可信度随评价目标的缩小和工作量的投入的增加而逐步提高（表3-3）。

表3-3　油气勘查阶段、目的、任务、工作部署、评价成果等简表

勘探阶段	油气普查		油气勘探	
	盆地概查	区带详查	圈闭预探	油气藏评价勘探
油气勘查对象	盆地	区带	圈闭	油气藏
油气资源评价目标	盆地	区带	圈闭	油气藏
勘查目的	盆地优选和区带初步评价	区带优选和圈闭初步评价	发现油气和圈闭评价	探明油气田和油气藏评价
勘查任务	从盆地区域整体出发，查明区域地质情况和石油地质基本条件，进行早期含油气远景评价和资源量计算，并指出进一步详查的区带	探明盆地内区带类型和分布，指明有利的含油气区带和成油气条件，进行区带评价和资源量计算，并指出进一步预探的圈闭	查明圈闭含油气状况和成油条件，寻找商业性油气田，预测圈闭的储量，并为油气藏评价勘探作准备	查明油气藏成藏条件和对发现的油气藏进行评价，取全和取准第一手资料，确定油气田的商业价值，并为开发作准备
工作部署	1. 建立项目 2. 地表地质调查及物化探等普查 3. 参数井或基准井钻探 4. 盆地评价	1. 建立项目 2. 地表地质调查及物化探等详查 3. 区带评价	1. 确定预探项目 2. 地质及地震详查 3. 预探井钻探 4. 圈闭评价	1. 建立项目 2. 地震精查 3. 评价井钻探 4. 油气藏评价
技术布置	小比例尺地质、地球物理勘查（10～30km测线距）、盆地范围地球化学勘查、根据盆地大小安排参数井或基准井	中比例尺地质、地球物理勘查（2～4km测线距）、局部区域范围内的地球化学勘查	大比例尺地质、地震勘探（1km×1km测网或2km×2km测网）、预探井。	地震精查（3D或2D的0.5km×0.5km测网）、评价井
评价方法	盆地类比和盆地模拟	地质风险概率法进行区带风险评价	地质风险概率分析法、模糊数学评价法、圈闭综合系数评价法、容积法	油气藏描述、容积法、物质平衡法
评价成果	推测资源量	潜在资源量	圈闭资源量（潜在储量）和预测储量	控制储量和探明储量

一、盆地概查阶段

盆地概查阶段也称盆地区域勘查阶段或盆地区域勘探阶段，是从盆地油气地质调查开始到优选出有利的勘探区带并进行初步评价的整个过程，在这个过程中也包括盆地群（在成因、分布和类型上具有相似性的一系列盆地）的勘查和盆地的优选。

1. 阶段目的和任务

“没有盆地就没有石油”，盆地是油气生成、聚集与赋存的场所。不同的盆地类型、形成演化历史等因素决定了其中沉积物的生烃性质和数量大小，也决定了其中油气的运聚和保存条件。盆地勘查是一切油气勘查活动的开始，也是从大处着眼的具体体现。它的意义主要体现在通过盆地级次的石油地质条件的全面调查，明确盆地进一步勘查的价值。

盆地概查阶段的主要目的是从盆地区域整体出发，通过查明区域地质情况和石油地质基本条件，开展盆地优选，并在盆地整体工作的基础上进一步优选出有利的勘探区带并进行初步评价，为区带详查阶段的工作作准备（图 3-3）。

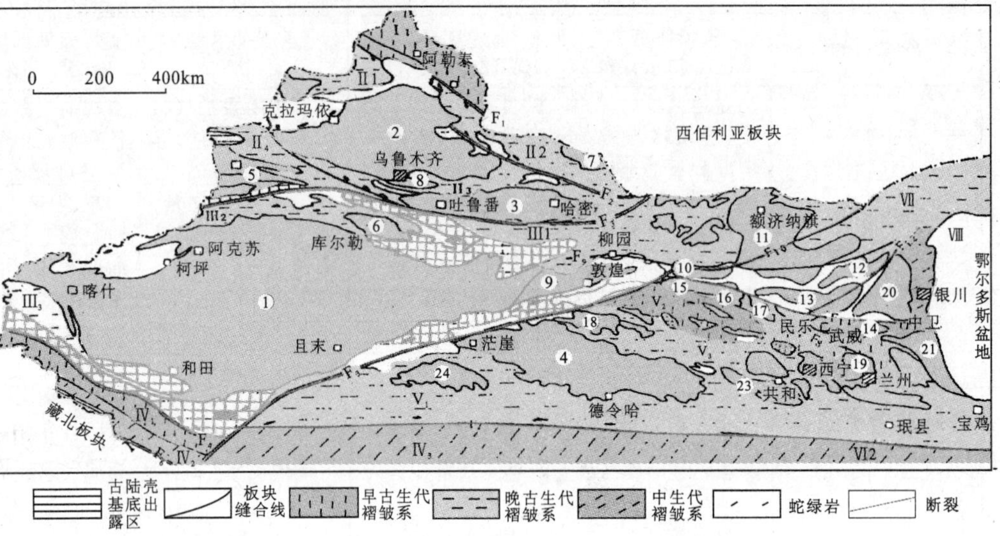

图 3-3 中国中西部盆地位置图

1. 塔里木盆地；2. 准噶尔盆地；3. 吐哈盆地；4. 柴达木盆地；5. 伊犁盆地；6. 焉耆盆地；7. 三塘湖盆地；8. 柴窝堡盆地；9. 敦煌盆地；10. 花海-金塔盆地；11. 额济纳旗盆地；12. 雅布赖盆地；13. 潮水盆地；14. 武威盆地；15. 酒西盆地；16. 酒东盆地；17. 民乐盆地；18. 苏干湖盆地；19. 民和盆地；20. 巴彦浩特盆地；21. 六盘山盆地；22. 河套盆地；23. 共和盆地；24. 定西-西吉盆地

盆地概查阶段的具体任务包括：

第一，查明地层层序，包括时代、岩性、岩相、厚度和接触关系；寻找油气的直接和间接标志；划分生储盖组合；在研究区域地层的基础上初步建立盆地的沉积模式。

第二，确定盆地边界、形态、结构以及形成时代，建立盆地的结构模式和构造样式。

第三，确定盆地的生油门限深度、生油岩的分布范围和厚度以及主要的转化指标，即生油原始物质的种类、丰度、成熟度和排出量等。

第四，查明影响油气聚集和保存的各种因素以及水文地质条件等。

根据以上四方面的成果，最后作出区域含油气远景评价，圈定有利的生油坳陷，评选油气聚集的有利区带，预测可能存在的油气圈闭类型，估算远景资源量。

2. 阶段工作部署和技术布置

盆地概查阶段的工作步骤包括：①建立项目；②地表地质调查及物化探等普查；③参数井或基准井钻探；④盆地评价。

盆地区域勘查项目的建立和设计是从全国、全区油气勘探的长远战略安排出发。考虑在保持当前生产水平的同时，抽出力量进行工作以保证油气后备储量不断地增长。

该阶段的工作量设计应从全盆地着手，如何用最少的工作量和投资，在最短的时间内获得最多的基础地质资料，查明盆地的区域石油地质条件。主要的技术布置包括：地面地质调查、区域地球物理和地球化学、遥感手段以及区域地震勘探和基准井及参数井。地面地质调查以小比例尺工作为主，地球物理勘查中的地震以 10～30km 测线距进行，进行盆地范围地球化学勘查，根据盆地大小安排参数井或基准井。

盆地区域勘查部署时应考虑以下三个原则：

(1)着眼盆地，整体解剖，控制区域构造与建立完整地层层序的原则。盆地区域勘查阶段，整体解剖，控制区域构造与建立完整地层层序是一项基本原则。因为从这一点出发，基本概括了油气藏形成的基本地质要素与地质作用。四川盆地威远构造钻探经历了 25 年"三上两下"，终于发现了震旦系气藏，由于选定的威远基准井，建立了古生代地层层序。然而，对上古生界残存石炭系的川东断褶带考虑不足。1966 年蒲包山构造的蒲 1 井已发现了 39.5m 的白云岩，不知是何层位，在地层归属上用"D?"。直到 1977 年，相国寺构造的相 8 井，在阳新统底部的梁山组页岩、铝土质泥岩与志留系泥岩标准层之间又发现了 17.4m 的白云岩，因用高密度钻井液钻井无显示而完井。在完井报告中记叙了"其层位暂定为石炭系?"，带来了新的思索。同年 9 月正钻的相 18 井，加深钻探白云岩，结果发现了气藏，揭开了石炭系勘探的历史。

著名的西西伯利亚盆地的勘探始于 1934 年，到 1962 年花了 28 年的时间才发现塔佐夫气田，揭示了北部天然气富集区的存在，但这个盆地的勘探是耐人寻味的。20 世纪 30 年代集中在盆地西缘和南部找油，以古生界为目的层，一无所获；50 年代初以中生界为目的层，开展盆地物探普查和基准井钻探，1953 年在西部的上侏罗统发现第一个气田——别列左沃气田；后来集中西部钻探，成效甚微。1960 年又回头坚持区域勘探，结果在盆地中部发现富油区，北部发现富气区。1965 年后，接连发现大气田，其中大于 $1\ 000\times10^8 m^3$ 的特大型气田 9 个，占前苏联大气田的 2/3 以上，大于 $1\ 000\times10^8 m^3$ 大气田约占前苏联的一半。上述事例说明，着眼盆地，整体解剖，才能带来高效的勘探发现。

(2)区带优选，重在发现的原则。盆地区域勘查阶段，虽然没有明确地把油气流发现作为一项主要的地质任务，但作为勘查来讲，尽早地发现油气藏，无论是对减少勘探风险，加快勘探节奏，还是对国民经济的发展都有重大的战略意义。1959 年，松辽盆地松基 3 井喷油，发现了大庆油田，对中国实现石油自给起了决定性的作用。在天然气勘探中，基准井(参数井)率先发现油气，也是不乏先例的。1964 年四川威远基准井发现震旦系气藏，推动了"开气找油"会战；1989 年鄂尔多斯盆地陕参 1 井发现奥陶系气藏，为中国西部发展天然气战略拉开了序幕。因此，发现是创业的起点，是勘探的里程碑。发现的关键是从地面综合勘探到基准井部署，都要紧扣这一目标，精心设计，一环扣一环，依次作好准备，经过综合地质分析，最终把井位落到实处。当一口井很难钻达基底时，应结合沉积地层时代、岩性、岩相、沉积厚度和区域构造特征，部署 2～3 口基准井，以控制较大的构造单元和建立较完整的地层层序。在区带资源量估算和成气系统划分的基础上，应当优选出有利区带，及时部署区域探井的钻探。

(3)效益原则。效益原则贯穿于资源勘探的始终。虽然盆地区域勘探属于普查阶段的事业性投入，但是仍有一个效益问题。它主要体现在：用有限的勘探工作量，较多地完成这一阶段的基本地质任务的同时，综合勘探的部署要有所侧重。也就是说，通过先行的勘探资料，结合邻区的地质条件类比和区域大地构造特征分析，对盆地有了框架认识基础上，针对可能的油气生成与聚集单元、资源分布、它们所处的人文自然地理环境及用户等条件，及时对后来的勘探部署进行适当调整或增加工作量，尽快地为区带优选作好准备。

3. 评价方法和评价成果

盆地研究和评价的方法是石油地质研究和油气勘查中重要的领域，具有一系列的盆地描述、盆地模拟的方法技术。近年来含油气系统、成油体系等一系列的思想极大地促进了盆地评价研究。在资源评价中通过盆地模拟技术来开展资源量计算，此外还包括体积法、成因法、类比法和特尔菲法等技术。盆地评价成果不但包括综合石油地质条件成果，也包括盆地优选、区带优选的成果，还包括盆地推测资源量和最有利的区带目标等。

二、区带详查阶段

区带是介于盆地和圈闭之间的一个勘查地质单元，盆地是大的和区域上的勘查评价对象，圈闭是小的和局部的勘查评价对象，二者间具有较大的地质单元跨度。要建立起二者间的联系和不使勘查阶段和勘查程序脱节，就必须在它们之间建立起关系。区带就是盆地和圈闭两个勘查对象之间的桥梁，是一个独立和完整的勘查对象。就像构造样式成为盆地和构造圈闭研究中的桥梁一样。

区带是盆地内油气聚集的基本场所，是为适应局部的油气勘探和评价而产生的地质单元，它可以理解为盆地的同一区域内有相同成因联系的所有圈闭或潜在勘探目标的总和。我国目前认为区带的具体形式有二级构造带（图 3-4）、局部构造组合带、有利砂岩储集带以及复式油气聚集带等。区带的意义还体现在同一区域内有相同成因联系的所有圈闭上，在具体勘探中一旦一个区带内的一个圈闭取得突破，我们就可以利用相同成因联系的原则开展对其他圈闭的研究和勘查。

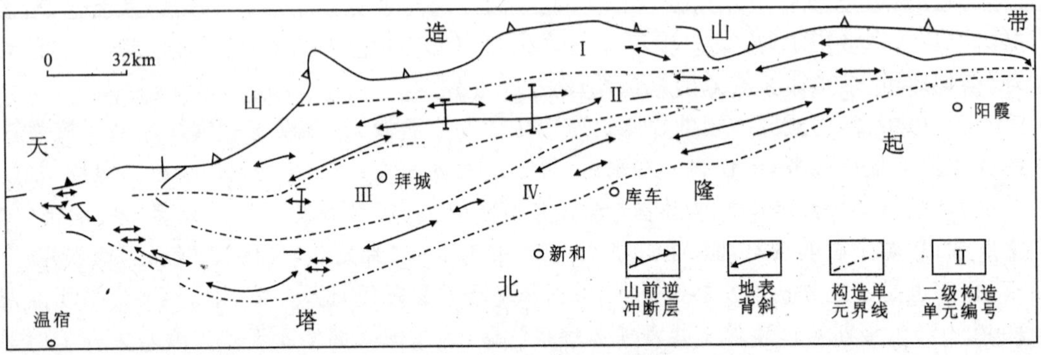

图 3-4　库车前陆盆地区带分布图

与区带概念近似的一个概念是西方（美、加地区及西方相关石油公司）的成藏组合（play）概念，成藏组合是相似地质背景之下的一组远景圈闭和（或）油气藏，它们在油气充注、储盖发育、圈闭结构及生运聚配套方面经历了相似的发展演化。成藏组合是含油气系统的基本组成部分，介于含油气系统与圈闭之间。国内曾把 play 译为勘探层、勘探目标、远景带、区带等，实际上这是源于中西方两种评价系统的概念，并不能完全等同，但从二者的基本定义来看有其共同性。在全国自然科学名词审定委员会公布的“石油名词”上，区带使用“play”。

前苏联学者巴基洛夫（1968）也明确认为油气聚集带应是有成因联系的、地质构造相似且相毗邻的油气田组。尽管当前世界上对这个问题有种种的意见和看法，武守诚(1994)认为"区带"这个词是较恰当的，它既可是区，亦可是带，它的内涵就是指在油气藏形成史上有着同一种成因关系的一组圈闭(在勘探前不知是否含有烃类，评价中认为它是有可能含烃的)。这一组圈闭既可以是一个"带"，也可以是一个"区块"，如一群构造、一组岩性圈闭、一个构造带或一个岩性层、不整合带等。它的外延则是根据实际勘探工作的需要，如对某一特定的地区，按地理、经济甚至勘探工作需要而划定的区带，它包括多个有希望的圈闭。

1. 详查目的和任务

区带详查阶段是从盆地区域勘探优选出有利区带开始到区带中各类圈闭的评价和优选出有利目标的过程。详查目的主要是区带优选评价和圈闭筛选及评价。

区带详查的主要任务是在盆地研究的基础上，进一步利用区带内详细的资料和油气勘探新取得的各种资料，包括区带内、外的各种地面地质、物化探、钻－测－录井地质、盆地模拟等方面的内容，在更高精度上对研究的区带进行地质过程分析，归纳研究区带的各种地质特点。探明盆地内区带类型和分布，指明有利的含油气区带和成油气条件，进行区带评价和资源量计算，并指出进一步预探的圈闭。

2. 详查工作部署和技术布置

区带详查阶段的工作步骤包括：①建立项目；②地表地质调查及物化探等详查；③区带评价。该阶段重点已放在区带及二级构造单元上。更进一步的地面地质调查要及时开展，精度进一步提高的地球物理综合勘探是工作中的重点，其中地震勘探(2～4km 测线距)是该阶段主要的勘探手段。

区带详查部署时应考虑以下四个原则：

(1)着眼区带，整体解剖，建立较完整的含油气地层剖面与控制成油气系统的原则：区带评价勘探，是在优选出的有利含油气区带中进行的，如何落实"有利"这一主题词，是由区带的全部而不是局部来决定的。虽然盆地区域勘探在评选区带时有了一个初步的估价，但毋庸置疑，存在不少假定条件和推测因素，缺乏实践的检验，也就无从定论最初认识的真误。因此，区带评价勘探首先要着眼于整体解剖，去部署勘探工作，从对特殊现象的认识中找出它普遍存在的意义。

对于一个区带，往往存在多个次一级的地质(构造的、沉积的)单元，要查明区带内烃源层、储集层、盖层的分布与变化及其在剖面上的组合关系、发育特征(岩性、厚度、生烃能力、储集性、封盖性)，以及含油气性和变化，建立较完整的(多限于钻井能力)含油气剖面，划分成油气系统。

(2)优选主要圈闭类型：一个区带，可能存在多种圈闭类型，不一定都有利。从国内外勘探实践看，无疑构造圈闭是首选目标，然而并非是目标的全部或主要的圈闭类型。如鄂尔多斯盆地，1989 年陕参 1 井、榆 3 井取得奥陶系勘探突破，次年又有 6 口井在大面积内相继出气，这时才对局部构造聚气产生怀疑，直到 1991 年才以古隆起为背景，瞄准地层-岩性复合圈闭气藏，部署了东西、南北向组成的十字大剖面井评价勘探。即便是构造圈闭，也可能存在多种成因或构造样式，对于一个具体的区带来讲，它们形成的关键时刻与生排烃期、运聚期的配置，或因具体的封闭条件差异，构造圈闭也不一定都是有利的。川东地区石炭系成气系统中石柱亚系统区的高陡构造圈闭，一般缺乏开江东部、西部亚系统区的高陡构造那样有利的圈闭条件，因此预探效果不甚理想。

(3)快节奏查明主探目的层的原则:纵观国内外不少油气区的勘探成败,失败的一个重要原因,就是在较长的时间里,主探目的层并不明确,即使是油气资源十分丰富的西西伯利亚盆地,经历了28年周折,除了地区选择失误外,目的层不明确也是重要的原因。中国西部的四川、鄂尔多斯、柴达木、塔里木等盆地也无例外证明勘探目的层的重要性。梁狄刚在总结塔里木盆地的勘探经验时,用"螺旋式上升"的勘探目的层战略转移来刻画这一过程。对于一个区带来讲,也是如此。人们熟知的川东地区高陡构造勘探,始于1937年,在构造上钻巴1井,是以下三叠统为目的层得气,1955年以后,先以三叠系勘探,逐步转向二叠系勘探,直到1977年石炭系气藏才被发现,用了整整40年才找准主探目的层。然而,莺歌海盆地中央坳陷底辟构造带的勘探却没有经历如此长的时间。1991年,东方1-1构造的1号井,因钻井故障,被迫在新近系完钻,测试2层,均获高压、低产气层,其中一层还产水。因钻井船另有任务,来不及上试浅层。海洋西部公司通过认真的研究、分析认为,不急于对超高压中深层钻探,主探压力仓以上浅层,结果1992年很快被东方1-1-2井证实。继东方1-1大气田发现后,以新近系上新统(莺歌海组、黄流组)为目的层的浅层勘探,又在乐东22-1等构造获得一批成果,快节奏查明主探目的层的意义是显而易见的。

(4)效益原则:区带评价勘探对投资者来说是举足轻重的。一旦勘探发现,特别是重大发现,会极大地推动区带勘探、开发进程,促进油气工业的发展或国家对能源布局的调整。但是,勘探风险又是不可抗拒的,甚至经历失败、再从头干起,而后获得成功的。因此,就需要权衡勘探资金、工作量问题。一般地说,用有限的勘探工作量,较多地完成这一阶段的基本地质任务,这只是一个基本原则。要真正做到这点,就需要对区带评价勘探进行总体设计,要有多种方案对多种风险结果作较充分的估计,并在实施中采取分步实施办法,有了发现,再加快节奏,以最大限度地减少风险。

3. 评价方法和评价成果

区带评价成果包括区带烃源岩特征及油源分析、区带储盖层特征、区带油气成藏分析等。区带资源量(潜在资源量)也是区带评价成果的重要内容。具体方法包括:圈闭体积法、生一供烃单元法和发现过程模型法,地质风险概率法进行区带风险评价也被广泛应用。

三、圈闭预探阶段

圈闭预探阶段的勘查评价对象具体到圈闭,是从区带详查优选出有利圈闭,从圈闭准备到钻探圈闭直到获得油气发现而进行的全过程。通过该阶段的工作,要进一步增加对石油地质的认识,最终成果要么是对圈闭作否定的回答,要么提交可能的储量,实现资源量的转化,提交预测储量,为下一步是否进行详探提供部署依据或作为开发规划的参考。

1. 目的和任务

圈闭预探阶段的目的和任务主要是发现油气和圈闭评价,具体查明圈闭含油气状况和成油条件,寻找商业性油气田,预测圈闭的储量,并为油气藏评价勘探作准备。包括:①圈闭识别和描述。落实圈闭的存在,界定圈闭的形状、大小和类型。②风险评价和资源量测算。对圈闭的石油地质条件进行研究和分析,确定风险概率计算的油气潜在资源量,按照圈闭的有利程度、资源量大小、可靠性把握以及经济指标等进行优选排队,拟定预探井井位。③储量预测。对已发现油气的圈闭进行圈闭精细描述,计算预测储量,提出评价勘探建议。

2.工作部署和技术布置

圈闭预探阶段的工作步骤包括:①确定预探项目;②地质及地震详查;③预探井钻探;④圈闭评价。

该阶段以发现油气田为目的,预探的主要技术手段是地震详查和预探井。地震详查的测网密度已达到 1km×1km 或 1km×2km,达到预探井井位方案程度,第一口预探井应设计在圈闭最有利的部位。预探井如何科学地用最少的钻探工作量,高效率地发现油气田,这是决定预探工作水平的主要内容。

圈闭预探部署时应考虑以下三个原则。

(1)着眼二级构造带、岩相带、优选圈闭、重在发现的原则:圈闭预探的目的在于发现。欲达到此目的,必须着眼于二级构造带、岩相带,通过烃源成因类型、构造特征及有利于储集层发育的相带分析,确定从源岩到圈闭最终在时间和空间上分布的几何关系与动态过程,选择有利的圈闭预探,这是搞好发现的关键。著名的北海地区勘探是极为成功的,这与其含油气"远景层带理论"在勘探中所起的至关重要的作用是分不开的。这个层带理论主要基于两个方面。一是油气灶(kitchen area)概念,即指一组含油气构造(或圈闭)、地层,在油气生成、运移、储集和封盖方面的几何关系。搞清了这种关系,就能成带地发现油气藏;二是区域构造的相关性(regional tectonic linkage),即指一组构造的区域动力(挤压或拉张盆地)相关性。搞清了这种相关性,就能成批地发现类似的含油气构造。层带理论成功地指导了北海南部前渊盆地煤成气和中、北部中—新生界地堑盆地热成因气的勘探,分别发现了 9 个和 6 个特大型气田,前者可采储量达 41 341×10^8 m^3,占北海地区的 50%。北海地区的勘探,还通过 4 项主要地质参数来描述评价未钻圈闭的不确定性带来的勘探风险,即:①某一特定的地质历史时期中存在古圈闭的可能性;②存在多孔和可渗透砂岩的可能性;③某一地质时期,油气通过储集层的可能性;④圈闭的形成早于油气运移的可能性和油气聚集保存至今的可能性。于是,圈闭的优选首先是减少地质风险。据 1964 — 1975 年北海主要勘探时期的资料统计,钻探普查井 663 口,获商业油气井 203 口,成功率 30.6%;钻预探井 151 口,获商业油气井 85 口,成功率 56.3%。四川盆地自 1987 年川东高陡构造地震勘探突破后,以构造带为对象,对多圈闭实行整体勘探,其预探成功率高达 40%左右。

(2)整体勘探,典型解剖的原则:对于一个具体的有利区带,通常包含了不同的圈闭类型。不同圈闭类型的演化发育史、深浅层构造格局、局部构造变异特征、所处古构造位置,以及它们所包含的勘探层系的岩性、岩相、厚度是各式各样的,由此决定了它们的含油气差别。一个圈闭预探有发现,不等于另一个圈闭自然有气;一种类型圈闭突破,不等于整个区带都能如愿以偿。加快对整个区带的含油气认识与发现,需要从区带整体勘探出发,有意识地选择不同类型的圈闭,进行预探解剖,包括勘探方法技术是否适用等问题。以川东石炭系勘探为例,如果把整个川东作为一个区带,从构造类型来说,有高陡构造、低陡构造、潜伏构造;从石炭系分布讲,除受沉积边缘残余分布外,在大面积范围内,受云南运动形成的隆、凹格局控制的沉积微相与残余厚度的较大变化。对这些问题,早期缺乏全面的认识,使石炭系的勘探经历了一波三折的过程,即 1977—1983 年低潜构造发现高峰期,但 9 个高陡构造钻探失利,1984 — 1986 年石炭系勘探沉寂了 3 年,但抓住大池干井构造解剖,高陡构造地震勘探攻关取得突破,带来了 1987 — 1990 年中期高陡构造发现的高峰期。1989 年,抓住五百梯构造石炭系的发现,立足整体勘探,对构造主体、断层下盘潜伏高带、构造与地层复合圈闭等不同圈闭类型进行了典型解剖,并在实施中始终围绕着圈闭、储集层、含流体性进行滚动式评价、描述与预测，高效地探明这一构造带。

著名的落基山脉逆掩断裂带的勘探，始于20世纪初，美国先后经历了75年的勘探。最初在爱达荷州、犹他州分别钻了26口和15口井，一无所获，仅在怀俄明州发现了一些小油气田，共钻了约500口井，始终打不开局面。直到20世纪70年代石油危机，一些小公司坚持勘探，取得了突破，1976年发现黄溪气田，到1979年发现东安色兹山大气田，共探明天然气储量5 133 $\times 10^8 m^3$。加拿大在落基山南段的勘探始于1902年，在油气苗附近钻探，1913年发现了特纳河古生界气田，1944年又在它的附近发现了姜平气田，展示了落基山东缘勘探的良好前景，引起了极大的关注；但受石油大发展时期的影响，直到1957年沃特顿大气田的发现，把加拿大的天然气发展带入了极盛时期，以后的10年中又发现了16个气田，总共32个气田，探明天然气储量5 097 $\times 10^8 m^3$。美国和加拿大在落基山逆掩断裂带的勘探仅一山之隔，一个在西，一个在东。所经历的时间、探明储量大体一致，但美国的勘探经历更为坎坷。除了地质结构复杂、地震技术原因外，还与加拿大把油气勘探的重点集中在阿尔伯达盆地，自1945年以来在阿尔伯达省先后建立了4所与油气相关的高等学府、主要油气研究机构、石油地质协会、一些大的石油公司都设立在卡尔加里市是分不开的。

把盆地的二级构造带作为区带(如天山南麓的库车坳陷、北麓的准南前陆盆地)，在进行整体勘探，典型解剖部署时，应当注意：一是对整个区带的构造特点、变形特征、主要烃源层系和勘探目的层要有一个概括性的全面分析；二是通过成油气系统或圈闭类型划分，着重选择不同成油气系统或圈闭类型的典型目标；三是勘探是波浪式发展的，不能指望一次完成。

(3)效益原则：简单地说，圈闭预探阶段的效益，主要体现在发现成本以及为油气藏评价勘探的准备程度。二者相辅相成，不可偏废。发现成本既与预探工程投入有关，更与发现的质量，包括储量的大小、丰度、品位、所在自然地理位置、是否具有商业开采价值等息息相关。讲究预探效益，关键是综合分析上述因素，估计未来的开发前景。也就是说，由于发现储量与油气层埋藏深度、油气藏产能密切相关，因此，预探井部署，必须先考虑最小经济油气藏问题。只有当预探井所控制的含油气范围内所获得的储量，在假定合理的油气开采量下，从市场中换回的货币足以补偿探井成本、税收、开采操作成本以及资金贴现等，甚至给投资者带来利润，这样的储量才是经济储量，才有效益。只有通过这些粗略的估计，才能降低经济风险。至于勘探的准备程度，在这里是指已获得的各类勘探资料对圈闭、储集层、含油气范围的控制程度，特别是地震的勘探程度更是如此。

具体地说，预探井部署，应当视其圈闭类型、大小、复杂程度与储集层性质和分布的稳定性、埋藏深度与自然地理条件等因素来确定。即：

(1)构造圈闭或与地层、岩性构成的复合圈闭：预探井应布在最小经济油气藏的构造等值线外(即不打顶)，沿长轴或高渗透带布井；当构造圈闭内存在丛式产层时，应立足于立体勘探，把井位布在主要的层状油气层的圈闭叠合部位；在工程与经济条件允许的情况下，以最下一个可能层状孔隙层为目的层，力求一井探多层；对同一地质时代的多个圈闭，应着眼于整体部署，优先选择预探突破口，带动成组油气藏的发现。

(2)对特大型地层、岩性圈闭，一是必须坚持第一口预探井发现后，区域预测先行；二是根据地层、岩性圈闭特征，稀井预探。长庆气田1989年陕参1井和榆3井发现奥陶系风化壳特大型地层-岩性圈闭气藏，及时利用陕参1井资料对地层进行标定，结合5口井的已知资料，对风化壳侵蚀台和沟槽进行了预测；接着布十字大剖井骨干预探井，并建立起20口井铁柱子地层剖面，初步控制了3 200km³的气藏分布，为后来的区块评价勘探奠定了基础。

(3)对同一含油气系统的复杂小断块、小岩性圈闭或裂缝性油气藏，关键要搞好地震、地质综合预测，有选择地进行预探；预探发现后，对未钻圈闭一般转入滚动勘探开发阶段。

3.评价方法和评价成果

圈闭评价成果主要包括识别圈闭、优选圈闭和描述圈闭，其中圈闭评价技术是作为油公司评估一个圈闭好坏的一种技术。一般主要包括圈闭风险分析、圈闭可采储量估算、圈闭经济评价等几个方面。在具体工作过程中，都很重视圈闭地质风险分析和经济评价两个环节。

通过利用地质风险概率分析法、模糊数学评价法、圈闭综合系数评价法、容积法等开展圈闭资源量(潜在储量)和预测储量的计算。其中实现资源量的转化，提交预测储量是最重要的成果之一。

四、油气藏评价勘探阶段

油气藏评价勘探是从圈闭预探获得商业性油气流开始到探明油气田并投入开发为止的全过程。到油气藏评价勘探阶段结束，油气勘查的全过程也就全部结束。该阶段的勘查评价对象是油气藏，在勘查评价过程中以及工作结束后计算所得的储量分别是控制储量和探明储量。控制储量可靠性较高，探明储量可靠程度最高，是油气勘查的最终成果之一。

1.目的和任务

油气藏评价勘探的主要目的是探明油气田和油气藏评价。其任务是查明油气藏成藏条件和对发现的油气藏进行评价，综合运用所有油气藏资料，对其构造、储层和油气分布等进行滚动式动、静态和宏、微观三维综合研究，确定油气田的商业价值，为油气田开发提供地质依据。

2.工作部署和技术布置

油气藏评价勘探阶段的工作步骤包括：①建立项目；②地震精查；③评价井钻探；④油气藏评价。该阶段以详探为主，通过加密井(评价井)和地震精查(3D或2D的0.5km×0.5km测网)对所发现的油气藏进行评价。评价井主要是完成查明油气藏的任务，保证油气田迅速投入开发。

油气藏评价勘探部署时应考虑以下五个原则。

(1)稀井广探，一井探多层原则：稀井广探是油气勘查中普遍适用的原则。如何在评价井部署中落到实处，必须以两个方面的多种因素综合考虑为前提。一是查明油气藏类型、形态、控制储集层岩性、物性变化及其含气边界；二是尽可能多地兼顾丛式油气藏。因此，这一阶段的稀井广探就集中体现在井网、井距和布井方式的选择上。井网的选择，取决于勘探目的层的多寡、油气藏类型和圈闭的叠置情况。当存在两套或两套以上层状孔隙油气藏时，在上、下层圈闭叠置部分，共用一套井网，实行一井探多层；在非叠置部分，自成独立井网；隐蔽性的非层状油气藏，一般不宜布专层井网，适用于兼探或滚动勘探开发。如川东的卧龙河气田，虽然发现10个产气层，除嘉五和石炭系是受构造控制的层状孔隙性油气藏外，其余的气层多属受裂缝或岩性控制的极其隐藏的储渗体，采用评价井网，一井探一层的方法，不可避免地要多打井。

(2)效益原则：坚持“稀井广探，少井高产”相结合的部署原则，采用最低限的探井数，是实现油气高效评价勘探的关键所在。虽然“稀井广探”与“少井高产”各自强调的侧重点不同，但最终目的是实现勘探与开发效益的统一。据前苏联波沃依、乌克兰、克拉斯诺达尔和中亚细亚等地区的已近枯竭的36个构造气田的资料，在弹性水驱条件下，一般气藏的开采，其钻开面积与原始含气面积之比(A_p/A_i)越小，天然气的采收率越高。这是因为这些气田的生产气井集中在构造顶部，一般产层厚度大，储、渗性好，且距边、底水较远，全气藏连通，在合理的生产制度下可获得很高的采收率。据统计，A_p/A_i为0.1～0.3，采收率在95%以上。四川气田开发实践反馈的资料，也证实布于构造高点、长轴的不足50%的高中产气井，足以采出近90%的累积气量。诚然，不同的气藏类型，特别是地层-岩性气藏，高产的控制因素要比构造气藏复杂得多。如鄂尔多斯中部下古生界气田，属大面积分布的低丰度、低渗透气藏。通过不断实践与气藏描述，利用高分辨率地震精细构造解释和古地貌、薄储集层、含气性预测，找到了小鼻隆构造和古地貌高部位控制高产的规律。1998年1月，塔里木盆地克拉2号气田发现后，先后利用2km×1.5km和1km×0.75km的地震测网，进行精细构造解释与滚动气藏描述，分3次部署了4口评价井，在复杂的山前高陡构造区实现了高速度、高技术、高效益探明特高丰度、高-特高产、特大型气田。

(3)优先钻探原则：优先钻探涵盖两层意思。第一层意思是通过油气藏早期描述，对可能存在的复合圈闭(如地层或岩性-构造)或潜在的储集层(礁、滩)，要优先部署，重点评价，查明圈闭类型，或利用兼探发现潜在的储集层；第二层意思以天然气勘查为例要适应市场需要，促进天然气储量迅速转化为商品，加快气田早期试采，优先钻探就近用户或集输管网的评价井。1996年川东渡口河构造1号井发现飞仙关组鲕滩气藏，这种受岩性控制的储集体在川东地区已不鲜见，但在追踪过井的地震剖面时，发现了对应储气层段的“亮点”反射，由此先后部署了4口评价井，都证实了滩相白云岩高孔层发育，迅速探明了该气田271.65×10^8 m^3的天然气储量。经过地震准备、圈闭预探与评价，到2000年底，飞仙关组鲕滩气藏的三级储量已达到1 440×10^8 m^3以上，成为四川盆地继川东石炭系后的接替勘探层。20世纪70年代，加拿大著名的阿尔伯达盆地深盆气的发现是具有划时代意义的。1973年前，尽管盆地西部的深盆区已钻了约25 000口以密西西比系和泥盆系为目的层的深井，穿过了中生界致密含气层，直到1973—1979年天然气价格大幅度上涨，才引起了人们的兴趣，重新评价了数千口井的测井资料，建立了由6 000多口井组成20余条纵横盆地的自然伽马-声波测井栅状剖面，详细地划分了曼维尔群的主要地层层序，编制了主要层序的岩相古地理图，为深盆气的评价勘探指明了有利相带，1976—1977年分别发现了埃尔姆沃斯气田(天然气储量4 840 ×10^8 m^3，凝析油1.59×10^8 m^3)和霍德利气田(天然气储量1 980×10^8 m^3，凝析油6 360 ×10^8 m^3)，从此确立了深盆气在天然气勘探中的地位。由此发展的深盆气理论，成功地指导了美国落基山诸盆地、阿科马、阿巴拉契亚、前苏联乌拉尔等盆地的勘探。

(4)开发早期介入的原则：含油气圈闭发现后，特别是被初步确认的大油气田，开发早期介入，进行开发概念设计，尽早地将油气藏地质问题向勘探阶段延伸，对合理确定评价井井距、井网方式、密度，静、动态资料录取，以利于迅速查明油气藏性质与类型以及为开发工程作好准备，介入是十分有益的。

(5)滚动勘探开发原则：圈闭的评价勘探通常采取分步实施，尤以大型的圈闭更是如此，并在滚动的油气藏描述中进行。当发现控制油气藏的圈闭类型、形态、储集层及油气水分布的某些因素复杂化时，一般应暂时终止评价钻探，余留的地质任务转由滚动勘探开发阶段去完成。

滚动勘探开发是一种针对地质条件复杂的油气田而提出的一种简化评价勘探、加速新油田产能建设的快速勘探方法(胡朝元、张一伟等，1985)，它是在少数探井和早期储量估计，在对油田有一个整体认识的基础下，将高产富集区块优先投入开发，实行开发的向前延伸；同时，在重点区块突破的同时，在开发中继续深化新层系和新区块的勘探工作，解决油气田评价的遗留问题，实现扩边连片。这种“勘探中有开发，开发中有勘探”的勘探开发程序称为滚动勘探开发。滚动勘探开发是我国石油科技工作者经过几十年的摸索和实践，总结出的针对复杂类型油气田勘探开发的一套行之有效的勘探开发模式，为加速我国石油工业的发展，丰富世界油气勘探开发理论作出了巨大的贡献。

国内外大量的油气勘探经验表明，复杂断块和其他复杂类型油气田一般不能采用简单的程序，而应该采取滚动勘探开发的做法。

滚动勘探开发的基本特点包括：①勘探开发紧密结合，增储上产一体化，是滚动勘探开发的基本做法；②立足整体经济效益，实现速度和风险的综合平衡，是滚动勘探开发所追求的目标。滚动勘探开发与常规勘探程序不同之处在于，它是本着“阶段不能逾越、程序不能打乱、节奏可以加块、效益必须提高”的原则，简化评价勘探，加速油田投产；③开发方案的反复调整，地面建设的多期次性，是滚动勘探开发的必然结果。

一般地，滚动勘探开发程序可以划分为两个时期，即早期滚动勘探开发和晚期滚动勘探开发。前者是指在地震精查或三维地震解释成果的基础上，通过预探或短期的评价勘探之后，由于油田地质条件非常复杂，在短时间内难以完成逐块逐层落实探明储量，为了少打评价井，缩短从获工业油流到油田开发的时间，提高经济效益，实行开发向前延伸：在落实基本探明储量的油气富集区块，开辟生产实验区，用生产井代替部分评价井，深化对油藏地质特征的认识，同时研究油田的驱动类型、开采方式，计算未开发探明储量和可采储量，编制一次开发方案。晚期滚动勘探开发则是对已经提交未开发探明储量的地区实行一次开发方案实施过程中，利用少量的评价井对开发过程中所认识到的新层系和新区块进行评价勘探，旨在继续扩边连片，为开发提供新的接替区。

对复杂的断块构造带，滚动勘探开发应包括四个主要阶段，即滚动勘探阶段、滚动评价阶段、滚动开发阶段、全面投入开发继续滚动阶段。前三个阶段总体上相当于早期滚动勘探开发时期。在早期滚动勘探开发阶段取得成功以后，要利用评价井及开发井的资料，对在开发过程中所认识到的新领域、新层系和新区块进行评价，为已开发区块提供新的储量接替区。

3. 评价方法和评价成果

以地震资料分析和钻井测试分析资料为主体的油气藏描述方法是油气藏评价方法的主体，其技术构成包括油气藏信息动态管理技术、地震解释评价技术、井筒研究和评价技术以及油气藏地质综合分析建模技术。通过容积法、物质平衡法、统计模型法等进行油气藏的储量计算，我国通常将储量分为三级标准，油气藏描述评价阶段所计算的油气储量属于控制储量和探明储量。从圈闭的预测储量到控制储量和探明储量，油气藏评价勘探实现了储量的升级，也获得了整个油气勘查过程的最终和最核心的成果之一。

参考文献

[1] 常子恒. 石油勘探开发技术(上册)[M]. 北京：石油工业出版社，2001.

[2] 杜尚明，胡光灿，李景明等. 天然气资源勘探[M]. 北京：石油工业出版社，2004.

[3] 费　琪，范土芝，梅廉夫等. 成油体系分析与模拟[M]. 北京：高等教育出版社，2001.

[4] 金之钧，张金川. 油气资源评价技术[M]. 北京：石油工业出版社，1999.

[5] 庞雄奇. 油气田勘探[M]. 北京：石油工业出版社，2006.

[6] 邱中建，龚再升. 中国油气勘探[M]. 北京：石油工业出版社，地质出版社，1999.

[7] 石油名词审定委员会. 石油名词[M]. 北京:科学出版社，1995.
[8] 童晓光,何登发. 油气勘探原理和方法[M]. 北京:石油工业出版社,2001.
[9] 吴欣松,张一伟,方朝亮. 油气田勘探[M]. 北京:石油工业出版社，2001.
[10] 武守诚. 石油资源地质评价导论[M]. 北京:石油工业出版社,1994.
[11] 张 抗,周总瑛,周庆凡. 中国石油天然气发展战略[M]. 北京:地质出版社，石油工业出版社，中国石化出版社，2002.
[12] 朱世新,宋芝祥,王定一. 油气田调查勘探与资源评价[M]. 北京:地质出版社,1987.
[13] 爱德华·A·博蒙特,诺曼·H·福斯特. 油气圈闭勘探[M],北京:石油工业出版社,2002.
[14] Magoon L B, Dow W G. The Petroleum System — a Classification Scheme for Research, Exploration, and Resources Assessment[J]. In Magoon L B, eds. Petroleum Systems of the United States: USGS Bulletin,1998, 2～15.
[15] Magoon L B, Dow W G. The Petroleum System — from Source to Trap[J]. AAPG Memoir 60. 1994.

第四章　油气资源的评价

油气是一种关系到国计民生和国家安全的战略资源。“摸清家底”，查明一个地区、国家乃至全球油气资源的多少及其分布状况，无论对国家还是油公司、无论对石油生产国还是消费国都是至关重要的。美国学者戴伊于1909年首先开展了油气资源评价工作，但直到20世纪50年代，该方面的工作仍多限于采用“体积法”对油气资源量进行简单的估算；此后，随着油气勘探和生产规模的日益扩大以及勘探难度的不断加大，油气资源评价工作越来越受到人们的重视；同时，随着油气地质理论的发展以及相关科学与技术（如统计学、经济学、计算机技术、数学地质等）的进步，油气资源评价的方法和技术也得以快速发展。在我国，自20世纪50年代后期起，即开始较正规的油气资源评价工作（如松辽盆地油气资源的初步预测），但至70年代末才建立了专门化的资源评价研究队伍，并分别于1984—1987年、1992—1994年和2003—2006年开展了三次全国性的油气资源评价工作。据第三次（新一轮）油气资源评价结果，我国拥有丰富的油气资源，其中石油远景资源量为1 086×10^8t，石油地质资源量765×10^8t，石油可采资源量212×10^8t，天然气远景资源量56×$10^{12}m^3$，天然气地质资源量35×$10^{12}m^3$，天然气可采资源量22×$10^{12}m^3$，以及潜力巨大的非常规油气资源（如煤层气、油砂、油页岩、天然气水合物等），这为我国能源政策的制定和油气工业发展规划的编制等提供了可靠的科学依据。

油气资源评价是贯穿整个石油勘探乃至开发过程的一项综合性、理论性和实践性很强的工作，涉及领域广，涵盖内容多。本章主要讲述油气资源评价的目的及任务、资源分类和评价的通用方法。

第一节　油气资源评价的概念、目的和任务

一、概　念

作为油气勘查程序中重要组成部分的油气资源评价，系指计算和分析某一特定区域（小到圈闭，大至全球）地下油气蕴藏数量及分布特征的过程。在学科性质上，油气资源评价是一门为决策者或决策部门提供油气资源勘探决策的软科学，是油气勘探地质综合研究与系统工程技术相结合的产物，是介于石油地质学与勘探经济学之间的一门综合应用学科，涉及地质学、地球物理学、地球化学、数学地质、概率与数理统计、规划论、决策论、经济学、计算机科学等多学科知识与范畴（图4-1）。

油气资源评价具有实践性、风险性、综合性及长期性等基本特点。

（1）实践性：油气勘探过程是个实践性很强的过程，而资源评价则是它的理性表现。油气资源评价所基于的资料、方法技术及理论应从勘探实践中获得和抽象、总结而来，其评价结果又要接受勘探实践的检验，并在实践检验中不断地加以修改和完善，使之更符合于客观实际。

（2）风险性：油气勘探是一个投资大、利润大，同时也是风险高的活动，风险性是其基本特点之一。油气资源评价的风险性主要与地质认识、技术条件、经济条件及政治政策等因素的不

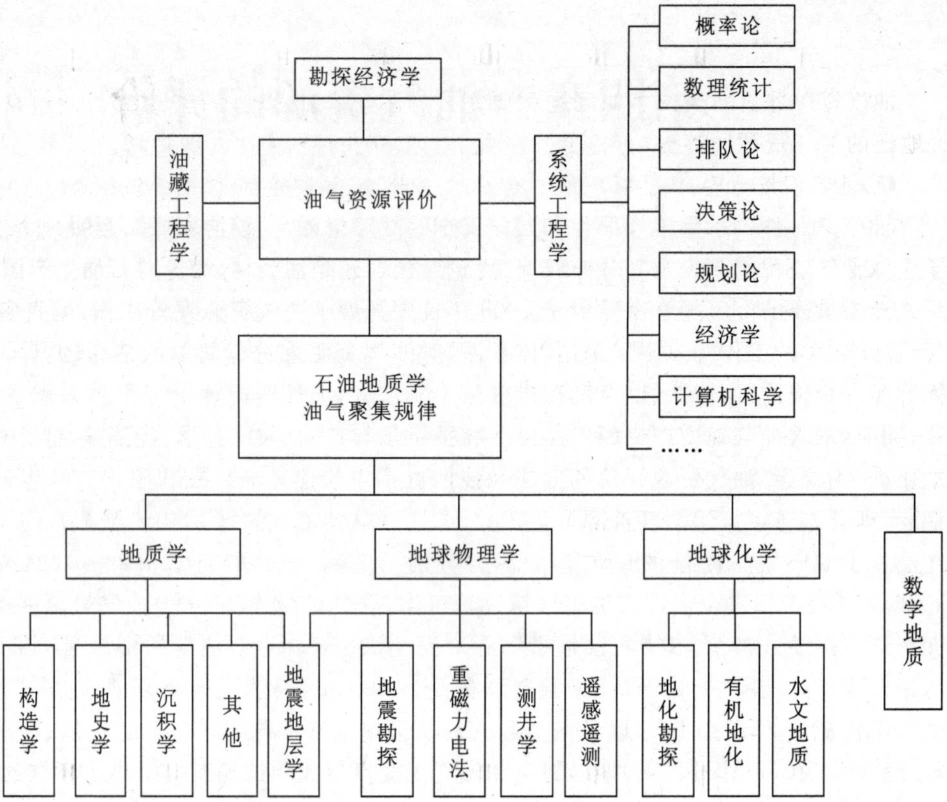

图 4-1　油气资源评价与其他学科的关系

(据武守诚,2005)

确定性有关。

(3)综合性。油气资源评价是一项巨大、复杂的系统工程,涉及因素众多,既有地质方面的,也有经济、政治等领域的;既涉及理论研究,也包括方法技术优选。

(4)长期性。油气资源评价是一个长期的、坚持不懈的探索过程,如美国、前苏联等发达国家每隔 5~7 年,就要对本土乃至全球的油气资源进行新的评价,以及时调整国家能源战略,并指导油气勘探工作。

此外,油气资源评价所采用的参数、标准和方法技术等是基于当前的认识水平与技术现状而优选的,随着勘探程度的提高、认识的深入和技术的进步,其参数、标准和方法技术等肯定会更新,评价结果也会随之发生变化。因此,从这个意义上说,油气资源评价还具有动态性和时效性等特点。

二、目　的

在不同地区、不同阶段,针对不同勘探对象和资料详度,采用不同方法进行评价,并依据不同的经济技术指标测算和分析不同级别油气资源的数量、分布、概率和序列等,以深入认识油气地质规律,为油田勘探开发规划整体部署、计划安排、工作量测算以及勘探开发效益分析提供科学依据,且可为国家调整能源结构、编制石油工业乃至国民经济计划提供有效的决策参考。

三、任　务

油气资源评价所要回答的问题和要完成的任务较多，概括而言，其核心问题是对当前所评价地区的油气资源回答出：有多少？在哪里？怎样获得？主要任务包括：

(1)地质背景分析：包括区域地质背景，构造格架，地层发育，构造—沉积演化历史及特征等；

(2)油气成藏条件研究：包括烃源岩、储集层、盖层发育及组合特征，圈闭类型及形成时间与空间展布，油气生排运聚过程及其与圈闭的时空配置关系等；

(3)资源评价方法研究：包括方法的选择和评价参数的确定等；

(4)油气资源预测：包括不同类型和不同级别油气资源量的定量估算及其层系与区域分布状况，预测结果的可信度等；

(5)勘探对象的经济技术评价：包括对评价对象进行地质风险分析、勘探风险分析、经济评价和针对不同勘探开发方案的决策分析等；

(6)资源的勘探开发部署：包括勘探目标的综合评价与排队，勘探开发部署建议及中、长期勘探开发规划的编制等。

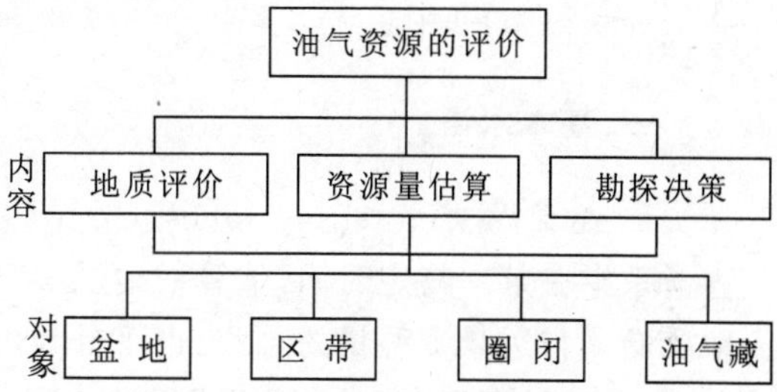

图 4-2　油气资源评价的基本内容与对象

基于上述任务要求，可将油气资源评价的主要内容分为地质评价、资源量估算和勘探决策三大部分(图 4-2)，其中地质评价是基础，资源量估算为重点，勘探决策为结果。

四、分　类

按油气勘探阶段和对象的不同，油气资源评价可分为盆地、区带、圈闭和油气藏评价四大类(图 4-2)。一般以盆地为单元，以区带—圈闭—油气藏为重点，以对象中的含油气层系为中心。

1. 盆地评价

盆地(凹陷)是具有独立构造和沉积特征的地质单元，它在控制油气生成、运移、聚集和保存的油气地质条件方面具有一定的共性。盆地评价是一个国家或石油公司为制定中期战略规划(如 5 年规划)而进行的评价工作，主要评价内容包括盆地类型与规模、油气资源的形成、丰度及分布规律等，主要任务为综合分析盆地的基本油气地质条件，评价其含油气远景，估算资源量，并指明有利的油气勘探区块。我国在新一轮油气资源评价中，对全国总共 505 个沉积盆地中的 129 个重点盆地的油气远景资源量、地质资源量和可采资源量进行了预测评价。

2. 区带评价

区带评价是依局部性战略规划部署的需要而进行的一项具体的、用于生产实际的评价工作，其主要任务是阐明勘探区带所处的构造位置、沉积特点、地质演化史、生储盖特征，指出有利含油气区带的圈闭数量、层位及圈闭发育规律与资源分布概率等。

3. 圈闭评价

圈闭是油气聚集的基本单元，圈闭评价是资源评价中最基础的评价内容，也是油气勘探的基本目标，其与油气勘探生产实践关系密切，评价的准确性直接影响油气资源量或油气储量的可靠性，评价目的在于确定其中是否存在工业性油气藏。

4. 油气藏评价

油气藏是油气勘探的具体对象和最终目标。油气藏评价从圈闭预探获得工业油气流开始，直到油气田探明并投入开发为止，其主要任务是综合运用所有油气藏资料，对其构造、储层和油气分布等进行滚动式动、静态和宏、微观三维综合研究，为油气田开发提供地质依据。

第二节 油气资源的分类

油气资源是指地壳中天然生成并聚集的石油和天然气的数量。依据人们对石油与天然气在地壳中储存状况的认识程度以及开发它们的经济技术条件，其可分为油气储量和油气资源量两大类。油气资源所涉及的基本术语众多，并且不同国家、团体、石油公司等对油气资源的分类方案也不尽相同。

一、基本术语

1. 总资源量(total resources)

系指在某一特定时间，估算的地层中已发现(含采出量)和尚未发现的油气聚集的总量；为地质储量与远景资源量的总和；也可分为可采和不可采资源量两大部分。

(1)远景资源量(潜在地质资源量)(undiscovered resources in - place)：根据地质、地球物理、地球化学资料统计或类比估算的尚未发现的资源量。依据它可推测出今后油气田被发现的概率以及规模大小的概率。按勘探程度其可进一步区分为潜在资源量和推测资源量两大类。

(2)潜在资源量(圈闭法远景资源量)(hypothetical resources in - place)：根据地质、地球物理等资料对具有含油气远景的各圈闭逐个逐项类比统计所得出的远景资源量，即按圈闭法预测的远景资源量，其可作为预探部署的依据。

(3)推测资源量(speculative resources in - place)：从总资源量中扣除已发现的储量和潜在资源量后的剩余量，其为目前尚未发现的勘探目标内所蕴藏的资源量，可作为编制区域勘探部署或长远勘探规划的依据。

2. 储量(reserves)

为地质储量和可采储量的统称，其中可采储量是技术可采储量和经济可采储量的统称，地质储量根据勘探开发阶段以及对油气藏的认识程度可区分为探明、控制和预测三级。

(1)探明地质储量(proved in - place)：指在油气藏评价阶段，经评价钻探证实油气藏(田)可供开采并能获得经济效益后，估算求得的、确定性很大的地质储量，其相对误差不超过±20%。应满足如下条件：①查明了油气藏类型、储集类型、驱动类型、流体性质及分布、产能等；②流体界面或油气层底界是钻井、测井、测试或可靠压力资料证实的；③有合理的井控程度(合理井距另行规定)，或开发方案设计的一次开发井网；④各项参数均具有较高的可靠程度。探明储量是油田编制开发方案、进行油田开发建设投资决策和油田开发分析的依据。

(2)控制地质储量(probable in - place)：指在圈闭预探阶段预探井获得工业油(气)流，并经过初步钻探认为可提供开采后，估算求得的、确定性较大的地质储量，其相对误差不超过±50%。应满足如下条件：①初步查明了构造形态、储层变化、油气层分布、油气藏类型、流体性质及产能等；②具有中等的地质可靠程度。控制储量可作为油气藏评价钻探、编制开发规划和开发设计的依据。

(3)预测地质储量(possible in - place):指在圈闭预探阶段预探井获得了油气流或综合解释有油气层存在时,对有进一步勘探价值的、可能存在的油(气)藏(田),估算求得的、确定性较低的地质储量。应满足如下条件:①初步查明了构造形态、储层情况;②预探井已获得油气流或钻遇了油气层,或紧邻在探明储量(或控制储量)区并预测有油气层存在,经综合分析有进一步评价勘探的价值。预测储量可为一个圈闭的含油气性评价与勘探奠定基础,并为整个含油气区带的进一步预探提供依据。

3. 可采资源量(recoverable resources)

在给定的经济、技术和政府法规条件下,预期能从储集体中最终可采出的油气数量。从勘探程度与油气藏的可信度上,可分为已发现的可采资源量(也称可采储量,可分为探明、控制和预测三部分)和未发现的可采资源量(可分为潜在和推测两部分);从经济与技术的角度分为经济的、次经济的和技术的三大部分。

(1)经济的(商业性的)(economic):在已知油气田内及周边,通过老井复查、扩边、新层系发现增加的地质储量,相当于滚动提交的地质储量。

(2)次经济的(sub - economic):指通过经济可行性评价或预可行性研究评价,依据当时的市场条件开采,是达不到经济的;但在技术、经济、环境等条件的改善或政府给予其他扶持政策的条件下可变成经济的。

(3)技术的(technical):指采用现有技术能从油气田(藏)中最终采出的油气总量(包含经济的和次经济的)。

二、分类方案

1. 麦凯尔维分类方案

1972年,美国联邦地质调查局麦凯尔维(Mckelvey)提出了一个简明的油气资源分类方案(图4-3),其以地质认识程度为横坐标,经济可行性为纵坐标,表明油气资源不能单纯理解为一个存在于地下的客观实体,而是一个具有经济含义的概念。该分类方案简单明了,且给资源赋予了明确的含义,受到了人们的普遍赞赏,许多国家(如美国、澳大利亚等)和专家都在此方案的基础上建立了各自的分类系统。

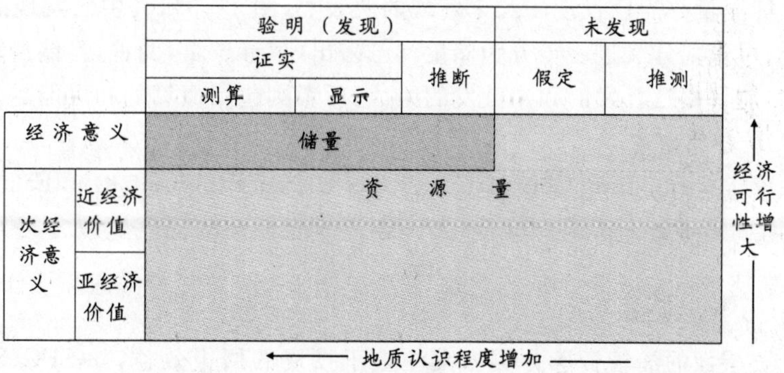

图4-3　麦凯尔维油气资源分类方案

2. SPE 分类方案

不同国家、组织在建立油气资源的分类方案时所考虑的侧重点是不一样的。如行业协会的分类方案注重于公平利益的竞争，以 SPE(Society of Petroleum Engineers)(石油工程师协会)为代表，其分类方案如图 4-4 所示。该方案将油气总资源量分为已发现的和待发现的两大类，其中已发现的区分为可采资源量和非可采资源量，可采资源量由储量、累计产量和表外资源量组成，而储量可进一步区分为证实的和未证实的，前者又再分为已开发的和未开发的，后者则再分为概算的和可能的两种。

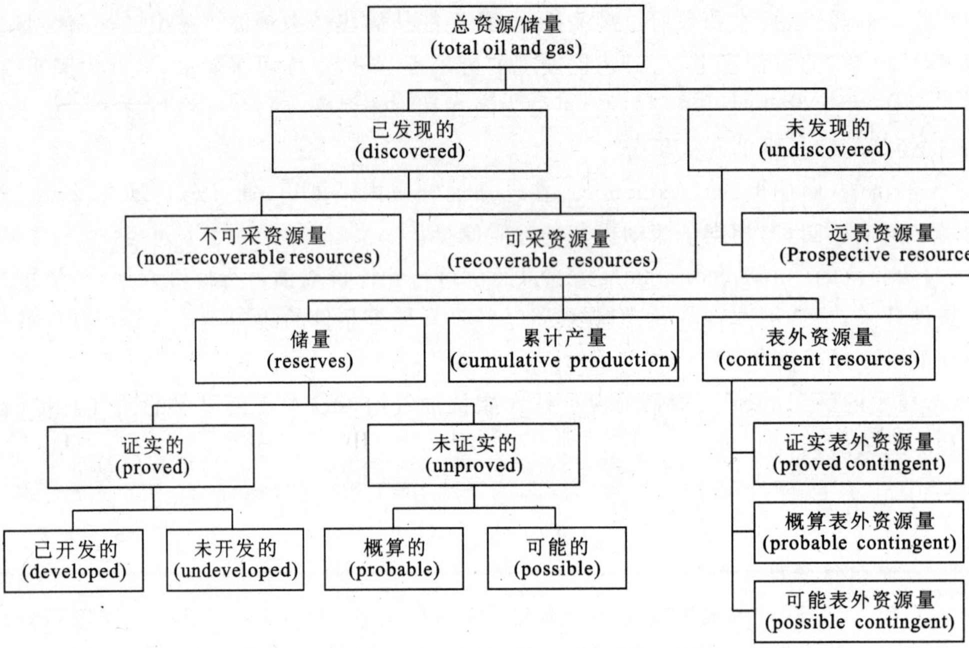

图 4-4 SPE 油气资源分类方案

3. Texaco 分类方案

石油公司注重的是最大经济效益，其关注的是可采资源量的细致划分。如 Texaco 公司将总的油气资源量分为已发现的和未发现的两大类(图 4-5)，其中已发现的区分为可采和不可采两部分，可采部分又进一步分为储量和已采出(累计产量)两种，且储量划分为探明和未探明两个级别，前者由已开发的和未开发的组成，后者则包括概算的和可能的。

4. CCOP 分类方案

以 CCOP(Coordinating Committee for Geoscience Programmes in East and Southeast Asia，东亚东南亚地学计划协调委员会)为代表的国际层面的油气资源分类方案注重统一对比的概念(图 4-6)。

5. SEC 分类方案

资本投资层面的油气资源分类方案注重于投资的回报效益，如 SEC(Securities and Exchange Commission，美国证券交易委员会)仅对储量进行分类(图 4-7)。

6. 俄罗斯分类方案

国家层面的油气资源分类方案侧重于资源的充分利用。俄罗斯按地质认知程度将油气资源分为资源和储量两大类，采用 A、B、C、D 四级储量（资源）分类系统，其中 C 级和 D 级又分别细分为 2 个和 3 个亚类（图 4－8）。

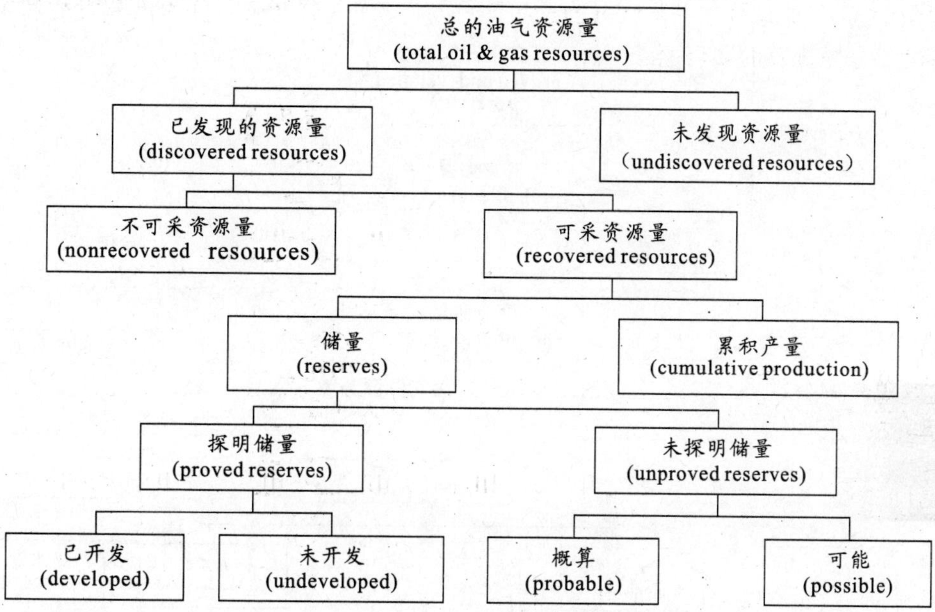

图 4－5　Texaco 油气资源分类方案

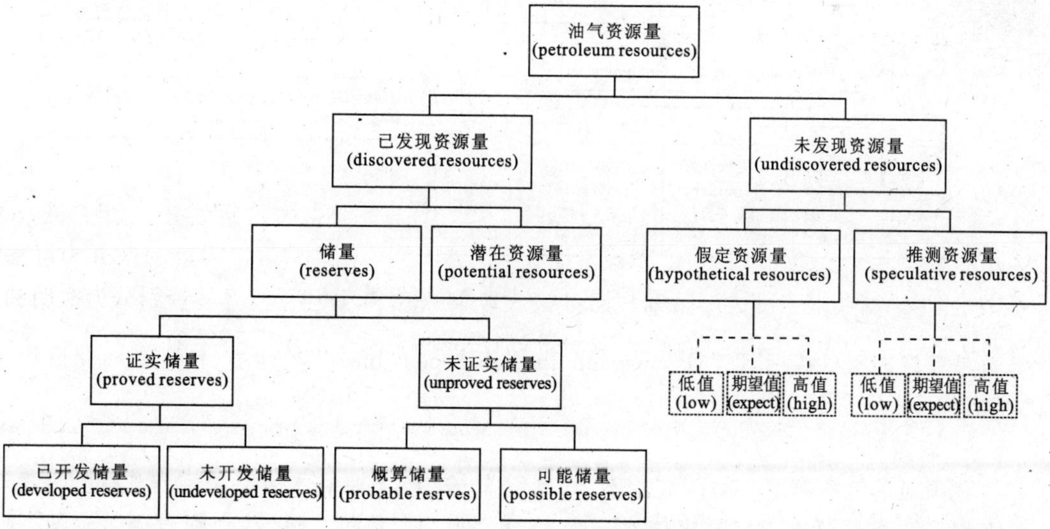

图 4－6　CCOP 油气资源分类方案

7. 美国 EIA 分类方案

在美国 EIA（Department of Energy，能源部）的分类方案（图 4－9）中，经济可行性及经济

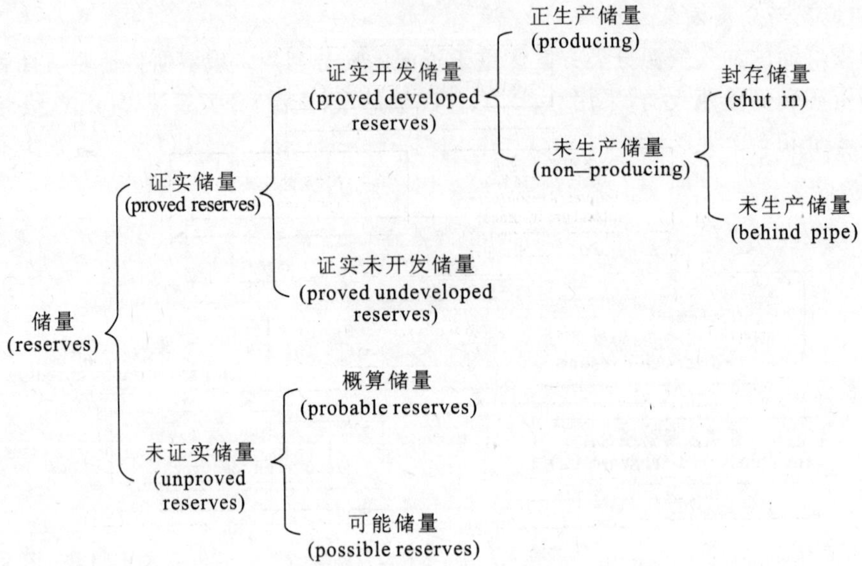

图 4-7　SEC 油气资源分类方案

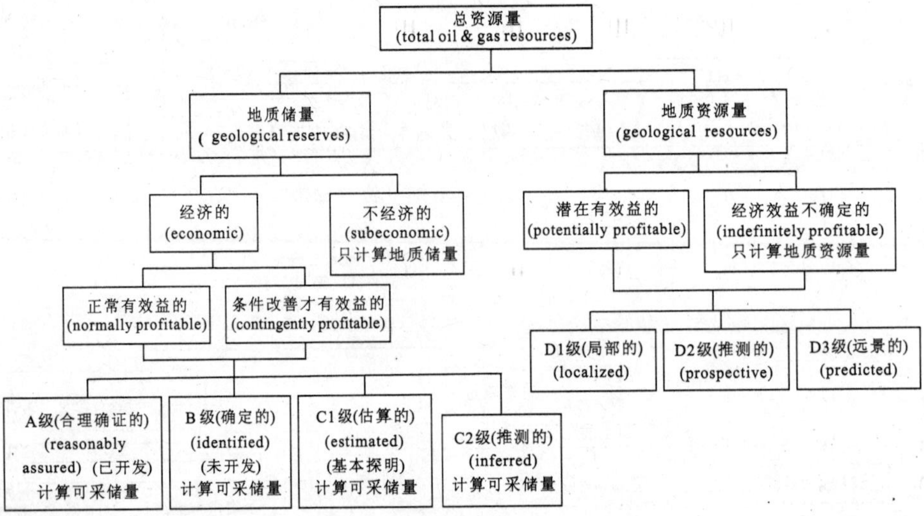

图 4-8　俄罗斯油气资源分类方案

效益是考虑的重要指标，以“3P”(proved、probable、possible)分类为主，且资源和储量均指“可采”部分。

8. 我国的分类方案

我国对油气资源的分类研究始于 20 世纪 50 年代，当时基本上是采用前苏联的分类系统，将各级资源量按可靠程度顺序依次分为Ⅰ、Ⅱ、Ⅲ、Ⅳ、Ⅴ共 5 级，并分别与探明储量、控制储量、预测储量、潜在资源量和推测资源量相对应。

随着我国改革开放的不断深入，特别是石油石化公司的重组改制以及在境内外上市，为了适应油气工业持续发展的需要，并与国际接轨，我国于 2004 年 10 月颁布了新的资源量/储量分类方案(图 4-10)。

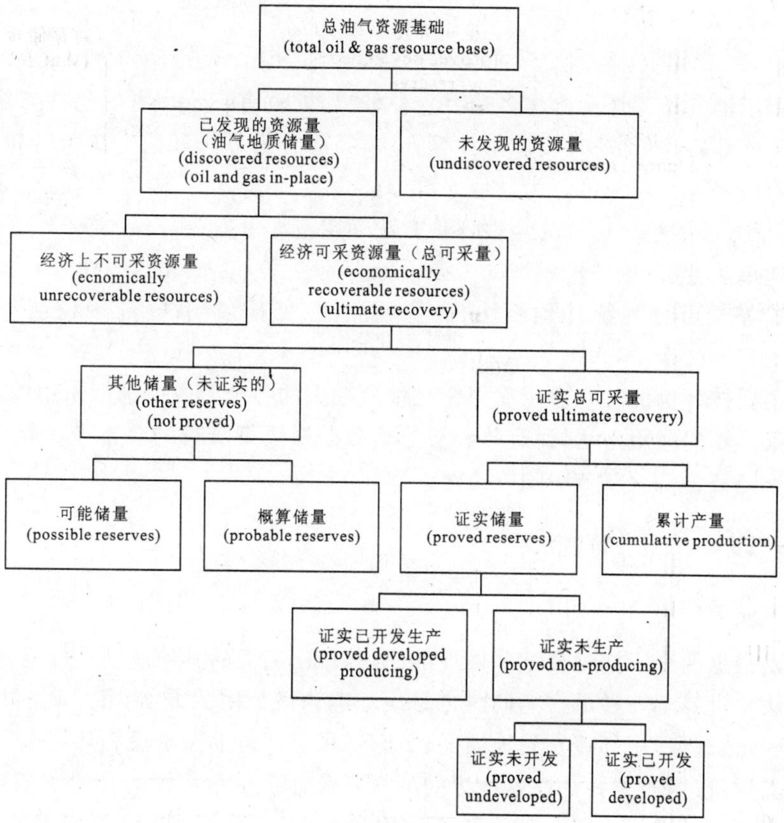

图 4－9　美国能源部油气资源分类方案

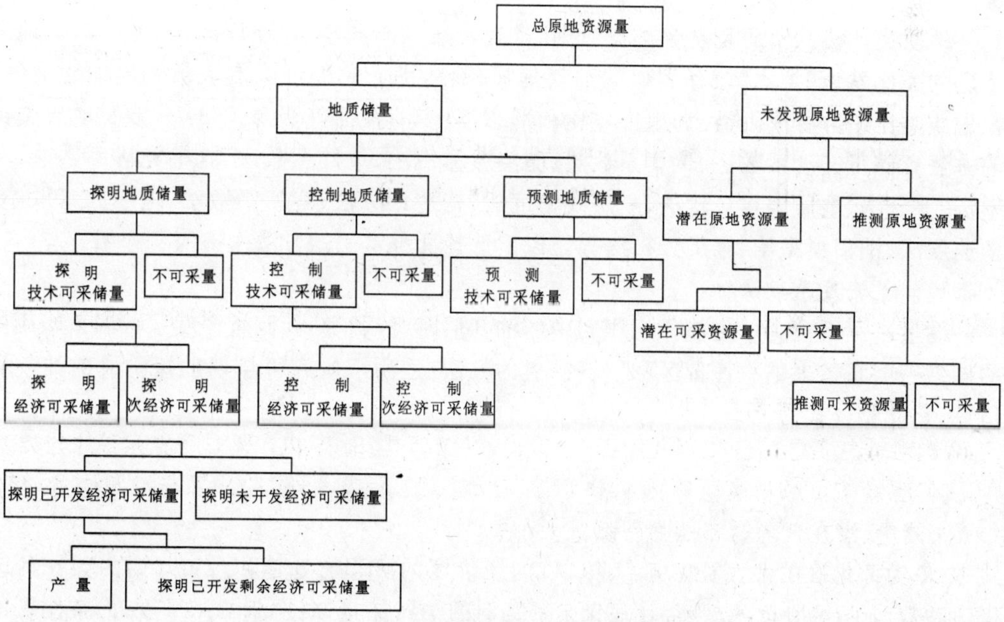

图 4－10　我国新近颁布的油气资源分类方案

第三节　油气资源评价的通用方法

目前用于油气资源评价方法多达百余种，常用的就有三十多种。这些方法按其功能和用途可分为油气地质评价方法、资源量计算方法、经济分析方法和勘探决策分析方法等种类；按油气勘探阶段和评价对象可分为盆地评价方法、区带评价方法、圈闭评价方法和油气藏评价方法等；按评价方法的精度可分为定性评价方法和定量评价方法；按数学模型的属性可分为确定性方法和随机性方法；按评价模型的来源可分为经验评价方法和成因评价方法等；按评价模型建立的理论基础可分为统计预测法、类比预测法、外推预测法、成因预测法及综合预测法等。

本章主要按评价的功能和用途介绍在油气勘探的各个阶段中都能采用的有关油气地质评价和资源量计算的通用方法，而有关经济分析和勘探决策分析的基本方法将于油气勘查决策和油气勘查经济评价等章节中加以论述。

一、油气资源地质评价方法

(一)地质类比法

类比是根据两个不同对象某些属性的相同，推出它们的其他属性也可能相同的间接推理。地质类比法是世界上一种最古老同时也是最基本和最常用的方法，几乎所有的油气资源评价方法(包括参数选取)中都涉及到地质类比，它适用于任何勘探阶段和任何勘探条件，贯穿于整个油气资源评价过程，尤其是在盆地级的油气资源评价中被广泛应用。如前苏联著名石油地质学家古勃金院士在 1937 年就运用了地质类比法把俄罗斯陆台与北美陆台进行类比，结果发现了第二巴库油田；我国在新一轮油气资源评价中也把地质类比法作为主导的评价方法之一。

地质类比法的实质是基于类比原理，认为若某一评价盆地(评价区)和另一油气地质条件清楚的类比盆地(类比区)有类似的油气地质条件，那么它们将会有大致相同的含油气丰度。在地质类比中常有成因类比、规模类比和形态类比等；在油气资源评价中，涉及地质类比原理的方法有储量密度系数法、聚集系数法、储集层体积法、单储系数法、含油充满系数法、单位产率法、评分法、地质因素比较法、断层线密度法、构造评分法、容积系数法、地质因素取小法、沉积速度法、油田模型法、聚类分析法等。以下选择几种常用的方法作一简要介绍。

1. 储量密度系数法

储量密度系数为单位体积沉积岩中的油气储量(资源量)。储量密度系数法系采用类比区的储量密度系数来估算评价区油气资源量的方法，适用于研究区早期勘探阶段的油气资源量估算，其计算公式为：

$$Q = K_a V = \frac{\sum_{i=1}^{n} q_i}{V_a} SH \tag{4-1}$$

式中，Q 为评价区的油气资源量/10^4t；V 为评价区的沉积岩总体积/km^3；K_a 为类比区的储量密度系数/$10^4 t \cdot km^{-3}$；q_i 为类比区第 i 个级别的油气储量(资源量)/10^4t；V_a 为类比区的沉积岩总体积/km^3；S 为评价区的面积/km^2；H 为评价区的沉积岩平均厚度/km。

2. 聚集系数法

聚集系数为储集层中聚集的油气量与烃源岩总生烃量的比值。聚集系数法系采用类比区的聚集系数来估算评价区油气资源量的方法，同样也适用于研究区早期勘探阶段的油气资源量估算，其计算公式为：

$$Q = \frac{K_a}{1-K_a}qV \tag{4-2}$$

式中，Q 为评价区的油气资源量/10^4 t；V 为评价区的烃源岩总体积/km^3；K_a 为类比区的聚集系数，小数（0～1）；q 为评价区单位体积烃源岩中残存烃类的平均值/10^4 t·km^{-3}。

3. 评分法

作为一种比较简单的地质类比方法，评分法的作法是将待评价区与含油气地质条件相似的类比区进行对比，选择控制油气形成的地质因素作为评分项目，研究人员对各评分项目逐项评分，然后将待评价区的累计分数与类比区的累积分数相比，从而得到一个反映评价区与类比区在油气地质条件相似程度的百分数，进而根据该百分数以及评价区与类比区之间的面积或体积的比值来估算研究区的油气资源量。该方法的关键是选准类比区及控制油气形成的地质因素，计算公式为：

$$Q = Q_a \frac{V}{V_a} \sum_{i=1}^{n} \frac{x_i}{x_{ai}} \tag{4-3}$$

式中，Q 为评价区的油气资源量/10^4 t；Q_a 为类比区的油气资源量/10^4 t；V 和 V_a 分别为评价区和类比区的沉积岩体积/km^3；x_i 和 x_{ai} 分别为评价区和类比区第 i 个评分项目的得分，共选用了 n 项控制油气形成的地质因素。

4. 沉积速度法

沉积速度系指单位时间内沉积盆地中沉积岩堆积的体积，其是综合反映沉积盆地的沉积条件、生烃条件及保存条件的一个重要地质参数。沉积速度越大，则沉积岩堆积的体积越大，所含的有机质越多，同时越容易形成稳定的沉积环境，也就越有利于有机质向油气转化与保存，因而沉积盆地中的油气资源量越大。该方法是从成熟探区中统计、总结出相关规律，然后将其应用到相类似地区的油气资源评价中。

前苏联学者涅斯乔洛夫(1975)根据世界上 22 个勘探程度较高的含油气盆地资料统计得出，沉积盆地的油气资源总量与盆地的平均沉积速度呈对数线性关系，其表达式为：

$$\ln Q = 2.813 + 1.613 \ln V \tag{4-4}$$

式中，Q 为沉积盆地的油气资源量/10^6 t；V 为盆地沉积物的平均沉积速度/10^3 km^3 · Ma^{-1}。

该方法适用于沉积盆地早期勘探阶段油气资源量的估算。

5. 油田模型法

油田模型法是地质类比法与统计预测法相给合的一种预测石油资源量的方法，其基于类比思想，计算过程中使用了随机抽样运算方法。首先利用类比区与评价区的对应数据建立起两者间的类比系数，确定评价区与类比区之间的相似程度；进而通过蒙特卡罗法，对类比系数的分布函数与类比区的油气储量分布函数进行复合抽样计算，最后给出评价区不同置信水平下的石油资源量估计值。该方法的要点是依据成熟地区(类比区)的勘探成果，推测在含油气地质条件上相似地区(评价区)的油气资源量，其适用于一个盆地或一个范围较大勘探地区的油气资源量预测。

总之，地质类比的思想已经以不同形式、不同程度地渗透到油气资源预测与评价的众多模型中，虽然基于地质类比原理建立的预测模型大多为经验性的和定性的，但地质类比法仍是目前油气资源评价中最重要和最基本的方法。地质类比法所要完成的主要研究工作包括类比区的选择与解剖、评价区与类比区成油气地质条件的类比分析及评价区资源丰度(量)的确定三方面的内容，因而类比地质单元选择的正确性、对类比区和评价区成油气地质条件评价的客观性及类比条件与类比参数体系建立的合理性成为制约地质类比法资源量估算结果准确性的重要因素。

(二)地质风险分析

所谓风险，是指某一事件出现的实际状况与预期状况(即实际值与预期值)有背离，从而产生的一种损失。这种损失有时表现为实际值的绝对减少，有时表现为相对减少或机会损失，而这种背离或差异的出现又是具有不确定性的，即是以一定的概率随机发生的，而不是事先能准确预计的。风险具有客观性、随机性、相对性和可变性等基本属性。

油气地质勘探是一项高风险的活动，风险性是油气资源评价的重要特征。与油气资源评价相关的风险主要有地质风险、经济风险、政治风险和工程技术风险等，其中地质风险是油气资源评价中主要的风险，也是地质学家应着重分析的内容，其反映在地质评价、资源量估算和决策分析的各个环节中。目前常用的地质风险评价方法有以下几种。

1. 主观概率法

主观概率为人们对事件发生可能性的见解，一般用十进制的小数来表示事件发生的概率，其取值范围为0～1。概率愈大则发生的可能性愈大，反之亦然。例如，如果说某口井为干井的概率为0.4，即是说其有40%的可能性是干井，60%的可能性会发现油气。应用主观概率法讨论地质风险时就是利用评价者或专家对评价对象中各不确定参数估计的最可能值及其概率进行风险分析。

以估计一个沉积盆地油气存在的概率为例，其一般需经历四个步骤：

(1)确定控制油气存在的主要因素：假如经分析确定，控制该盆地油气存在的因素主要有烃源岩、储集层、盖层和圈闭四项。

(2)确定各因素的风险系数：应用主观概率估计，确定各因素的风险系数，即各因素出现的概率。由于不同的评价者对各成藏要素风险系数的估计往往不尽相同，常常需要组织一定数量的评价者同时进行分别独立估算，以尽量保证评价的客观性和准确性。本次分析共组织了10个(A～J)专家进行主观概率估计(表4-1)。

(3)求取油气存在的概率：应用概率乘分别求取各评价者对该盆地存在油气的概率。

(4)综合评价：求取各因素的平均风险系数及油气存在的综合概率(表4-1)。从表中可以看出，评价者A认为该盆地烃源岩发育的概率为40%，储集层为50%，盖层为90%，圈闭为50%，则其判断该盆地存在油气的概率为$0.4\times0.5\times0.9\times0.5=0.090$(9%)。在所有的评价者中，以评价者I最为乐观，他认为该区存在油气的概率为45.4%，而评价者G的评价最低，认为该区存在油气的概率不足1%。把10个评价者的观点加以平均，得到该区存在油气的综合概率为12.8%。综合对比不同评价者对各因素的估计结果，以烃源岩的平均风险系数最低(0.42)，且其变化范围也最大，说明不同评价者对该区烃源岩发育条件的认识存在较大分歧，总体评价较差，需要进一步深入研究。

表 4-1 某盆地存在油气的主观概率法评价表

评价者	风险系数				存在油气的概率
	烃源岩	储集层	盖层	圈闭	
A	0.4	0.5	0.9	0.5	0.090
B	0.5	0.4	0.8	0.6	0.096
C	0.4	0.7	0.9	0.5	0.126
D	0.3	0.8	0.7	0.5	0.084
E	0.6	0.6	0.6	0.7	0.151
F	0.2	0.6	0.4	0.4	0.019
G	0.1	0.5	0.6	0.3	0.009
H	0.3	0.7	0.8	0.7	0.118
I	0.9	0.8	0.9	0.7	0.454
J	0.5	0.5	0.9	0.6	0.135
平均值	0.42	0.61	0.75	0.62	0.128

2. 定性排队法

该方法在早期的油气资源评价中较为常用。以区带的勘探前景评价为例，其操作步骤一般为：

(1)确定影响区带评价结果(区带的含油气性)的所有地质因素。

(2)将每一因素按其对评价结果影响的有利程度分为若干级，且给每个级别指定一个数字。例如，将圈闭分为有利、中等、差三类，分别赋予数值 3、2、1。

(3)对诸影响因素进行排队，按其对区带含油气性的影响程度分别赋予相应的权重。

(4)在每一区带中，对各因素逐一进行评价，将其归入某一分级之中，并将其相应的分级数值乘以该因素的权重，从而得到该因素的评价值(得分)，然后将各因素的得分相累加，即可求得该区带的得分。

(5)比较各区带的得分，进行定性排队，其中得分最高的区带，其勘探前景最好，相对风险最小，而得分最低的区带则勘探风险相对最大。

3. 勘探成功率法

基于探区的勘探历史资料，计算成功率，从而估计该区的勘探风险，这是一种最简单易行的方法，但要求该探区勘探历史较长，且钻了足够的探井和构造，以保证样本具有统计意义。其评价参数有两个：

(1)探井成功率：为成功井数与总探井数之比。

(2)勘探成功率：为已发现含油气构造数与已钻探的总构造数之比值。

(三)模糊综合评判法

美国控制论专家扎德(Zadeh)教授于 1965 年首先提出了"模糊集合"(fuzzy sets)的概念，并用数学方法对模糊概念加以描述，从而创立了模糊数学(fuzzy mathematics)这一崭新的数学分支。概括而言，模糊数学是研究和处理模糊体系规律性的理论和方法，其把普通集合论中只取 0 或 1 两个值的特征函数推广到[0,1]区间上连续取值的隶属函数，把绝对的属于或不属于的"非此即彼"扩展为更加灵活的渐变关系，把模糊概念转化为用严格的数学语言描述的明确概念。

实际上，地质学中有许多含义模糊的概念，例如沉积盆地(凹陷、区带、圈闭)油气地质条件(含油气性)的好坏往往就是一个模糊概念，因此，可以采用模糊综合评判法来评价一个地质单元油气地质条件的相对优劣。

以圈闭的含油气性评价为例，假设某个探区在经过勘探后已发现有 p 个圈闭，在钻探前需要对这些圈闭进行评价、排队，以选择含油气地质条件最好的圈闭进行钻探，其模糊综合评判的基本步骤为：

(1)构建评判因素(如油源条件、储集条件、保存条件和圈闭条件等)集合 U：

$$U = (U_1, U_2, \cdots, U_i, \cdots, U_n) \tag{4-5}$$

当 U_i(如圈闭条件)又是由 m 个因素(如圈闭类型、圈闭面积、圈闭闭合度等)构成的子集时：

$$U_i = (U_{i1}, U_{i2}, \cdots, U_{im}) \tag{4-6}$$

从而组成多级模糊综合评判。

(2)构建评语集 V：如果在评价圈闭的含油气地质条件时，预想将其分为 l 个级别(如有利、较有利、中等、较差、差等)，则评语集为：

$$V = (V_1, V_2, \cdots, V_l) \tag{4-7}$$

(3)构建权重集 A：由于不同因素在评价圈闭含油气地质条件时所起的作用往往不尽相同，因此需要构建评判因素的权重集合。

$$A = (A_1, A_2, \cdots, A_i, \cdots, A_n) \tag{4-8}$$

同样，当 A_i 为由 m 个因素构成的子集时：

$$A_i = (A_{i1}, A_{i2}, \cdots, A_{im}) \tag{4-9}$$

且

$$\sum_{i=1}^{n} A_i = 1 \tag{4-10}$$

$$\sum_{j=1}^{m} A_{ij} = 1 \tag{4-11}$$

(4)建立单因素评判矩阵 R：基于各单因素隶属函数公式和隶属度取值标准，计算各单因素的隶属度值，从而建立各单因素的评判矩阵 R。

$$R = (r_{ij})_{n \times l} \tag{4-12}$$

(5)模糊综合评判 B：将权重集与某圈闭的单因素评判矩阵合成后得到该圈闭含油气地质条件的综合评价结果。

$$B_i = A \cdot R_i = (b_1, b_2, \cdots, b_p) \quad (i = 1, 2, \cdots, p) \tag{4-13}$$

比较各评价对象的综合评判结果，即可对所有圈闭的含油气条件进行排序，从而确定出最有利的圈闭。

需要注意的是，如果评价因素可分为多个级别(层次)，即 U_i 为子集，则需要从最底层级别开始进行多级综合评判；在矩阵合成时，模糊算子的选择应从实际的地质问题出发，选择合适的算子(如取大、取小、取和、乘积、取大取小、乘积取大、取小求和)等，以使评判结果尽可能地与实际情况相吻合。

(四)专家系统法

专家是人类的宝贵财富，系指对某一门学问有专门研究或擅长某项技术的人。他们必须具备有某一领域内全面高深的知识与丰富的实践经验，其不仅能处理与确定性知识有关的专业问题，更能处理与不确定性或模糊性知识有关的专业问题。专家系统是人工智能学科中活跃且富有实用价值的重要分支，费根鲍姆(Fegenbaum)(1977)把专家系统定义为“一个使用推理过程来解决那些需要杰出专业人员才能解决的智能程序”。一般认为，专家系统是一个具有人工智能及大量专家水平的领域知识与经验，并在某一领域内可以该领域人类专家的水平(有时超过专家)解决领域问题的计算机程序系统，不过它与一般的常用程序不同，它是更高一级的计算机程序。专家系统的研究由美国斯坦福大学费根鲍姆教授于1965年首创。一个结构完整的专家系统通常由知识库、数据库、推理机、知识获取系统、解释系统和人机接口六部分组成(图4-11)，其中知识库、数据库和推理机是目前大多数专家系统的主要构成。

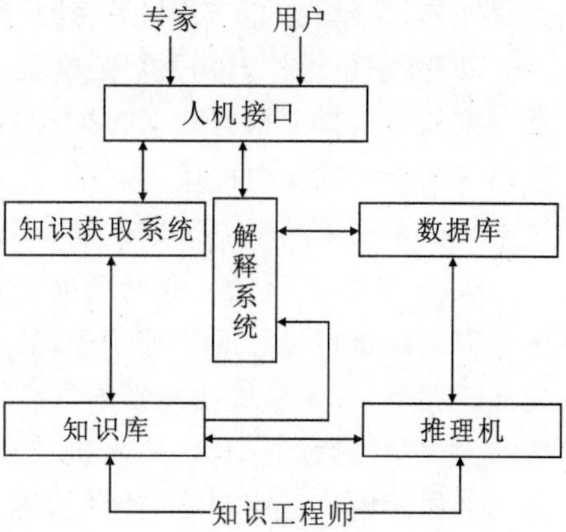

图4-11　专家系统组成示意图

在地质领域内，美国斯坦福人工智能研究所于1976年研制了本领域的第一个专家系统——Prospector，并取得了良好的应用效果。在石油工业中，不同国家也研制了众多的专家系统，涉及油气勘探与开发的诸多领域。油气资源评价涉及大量不确定性知识，许多问题的解决或预测往往需要依赖于专家的丰富实践经验，因而专家系统在油气资源评价中大有可为。如美国研制了沉积盆地分类与评价专家系统(MUPETROEL)、远景圈闭评价专家系统(GEORISK)等，我国研制了PRES油气资源评价系统、生油凹陷地质类比专家系统等。

专家系统在油气资源评价方面的应用，主要是将油气地质学家的专业知识、经验以一定形式编排成数据结构，并存入计算机中而形成知识库，以实现知识利用、知识推理和咨询解释，从而可以通过计算机模仿专家的思维方式进行油气资源的评价。如由中国海洋石油总公司海洋石油勘探开发研究中心与吉林大学合作研制的PRES(油气资源评价系统)包括九个知识库、三个数据库、六个推理及程序模块，知识库内包含各种知识1 200余条，数据库中存有数据10万多个，并可随时更新、扩展与维护；系统将定性评价、定量预测、地质类比等方法有机地结合起来，可模仿人类专家实现生油条件评价、构造条件评价、储层条件评价、保存条件评价、区域综合评价、二级带综合评价及局部圈闭综合评价等任务，成为人们进行油气资源评价时的得力助手。

建立一个专家系统的过程一般包括以下步骤：

(1)知识获取。就是把解决问题的专门知识从某些知识来源变换为计算机程序，这是建立专家系统过程中最困难和最费时的阶段。专家系统中的知识可能来自多个知识源，如专家、报告、课本、数据库、实例研究、经验数据等，其中领域专家是主要的知识来源；知识获取的主要技术手段有正式、非正式会谈、口述备忘录、观察学习、机器归纳等。从最初建立知识库开始，知识获取过程就将不断地持续进行，直至专家系统拥有足够的知识，使其能够与领域专家一样解决问题，并在使用过程中不断增加、积累新知识，检验和纠正错误，使得专家系统可以逐步达到甚至超过领域专家的水平。

(2)知识表示。就是选择合适的方法来表示所获取到的知识，以便计算机能够识别和操作。所选择的表示方法必须具有两个功能：一是能有效地表达领域专家知识的能力；二是能方便地描述、修改和解释系统中的知识。目前常用的知识表示方法有框架方式、语义网络方式、过程方式、逻辑表示方式、状态空间搜索方式、产生式方式等。

(3)推理机设计。其关键是推理方式的选择。推理方式的选择主要与领域专家如何工作及专家如何权衡证据等因素有关，即要根据领域知识的特点、专家的工作方式等来决定系统是采用正向推理或反向推理还是正反向混合推理方式，同时还要根据所提供的证据情况和推理规则来决定是采用精确推理还是不精确推理方法。

(4)人机接口设计。专家系统的人机接口设计需要完成用户－专家系统接口设计和专家－专家系统接口设计的双重任务，其中用户－专家系统接口必须具有咨询理解和结论解释等功能，专家－专家系统接口必须具有输入知识、显示库存等功能。目前实现人机接口的实用方法有常规的“键盘－CRT”的人机交互方式，限定性的、适用于专门领域的“自然语言对话集”，专用的推理解释程序和可信度估算程序，知识获取工具，图形显示和处理工具，以及汉字输入和输出设备等。

(5)系统建造。知识工程师将获得的知识、选取的推理方式、系统解释部分和知识获取部分等用合适的人工智能程序语言进行编码工作。一般地，成功建立一个专家系统的关键是从一个较小的系统开始，而后逐渐扩大至一个具有相当规模的、可以进行试验的系统。如果所建造的专家系统要达到甚至超过领域专家那样高的水平，这个阶段将要花费相当长的时间，且在系统的扩大改进过程中，必须不断地进行试验和验证。因此，建造一个专家系统不是一劳永逸的，而是一个逐渐扩充、提高、完善和精炼的过程。

二、油气资源量估算方法

目前，国内外用于油气资源量估算的方法有很多，以下简要介绍一些具代表性的预测方法。

(一)体积法

该方法主要是在地质实体(沉积岩、储集岩、圈闭)体积确定的基础上，结合油气资源丰度系数(资源密度系数)来估算研究区的油气资源量。这是油气资源预测中常用的简便方法，主要适用于早期勘探阶段，依地质实体的不同具有各异的计算形式。

1. 沉积岩体积法

其计算公式为：

$$Q = V \times \alpha \tag{4-14}$$

式中，Q 为评价单元的油气总资源量/t；V 为评价单元中的沉积岩总体积/km^3；α 为单位体积沉积岩中含有油气的数量(资源丰度系数)/($t \cdot km^{-3}$)。

资源丰度系数准确求取是决定该方法预测精度的关键，一般通过与勘探程度较高、与研究区相类似地区的类比来确定。

2. 储集层体积法

该方法计算的是聚集在储集层中的石油资源量，计算公式为：

$$Q = V \times \Phi \times (1 - S_w) \times \rho_o / \beta_o \tag{4-15}$$

式中，Q 为评价单元的石油资源量/t；V 为储集层体积/km^3；Φ 为储集层的有效孔隙度/小数；

S_w 为储集层含水饱和度/小数；β_o为原油体积系数/无量纲；ρ_o为地面原油密度/t·km^{-3}。

3. 圈闭体积法

该方法计算的是圈闭内的油气资源量（控制储量、预测储量和潜在资源量），计算公式为：

$$Q_{原油} = 100 \times S \times F \times H \times \Phi \times S_{oi} \times \rho_o / \beta_o \tag{4-16}$$

$$Q_{溶解气} = 10^{-4} \times R_s \times Q_{原油} \tag{4-17}$$

$$Q_{非伴生气} = 0.01 \times S \times F \times H \times \Phi \times S_{oi} \times T_{SC} \times P/(T \times P_{SC} \times Z) \tag{4-18}$$

式中，$Q_{原油}$为圈闭内的原油资源量/10^4t；$Q_{溶解气}$为圈闭内的溶解气资源量/10^8m^3；$Q_{非伴生气}$为圈闭内的非伴生气资源量/10^8m^3；S 为圈闭面积/km^2；F 为圈闭含油（气）面积系数/小数；H 为油（气）层厚度/m；Φ 为油（气）层有效孔隙度/小数；S_{oi}为原始含油（气）饱和度/小数；ρ_o为地面原油密度/(t·m^{-3})；β_o为原油体积系数/无量纲；R_s为原始溶解气油比/(m^3·t^{-1})；T_{SC}为标准温度/K；P 为地层压力/MPa；T 为地层温度/K；P_{SC}为标准压力/MPa；Z 为天然气压缩因子/无量纲。

体积法的优点是简单、客观、适用性强和易于操作，但准确度较低，且计算结果受数据来源的质量和数量影响较大。

（二）地球化学物质平衡法

该类方法是基于油气生成、运移、聚集和散失的基本过程与原理，以体积产量法的特殊形式来计算资源量，也有人称之为“体积生成法”、“成因预测法”等。其出发点和关键是生烃量的计算，研究途径为从生烃量→排烃量→聚集量。

基于地球化学物质平衡原理计算生油量的方法有很多。一种是间接的方法，根据有机质总量、沥青或烃的转化系数等来间接推算生油量，如残烃法、聚集系数法、沥青含量法、改进沥青法等，其实质是由烃源岩中残余的有机质数量来推算排出量，没有考虑生烃母岩中干酪根的热演化过程。另一种为直接的方法，考虑了干酪根在不同演化阶段的产烃率，如埃德曼－亨特法（浓度法）、热解法、热模拟法等，此类方法是当今研究油气资源的主要途径。以下简要介绍部分方法的基本原理。

1. 热解法

根据干酪根热降解的热动力反应原理和规律，模拟不同热演化阶段的生油量和生气量，然后再乘以排聚系数，从而得出油、气总资源量。计算公式为：

$$Q_o = 10^{-3} \times \frac{C_o}{C_o + C_g} \times C_{Ao} \times C_A \times S \times H \times d \times K_{排} \times K_{聚} \tag{4-19}$$

$$Q_g = \frac{C_g}{C_o + C_g} \times C_{Ao} \times C_A \times S \times H \times d \times K_{排} \times K_{聚} \tag{4-20}$$

式中，Q_o为石油资源量/10^8t；Q_g为天然气资源量/10^8m^3；C_o和 C_g 分别为不同演化阶段液态烃和气态烃的产率/%；C_{Ao}为有机质的原始产烃潜量/kg/t；C_A为不同演化阶段的累计产烃率/%；S 为有效烃源岩面积/km^2；H 为有效烃源岩厚度/km；d 为烃源岩密度/(t·km^{-3})；$K_{排}$和 $K_{聚}$分别为排烃系数和聚集系数/小数。其中，C_o、C_g、C_{Ao}和 C_A可以通过烃源岩热解模拟实验获得，$K_{排}$和 $K_{聚}$可以通过地质类比法确定。

2. 蒂索法

法国石油地质学家蒂索（Tissot）等人于 1969 年首次把化学动力学理论应用到生油量的计算之中，提出了干酪根降解生油的数学模型，又称为“化学动力学法”或“干酪根降解法”。

蒂索将干酪根在温度和时间等因素作用下，向油气转化的过程分为两个阶段，即：

干酪根(X)→ 热降解的中间产物(Y)→最终产物(U)

(液态烃)　　　　(气)

描述干酪根热降解过程的化学动力学方程组为：

$$\frac{dx_i}{dt} = -k_{1i}x_i \qquad i = 1,2,\cdots,6 \tag{4-21}$$

$$\frac{du_j}{dt} = k_{2j}Y \qquad j = 1 \tag{4-22}$$

$$y = \sum y_i \tag{4-23}$$

$$\sum x_{i0} + \sum y_{i0} + \sum u_{j0} = \sum x_i + \sum y_i + \sum u_j \tag{4-24}$$

$$k_{1i} = A_{1i} \cdot \exp\left(-\frac{10^3 E_{1i}}{RT}\right) \tag{4-25}$$

$$k_{2j} = A_{2j} \cdot \exp\left(-\frac{10^3 E_{2j}}{RT}\right) \tag{4-26}$$

式中，t 为反应时间/Ma；x_i 为时刻 t 时干酪根中具有第 i 种活化能物质的数量/($g \cdot g^{-1}_{有机碳}$)；k_{1i} 为成油阶段干酪根中具有第 i 种活化能物质的反应速率/Ma^{-1}；A_{1i} 为成油阶段干酪根中具有第 i 种活化能物质的频率因子/Ma^{-1}；E_{1i} 为成油阶段干酪根中具有第 i 种活化能物质的活化能/($J \cdot mol^{-1}$)；k_{2j} 为成气阶段的反应速率/Ma^{-1}，下标 2 表示第二阶段(成气阶段)，当最终降解产物为一种气体时，$j = 1$；A_{2j} 为成气阶段的频率因子/Ma^{-1}；E_{2j} 为成气阶段的活化能/($J \cdot mol^{-1}$)；R 为理想气体常数/($8.315 J \cdot mol^{-1} \cdot K^{-1}$)；$T$ 为绝对温度/K，由热史模块获得；Y 为生油量/($g \cdot g^{-1}_{有机碳}$)；U_j 为生气量/($g \cdot g^{-1}_{有机碳}$)；x_{i0} 为时间 $t=0$ 时具有第 i 种活化能物质的初值/($g \cdot g^{-1}_{有机碳}$)；y_{i0} 为时间 $t=0$ 时液态物质的数量/($g \cdot g^{-1}_{有机碳}$)；U_{j0} 为时间 $t=0$ 时气态物质的数量/($g \cdot g^{-1}_{有机碳}$)，一般取值为零。

在 t 时刻，干酪根的降解率为：

$$R(t) = \frac{\sum x_{i0} - \sum x_i}{\sum x_{i0}} = \frac{x_0 - \sum x_i}{x_0} \tag{4-27}$$

$$x_0 = \sum_{i=1}^{6} x_{i0} \tag{4-28}$$

式中，$R(t)$为时间 t 时的干酪根降解率/小数；x_0 为时间 $t=0$ 时六种活化能物质的初值/($g \cdot g^{-1}_{有机碳}$)。

由此，可计算出研究区烃源岩的生油量：

$$Q = S \times H \times d \times C \times X_0 \times R \tag{4-29}$$

式中，Q 为总生油量/t；S 为烃源岩面积/km^2；H 为烃源岩厚度/km；d 为烃源岩密度/($t \cdot km^{-3}$)；C 为有机碳含量/%；X_0 为干酪根生油潜量(包括生油潜量和原始液态烃)/($g \cdot g^{-1}_{有机碳}$)；R 为干酪根降解率/%。

(三)蒙特卡罗模拟法

蒙特卡罗(Monte—Carlo)模拟法又称统计试验模拟法，是利用不同分布随机变量的抽样序列，模拟给定问题的概率统计模型，从而给出问题的渐近估计值的方法，其已广泛被用于含油气盆地早期或中期勘探阶段的评价之中。

任何一种估算油气资源量的方法均是基于一定的油气地质理论(概念)或各自的着眼点，

且任何含油气区的一个局部含油气地质单元的油气资源量计算公式都可归结为一些地质参数与经验系数的乘积，而这些地质参数和经验系数常常可能是具有统计性质的随机变量；传统的作法是将每个地质参数（或经验系数）均视为常数，但实际上，对许多参数而言，我们观测得到的数据只是该参数在其参数总体（服从某一概率统计分布的总体）中的一些随机抽样的观测值。例如，前已述及的圈闭体积法计算石油资源量的公式（式 4-16）中包括圈闭面积（S）、圈闭含油面积系数（F）、油层厚度（H）、油层有效孔隙度（Φ）、原始含油饱和度（S_{oi}）、地面原油密度（ρ_o）及原油体积系数（β_o）等参数，其中 H 和 Φ 都是有一定取值范围的随机变量。显然，用统计模拟的方法去计算资源量 Q，无疑比传统方法更加合理。蒙特卡罗法在计算石油资源时就是用统计模拟方法求出 Q 的一组样本，并用样本分布近似地代替 Q 的概率分布。根据该分布，就可以得到资源量 Q 在不同概率下的取值。

对一个含油气地质单元（圈闭）资源量的计算如此，对一个含油气区（盆地）的资源量预测而言也是一样。如一个含油气区包括多个含油气地质单元，则其资源量是区域内所有地质单元资源量的累加：

$$Q = \sum_{i=1}^{m} Q_i \tag{4-30}$$

无疑，累加也需用统计模拟的方法进行。

由上可见，用蒙特卡罗法模拟资源量时，是将一些地质参数看成服从于某一分布的随机变量，其技术关键就是如何实现分布函数间的乘法运算和加法运算，通常分以下几个步骤进行。

1. 求资源量计算公式中每个地质参数（随机变量）的分布函数

根据实际资料和工作经验来确定，一般有如下几种做法：

（1）当参数的数据较多时（大于 30 个），可采用频率统计法来求其经验分布函数。

（2）当数据个数较少，但如知道该参数的分布概型时，则可由分布概型给出分布函数。经验表明，许多地质参数常呈正态分布或对数正态分布。例如，如果确定某参数服从正态分布，则可用已有的数据求出样本的均值和方差，从而获得其分布函数 $F(x)$ 和大于分布函数 $AF(x)$。

（3）当已知数据只有两个（a 和 b）时，则将该参数看成是介于 a、b 两数之间的服从均匀分布的随机变量，其大于分布函数为：

$$AF(x) = \begin{cases} 1 & \text{当 } x \leqslant a \\ \dfrac{b-x}{b-a} & \text{当 } a < x \leqslant b \\ 0 & \text{当 } x > b \end{cases} \tag{4-31}$$

（4）当已知数据为三个（x_1、x_2 和 x_3）时，则可采用三角形分布，将已知数据中的最小值 x_1 和最大值 x_3 分别看成是该参数可取值的最小值和最大值，而将中间值 x_2 看成参数的最可能值，其大于分布函数为：

$$AF(x) = \begin{cases} 1 & \text{当 } x \leqslant a \\ 1 - \dfrac{x-x_1}{(x_3-x_1)(x_2-x_1)} & \text{当 } a < x \leqslant b \\ 0 & \text{当 } x > b \end{cases} \tag{4-32}$$

2. 采用概率乘求局部含油气地质单元的资源量 Q_i

在采用统计模拟法求资源量 Q_i 的一组样本时，首先需要对计算 Q_i 公式中的地质参数（随机变量)进行随机抽样,即生成随机数。某种分布随机变量 X 的随机抽样序列 $x_1,x_2,\cdots$ 称为该分布的随机数。不同分布具有不同的随机数,其中以均匀分布的随机数最简单且最常用。用蒙特卡罗法模拟资源量时需要用到几十万甚至上百万个随机数,且产生随机数的方法也有很多种,目前多采用数学方法中的混合同余法来构造一个递推公式,以此在计算机上产生伪随机数(随机数)。以均匀分布为例,用数学方法产生的随机数必须满足:①具有均匀总体简单子样的一些概率统计特性,如分布的均匀性、抽样的随机性、试验的独立性、前后的一致性等;②产生的随机数序列具有足够长的周期;③产生随机数的速度快,占用机器的内存少。其递推公式为:

$$\begin{cases}\gamma_{n+1}=\alpha\gamma_n+\beta(\mathrm{mod}\ M)\\ z_{n+1}=\gamma_{n+1}/M\end{cases}\qquad(n=0,1,2,\cdots)\tag{4-33}$$

式中,α 为乘子系数;β 为增量;γ_0 为初值;M 为模;z_{n+1} 为第 $n+1$ 步生成的[0,1]区间上均匀分布的随机数。

当计算机的单字长为32位及其以上时,各参数的下列值是可行的

$$M=2^{19}=524288$$

$$\alpha=3125$$

$$\beta=3,7,11,17$$

$$\gamma_0=11,19,23,37$$

此时生成的随机数周期为52万次,一般已能满足需要。

当 α、β、γ_0 和 M 确定后,则有:

$$\gamma_{n+1}=(\alpha\gamma_n+\beta)-\left[\frac{\alpha\gamma_n+\beta}{M}\right]M\qquad(n=0,\ 1,\ 2,\cdots)\tag{4-34}$$

从而可确定出[0,1]区间上均匀分布的随机数序列 $z_1,z_2,\cdots$。如果要生成[a,b]区间上均匀分布的随机数,则只要应用公式 $x_i=a+z_i(b-a)$ 即可获得其随机数序列。

对正态、三角形等其他分布的随机数序列可由均匀分布的随机数得到。

在生成随机变量的随机数后,即可对随机变量进行随机取值,并按一定步骤求取某一地质单元的资源量 Q_i。

(1)求取 Q_i 的最大值($Q_{i\max}$)和最小值($Q_{i\min}$)。

(2)求极差:$Q_{iL}=Q_{i\max}-Q_{i\min}$。

(3)将极差分为 k 个区间(如100),计算每个区间的长度 $\Delta Q_i=Q_{iL}/k$。

(4)以 $Q_{i\min}$ 为起始点,ΔQ_i 为增量,求每个区间的分界点。

(5)以[0,1]均匀分布的随机数作为各随机变量分布函数的概率入口值,用线性插值法计算各随机变量的出口值。如果对随机变量各随机抽样 n 次,就可计算出 Q_i 的 n 个抽样观测值 $Q_{1i},Q_{2i},\cdots,Q_{in}$;把这 n 个值与 k 个区间的分界点相比较,得出落入各区间的频数,再除以 n 得到频率,从而可得出 Q_i 的分布函数 $AF_i(Q_i)$。理论上,抽样次数 n 越大越好;在实际计算时,可从 $n=500$ 开始,逐步增加 n,直到 $AF_i(Q_i)$ 的形态趋于稳定不再变化(一定范围内)时为止。

3.采用概率加求整个含油气区的总资源量 Q

在求得各地质单元的资源量 Q_i 后,采用概率加法即可得到整个含油气区的总资源量,其操作步骤与单个地质单元资源量的做法类似,不再赘述。

(四)油田规模序列法

“油田规模”系指油气田的最终可采储量。如果某含油气区经过详细勘探后,发现了全部油气田,并查明了每个油气田的最终可采储量,那按最终可采储量由大到小进行排列,所得到的顺序即称为油田规模序列。

统计资料表明,当一个含油气区的最大油田及一系列中小油田被发现后,如果以油田规模为纵坐标,以油田规模的序号为横坐标,在双对数坐标系上二者大致呈线性关系(图 4-12)。根据这一规律,即可在探区的早期或中期勘探阶段,由已发现油气田的储量来预测尚未发现的油气田储量以及整个探区的油气总储量。这种预测法称为油田规模序列法,属于外推法的一种。

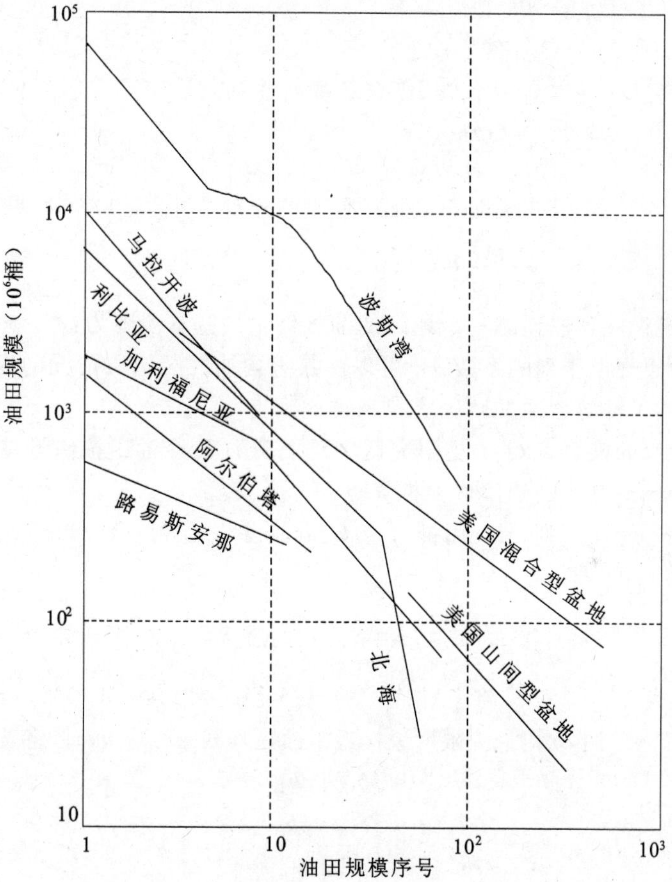

图 4-12 世界主要含油气区的油田规模序列

1949 年,美国学者齐波夫(Zipf)针对某些社会现象的概率分布特征提出了一个著名论断,即“一组离散随机变量,由大到小依次排列,最大的是次大的 2 倍,是第三大的 3 倍,依此类推”。进入 20 世纪 70 年代后,国外的一些学者在对城市人口分布、英语词汇相对频率、世界人种分布、河流流量等问题的研究中亦发现可以用齐波夫定律来描述。后来,该方法逐渐引起了地质学家的兴趣和重视,并用它来预测各种矿产资源的分布。实际上,齐波夫定律是巴内托(Pareto)于 1927 年所提出定律的特例。巴内托定律可用下式表述:

$$\frac{Q_m}{Q_n} = \left(\frac{n}{m}\right)^{\alpha} \tag{4-35}$$

式中，Q_m、Q_n分别为序号等m和n的储量；m和n为1，2，…整数序列中的任一数值，但m不等于n；α为实数。

当$\alpha=1$时，则为齐波夫定律，即：

$$\frac{Q_m}{Q_n} = \frac{n}{m} \tag{4-36}$$

一个含油气区内一组油气田的石油储量属于离散型随机变量，当最大的油田被发现后，其石油储量为$Q_{\max}$，若油田规模序列符合齐波夫定律，则有：

$$Q_{\max} = n \times Q_n \tag{4-37}$$

$$Q_n = Q_{\max}/n \tag{4-38}$$

若该含油气区共有K个油气田，则全区的石油总储量为：

$$Q_{总} = \sum_{i=1}^{K}\left(\frac{Q_{\max}}{i}\right) \tag{4-39}$$

实际上，世界范围内多数含油气区油田储量的分布更符合适应范围更广的巴内托定律，即：

$$Q_{总} = \sum_{i=1}^{K}\left(\frac{Q_{\max}}{i^{\alpha}}\right) \tag{4-40}$$

应用油田规模序列法预测一个地区的油气储量的基本步骤为：

(1)确定油田规模序列的系数α。可以由熟悉含油气区地质情况的专家商定，或借鉴与研究区具相似地质条件的含油气地区资料来类比确定。

(2)选择计算的推算点Q_1。把研究区中已发现的K个油田按储量$Q_i(i=1,2,\cdots,K)$由大到小排序，选择储量最大的油田作为推算点。

(3)求取相对储量序列A_i。用推算点Q_1分别除以$Q_i(i=1,2,\cdots,K)$，并求出其商值的α次方根，得到A_i序列，即：

$$A_i = \sqrt[\alpha]{\frac{Q_i}{Q_1}} \qquad (i=1,\ 2,\cdots,K) \tag{4-41}$$

(4)求预测模型序列A_{in}。将序列A_i中的每个元素乘以某一正整数$n_i(1,2,\cdots)$得到b_i；当所有已发现的K个油田的b_i值最大限度地接近下面矩阵某一行号m时，将其记入矩阵B中，即：

$$B = \begin{bmatrix} b_{11} & b_{12} & \cdots & b_{1K} \\ b_{21} & b_{22} & \cdots & b_{2K} \\ \cdots & \cdots & \cdots & \cdots \\ b_{m1} & b_{m2} & \cdots & b_{mK} \end{bmatrix} \begin{matrix} b_{1i} \approx 1 \\ b_{2i} \approx 2 \\ \cdots \\ b_{mK} \approx m \end{matrix}$$

计算矩阵B中各行的标准差σ_i：

$$\sigma_i = \sqrt{\frac{1}{j}\sum_{j=1}^{K}(b_j - \bar{b})^2} \qquad (j=1,\ 2,\ \cdots,m) \tag{4-42}$$

$$\bar{b} = \frac{1}{j}\sum_{j=1}^{K} b_j \tag{4-43}$$

当矩阵B中第m行的标准差σ_m小于给定的误差ε时，此时有：

$$b_{mi} = A_i n_i = K\sqrt{\frac{Q_i}{Q_1}} \cdot n_i \approx m \tag{4-44}$$

即有：

$$\frac{Q_i}{Q_1} \approx \left(\frac{m}{n_i}\right)^K \tag{4-45}$$

由于此时 $A_i n_i$ 接近正整数 m，所以在给定的误差范围内已符合巴内托定律，因而可以把矩阵 B 的第 m 行作为该含油气区油田规模序列的预测模型。

(5)求取已发现油田的序号 n_i。把预测模型序列 b_{mi} 中的每个元素除以 A_i，则可得到该含油气区中已发现的各油田储量 $Q_1, Q_2, \cdots, Q_K$ 在预测的油田规模序列中的序号 n_i：

$$n_i = \frac{b_{mi}}{A_i} \qquad (i=1,\ 2,\cdots,\ K) \tag{4-46}$$

式中，n_i 为已发现的第 i 个油田的储量在预测的油田规模序列中的序号；b_{mi} 为矩阵 B 中第 m 行的第 i 列元素；m 为矩阵 B 中的行号，等于已发现的最大油田储量 Q_i 在预测的油田规模序列中的序号，且 $m \geqslant 1$。

(6)预测含油气区中最大油田的储量 $\hat{Q}_{i\max}$。将含油气区中已发现的各油田储量 $Q_i (i=1, 2, \cdots, K)$ 分别乘以预测序号 n_i 的 α 次方幂，得到 K 个预测的最大(第一号)油田的储量 $\hat{Q}_{i\max}$，并求取这 K 个 $\hat{Q}_{i\max}$ 的算术平均值，将其作为该含油气区中预测的最大油田的储量，即：

$$\hat{Q}_{i\max} = \frac{1}{K}\sum_{i=1}^{K}\hat{Q}_{i\max} = \frac{1}{K}\sum_{i=1}^{K} Q_i n_i^{\alpha} \tag{4-47}$$

(7)预测整个探区的油田规模序列 $\hat{Q}_i$。用预测的最大油田储量 $\hat{Q}_{i\max}$ 分别除以 $1^\alpha, 2^\alpha, \cdots$，则得到整个探区中预测的油气田规模序列 $\hat{Q}_i$，即：

$$\hat{Q}_i = \frac{\hat{Q}_{i\max}}{i^\alpha} \qquad (i=1,\ 2,\cdots,p) \tag{4-48}$$

当预测的油田规模序列中第 $p+1$ 个储量值 $\hat{Q}_{p+1} < Q_{\min}$ 时，可以截断预测序列。$Q_{\min}$ 为人为规定的在当时经济技术水平下最小经济油田的储量值。

(8)预测全探区总的石油储量 $\hat{Q}_{总}$：

$$\hat{Q}_{总} = \sum_{i=1}^{p}\hat{Q}_i = \sum_{i=1}^{p}\left[\frac{\hat{Q}_{\max}}{i^\alpha}\right] \tag{4-49}$$

若在实际工作中难以确定油田规模序列的系数 α，则可将其限定在一定的区间范围内(如 0.5～2.0)，并把这一区间分为若干个子区间，进行多次油田规模序列的拟合计算，最后在所预测的多个序列中选择已发现油气田的实际储量与所预测的储量间标准差最小的序列作为预测的油田规模序列。当然，这一预测结果还需经过熟悉该含油气区地质情况的专家们集体讨论，最终确定。

从以上分析可以看出，油田规模序列法的实质是根据已发现的油气田储量，应用巴内托定律来预测一个含油气区中尚未发现的油气田储量(或资源量)以及全区的总储量的一种外推预测方法。其适用于一个完整的、独立的油气成藏体系，即要求所预测的含油气地区中的油气田(或油气藏)的分布规律具有统一的形成原因。当一个大的含油气区具有多期成油气过程时，可能存在多个油田规模序列，此时需要对多个序列的复合总体进行筛分，以分解出成因不同或成油期不同的多个相互独立的油田规模序列。

（五）特尔菲法

特尔菲(Delphi)法也称为专家评价法，其含义是对同一问题的多种见解或多种判断进行综合处理的一种方法。在油气资源评价中，特尔菲法是一种客观地综合油气地质专家们的知识、经验或见解的方法，其通常用于早期的油气资源勘探评价之中，但要求已有的地质资料够用，且参加评价的地质专家合格。

特尔菲法实施的步骤为：

(1)评价范围和负责人（班长）的选定，同时由班长聘请若干名经验丰富、知识渊博且对评价区的地质情况熟悉的领域专家组成评价小组。评价小组专家之间相互匿名，只对班长负责（单线联系），但班长对评价小组中每个专家所采用的评价方法不能作任何干预。

(2)由班长拟定向各位专家征询评价意见的表格及征询内容。目前多采用以概率分布形式提问的征询表。例如，可向专家们提出如下一些问题：

1)在评价区中发现1 000万t以上油气资源量（储量）的可能性有多大？

2)在评价区中发现5 000万t以上油气资源量的可能性有多大？

3)在评价区中发现1亿t以上油气资源量的可能性有多大？

4)在评价区中发现5亿t以上油气资源量的可能性有多大？

或

1)在评价区中至少能拿到多少油气资源量（即概率为100%时的资源量）？

2)在概率为75%时的油气资源量有多少？

3)在概率为50%时的油气资源量有多少？

4)在概率为25%时的油气资源量有多少？

5)最多可以拿到多少油气资源量（即概率为0%时的资源量）？

(3)每个专家根据自己的经验、知识和习惯等，确定各自的评价方法，并按特尔菲班长的征询内容回答问题。

(4)班长将所有专家的评价结果用约定的算法进行综合，得出对评价区的综合评价结论。如果不同专家间的评价意见差异较大，则班长需要与各位专家进行单线联系，讨论、商榷各位匿名专家的评价意见，并将班长得出的综合评价结论反馈给各位专家，以尽可能地消除较大分歧，统一认识；然后，由各位专家重新提出修改后的评价意见，再由班长综合出第二轮的评价结论。如此反复，直到两轮评价结果无明显差别时，特尔菲班长即可认为完成了评价任务，得到了待评价区在各种概率下油气资源量的估计值。

对比国内与国外油气资源评价特点，二者之间存在一定的差异。国外油气资源评价以统计法和类比法为主，而对我国常用的以盆地模拟技术为核心的成因法一般很少使用；国外政府机构或石油公司在资源评价时十分强调资源系列的经济性，其评价结果指的是可采资源量，并是指在现有工艺技术条件下可以被采出到地表，且被采出的资源必须具有商业价值，即有经济效应，我国在资源量测算时对资源的经济性考虑较少；在资源量构成上，USGS计算的资源量包括待发现资源量、已知油气田储量增长潜量、剩余可采储量和累计产量四部分，我国的油气资源量包括探明储量、控制储量、预测储量、潜在资源量（圈闭资源量）和推测资源量五部分；国外强调资源的时效性，其资源量计算结果建立在已有理论、认识程度和技术方法的基础上，如USGS(2000)在油气资源评价时明确了时间范围，只计算了未来30年中对世界储量增长有意义的待发现资源量和已知油气田的增长潜量。

三、讨 论

值得指出的是，由于油气资源评价是一项涉及众多参数、多学科结合的复杂性很强的工作，同时由于不同的层次对评价目的、任务、内容需求的不同，评价思路、方法、目标及技术必然存在差异，从而导致有部分人对油气资源评价结果的“可信度”表示怀疑，对油气资源评价的理论认识产生了异议，对油气资源评价的技术方法表示不满意，把油气资源评价科学与人为的一些因素混为一谈，也即对资源评价的科学性提出了疑问。为此，长期从事油气资源评价工作的武守诚教授(2006)曾撰文就此做了专门讨论，以下作一简要介绍。

(一)资源“可信度”问题

对油气资源评价“可信度”产生的质疑，有主观因素，也有客观因素。

主观因素主要是个别人员忽视油气资源评价学科的基本原理与属性，将“成因法”在资源评价中的作用强调到不适当的地位，造成一些“误导”。

客观因素主要包括以下三个方面。

1. 对“资评”的认识

油气资源评价的基础是“地质评价”，没有确切的油气地质评价，资源量的“数”则是空中楼阁。地质评价中，认识上的偏差，会对决策及其经济效益产生直接的影响。过分的乐观，会夸大资源、储量、产量和成功率；过分的保守，评价的结果让人悲观失望，会失掉应有的发现，贻误时机。这两种情况对评价都会产生不良的后果。但是，在现实生活中，这种认识上的偏差往往是难免的。实践证明，如果给定相同的油气成藏地质条件，以及可参考的数据，有丰富经验的地质家们在进行油气资源评价时，评价的结果不会有大的差异，资源量也不会出现数量级的误差。

2. 不确定性与风险性

油气工业上游具有高风险、高投入、高效益、长周期的特点。风险性与不确定性主要体现在油气资源的勘探和开发领域。“风险”是由“不确定性”造成的，而“不确定性”则是因为主客观原因，对勘探对象地下的实际情况或投资环境认识不清所引起的随机性。“风险性”不等于“不确定性”，而“不确定性”可导致风险性。在勘探开发的实践中处处都存在着风险，特别是在勘探阶段。在油公司对勘探目标的风险分析中，对油气成藏的地质条件“不确定性”的认识是第一位的。一个油气田的成功“发现”，不等于该发现就具有“商业”上的价值；即使有商业上的价值，还不等于在“经济”上是成功的。比如，一口井见了油气，不等于就能产油，更不等于发现了一个油气田；在海上、大沙漠中发现了一个油气田，也不等于现时就能投产，就能获得利润。一个国家(政府)宏观的国内油气资源评价，比一个油公司对某目标评价的“不确定性”要大得多。更确切地说，这种“不确定性”是由油气市场、技术条件和政治事件的影响造成的。对这些因素只能进行宏观的分析，做出概略的估计。

3. “可信度”的相对性

资源评价“可信度”与勘探开发的进程成正相关关系。勘探开发程度愈高，所涉及的资源级别就愈高，资源的“可信度”也就愈高；反之，“可信度”就差。“可信度”具有相对性，作为一个国家(政府)来说，宏观的油气资源评价是随着油公司勘探开发实践而水涨船高、与时俱进的。在勘探开发的实践中认识会有误差，估算的资源数量不够准确是难免的。但是，不能将全国资源量的估算精度与地区的估算精度混为一谈，更不能与某个具体目标的估算精度混为一谈。

资源评价建立在勘探开发所获得资料分析的基础上。因此，评价必须遵循认识的规律、石油地质的基本规律，以及以效益为中心的经济规律。在勘探开发实践中，通过不断地综合评价，以降低风险，使勘探开发获得最佳的经济效益。

（二）"理论基础"的分歧

我国的油气聚集地质理论是由陆相成油理论发展起来的。随着油气勘探开发事业的扩展，一些新的问题不断涌现，对我国资源评价的地质基础理论提出了新的挑战。

1.油源争论

对油气来源的认识直接关系着油气资源评价科学的基础。在我国第一、第二次油气资源评价中，总资源量的获得在很大程度上依赖于"成因法"。这种方法的实质是建立在陆相有机质生油"源控论"基础上的。中国石油在第三次资评中主要是在解剖"刻度区"的基础上，应用了"类比法"，但仍然运用了"成因法"，而且发展成为一种方法体系。大量的勘探实践证明，有机生成说是有效的，但有证据表明，在某些深层或某一些特定的地质环境下，无机生成"天然气"也是可能的。

(1)有机论的新挑战。"陆相有机生油论"在我国油气资源的评价与勘探中起了重要的指导作用，而且在世界油气勘探开发中产生了重大的影响。但是，由于我们对它在"资源量贡献"中的认识还很不足，"生烃量"向排烃、运移、聚集、保存等各种量值的转化问题并未解决。20世纪80年代以来，我国勘探实践中出现的大量未熟一低熟油、煤成烃、碳酸盐岩以及泥灰质源岩生烃等问题，都证明"分散有机质(干酪根)热降解理论"成油的解释不够完善。例如，脂肪酸、树脂、干酪根的杂原子官能团、螺旋藻、微生物、木栓质体等有机物质在特定的环境下可作为未熟一低熟油形成的重要母源，而对其的资源评价离实际应用尚有相当距离；在"煤成烃"的理论和实践上，对煤"系"中的哪些层位能形成烃，形成什么样的烃，生成多少烃，对油气资源量有多大的贡献，等等这些问题还很少有令人满意的回答；对远离陆源有机物供应区，有机物以富含脂类的藻类、浮游生物和微生物为主的碳酸盐岩类烃源岩的"热压模拟"等实验分析，目前还远远达不到理想的境界。

(2)残留量与排烃量。基于干酪根热降解成烃理论的资源估算的基点是建立在对烃源岩中"残余"有机质丰度实验室分析基础上的，而这种依据仅是从某些"泥质源岩"出发的，而泥灰岩、碳酸盐岩、煤系、生物层等烃源岩在有机质演化、排烃的特点等方面与泥质源岩都大不相同。比如，碳酸盐岩中的有机质有着比泥质源岩高得多的"转化率"与"排烃效率"；泥岩由于压实而孔隙体积减少，早先存在的可溶组分就少，因而有机质成岩损失较少，而碳酸盐岩成岩中由于溶解、交代、重结晶作用，原始有机质则大量流失。由此可见，源岩的"残余"有机质丰度指标是由"生烃"与"初次排烃"两种作用的结果，它们之间不一定呈正相关关系，残油量大，可能排油量小，不一定原始生油量大；相反，残油量小，可能是排油量大，原始生油量也就大。

(3)不溶性与可溶性。沉积岩中的可溶性与不溶性有机质，是有机质成烃的一个整体，它们的演化是在动态平衡中完成的。岩石中的可溶性有机质，在成烃中部分转为不溶性有机质(干酪根)和难溶的焦沥青；干酪根在热解成烃中，必然历经"分散沥青"物质的中间阶段。过去评价中着重强调了这一面，而忽视了另一面。

(4)分散有机质与生物富集层。以往的基于"干酪根热降解理论"的油气资源评价多仅将源岩中呈"分散"状态存在的有机质作为生烃的主要对象，而那些源岩中有机质非常"集中"(如有机碳含量大于2%)的生物富集源岩却被忽略了，这与勘探实践成果不一致。

(5)温度、压力、时间与生烃。越来越多证据表明，在相当于高成熟度阶段的高温条件下，埋深在 5 000～6 000m，很多盆地仍有液态烃的发现。源岩有机质成熟可生烃，未熟一低熟也可以生烃，过成熟的烃源岩还可以生烃，这突破了生烃窗与死亡线的界碑。在评价中，温度、压力是烃相态与生成量的关键因素。以往，我们考虑了温度，但很少研究压力的问题。异常高压的发育，可导致生烃门限下界和烃类保存深度下移。有机质的演化与受热的温度及时间密切相关。对于时间的长短，我们是用地层年龄即"沉积厚度"做依据的。所以，在进行埋藏史与热演化史的恢复中，要描述现今厚度，进行厚度的压实校正，做剥蚀厚度恢复的研究，以及古地温梯度、古地表温度的标定。但是，至今我们对那些复杂的"残留盆地"还难以直接取得有效的数据，我们的描述还不能说服人。

(6)"指标"的认可。现今，计算生烃量用的指标是有机质的丰度、成熟度及干酪根类型，用来圈定源岩的体积；以产烃率模型模拟不同温度下的烃产量。在具体工作中，应用生烃体积公式时，一项参数的不慎，就会引起生烃量的巨大变化，从而极大地影响资源量的估算。

综上所述，由于生油理论存在的问题，将引发出运移、聚集、保存理论中的一系列问题。随着油气勘探开发事业的发展，特别是油气资源评价的需要，要求我们的地质、地球化学家更好地回答上述问题，继续充实和发展新的有机生成理论，以使我们油气资源评价的理论基础更扎实些。

2. 系统理论

生油理论是油气资源评价的源头与基础，但单靠生油理论并不能解决油气聚集的问题，更不足以完成油气资源评价的任务。从油气的生成到油气藏的形成，其间还有油气运移、聚集、保存等条件，对于油气资源"评价"还有其特有的系统学问。所以，在资评中强调生油理论要"适当"，不要误导。

(1)"运聚系数"的疑义。在我国新一轮油气资源评价中，对"成因法"做了进一步的发展。在对油气系统(或刻度区)的生烃量计算后，按"分隔槽"原理划分"运聚单元"，并估算运聚单元的运聚量。将运聚量与统计法、圈闭法计算所得资源量的比值定义为该运聚单元的"运聚系数"。通过对刻度区的解剖，建立了运聚系数统计预测模型和取值标准，从而初步解决了运聚系数的定量取值问题；并使"成因法"的应用水平得到进一步提高。

众所周知，生烃量不等于运移量，运移量不等于聚集量，聚集量也不等于我们所要的可采资源量。烃类脱离源岩后，在输导层中的二次运移，除受初次运移的控制外，在动力、相态、输导层及规模上均发生了"动态"的变化，因此需要三维及四维的定量解释。然而，目前的三维定量解释，在理论和技术上仍处于探索阶段。例如，对"幕式构造运动"所引起的古今流体势变化，以及压实作用、渗透增压、流体压裂、异常压力、烟囱作用等问题，我们都还缺乏理化实验和模拟实验，更难以满足油气资源评价的具体要求。

(2)系统研究。油气资源评价不仅是石油地质学，更是石油地质学与系统工程学相结合的产物。系统工程学是以系统为对象，把要研究和管理的事物用概率、统计、运筹、模拟的方法，经过分析、判断和推理等程序，建立系统模型，采用最优化的方法求得系统的最佳结果。由此可见，油气资源评价工作也是一个系统方法论的问题。方法论就是集合各种不同的方法把设想付诸于实践的过程，资源评价工作正是如此。

油气资源评价工作是在部署方案—制定规划—实施计划—分析修订—再实施—更新方案，这种过程中不断的、呈螺旋式的上升，把油气勘探开发工作从低级阶段一步一步地推向高级阶段。

1)油气地质:当今,发展油气勘探开发产业,利用国际国内两种资源、面对国际国内两个市场,已成为我们的具体行动。因此,应不失时机地进行全球油气区的研究与选择。对油气区的研究,应从全球构造动力学出发,运用古地磁、古气候、古生态、古地理(4P)等方法,研究板块构造、古地理的重建,建立对油气盆地研究的宏观基础,进行油气区、油气盆地的选择。

油气盆地是评价的基本单元,应对盆地的时代、位置、热体制进行分析(3T),重点剖析盆地的“边界”(3B—拉张、挤压、扭曲)及“中心”(3C—沉降、沉积、生烃)。在盆地含油气系统应力条件、沉降作用、沉积作用、油气分布特点(4S)研究的基础上,进行区带评价。要重点对圈闭进行工作,对区带、圈闭的油源、储集层、圈闭、保存、配套史(SRTST)进行分析。油气藏的研究以储层(R)预测为中心,对油、气、水、压力(OGWP)的变化进行跟踪分析。

在地质评价中,对盆地、含油气系统、区带、圈闭进行成因分类,剖析它们的原型、叠加、改造(PPM),进行构造史、沉积史与油气聚集史(3H)的研究,构成构造、生储油与油气聚集三类模式(3M),形成全面的油气勘探开发地质的概念模型。

2)资源量估算:通过统计模拟(SS)、数字模拟(DS)或人工智能(AI)等途径,在参数研究的基础上,形成数学模型(或推理机),在计算机上实现。从评价的三项任务出发,进行地质风险分析,分级分类估算出资源的数量。

资源量估算方法是当代资源评价技术中发展最快的内容之一,它推动了整个评价科学向数字化发展的进程。20 世纪 70 年代以来,世界各国发表了大量有关资源量估算方法的论文。成因法、体积法、统计法、油田动态分析法是广泛应用的四大类方法。每一类中又有许多种具体的方法,各有短长,大体都有其适用的范围,其中“类比法”是大量使用、通用的一种方法。

随着科学技术的发展,资源量的估算方法也在不断改进,它已由单一的方法,发展到多种方法的综合,以及大容量、多层次的复杂运算。统计模拟、数字模拟、人工智能仍是主要的发展方向。

3)经济决策:油公司要对勘探开发对象做出某种决策,就必须进行经济评价。决策问题远远超出了石油地质的范畴。在市场经济条件下,油公司的生存主要取决于“效益”,产量是由国内外市场决定,它涉及石油价格、油气成本等。进入 WTO 以后,我国石油企业已走向了世界市场,因此,经济决策必须适应世界经济市场的规律,遵循国际经济的游戏规则。

“决策”贯穿于勘探开发的每一阶段,而每一阶段都要进行资源评价,用以制定勘探开发的部署和规划。因此,可以概括地认为,油气地质评价+资源量估算+风险分析+经济效益评估≌油气资源评价;油气资源评价+勘探开发策略≌部署、规划、设计。

3.评价实践

自 20 世纪 70 年代以来,美国、俄罗斯、加拿大、澳大利亚、挪威等国以及世界上一些大的油公司相继进行了油气资源评价工作。中国油气资源评价的理论、技术、方法,自 20 世纪 80 年代以来有了迅速的发展,并经历了世界上其他国家少有的伟大实践。

通过“新一轮资评”与“二次资评”对我国陆上 28 个盆地资源量估算结果的对比分析,认为影响估算准确性的主要因素有:

(1)油气勘探中的新发现、新成果。其中包括勘探技术的提高、油气成藏规律性认识的提高、资源结构的变化、地层对比的变化等因素。

(2)烃源岩因素。其中包括有效烃源岩丰度下限的界定、产烃率曲线和有效烃源岩规模的变化、应用"运聚系数"的变化。

(3)资源评价科学本身的因素。其中包括资源评价的概念和内涵的变化、资源量定义与术语的变化、资源评价方法的差异。

在上述三个方面的因素中,第一条非常重要。油气勘探实践是第一位的,油气成藏规律性认识的变化,对资源量估算的影响具有普遍的意义。新的发现会使我们对成藏规律性认识有新的变化,从而引起资源量估算的变化,正像塔里木前陆盆地天然气资源的重大发现一样,改写了评价的结果。其次是"烃源岩参数"与"运聚系数"的变化。利用"成因法"估算资源量,在烃源岩评价与运聚系数的选择上,仍然是影响资源准确估算的重要因素。众所周知,从生烃量入手估算资源量是成因法的根本途径。在生烃公式中"烃源岩体积"参数非常重要,比如,考虑库车坳陷原型盆地恢复,压在大山之下的烃源岩体积增加了,资源量就增加了 1.86×10^8t 油当量。

油气资源的多少是地下的客观存在,对人类来讲油气资源是有限的。上世纪世界几度流行石油资源短缺,有人预言全球石油工业将很快走入穷途。由于油气勘探开发技术的快速发展,勘探领域不断扩大,世界石油工业呈现出了快速发展的态势。

(三)"技术方法"的不足

1. 研究方法的不足

在石油地质科学研究中,经常用"将今论古"的方法。可是,当今谁又能真实地描述出800Ma 以来,特别是 80Ma 以来漫长的地质历史长河中地壳的沧海桑田?谁又能想象得出,巨大的恐龙、头足类、藻类等现今消失殆尽而只是在化石中出现?

油气资源评价是对地下几千米,看不见、摸不着、流动着的烃类物质进行的探索性研究。尽管当代勘探开发的新技术已达到了相当高的水平,但是,我们对于这样复杂对象的评价,技术仍显得那样的无能为力。现今,尽管我们对油气盆地、油气系统、油气区带、油气圈闭的形成与变化进行了种种的描述,为此付出很大的努力,但毕竟被极大地简单化了。

在评价中迫使我们不得不采用一些非经典的数学方法,如"蒙特卡罗"法,这是一种由赌博而来的,求"运气"好坏的方法;我们所使用的"资源概率曲线",也只是一批大概、可能、也许的数字链条;在评价的最后,要综合的时候,用了"特尔菲(Delphi)"法,其实质就是大家来"求神"、"拍脑袋"的一种方法。所以,这些都是没办法的办法。

2. 数字模拟技术的不足

当代数字模拟技术几乎无所不能,它确实是非常好的有用的高新技术。也可以说它是一种可"全息呈现"的技术,地下看不见、摸不着的东西可以在屏幕上表示出来。但是,现在该技术用于评价的水平尚低,必须慎用,不要被美丽的画面所迷惑。

Yükler 等(1978)利用了 Tissot(1969)根据化学动力学定律提出的计算生烃量的模型,开创了一维盆地模拟技术。直到 21 世纪,外国人也发展了许多盆地模拟技术,但是人家主要用在描述石油地质问题上,也许是因为成本太高的缘故,并不用于油气资源评价。只有我们把它作为油气"资源评价"的一大法宝,这正是由于对资评"误导"而造成的"歪打正着",使我国盆地数字模拟技术有了较快的发展。

用"成因法"算出的生烃量大得惊人,用各种系数给它打折扣,算出的"远景资源量"仍很可观。尽管"成因法"被包装在数字技术中,未来盆地数字模拟还会有很好的发展前景,但是目前它只适用于宏观地质问题的解释,尚达不到油气"资源评价"的要求,尤其是达不到油公司对具体目标"评价"的要求。

盆地数字模拟是油气资源评价中的工具，同时，也是一项高难度课题。数字模拟之所以难，是由于油气地质学的特点所致，即地质认识上的不确定性、地质演化的长期性、构造的多样性、结构的非均质性、烃类流动的多变性、运移中的多相性、时空变化的复杂性等等。

油气田是在三维地质体受挤压、拉张、扭曲的构造变化中，在不同的温度、压力、相态、时态下形成的。因此，数字模拟必须建立三维空间上的平衡地质模型及相应的数学模型。

特别是地史模型的三维化尚未解决，它影响到其他各模型的精度。在此基础上实现热史、生烃史、排烃史及运聚史模型的三维一体化就成为空谈。最终影响到成藏过程中各种动力作用下三维化数学模型的建立，目前所建立的二维模型，远远满足不了要求。

油气藏的形成与宏观、微观水动力条件密切相关，如水化学场、水渗流场、水温度场等。古水动力场的确定及数字模拟，涉及了古地貌、古气候、古构造、古水文等多学科知识，都是目前尚未解决的难题。油、气、水混相运动所用的偏微分方程组，由于繁杂地质因素的影响，显得那样的无能。利用有限插分法或有限元法解该偏微分方程组，会遇到网格数量和每个网格的尺寸随时间变化的难题。

遗憾的是，盆地数字模拟大量实施的结果，满足不了“资评”的要求，主要不是模拟技术本身的问题，而是地质问题。只要对盆地地质认识前进一步，盆地数字模拟效果就会提高一步。

“油藏描述”数字技术则不然，由于它是建立在比较多的实际资料的基础上，可直接为油气生产解决问题，所以，国内外的油公司都在认真地研究和应用。

3. 类比法的不足

找油就像抓“罪犯”一样，往往先画出“嫌疑人”的模样，然后拿着画出的模样去“对号”，这叫“类比”。这也是在油气资源评价中被广泛应用的方法。

以往应用资源丰度类比法比较简单，大范围的类比，最后算出远景地质资源量。我国在第三次“资评”中，主要采用了体积丰度、面积丰度类比法。选择了刻度区，建立了类比参数库，规定了从区带划分、确定类比系数、分别计算资源量五个步骤，最后得出地质、可采资源量及其空间分布。具有重要意义的是123个刻度区类比标准样本点的数据库与成果库，这是一笔巨大的财富，为类比法的应用奠定了基础。在类比标准样本点中获得三类参数，即石油地质参数、资源类比参数和资源计算参数。为了避免人为的主观因素的影响，特别强调类比的“相似性”，于是又应用了相似性评分法。

但是，毕竟世界上没有完全相同的油气盆地、含油气系统、油气区带、油气圈闭和油气藏。即使是同类盆地，油气资源可能也会相差甚大。因此，“类比”只能是基本相似，只有在不断的修改中，才能达到“逮捕”的阶段。所以说，类比法的“专用”在某种程度上讲，仍是一种无奈之举。

4. 统计模型的匮乏

在国外，无论是政府机构还是油公司，普遍应用了以统计特征为基础的外推法及区带(play)分析法。我们在第三次“资评”中应用的统计法，包括了油藏规模序列法、饱和勘探分析法、油藏发现与规模序列法和圈闭加和法等等。

实质上，这些方法都属于数理统计学的范畴，应建立在勘探开发真实数据基础上。比如，我们在算储量时，孔隙度、有效储层厚度就属于统计学中的正态分布；而渗透率、采收率、干酪根热解烃、油气田规模、发现序列、年进尺发现率等多属对数正态分布。在储量、产量、发现预测时，常用的经验外推法就属“指数分析”法。“离散点法”就是用的“回归分析”；在风险分析时，用“三点法”就是一种“随机抽样”的方法；等等。

在方法的应用中，“三点法”再好，它也只是用于只有一两个数据下的推论；“离散点法”再高明，毕竟是因点子不集中而想出的办法；指数曲线的外推，也只是在各种可能条件下而为之。比如，在分析美国油气田自18世纪以来的油田发现曲线时，按常规应在上世纪中叶以来开始衰降，谁知20世纪70年代在阿拉斯加又发现了普鲁德霍湾大油田，一下就改变了曲线的面貌。

数理统计毕竟是科学，通过数理统计，我们可以建立许多必要的模型，并将这些模型应用于油气资源评价中。可惜，在当今的“资评”中，还没有建立足够的模型，以更好地满足“资评”的需要。

5. 从“数字地球”到“数字油藏”

新世纪已把我们带入了“数字”时代。对石油地质科学界来说，从“数字地球”到“数字油藏”是我们不懈努力的目标。“数字地球”是人类进入信息社会以来，利用各种现代化信息技术手段，来整合地球科学的一项总体性的大目标。“数字油藏”则是油气工作者利用各种现代化信息技术手段，使油气田勘探开发一体化的具体目标得以实现。进入数字的油气盆地、油气系统、油气区带和油气圈闭是一项巨大的系统工程。它不单表达在数字中，更重要的是要产生巨大的经济效益，为人类服务。尽管当今的数字模拟技术尚不能完美地表达地下的实际状况，但它毕竟为我们提供了一个良好的载体。

对油气地质资源的认识与勘探开发的实践过程，就是以全球板块构造与古地理重建→盆地模拟→油气系统模拟→区带和(或)圈闭评价→油气藏描述的全过程，这一系列数字化的系统表达过程，就是油气资源评价的全过程。全面实现这一过程，将是人类对自然界数字化进程的一个重要贡献。

我国油气盆地数字模拟、区带和圈闭评价、油藏描述、经济管理数字化评价系统，已经历了近20年的不断修订完善，许多部分已经商品化。所以说，完成从“数字地球”到“数字油藏”的系统工程，不是高不可及，而是可望的未来。这里应强调的是，数字模拟虽是个好东西，但它毕竟是为实现评价的一种“工具”。评价是科学，科学的东西来不得半点虚假，好工具还得人去使用，“输进去的是垃圾，输出来的还是垃圾！”因此，我们还要继续倡导“三老四严”的精神。

(四)“人为因素”的干预

在油气勘探开发中，每一项资金投入前必需进行决策性评价。在勘探阶段应进行区域地质评价(盆地、坳陷、凹陷)、目标选择性评价(区带、区块)、目标评价(圈闭、油气藏)；在开发阶段应进行开发早期评价(生产试验、部署)、生产及调整评价(开发层系、注采井网)、油气田衰竭及关井评价。每项事后，还应进行“再评价”。

在各种决策性评价中，都离不开人为的干预。

1. 影响“资评”的三个因素

影响油气勘探开发产业发展的基本因素是市场、技术、政治事件。它们之间又是相互作用、互为因果的。因此，对这三因素的分析与决断是对“人为干预”的考验。

2. 少一点主观臆断，多一点扎实工作

“人为因素”的干预是难免的。我们所希望的是少一点主观臆断，多一点扎实工作。

总的来说，对于资源评价要在宏观上粗点，具体目标上细点；长远评价宽松点，近期评价精确点；在方法上力求简单点、实惠点；在油气成藏基本地质问题的研究上多下一点工夫。

当前，我国油气勘探开发已进入了一个新的历史阶段，需要不失时机地进行国家、油公司的油气资源评价。在进入世界油气市场的过程中，我们还要对国外油气资源进行评价。因此，油气资源评价具有广泛的社会需求。油气资源评价作为一门独特的科学，虽说问题繁多，但只要我们不懈努力，在实践中不断地发展，这门学问在不久的将来一定会达到理想的高端。

参考文献

[1] 陈章明，徐景祯．油气圈闭评价方法[M]．哈尔滨：哈尔滨工业大学出版社，1993.

[2] 程顺有，龙辉．多级模糊综合评判在油气资源评价中的应用[J]．物探化探计算技术，2002，24(4)：318～322.

[3] 郭建宇，张大林，邓宏文等．低勘探程度区域油气资源评价方法[J]．油气地质与采收率，2006，13(6)：43～45.

[4] 金之钧，张金川．油气资源评价方法的基本原则[J]．石油学报，2002，23(1)：19～23.

[5] 金之钧，张金川．油气资源评价技术[M]．北京：石油工业出版社，1999.

[6] 匡建超，周娟．论我国油气资源经济评价的现状与发展趋势[J]．国土资源科技管理，2004，21(6)：46～48.

[7] 龙胜祥，王生朗，孙宜朴等．油气资源评价方法与实践[M]．北京：地质出版社，2005.

[8] 陆明德，田世芸．石油天然气数学地质[M]．武汉：中国地质大学出版社，1991.

[9] 孟繁莉，曹成润，牛继辉．中外油气资源评价方式差异的探讨[J]．世界地质，2005，24(4)：363～367.

[10] 宋宁，王铁冠，刘东鹰等．应用油气藏规模序列法预测金湖凹陷的油气资源[J]．新疆石油地质，2005，26(6)：692～694.

[11] 唐海，朱先才．油藏规模序列法在八面河地区油气资源评价中的应用[J]．资源环境与工程，2004，18(3)：79～81.

[12] 童晓光．油气勘探原理和方法[M]．北京：石油工业出版社，2001.

[13] 武守诚．石油资源地质评价导论[M]．北京：石油工业出版社，1994.

[14] 武守诚．油气资源评价导论：从"数字地球"到"数字油藏"[M]．北京：石油工业出版社，2005.

[15] 武守诚．我国油气资源评价的科学性问题[J]．石油科技论坛，2006，(4)：22～28.

[16] 武守诚．我国油气资源评价的科学性问题[J]．石油科技论坛，2006，(5)：21～28.

[17] 许红，马惠福，蒲庆南等．油气资源评价基本概念与定量评价方法[J]．海洋地质动态，2001，17(10)：4～7.

[18] 张宽，宫少波，胡根成．中国近海第三轮油气资源评价方法述评[J]．中国海上油气，2004，16(4)：217～221.

[19] 张万选．"油气资源评价"的发展与展望[J]．断块油气田，1994，1(1)：38～40.

[20] 张湘宁，任宏斌，张学文．对外合作油气资源评价方法探讨[J]．石油学报，2003，24(1)：9～14.

[21] 赵旭东．石油数学地质概论[M]．北京：石油工业出版社，1992.

[22] 赵旭东．石油资源定量评价[M]．北京：地质出版社，1988.

[23] 周总瑛，白森舒，何宏．成因法与统计法油气资源评价对比分析[J]．石油实验地质，2005，27(1)：67～72.

[24] 周总瑛，唐跃刚．我国油气资源评价现状与存在问题[J]．新疆石油地质，2004，25(5)：554～556.

[25] 周总瑛，唐跃刚．油气资源评价中风险分析方法探讨[J]．长江大学学报(社会科学版)，2004，27(1)：108～111.

[26] 朱世新，宋芝祥，王定一．油气田调查勘探与资源评价[M]．北京：地质出版社，1987.

[27] Drew L J, Lawrence J. Undiscovered petroleum and mineral resource[M]. 1997, New York: Plenum Press.

[28] Houghton J C, John C. Use of truncated shifted Pareto distribution in assessing size distribution of oil and gas fields[J]. Mathematical Geology, 1988, 20(8): 907～937.

[29] Meneley R A, Calverley A E, Logan K G, *et al*.. Resource assessment methodologies: current status and future direction[J]. AAPG Bulletin, 2003, 87(4): 535～540.

[30] Schuenemeyer J H, Drew L J. A forecast of undiscovered oil and gas in the Frio Strand Plain Trend: the unfolding of a very large exploration play[J]. AAPG Bulletin, 1991, 75 (6): 1 107～1 115.

第五章　盆地勘查和评价

油气的生成、运移和聚集以及油气藏的形成都是在沉积盆地的范围内进行的，盆地是油气生成、聚集与赋存的场所，被看成是一个独立的、完整的油气生成、运移和聚集的基本单元。不同的盆地类型、形成演化历史等因素决定了其中沉积物的生烃性质和数量大小，也决定了其中油气的运聚和保存条件，对盆地展开以石油地质条件分析为主要内容的综合研究，是油气资源评价的基本前提和基础保证。本章讲述盆地勘查和评价的目的和意义、内容和方法，勘查评价的部署和使用，阐明盆地早期评价的主要方法以及盆地描述、盆地模拟和盆地资源量计算的方法等。

第一节　盆地勘查和评价的目的、意义、内容和方法

一、盆地勘查和评价的目的、意义

盆地勘查和评价是石油地质研究的重要内容，针对具体的盆地分别从生、储、盖、圈、排、运、聚、保等不同的方面进行研究，最终能够掌握油气生成、运聚和保存的石油地质条件。这就要求全面综合地运用地面野外调查、岩石剖面露头研究、遥感、物探、化探、钻井、测试与地下地质分析以及多种化验等资料，详细研究盆地的基底、地层、构造、演化特征以及生排聚烃史，建立盆地形成演化的地质概念模式与数学模型，进一步运用现代计算机技术达到动态研究并恢复盆地与烃类两者之间演化过程的目的，摸清油气成藏过程演变的基本条件和主要规律，从盆地尺度进行油气资源量预测与计算，最终揭示油气资源在三维地质空间与时间序列上的分布演化规律，选择盆地内进一步勘探和评价的最有利区带目标（金之钧等，1999）。

Potter 和 Pettijohn（1977）首先引入了将盆地作为统一整体进行研究的盆地分析方法，它强调盆地在其地质发展过程中各地质作用要素之间的相互作用，强调在盆地研究过程中各地质要素之间变化的有机联系。随着盆地勘探程度的不断提高和地质资料的累积，运用综合分析的方法对盆地展开逐渐深入的评价研究，将使盆地资源量预测结果和评价结论日臻完善。

因此，进行油气勘查工作时应首先对盆地进行研究和勘查，了解盆地分布的范围、沉积特征、构造特征、发育历史以及油气形成的地质条件等资料，对盆地进行分类、评价，选择最有希望的盆地开展工作。否则，油气调查和勘探就会陷入盲目性，就不可能有效地找到油气田，也不可能对油气资源进行正确的评价。

由于地质资料详度、工作部署及目标计划等因素的影响，根据盆地勘查和评价的特点，将盆地评价划分为早期评价和中晚期评价两个阶段。早期评价主要针对极低－低勘探程度盆地，属于盆地区域普查阶段的评价。该阶段评价必须从整体着眼，查明盆地的区域地质和基本石油地质条件。评价的对象是单一的盆地以及内部二级构造单元。评价的主要任务是在区域内识别和优选盆地，圈定有利的生油坳陷、优选有利油气聚集区带、预测可能存在的油气圈闭类型和资源前景。中晚期评价主要针对中高勘探程度盆地，采用含油气系

统的方法，开展盆地内部含油气系统的划分、成藏地质要素的系统研究和演化分析，优选有利勘探区带。

盆地勘查和评价的目的和意义包括以下方面：

(1)在大地构造尺度上对盆地的构造位置、成因类型以及发育演化模式进行评价，在多个盆地中进行地质对比(类比)分析，优选石油地质条件最有利的盆地进行详细研究。

(2)在盆地尺度上对盆地基本结构、构造特征、沉积地层特点和含油气性规律进行全面评价，掌握盆地基底和沉积盖层的基本特点，建立地质概念模型，预测和评价盆地及二级构造单元含油气性的基本规律。

(3)从含油气系统的角度对盆地内二级构造单元进行划分、对比、预测和评价研究，建立盆地及二级构造单元油气成藏的基本模式，优选最有利的构造区带，评价生烃坳陷或凹陷单元，预测估算盆地资源量前景。

(4)编制成果图件，分析综合评价结论，提出下一步勘探评价的基本目标和总体设计方案。在基本石油地质理论的指导下，综合运用地面地质、遥感、重力、磁法、电法、化探、区域地震大剖面、水文地质调查以及煤田地质钻孔等一切可利用的资料，展开以盆地构造背景、地层发育、结构组合以及石油地质基本条件为主导内容的综合研究，比较分析各二级构造单元(坳陷以及凹陷)之间的石油地质条件优劣性，分析建立盆地整体的基本地质概念模型，为盆地评价研究工作的进一步展开和勘探部署提供地震与参数井布置的科学依据。

二、盆地勘查和评价的内容和方法

1. 盆地区域地质条件研究

充分利用地面地质以及重、磁、电和少量地震与钻孔、化探等资料，界定盆地大致的平面范围；结合区域类比方法，研究分析盆地内的地层分布与岩性变化，划分地层发育的主要地质旋回及其厚度变化与空间展布规律，建立地层综合剖面。同时确定岩浆岩、构造运动不整合以及其他特殊地质作用的区域变化与组合规律，预测研究目的层位及其分布与厚度变化。重点依据盆地周边露头、区域地质背景以及物探和少量钻孔资料对盆地基底的岩性、时代、埋深起伏、断裂发育和大地构造背景条件进行研究，编制基底综合分析成果图，确定盆地的基本性质与发育基础。在剖面上大致界定盆地地层发育及展布规律，研究预测盆地内的结构与构造基本特点，通过相似盆地的地质规律类比，确定盆地发育的基本地质构架。通过对盆地基底和沉积盖层研究成果的结论分析，初步确定盆地形成的边界条件、形成机制、演化规律与类型特点，在平面上划分主要地质构造单元，研究其基本地质特点，并优选重点评价目标。

主要研究内容包括盆地范围、类型、构造—沉积基本特征。主要查明盆地地层时代、厚度、岩性、岩相，以及盆地的结构、构造单元、边界和主干断层、构造带、构造演化等。

2. 盆地基础石油地质条件研究

应用古构造、古环境和古地温等资料研究烃源岩存在的可能性，运用综合石油地质分析的成果资料分别对盆地的源岩和目标层位进行研究，初步建立生、储、盖及其组合基本模式，预测盆地和盆地内部二级构造单元生烃潜力，预测远景资源量并指出最有利前景区，提出进一步勘探评价的地震布署和参数井建议。

主要研究内容包括盆地烃源岩、储层、生储盖组合、圈闭类型及发育特征、有利区带等。具体就是要查明烃源岩的岩性组成、厚度、分布、地球化学、成熟状况、演化等；储层岩性、孔隙类型、厚度、物性等；可能存在的油气圈闭类型和分布状况；圈定有利的生油坳陷，评选油气聚集的有利地带。

3. 盆地远景资源量的估算

在盆地区域地质和石油地质条件研究基础上，利用盆地分析技术及地球化学法、类比法、体积统计法、成因统计法、历史统计外推法、特尔菲专家系统法，最终计算盆地远景资源量。

第二节　盆地勘查工作的部署

盆地评价是区域性评价的基本单元，是国家或石油公司为制定中期战略规划而进行的评价工作。盆地评价研究是在含油气大区研究的基础上进行的，盆地资源评价是在对盆地勘探地质条件(包括盆地类型、构造、沉积、地热等)、盆地油气地质条件(包括生烃史、排烃史、热史和运聚史等)综合分析的基础上，建立地质模型并求取相关的评价参数，估算油气资源量。

盆地勘查评价阶段的工作部署可划分为四个步骤：建立项目、物探普查、钻参数井、盆地评价。部署原则是：全盆着手，整体解剖。从板块位置到盆地类型，查明基本沉积、构造和石油地质条件；及时开展以含油气系统思想指导的成藏作用的研究和部署；正确选择目的层系和二级构造单元；因地制宜选择勘查技术，加强技术手段的综合利用。

一、建立项目

盆地勘查评价项目的建立和设计是从全国、全区油气勘探的长远战略安排出发，考虑在保持当前生产水平的同时，抽出力量进行工作以保证油气后备储量不断发展。这一阶段的主要任务有两个：一是初步了解盆地的类型及构造特性、盆地的成因、盆地的沉降史和沉积史，选择最有利的盆地优先进行勘查评价，进行1∶20万～1∶10万的地面石油地质调查；二是作好勘查评价所选盆地的总体设计。

二、物探普查

本阶段部署方案的主要内容有：①进行全区重力、磁力普查及地震概查，明确盆地结构、地质构造特征及沉积岩厚度分布；编制全区1∶20万～1∶100万的重力异常图、磁力分布图和地质剖面图，并有针对性地进行电法测量。②开展点距500m×500m或1 000m×1 000m的地球化学勘查。③开展1∶20万～1∶5万的遥感解释及填图。④开展全区地震概查和普查。大型盆地的概查一般以10～32km的测线距作地震大剖面，普查测网密度8km×16km；海域及中、小盆地或复杂构造地区测线距应适当加密，一般可用4km×8km测线距进行面积连片测量。有利凹陷及地区地震测网密度可达3km×6km～4km×4km。⑤划分构造单元及查明二级构造带，作出构造分析。⑥提出参数井钻探方案。

三、钻参数井或基准井

主要任务是了解勘探地区的地层层序、岩性岩相、厚度以及生油条件、储盖层组合情况，并为物探解释提供参数。基准井是指任务全面、目的明确、具有战略性找油任务的钻井，参数井是指为了取得地质和物探参数，兼有评价性（试探性）找油任务的钻井。

四、盆地评价

盆地评价的主要内容有：①盆地的构造特征及发展史。②盆地的地层沉积特征、沉积史，岩性、岩相变化及地震相研究成果。③盆地油气地球化学特征，热演化史，生油母质类型、丰度及成熟度。④综合各种资料进行含油气远景评价和资源量估算。

第三节 盆地的地质评价

一、盆地早期评价的基本方法和内容

盆地早期评价的主要目的是探查和分析盆地的基本地质特点，了解生油岩的发育和分布情况，预测油气资源前景。

盆地早期评价主要以盆地整体以及内部二级构造单元为研究的主体对象，在基本石油地质理论的指导下，综合运用地面地质、遥感、重力、磁法、电法、化探、区域地震大剖面、水文地质调查以及煤田地质钻孔等一切可利用的资料，运用多种有效的方法、技术和手段，开展以盆地构造背景、地层发育、结构组合以及石油地质基本条件为主导内容的综合研究，在时间序列和空间发展范围内对盆地的形成规律与演化特点进行综合研究，比较分析各二级构造单元之间的石油地质条件优劣性，建立不同时期、不同尺度、不同角度条件下的盆地地质模式与数学模型，研究盆地各地质作用要素及其与烃类生成与赋存状况之间的有机联系，对盆地的含油气前景作出综合评价，为盆地评价研究工作的进一步展开和勘探部署提供地震与参数井布置的科学依据。

盆地描述需要在石油地质理论指导下，针对盆地的不同评价阶段和具体地质条件合理地进行生、储、盖、运、圈、聚、保等地质条件的分析和预测。石油地质理论的不断更新发展，盆地分析技术的不断提高完善以及勘探资料的不断增加和勘探经验的逐渐积累，是盆地描述方法改进和描述质量提高的重要保证，通过对所建立模型的逐渐完善和结果的不断修正，最终达到正确认识盆地及其含油气性特点的基本目标。

低勘探程度盆地地质评价的主要内容见表 5－1。

1.盆地构造演化史分析

构造特征研究是盆地评价与描述的基本内容，它涉及到盆地本身的形成发育、内部地层的展布与变形以及油气生成赋存条件的改变。其研究内容包括了从全球动力学条件、区域大地（板块）构造背景、盆地沉降演变到内部构造带的形成及改造、圈闭类型及分布再到油气藏形成与保存以及储层微观应变等，跨越了整个时空和宏、微观尺度，包括地球动力学及其盆地分类、盆地内部构造特征等。

具体研究内容包括对盆地基底、构造、剥蚀、成因机制、类型等的研究。完成盆地基底埋深和基底断裂分布图、盆地构造单元划分图、断裂分布图、圈闭类型及其分布图，查明主要剥蚀事件、次数、剥蚀厚度、盆地类型、盆地原型；进行单井或剖面的盆地埋藏史恢复（图 5－1）。

表 5-1 低勘探程度盆地地质评价内容

评价参数	评价项目	评价内容
盆地构造演化史分析	盆地基底研究	完成盆地基底埋深和基底断裂分布图
	盆地构造研究	完成盆地构造单元划分图、断裂分布图、圈闭类型及其分布图
	盆地剥蚀研究	主要剥蚀事件、次数、剥蚀厚度
	盆地成因机制和盆地类型研究	盆地类型、原型盆地确定
盆地沉积发育史分析	地层层序分析	完成盆地完整的地层综合柱状图
	盆地地层展布研究	盆地各地层单元的地层等厚图
	盆地沉积体系研究	盆地主要目的层的沉积相图
	储层特征研究	完成储层等厚图、砂岩百分比图、储层物性参数图
	盖层特征研究	完成重要区域性盖层等厚图、盖层岩性
	沉积旋回与生储盖组合	沉积旋回数、生储盖组合类型和个数
盆地生烃演化史分析	盆地有效烃源岩研究	主力生烃凹陷的分布、有效烃源岩等厚图
	烃源岩地化特征	有机质丰度(TOC 含量)等值线图、有机质类型分布图、生烃潜力评价
	盆地受热史	盆地受热史的类型(地温梯度和埋藏史类型)
	有机质的成熟度	主要烃源岩的现今 R_o 等值线图
盆地受热史类型	高温递进型受热史	现今地温梯度大于 3.0℃/100m,埋藏史属持续埋藏型,无大规模抬升
	低温递进型受热史	现今地温梯度小于 3.0℃/100m,埋藏史属持续埋藏型,无大规模抬升
	高温退火型受热史	现今地温梯度大于 3.0℃/100m,晚期发生过大规模抬升
	低温退火型受热史	现今地温梯度小于 3.0℃/100m,晚期发生过大规模抬升
盆地油气成藏条件分析	生储盖组合分析	
	圈闭形成与油气运移的时空匹配	
	油气藏类型与成藏期次	烃源岩的生烃史分析; 圈闭形成发育史分析; 流体包裹体均一温度; 储层自生伊利石同位素年代学分析
	油气后期改造与再分配	
	油气分布规律	

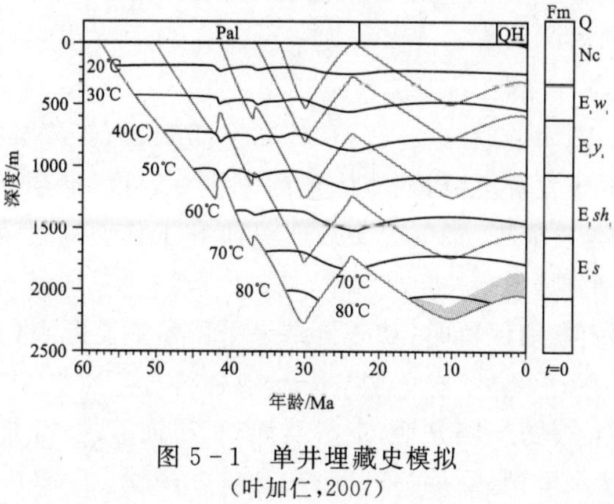

图 5-1 单井埋藏史模拟

(叶加仁,2007)

2. 盆地沉积发育史分析

具体研究内容包括地层层序、盆地地层展布、盆地沉积体系、储层特征、盖层特征、沉积旋回与生储盖组合等的研究。完成盆地完整的地层综合柱状图、盆地各地层单元的地层等厚图、盆地主要目的层的沉积相图、储层等厚图、砂岩百分比图、储层物性参数图、重要区域性盖层等厚图、盖层岩性、沉积旋回数、生储盖组合类型和个数等基础图件。

3. 盆地生烃演化史分析

包括对盆地有效烃源岩、烃源岩地化特征、盆地受热史、有机质的成熟史等的研究。完成主力生烃凹陷的分布、有效烃源岩等厚图、有机质丰度(TOC 含量)等值线图、有机质类型分布图、生烃潜力评价、盆地受热史的类型(地温梯度和埋藏史类型)、主要烃源岩的现今 R_o 等值线图等图件。通过盆地模拟软件进行单井生排烃史模拟(图 5-2)。

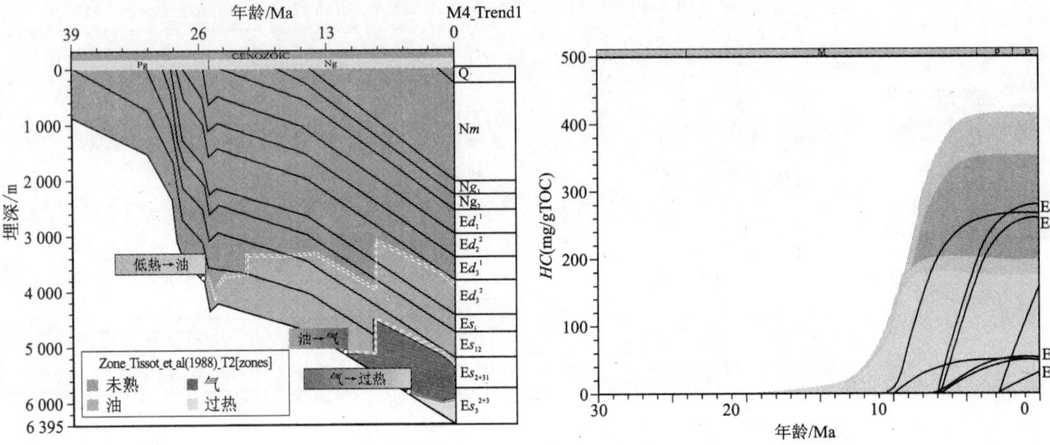

图 5-2 单井生烃和排烃史模拟

(周江羽等,2009)

4. 盆地受热史类型

划分为 4 类:①高温递进型(现今地温梯度大于 3.0℃/100m,埋藏史属持续埋藏型,无大规模抬升;②低温递进型(现今地温梯度小于 3.0℃/100m,埋藏史属持续埋藏型,无大规模抬升);③高温退火型(现今地温梯度大于 3.0℃/100m,晚期发生过大规模抬升);④低温退火型(现今地温梯度小于 3.0℃/100m,晚期发生过大规模抬升)。通过盆地模拟软件进行单井热史模拟(图 5-3)。

5. 盆地油气成藏条件分析

包括生储盖组合、圈闭形成与油气运移的时空匹配、油气藏类型与成藏期次(包括烃源岩的生烃史分析、圈闭形成发育史分析、流体包裹体均一温度、储层自生伊利石同位素年代学分析等)、油气后期改造与再分配、油气分布规律等研究工作。通过盆地模拟软件进行单井或剖面的温压场和流体势模拟(图 5-4)。

在进行低勘探程度盆地评价时,对评价结果采用盆地简况表(表 5-2)。

重点参数的说明:

1)盆地类型:裂陷盆地;压陷盆地;走滑盆地;克拉通盆地;叠合盆地。

2)盆地沉降:持续沉降型;后期抬升型;抬升再沉降型。

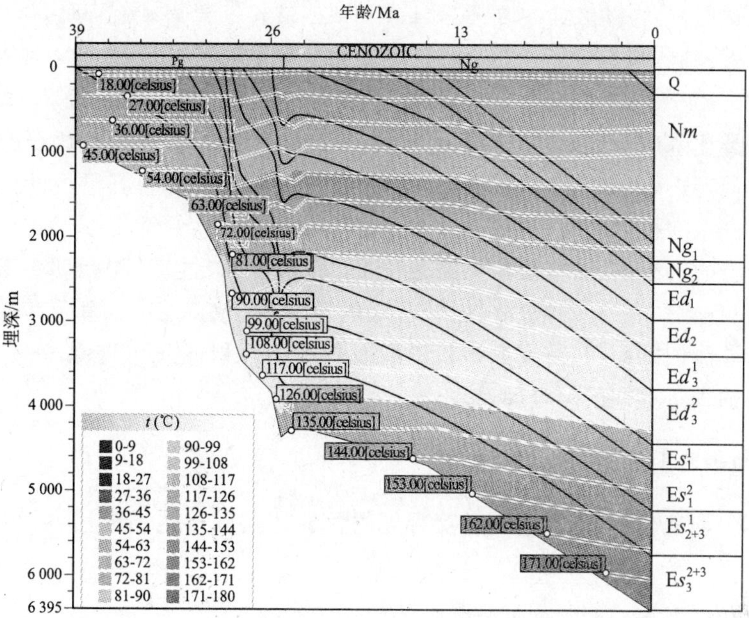

图 5-3　单井热史模拟

(周江羽等,2009)

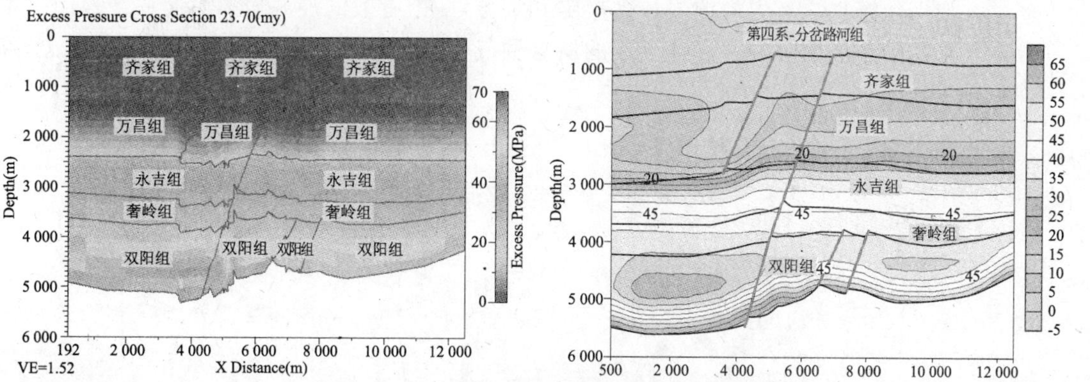

图 5-4　剖面压力场(左)和流体势(右)模拟

(叶加仁等,2007)

表 5-2　低勘探程度盆地评价简况表

盆地名称	盆地类型	盆地面积	基底性质	盆地改造类型	构造运动次数	沉积岩厚度	沉积岩体积	沉积速率	大地热流值	地温梯度	烃源岩类型	烃源岩厚度	烃源岩时代	储层类型	储层时代	探井进尺	地震工作量	探明储量	控制储量	预测储量	一次资评资源量	二次资评资源量	三次资评资源量

3)盆地基底：包括前寒武纪变质岩基底和前寒武纪结晶岩基底；早古生代变质岩基底和早古生代结晶岩基底；晚古生代变质岩基底和晚古生代结晶岩基底；中生代变质岩基底和中生代结晶岩基底。

4)盆地类比基础参数包括：①盆地参数——盆地类型、盆地面积、沉积岩厚度、盆地受热史；②烃源岩参数——有效烃源岩面积、有效烃源岩厚度、烃源岩沉积相、烃源岩层系砂岩百分比、有机碳含量、有机质类型、有机质成熟度、生烃强度、排烃强度、主要烃源岩时代；③储集参数——储集层的沉积相、储集层段砂岩百分比、孔隙度、渗透率；④圈闭参数——主要圈闭类型、圈闭面积系数；⑤保存参数——区域盖层的岩性、区域盖层的面积和厚度、区域不整合数、主要烃源岩被剥蚀的面积、主要勘探目的层被剥蚀的面积；⑥配套参数——生储盖组合数、圈闭形成期与油气运移期的配置关系。

二、盆地中晚期地质评价

盆地中晚期地质评价，即中高勘探程度的盆地地质评价主要采用含油气系统的理论和分析方法。

(一)含油气系统的概念和划分

含油气系统是沉积盆地中的一个自然流体系统，它包括一个有效的烃源岩体和与此烃源岩体有关的所有油气以及形成这些油气藏所必须的所有地质要素和地质作用。

含油气系统根据有效烃源岩体来确定和划分，一个有效的烃源岩体对应一个含油气系统，含油气系统的边界由该烃源岩体生成的所有油气分布的最外边界或油气运移的最外边界确定(图 5-5)。

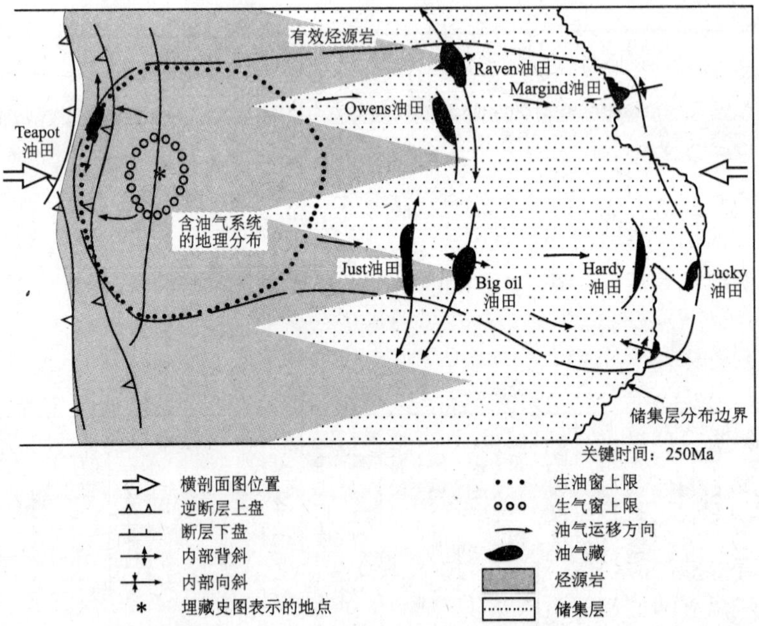

图 5-5 虚构的 Deer-Boar(.)含油气系统在关键时刻的地理展布平面图

(据 Magoon and Gow,1994)

一个完整含油气系统的组成应包括成熟的烃源岩与已形成的所有油气聚集，以及为油气藏形成必不可少的所有地质要素和作用。含油气系统由一系列的图件和表格来体现，划分依据主要为沉积盆地的地球动力学环境（Perrodon，1992）、有机质类型、储集岩性及系统成因（Magoon，1992）、油气充注程度、运移排烃和捕获方式（Demaison and Huizinga，1991）、盆地或凹陷的构造样式（宋建国等，1996），含油气系统的成因分类见图5-6。

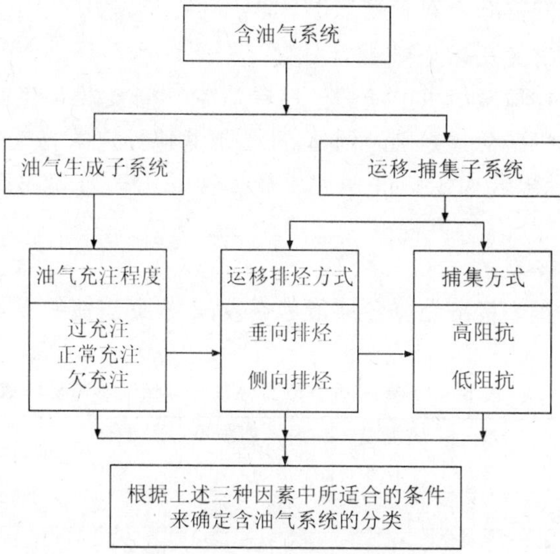

图5-6　含油气系统成因分类
（据 Demaison and Huizinga，1991）

含油气系统定义的三重含义：

1）油气系统是盆地中一个油气生成、运移、聚集和保存的独立的石油地质单元。

2）油气系统的内涵是指该地质单元内存在的，油气藏形成所必需的地质要素和地质作用。

3）油气系统又是一种思维方式和研究方法，油气系统强调地质要素和地质作用在时间和空间上的演化和相互关系，强调系统、整体、动态和历史的研究思路和研究方法。

与传统石油地质综合研究的区别：

1）油气系统强调系统和整体的研究，强调用地质作用把各成藏地质要素联系成一个有机的整体，而传统的石油地质主要注重各成藏要素的研究。

2）油气系统强调动态和历史的研究，强调以过程为主导的研究思路，突出过程的恢复和关系的建立，而传统石油地质综合研究以现今石油地质条件静态描述性研究为主。

3）油气系统强调从源岩到圈闭的油气系统空间展布，从源岩到圈闭的一切地质要素，从源岩到圈闭所发生的一切地质作用过程，是从源岩到圈闭的综合研究方法。

含油气系统的划分：

1）一个有效的烃源岩体对应一个油气系统；

2）有效烃源岩体的研究与圈定；

3）油气成因类型的研究；

4）进行油源对比和气源对比；

5）划分油气系统。

成熟的烃源岩才能形成油气系统；剖面上不同的有效烃源岩体形成不同的油气系统。

同一套烃源岩在盆地的不同成熟烃源岩体，形成不同的油气系统，同一套烃源岩的不同演化阶段，形成的油气系统的个数可以是变化的。

一套有效的烃源岩和与该有效烃源岩有关的油气构成一个油气系统。根据有效烃源岩的研究和油气源对比的结果确定每个含油气系统的平面展布范围。

（二）含油气系统的静态要素研究

1. 有效烃源岩的定义及评价标准

有效烃源岩是指在地质历史中能够生烃和排烃，并能提供可供商业性烃类聚集的烃源岩。以恢复后烃源岩的有机碳含量判别。例如，准噶尔盆地界定的有效烃源岩的有机碳含量下限值标准为：Ⅰ型泥质烃源岩 0.8%，Ⅱ型泥质烃源岩 1.0%，Ⅲ型泥质烃源岩 1.2%；碳酸盐岩为 0.5%。

2. 烃源岩有机质类型

烃源岩的有机质类型标准划分各地不尽一致，需根据当地的实际情况划分（表 5-3）。

表 5-3　有机质类型 5 分法分类标准参考数据表

参数 \ 类型		腐泥型（I_1）	腐殖腐泥型（I_2）	混合型（Ⅱ）	腐泥腐殖型（III_1）	腐殖型（III_2）
H/C 原子比		>1.5	1.3～1.5	1.0～1.3	0.8～1.0	<0.8
O/C 原子比		<0.1	0.15～0.1	0.25～0.1	0.25～0.3	>0.3
红外	1 460/1 600		>1.0	0.4～1.0	0.15～0.4	<0.15
	2 920/1 600		>4.4	1.6～4.4	0.5～1.6	<0.5
$\delta^{13}C$(‰)			<−28.0	−25～−28	−22.5～−25	>−22.5
岩石热解 I_H(mg/g)		>700	400～700	180～400	100～180	<100

有效烃源岩研究：有效烃源岩等厚图、有机碳含量等值线图、有机质类型分布图、烃源岩 R_o 等值线图、烃源岩氯仿沥青“A”等值线图、产烃率曲线图版、烃源岩生烃强度等值线图、烃源岩排烃强度等值线图。

3. 储集层研究

1）储层宏观特征：沉积相图、砂岩百分比图、储层等厚图；

2）储层孔隙结构：孔隙类型分布图；

3）储层物性参数：储层物性统计图；

4）储层综合评价：储层综合评价图。

4. 输导体系研究

1）输导层特征：分布、几何形态、沉积相、物性等，关键时刻输导层顶面埋深图，输导层砂岩百分比图；

2）断裂特征与分布：断裂的性质、断穿层位，断裂带的厚度、封闭性，断裂组合分布图；

3）不整合特征与分布：类型、与源岩和储层的关系，风化带特征、物性，不整合分布图；

4）输导体系综合评价：输导体系类型与分布图。

5. 盖层研究与评价

1）盖层宏观特征：盖层岩性、厚度与分布；

2)盖层微观特征:孔隙度、渗透率、排替压力;

3)盖层保存条件:断裂发育情况、剥蚀状况;

4)盖层综合评价:盖层综合评价图。

(三)含油气系统的地质作用研究

1. 圈闭形成过程研究

1)圈闭类型与分布:圈闭类型分布图、圈闭面积系数;

2)圈闭形成与演化:圈闭形成时间、圈闭发育史图;

3)圈闭可容空间研究:关键时刻圈闭可容空间及其变化。

要素与作用关系研究的时间参照点——关键时刻:关键时刻是含油气系统研究的时间参照点。它是油气系统有效烃源岩的生排烃作用、油气运移作用、圈闭形成作用和成藏作用的最佳匹配期。关键时刻主要根据含油气系统有效烃源岩大量生排烃的时间确定(图 5-7～图 5-12)。

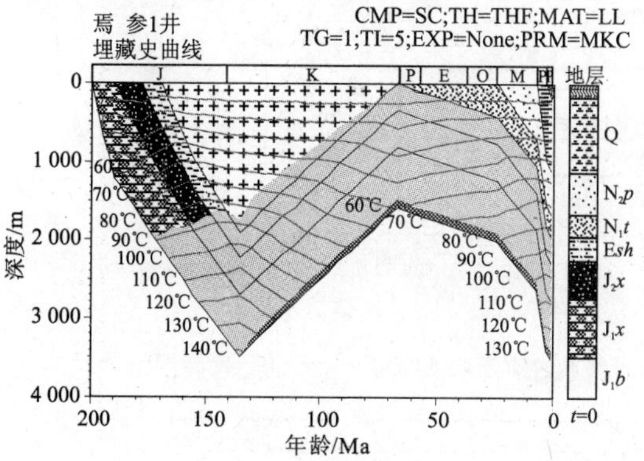

图 5-7　要素与作用关系研究的时间参照点——关键时刻

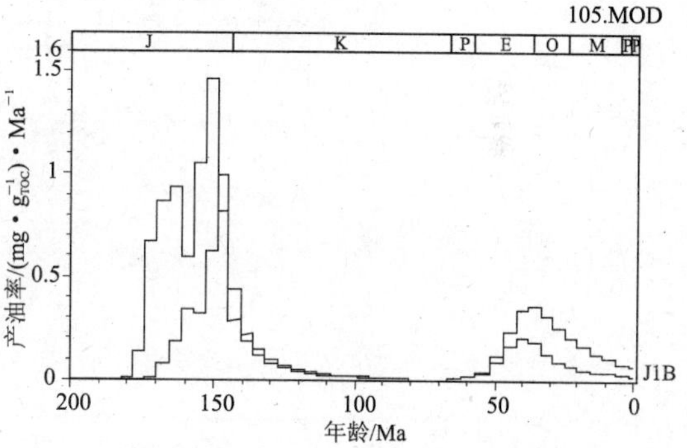

图 5-8　关键时刻确定:主要生排烃期法确定成藏期次

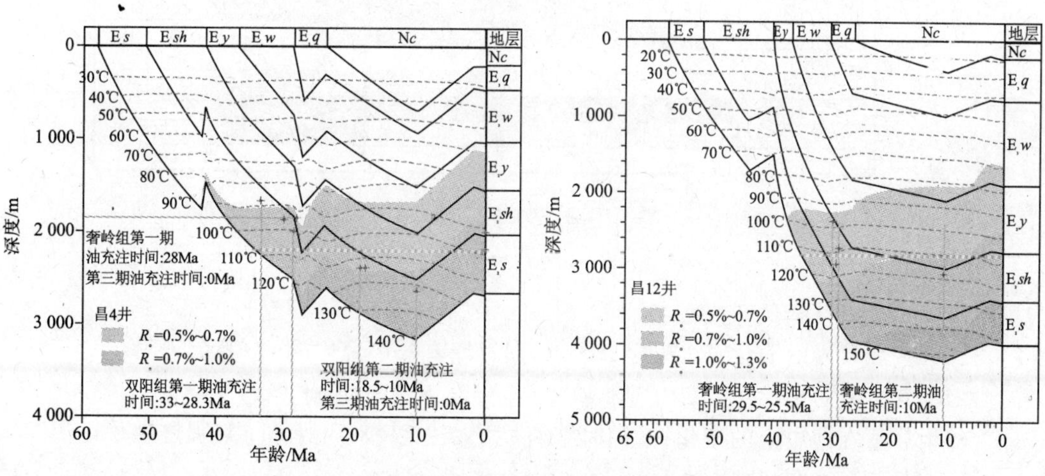

图 5-9　关键时刻确定:包裹体均一温度反映的油气充注时间

(陈红汉等,2008)

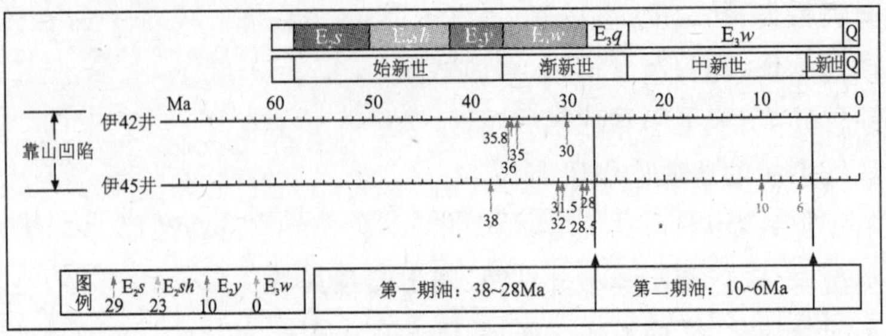

图 5-10　关键时刻确定:流体包裹体反映的油气成藏期次和成藏时期

(陈红汉等,2008)

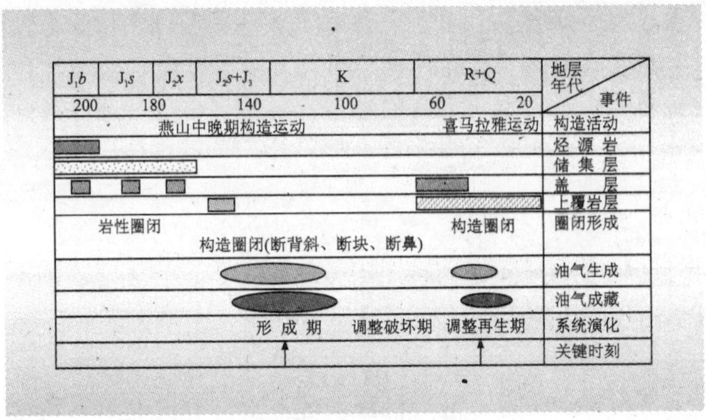

图 5-11　含油气系统事件图反映油气系统各要素与作用在时间上的关系

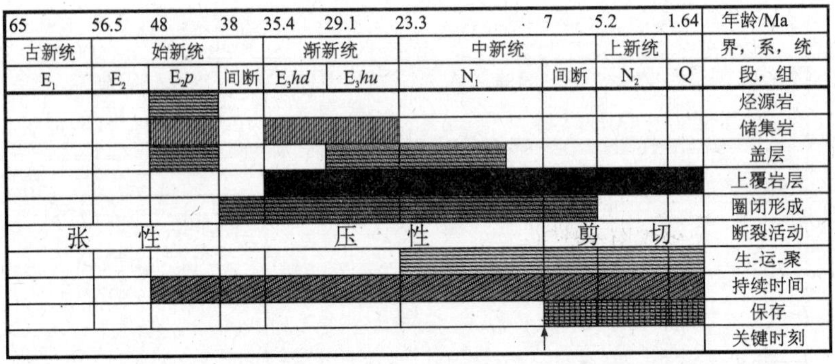

图 5-12　西湖凹陷平湖组—花港组(!)油气系统事件图

(叶加仁等,2005)

2. 油气生成过程研究

1)有效烃源岩的演化:R_o 演化史图、不同时期有效烃源岩的 R_o 等值线图;

2)油气生成历史:生烃门限、生烃高峰、生烃结束的时间、生烃速率变化图;

3)生烃量在地史上的变化:不同时期生烃量直方图、不同时期生烃强度等值线图。

3. 油气运移过程研究

1)油气初次运移:排烃史,排烃量、排烃强度在地史上的变化;

2)油气二次运移:关键时刻输导体系分析、流体势分析、古构造分析;

3)流体历史分析:二次运移的时期、成藏期。

(四)中—高勘探程度盆地的地质评价

(1)建立盆地和地层评价综合表格(表 5-4、表 5-5);

(2)建立运聚单元类比基础参数表(表 5-6);

(3)绘制盆地范围的全套基础图件;

(4)绘制盆地油气系统和运聚单元要求的基础图件。

表 5-4　中—高勘探程度盆地评价简况表

盆地名称	盆地类型	盆地面积	基底性质	盆地改造类型	构造运动次数	沉积岩厚度	沉积岩体积	沉积速率	大地热流值	地温梯度	烃源岩类型	烃源岩厚度	烃源岩时代	储层类型	储层时代	储层厚度	探井进尺	地震工作量	探明储量	控制储量	预测储量	一次资评资源量	二次资评资源量

表 5-5　中—高勘探程度盆地评价地层综合表

地层名称	地层代号	地层类型	开始年龄	主要岩性	平均厚度	平均埋深	是否源岩	有机质类型	成熟度	是否储层	储层沉积相	平均孔隙度	平均渗透率	成岩阶段	地温梯度	古地表温度	岩石骨架热导率	孔隙流体热导率	岩石密度	古水深			

表 5-6　中—高勘探程度盆地评价运聚单元类比基础参数表

成藏条件	参数名称	单位	运聚单元 1
烃源条件	运聚单元的面积	km^2	
	有效烃源岩面积	km^2	
	烃源岩沉积相		
	烃源岩的厚度	m	
	干酪根类型		
	有机碳含量	%	
	R_o	%	
	生烃强度	$10^3 t \cdot km^{-2}$	
	关键时刻		
	输导条件		
	砂岩百分比	%	
储层条件	储层沉积相		
	储层孔隙度	%	
	储层渗透率	$10^{-3} \mu m^2$	
	砂岩百分比	%	
	储层埋深	m	
圈闭条件	圈闭类型		
	圈闭面积系数	%	
保存条件	区域盖层的岩性		
	区域盖层面积	km^2	
	区域不整合数	无因次	
	源岩被剥蚀的面积	km^2	
	勘探目的层被剥蚀的面积	km^2	
配套条件	生储盖组合数	无因次	
	圈闭形成期与主要油气运移期的配置关系		

具体评价内容见表 5－7。

表 5－7　中—高勘探程度盆地地质评价内容(含油气系统静态要素研究)

评价参数	评价项目	评价内容
有效烃源岩研究	有效烃源岩等厚图	
	有机碳含量等值线图	
	有机质类型分布图	
	烃源岩 R_o 等值线图	
	烃源岩沥青“A”等值线图	
	产烃率曲线图版	样品及其分析项目、实验方法、实验条件、模拟后分析项目
	烃源岩生烃强度等值线图	
	烃源岩排烃强度等值线图	
储集层研究	储层宏观特征	沉积相图、砂岩百分比图、储层等厚图
	储层孔隙结构	孔隙类型分布图
	储层物性参数	储层物性统计图
	储层综合评价	储层综合评价图
输导体系研究	输导层特征	分布、几何形态、沉积相、物性等，关键时刻输导层顶面埋深图，输导层砂岩百分比图
	断裂特征与分布	断裂的性质、断穿层位、断裂带的厚度、封闭性，断裂组合分布图
	不整合特征与分布	类型、与源岩和储层的关系、风化带特征、物性，不整合分布图
	输导体系综合评价	输导体系类型与分布图
盖层研究与评价	盖层宏观特征	盖层岩性、厚度与分布
	断层微观特征	孔隙度、渗透率、排替压力
	盖层保存条件	断裂发育情况、剥蚀情况
	盖层综合评价	盖层综合评价图
油气生成过程研究	有效烃源岩的演化	R_o 演化史图、不同时期有效烃源岩的 R_o 等值线图
	油气生成历史	生烃门限、生烃高峰、生烃结束的时间、生烃速率变化图
	生烃量在地史上的变化	不同时期生烃量直方图、不同时期生烃强度等值线图
油气运移过程研究	油气初次运移	排烃史，排烃量、排烃强度在地史上的变化
	油气二次运移	关键时刻输导体系分析、流体势分析、古构造分析
	流体历史分析	二次运移的时期、成藏期
圈闭形成过程研究	圈闭类型与分布	圈闭类型分布图、圈闭面积系数
	圈闭形成与演化	圈闭形成时间、圈闭发育史图
	圈闭可容空间研究	关键时刻圈闭可容空间及其变化

第四节　盆地模拟方法

盆地模拟可简单概述为使用地质原理和数学方法对盆地及其中任何一部分地质过程进行恢复、研究和预测的方法。其基本原理是首先在盆地分析基础上，建立地质过程的概念模型或地质模型，抽提其中最主要的作用变化控制因素，使用数学方法将其原因变量与结果数据联系起来，形成地质过程的数学模型；然后通过软件编制和计算机试验应用，最终对盆地地质过程进行恢复计算（反演），结果预测（正演）或研究分析，得出正确的结论。

盆地模拟就是从盆地动力学的基本原理出发，利用定量模型描述或刻划沉积盆地在三维空间及整个演化历史中的一系列地质事件，如沉积作用、构造演化及油气成藏过程等，从而使我们获得对沉积盆地形成演化随时间的立体的、动态的概念和认识。

盆地模拟涉及地球物理、地球化学、热力学、渗流力学和化学动力学等方面的基础理论和方法。主要内容包括五个方面：盆地发育史或沉降史模拟、盆地热史模拟、盆地生烃史模拟、源岩排烃史模拟、烃类运聚史模拟。

盆地模拟技术的兴起，既是油气勘探和评价的需要，也是盆地分析自身由定性向定量发展的需要。作为盆地分析的定量手段，盆地模拟既不能代替盆地分析，也不能脱离盆地分析而单独进行，盆地模拟技术应该以盆地分析为基础，并与盆地分析紧密结合。要对模拟对象进行系统分析，动态建立合乎实际的各种地质作用概念模型，以及与之相适应的数学模型，合理选择各种模拟参数，并对模拟结果进行合理的解释(吴冲龙等，1993)。

一、沉降史模拟

沉降史分析目前已成为盆地分析中的一种常规技术。它是通过盆地沉降历史时期定量沉降量的分析再现盆地的地质历史。人们用它来调查盆地沉降的构造驱动机制，研究盆地的形成和演化，以及用它来研究含油气盆地的热演化史，预测油气的生成窗口。沉降史分析可恢复地质历史时期地层的形态特征及其沉积速率和沉降速率的变化，同时也是其他模拟的基础，为地层、热演化和油气生成聚集模拟提供时空框架。定量沉降史模拟的方法有两种：一种是反演法，即回剥法(backstriping method)；另一种是正演法。

基本原理：假设盆地内沉积物在埋藏过程中厚度变化的原因是压实作用导致了地层孔隙水的排出，即认为盆地埋藏过程中地层的骨架体积(厚度)不变(颗粒不可压实)或骨架质量不变(没有物质交换)。由此可根据现今地层的埋深和厚度恢复其沉积末时或任何地史时期的地层古厚度，结合地层的抬升时期和剥蚀量恢复，再现盆地发育演化史(图 5-13，图 5-14，图 5-15)。

设 S 为沉积物厚度，ρ_m，ρ_s，ρ_w 分别为地幔、沉积物和水的平均密度，ΔS_i 为海平面变化，W_d 为沉积古水深，则运用地壳均衡原理可以计算盆地的基底沉降。

$$Y=\frac{\rho_m-\rho_s}{\rho_m-\rho_w}S-\frac{\rho_m}{\rho_m-\rho_w}\Delta S_i+W_d \tag{5-1}$$

使用回剥技术，任一套地层在其顶、底埋深分别为 Z_2、Z_1 时的古厚度(H_z)恢复为：

$$H_z=\int_{Z_1}^{Z_2}(1-\varphi_z)\mathrm{d}z \qquad (\varphi_z=\varphi_0\mathrm{e}^{-Cz}) \tag{5-2}$$

式中，φ_z 和 φ_0 分别为地层在埋藏深度为 z 和原始沉积末时的孔隙度，C 为常数。

二、热史模拟

盆地热史分析是盆地分析中的一个重要内容，它不仅是研究盆地形成、演化过程中不同时期的古地温场和岩石的受热史的一个有效手段，而且可以为盆地成因和形成、演化的深部过程研究提供重要信息。地层中的有机质转化与盆地的热史密切相关，大量的研究成果已经表明它对油、气的生成和聚集，以及对层控矿床的形成具有重要的意义。

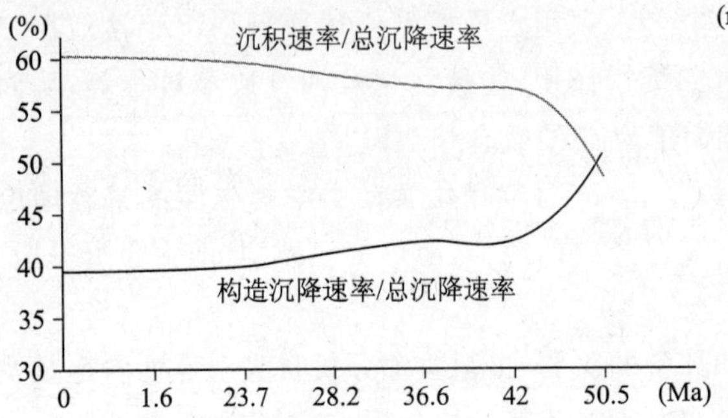

图 5-13 单井构造沉降速率、沉积速率和总沉降速率统计对比图
(叶加仁等,2008)

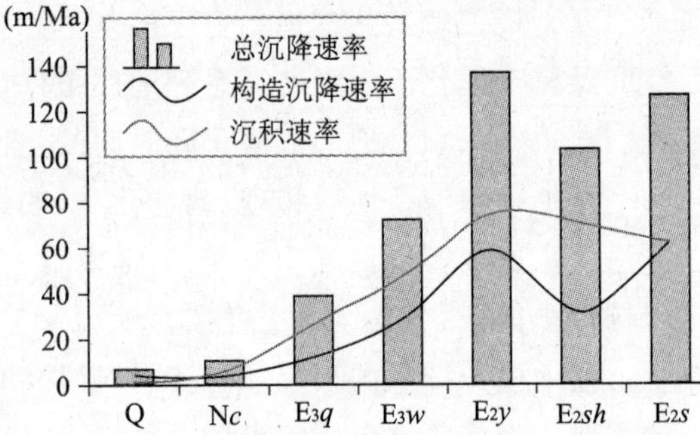

图 5-14 盆地沉积速率/总沉降速率与构造沉降速率/总沉降速率对比分析图
(叶加仁等,2008)

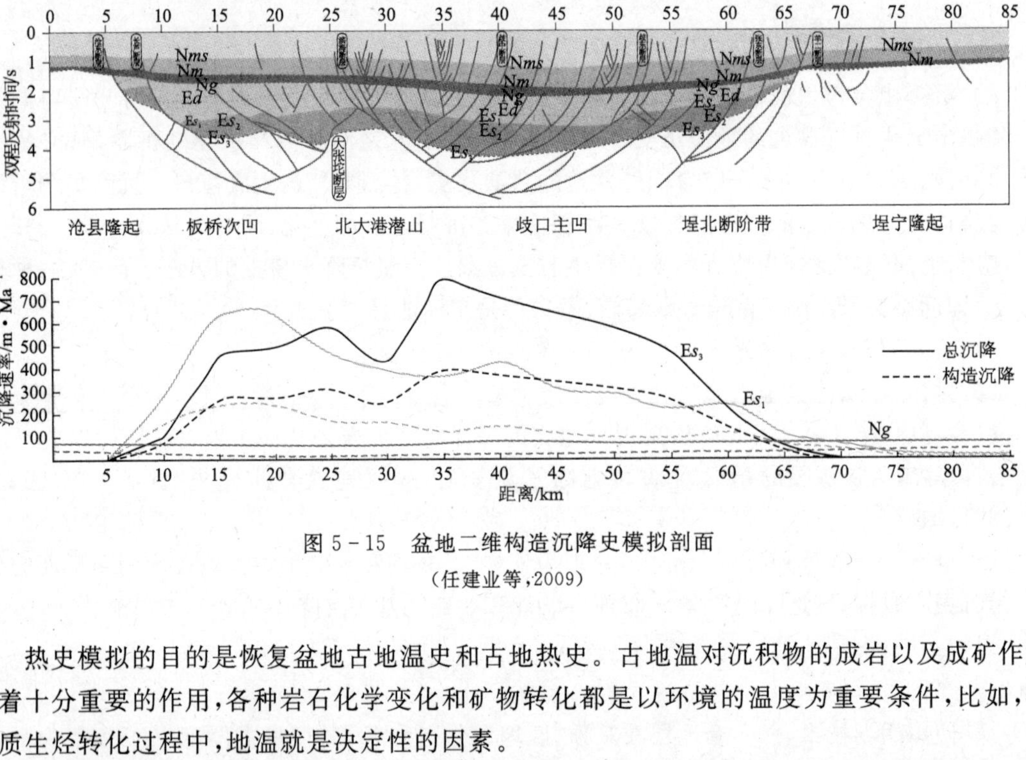

图 5-15 盆地二维构造沉降史模拟剖面
(任建业等,2009)

热史模拟的目的是恢复盆地古地温史和古地热史。古地温对沉积物的成岩以及成矿作用起着十分重要的作用,各种岩石化学变化和矿物转化都是以环境的温度为重要条件,比如,有机质生烃转化过程中,地温就是决定性的因素。

盆地热史研究主要有两种方法:一是依赖于测试资料来反推古地温,如利用古温标法(有机质成熟度指标 R_o、牙形石色变指数、自生成岩矿物、裂变径迹法及流体包裹体等指标)推算古地温;另一种就是盆地模拟方法。

目前最常见的有两种:一种是地球热力学方法为主的正演法;另一种是热指标反演法。

目前国内外广泛采用的热史模拟方法可归纳为两大类,即岩石圈尺度的构造—热演化正演模拟和盆地尺度的古温标反演模拟。岩石圈尺度的构造—热演化正演模拟是一种地球热力学方法。目前应用比较广泛的是 McKenzie 模型。盆地尺度的古温标反演模拟的方法较多,包括盆地古地温的拟合计算(随机反演法)、盆地热演化史(古地温梯度法)、盆地底部热流史(古热流法)和磷灰石裂变径迹法。周中毅等(1992)系统介绍了盆地古地温拟合计算方法,胡圣标等(1998)介绍了盆地热史的分析方法。王世成(1998)介绍了磷灰石裂变径迹在地质热史研究中的应用。近10余年来,我国在含油气盆地热史研究方面取得了大量的研究成果,为指导我国油气勘探做出了重要贡献。

地球热力学方法是根据地热传递原理和盆地的演化特征恢复盆地的热演化史,McKenzie(1978)提出的均匀扩张模式得到比较广泛的应用。在该模式中描述了岩石圈对拉伸作用的基本响应,把拉伸盆地的沉降分解为同裂陷期和裂后期沉降。提出了拉伸指数(β值)的重要概念,确定了拉伸指数与盆地沉降和盆地热流演化的定量关系。

古地温的拟合计算总体可以分为三种方法,即时间—温度指数法(TTI)、化学动力学模型法和镜质体反射率的热演化动力学法。

三、有机质成熟史模拟

有机质成熟史模拟包括有机质成熟度史模拟和烃类生成史模拟两部分内容。有机质转化史模拟为盆地油气资源远景评价提供定量的依据,它是排烃史和运移聚集史模拟的基础(图5-16,图5-17)。

有机质成熟史模拟包括TTI—R_o法、VTTI法;油气生成史模拟通常采用化学反应动力学模型模拟。TTI—R_o法适用于勘探程度较高的地区,化学动力学法适用于勘探程度较低的地区。

排烃史模型就是重建含油气盆地油气初次运移史。目前采用的模拟方法可分为三种:即压实法、压差法和渗流力学法。

运移聚集史模型就是重建盆地油气二次运移史。目前采用的模型是以渗流力学为基础的多相流体(油水两相,或油、气、水三相)运移聚集模拟。

四、盆地流体动力学模拟

盆地流体流动是盆地动力学背景、构造、沉积充填、热史综合作用的结果。盆地流体模拟的目的就是要再现盆地演化过程中流体活动规律,包括盆地演化过程中沉积物物性、温度场、压力场以及流体流动速度、流量、水-岩相互作用速率等参数随时间的变化,进而为盆地内油气运移和聚集、成矿流体运移和聚集提供依据。因此,盆地流体模拟是成矿流体或油气运聚模拟的基础,也是盆地内地质资源评价中必不可少的一个环节。

含油气盆地地下流体动力场包括温度场、压力场、能量场和应力场四大部分,分别研究沉积盆地温度变化效应、压力系统演化、势能分布与油气运移、构造应力场演化之间的相互耦合关系。地下流体动力场的构成不仅对油气的排出具直接控制作用,而且对油气的生成和保存有重要影响。盆地温度、压力、流体和应力场的模拟是成藏动力学研究和模拟的关键(图5-18)。

盆地流体是以往研究最为薄弱、难度最大的部分。1986年美国伊利诺斯大学地质系利用有限差分法推出了二维盆地流体模拟软件——BASIN2。该软件利用数值模拟技术模拟盆地演化过程中沉积物物性、温压场以及流体流动速度、流量等参数随时间的变化。盆地流体既是油气运移、聚集的载体,也是其他成矿流体的载体。所模拟的古水动力场及演化特征可以作为其他模拟研究的基础,比如水-岩相互作用过程模拟、与地下水活动相关的生物作用过程模拟等。近年来该领域也逐渐从单一模型向流体动力学过程与水—岩相互作用的化学动力学过程结合的系统动力学模型发展。

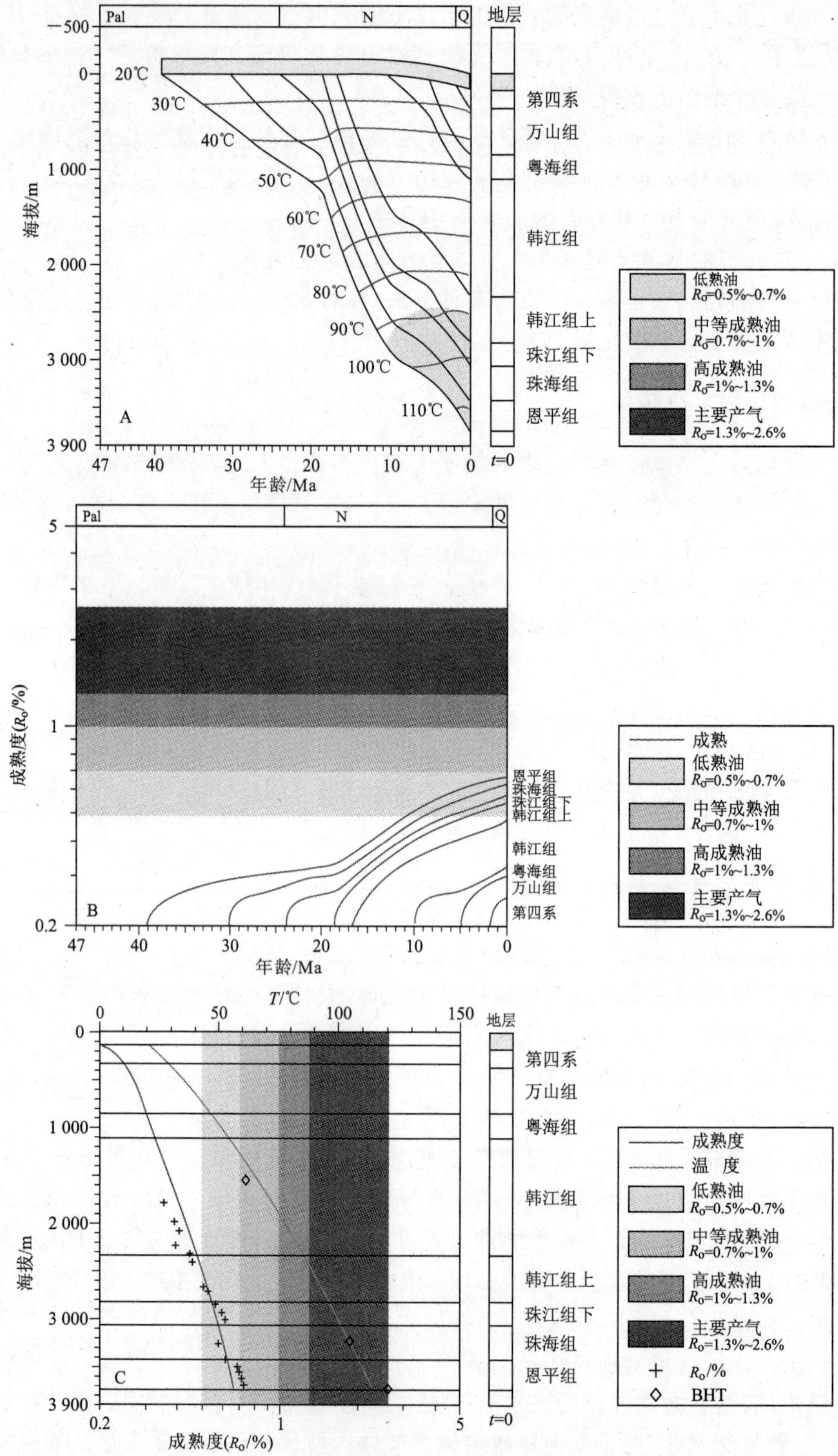

图 5-16 单井地层埋藏史、热史和成熟史模拟

(何生等,2006)

(A. 埋藏史、热史和成熟史;B. 成熟史;C. 地温实测值和成熟度 R_o实测值与计算值模拟结果)

五、成藏动力学模拟

20世纪90年代以来，含油气系统及成藏动力学理论风靡全球，并成为当今石油地质学领域研究的热点问题。长期以来，传统石油地质学家一直把研究重点放在生、储、盖、运、保等单因素上，而含油气系统及成藏动力学理论则是把各项石油地质条件构成统一系统，追索油气生、排、运、聚的全过程。含油气盆地含烃热流体的运动及其运聚成藏的全过程都是在三维的输导系统中进行，因此识别及研究由沉积体、间断面、断裂网络等要素构成的输导体系是成藏动力学研究的前提和基础。

含油气系统和成藏动力学是油气地质领域的最新进展，含油气系统是盆地内相对独立的油气生、运、聚单元，油气成藏动力学过程强调了由温度、压力和有效受热时间控制的油气生成的化学动力学过程以及由水动力和流体势控制的油气运聚的流体动力学过程。油气成藏动力学依赖于盆地动力学演化，必须从油气藏形成的直接动力学特征——能量场来表征。近年来，油气成藏动力学模拟在原有5史模型（地史、热史、生烃史、排烃史和运移聚集史）基础上得到了更大的发展，突出体现在从二维模型向着三维模型、从单相流体向多相流体运移、从简单模型向较完善的动力学模型的发展。

成藏动力学模拟技术是一项油气成藏动力学过程模型、数学模型和计算机模拟技术相结合的、多学科交叉的、复杂的系统工程。它突破了传统石油勘探评价方法的局限，应用各种数学模型来描述油气生成、运移和聚集的各种地质和地球化学过程，再造油气地质演化史，指导油气勘探。

第五节 盆地资源量计算方法

目前，含油气盆地油气资源的估算一般是通过资源评价系统来实现的，而不是由单一的方法完成。其主要途径是统计模拟、数字模拟、专家系统三类。常用的盆地资源量计算方法可分为体积统计法、地球化学法、勘探效果分析法及类比法四大类。

一、体积统计法

该法是指用数理统计的方法（最小二乘法、线性回归法）在研究程度较高的含油气区建立油气资源量（Q）或单位体积油气资源密度（q_V）与沉积岩体积（V）以及生油岩体积、储集岩体积等地质变量之间的函数关系，应用地质类比的原理对勘探新区油气资源量进行估算。

体积统计法主要包括体积丰度法、体积速度法、体积累加法和地层体积系数法，主要用于极低勘探程度盆地的远景资源量估算。

1. 体积丰度法

该法就是将资源量作为盆地面积、沉积岩厚度和丰度系数的函数，具体运算过程中将盆地按不同的地层单元、不同的深度单元详细划分为区块，进行细小区块的资源量估算，所得到的资源量是盆地的远景资源量。

体积丰度法盆地远景资源量的计算公式为：

$$Q_{盆} = V \times K - S_b \times H_d \times H_{rs} \times \varphi_e \times (1 - S_w) \times \rho_h \times \beta \qquad (5-3)$$

或

$$Q_{盆} = V \times K = S_p \times H_p / H_{ks} \times \varphi_e \times (1 - S_w) \times \rho_h \times \beta \qquad (5-4)$$

式中，V 为体积/km^3；K 为丰度系数；S_p为产层面积/km^2；S_b为盆地面积/km^2；H_p为产层厚度/m；H_d为沉积岩厚度/m；H_{rs}为储集层占沉积岩层的厚度百分比/%；H_{ks}为生产层占储集层的厚度百分比/%；φ_e为有效孔隙度/%；S_w为含水饱和度/%；ρ_h为烃密度/($g \cdot m^{-3}$)；β 为体积系数。

体积系数可采用类比法求取：对类似盆地进行研究后，获取单位体积(km^3)的油气产量($t \cdot km^{-3}$)作为 β 值。

丰度系数 K 值可通过对石油地质条件主参数[如有机质转化率(H)、生油岩体积(V_f)、近油源圈闭面积(S_n)、储层体积与沉积岩体积之比(V_r)、剥蚀次数(N)等]进行多元回归分析后获取。

中国东部勘探程度较高的凹陷可用下式：

$$K = -2.569 + 0.182V_f + 0.344H + 0.383V_r + 0.159S_n - 1.245N \quad (5-5)$$

只做过地震工作的地区，无多少资料可用，则：

$$K = -3.965 + 0.667F + 0.333S_n \quad (5-6)$$

式中，F 为沉积相分数，三角洲取 0.9，扇三角洲和滨岸砂体取 0.7，河流和碳酸盐岩取 0.5，其他取 0.3。

2. 体积速度法

该法是根据盆地内油气资源量与盆地内沉积物充填速度(体积速度)的函数关系对油气资源量进行估算。

$$\lg Q = a + b\lg v \quad (5-7)$$

式中，Q 为估算的油气资源量/10^8 t；v 为盆地内沉积物充填的平均速度/($10^3 km^3 \cdot Ma^{-1}$)。

据前人研究成果，下述几个回归方程可供借鉴。中国东部陆内中新生代盆地：$\lg Q = 3.365 + 1.38\lg v$；中国西部中新生代盆地：$\lg Q = 2.475 + 1.586\lg v$；中国海上新生代盆地：$\lg Q = 3.565 + 1.48\lg v$。

3. 体积累加法

体积累加法是由圈闭开始，以区带为单元分别估算各级资源量，最后累加成为盆地的资源量。

4. 地层体积系数法

公式为：

$$Q = S_p \times H_p \times \Phi_e \times S_o \times V_s \quad (5-8)$$

式中，Q 为资源量/$10^4 m^3$；S_p 为含油面积/km^2；H_p 为油层有效厚度/m；Φ_e 为油层有效孔隙度/%；S_o为油层含油饱和度/%；V_s为原始地层体积系数(无量纲)。

二、地球化学法

地球化学法在解决油气资源的估算中占有重要地位。资源评价的地球化学法是从生烃量计算入手进行资源量估算，其研究途径是从生烃量到排烃量再到聚集量。在盆地勘探初期阶段，可以利用地球物理资料(重、磁、电、震)和参数井资料以及已掌握的地质资料，应用盆地模拟技术进行油气资源评价，回答哪些区块或层系是有利的聚油气区块或层系，并计算出它们的资源量。在勘探成熟阶段，主要是利用地震、地质技术与各项分析化验资料重新认识盆地的油气资源潜力、油气资源分布，评价方法可采用盆地模拟法、地球化学法等方法。

目前生烃量计算的方法很多，其中最常用的方法主要有生烃系数法、残烃法(氯仿沥青“A”法)、干酪根降解法(热解法)、数字化积分法和热模拟法等，主要用于低—中等勘探程度盆地的远景资源量估算。

1. 生烃系数法(有机碳质量平衡法)

$$Q_{盆} = S_h \times H_h \times D_r \times C \times R_a \times g \quad (5-9)$$

式中,$Q_{盆}$为盆地油气资源量/10^8 t;S_h为烃源岩有效面积/km^2;H_h为烃源岩厚度/km;D_r为烃源岩密度/($10^8 t \cdot km^{-3}$);C为有机碳含量/%;R_a为残余有机碳恢复系数(有机碳转化系数),一般采用1.0%~1.2%;g为产烃率/%。

当盆地中存在多层烃源岩时,分别计算各层烃源岩的资源量,然后累加即可。

2. 残烃法(氯仿沥青"A"法)

$$Q_{盆} = \frac{1}{1-K_{排}}(S_h \cdot H_r \cdot A \cdot \rho_r) \cdot K_{聚} \quad (5-10)$$

或

$$Q_{盆} = S_h \cdot H_r \cdot A \cdot \rho_r \cdot k$$

式中,Q为盆地资源量/10^8t;S_h为有效生油岩面积/km^2;H_r为有效生油岩厚度/m;A为氯仿沥青"A"含量/%;ρ_r为烃源岩密度/($10^8 t \cdot km^{-3}$);k为沥青转化系数,一般采用15%~20%;$K_{排}$为排烃系数;$K_{聚}$为聚集系数。

3. 热解法

根据干酪根热降解的热动力反应规律,利用模拟所得到的不同热演化阶段的生油量和生气量,然后再乘以排聚系数,得出油、气总资源量。

$$Q_o = \frac{1}{1\,000} \times \frac{C_o}{C_o + C_g} \times C_{AO} \times C_A \times S_h \times H_r \times \rho_r \times K_{排} \times K_{聚} \quad (5-11)$$

$$Q_g = \frac{C_g}{C_o + C_g} \times C_{AO} \times C_A \times S_h \times H_r \times \rho_r \times K_{排} \times K_{聚} \quad (5-12)$$

式中,Q_o为石油资源量/10^8t;Q_g为天然气资源量/$10^8 m^3$;S_h为有效生油岩面积/km^2;H_r为有效生油岩厚度/km;ρ_r为生油岩密度,一般用$23 \times 10^8 t/km^3$;C_o为不同演化阶段液态烃产率/%;C_g为不同演化阶段气态烃产率/%;C_{AO}为有机质的原始产烃潜量/($kg \cdot t^{-1}$);C_A为不同演化阶段累计产烃率/%;$K_{排}$为排烃系数;$K_{聚}$为聚集系数。

4. 热模拟法

根据热史计算得到的热演化参数(R_o和有机碳恢复系数),可求得资源量:

$$Q = S_h \times H_r \times \rho_r \times C \times R_a \times E \times 1.204\,8/10^6 \quad (5-13)$$

式中,Q为生油量/10^8t;S_h为生油岩面积/km^2;H_r为有效烃源层厚度/m;ρ_r为暗色泥岩、灰岩密度/($10^8 t \cdot km^{-3}$);C为现今残余有机碳含量/%;R_a为有机碳恢复系数/%,原始有机碳/残余有机碳;E为累计降解率/%,现今R_o的函数;1.204 8为碳烃转换系数。

上述方法中数据根据热解资料获得,在不同模拟温度下实测各类不成熟生油岩的产烃率,以累计最大产烃率作为原始生油潜率,把现今不同热演化阶段生油岩的热解烃率作为残留潜率,在图版上求得不同程度热解烃源岩的原始生油潜量,原始生油潜量与残留潜量之差为油气初次运移量,初次运移量与原始生油潜量之比为排烃系数,聚集系数采用地质类比法确定,有效生油岩体积要求按盆地有机质在不同热演化阶段(液态窗、湿气—凝析油、干气等)确定。

三、勘探效果分析法

勘探效果分析法是建立在实际资料的基础上,以历史资料为基础的一种经验外推法。

这类方法主要适用于勘探程度较高的地区。目前勘探效果分析法主要包括经验外推法、油田规模序列法、储产量分析法等。

经验外推法是在一个盆地发现高峰已经过去，随着储量发现时间或钻井进尺的累积量增长，而呈现出下降趋势的曲线，据此曲线推测油气资源量；油田规模序列法是根据自然现象的概率分布特征估算资源量；储产量分析法是一种利用累计发现量与累计生产量之间的关系，求得最终累计发现量的方法。

四、类比法

类比法是一种常用的方法，它可用于盆地范围内的类比，也可用于一口井甚至某些实验数据的类比。类比法主要包括类比系数法、评分法、比分法等。依据操作方法的不同，类比法可分为面积丰度法、体积丰度法等。此类方法适用于任何勘探阶段和地质条件。类比法的基本过程是首先在已知区建立石油资源定量模型，然后寻找在地质格局上类似于已知区的地区，最后用已知区的定量模型外推到评价区，从而估算出评价区的资源量。

体积丰度法资源量计算公式如下：

$$Q = \alpha \times q \times V \tag{5-14}$$

式中，Q 为预测区的资源量/10^8 t；V 为预测区沉积岩体积/km^3；q 为刻度区的资源量丰度/($10^8\,\mathrm{t} \cdot \mathrm{km}^{-2}$)；$\alpha$ 为类比系数。

实施步骤：

1)对预测区进行石油地质条件的研究，得到预测区的类比参数和沉积岩体积 V。

2)根据预测区类型从刻度区库中选定刻度区，得到 q。

3)进行刻度区与预测区间的地质类比。①分类整理类比刻度区与预测区的地质资料；②根据类比评分标准对预测区和刻度区评分；③求出预测区与类比刻度区的相似系数；④计算预测区的资源量。

类比法是根据评价区与刻度区油气成藏条件的相似性，由已知(类比)区的油气资源丰度估算未知(评价)区资源丰度和资源量的资源评价方法。

面积丰度法是以单位面积的资源丰度作为主要的类比资源参数进行类比；体积丰度法是以单位沉积岩体积的资源丰度作为主要的类比资源参数进行类比。目前的资源评价主要采用面积丰度类比法。

面积丰度类比法是成藏条件类比法的一种。它是根据评价区与刻度区油气成藏条件的相似性由刻度区的面积资源丰度估算评价区面积资源丰度的一种评价方法。

刻度区和评价区的油气成藏条件包括油气生成条件、油气储集条件、油气圈闭条件、油气保存条件等方面。具体的类比参数和评分标准最好能统一制定。

从资源量的概率分布角度，面积丰度类比法计算资源量的公式如下：

$$P_Q = S \times \alpha \times P_k \tag{5-15}$$

式中，P_Q为评价区油或气资源量的概率分布；S 为评价区的面积/km^2；α 为相似系数，根据下式计算得到：

$\alpha = \dfrac{\text{评价区地质评价总分}}{\text{类比区地质评价总分}}$(适用于地质资料较少，便于相对比较的评价单元)；

$\alpha = \dfrac{\text{评价区地质评价系数}}{\text{类比区地质评价系数}}$(适用于地质资料较多，可按统一评价标准定量分级及细分的评价单元)；P_K为类比区油气资源面积丰度的概率分布。

需要说明的是：①类比区的油气资源丰度有地质资源丰度和可采资源丰度之分，则预测评价区的油气资源量结果亦相应可分为地质或可采资源量，两者间必须相对应；②若类比区油气资源丰度为概率分布，则应采用蒙特卡罗乘法计算，其结果为概率分布值；③根据资源评价实施方案要求，资源量预测结果有时需以概率分布表示；④评价区可以选择一个类比区或数个类比区进行类比，选择数个类比区进行比较时，需求出一个平均的类比结果或选定一个最合理的类比结果。

在评价过程中，评价区和刻度区既可以是盆地、一级或次一级构造单元，或含油气系统，但评价区和刻度区的级别应该相同。

根据面积丰度类比法，既可以计算石油资源量，也可以计算天然气资源量，既可以计算地质资源量，也可以计算可采资源量。

类比的主要内容是类比区与评价区之间成藏条件的比较，主要包括油气源条件、储集层条件、圈闭条件、保存条件及配套史条件。五大条件内又有若干具体条件构成，具体条件又有主次之分，并有分级及计算的标准与内容。具体条件的选择，尚需根据评价单元等级、油与气的不同、资料状况及评价的具体要求等合理确定，但应尽量抓住各分项中的主控因素。

应用类比法进行油气资源评价时应注意以下几个问题：

1.类比盆地(刻度区)选择的原则和依据

1)刻度区应满足"三高"要求：地质认识程度高、勘探程度高、资源探明程度高；

2)刻度区的构造—沉积背景、油气成藏条件与类比区基本相近；

3)刻度区油气地质条件类比参数、资源丰度和资源丰度的概率分布已知。

2.类比参数选择原则及赋值标准

在类比法中，类比参数是油气成藏条件的具体体现。油气成藏条件主要包括油气源条件、油气储集条件、油气圈闭条件、油气保存条件和配套条件等五个方面。在类比评价中，通过评价区和刻度区盆地和区带油气成藏条件的研究得到类比参数，以类比参数作为类比评价的基础，尽量采用统一的赋值标准。

3.类比法相似系数计算的注意事项

1)按统一评价标准类比求相似系数：①先分别求得类比区与评价区成藏条件即五大要素内各条件的评分及加权平均值，并进行归一化处理(转化为概率值)；②将各大成藏条件的概率值相乘，分别求得类比区与评价区的评价系数，两系数相比即可求得两者间的相似系数(代表相似性)。

2)按相对评价标准类比求相似系数：以类比区或评价区中成藏条件单项最好的作为"1"进行相对比较，可以以总分相比，也可以先求各大要素的概率值再相乘的方法求得类比区和评价区的评价系数，两者相比求得相似系数。

3)根据类比区的油气资源丰度(可以是面积的可采资源丰度或地质资源丰度，也可以是体积的可采资源丰度或地质资源丰度)，再乘以相似系数求得评价区相应的面积或体积的油气资源丰度值，再乘以评价区的面积或体积就可求得评价区的油气可采资源量或地质资源量。

4)上述面积丰度中的面积可以是沉积岩面积、烃源岩面积、储集层面积、圈闭面积、区带面积或勘探有利面积等；体积丰度中的体积亦可以是沉积岩体积、烃源岩体积、储集层体积、圈闭体积等。

5)在类比求相似系数及资源量时类比区与评价区的单元等级及类比单位必须相对应。

在不考虑资源量概率分布时，从资源量计算的角度，面积丰度类比法的计算公式还可表示为：

$$Q = \sum_{i=1}^{n}(S_i \times K_i \times \alpha_i) \tag{5-16}$$

式中：Q 为预测区的油气总资源量/10^8 t；S_i 为预测区类比单元的面积/km^2；α_i 为预测区类比单元与刻度区的类比系数；n 为预测区子区的个数；K_i 为刻度区油气资源丰度/(10^8 t · km^{-2})。

实施步骤：

1)结合类比刻度区，进行盆地类比单元的划分。所有单元覆盖全盆地，分别确定每个单元的面积 S_i。

2)为每个单元确定刻度区，得到 K_i。

3)进行刻度区与预测区的地质类比，求出 α_i。

① 分类整理类比刻度区与预测区的地质资料，填写刻度区与预测区的类比基础参数表(表 5-8)；② 根据类比评分标准(表 5-9、表 5-10)，利用加法原则求出类比刻度区与预测区的评价总分；③ 求出每一预测区与类比刻度区的类比系数。

表 5-8 盆地类比基础参数表

评价参数	评价内容	参数赋值
盆 地	盆地面积/km^2	
	沉积岩厚度/m	
	盆地受热史	
油气源	有效烃源岩面积/km^2	
	有效烃源岩厚度/m	
	烃源岩沉积相	
	源岩层系砂岩百分比/%	
	主要烃源岩有机碳含量/%	
	主要烃源岩有机质类型	
	主要烃源岩的成熟度/%	
	生烃强度/(10^4 t · km^{-2})	
	排烃强度/(10^4 t · km^{-2})	
	主要烃源岩时代	
储 层	储集层的沉积相	
	主要储集层段砂岩百分比/%	
	主要储集层的孔隙度/%	
	主要储集层的渗透率/10^{-3} μm^2	
圈 闭	主要圈闭类型	
	圈闭面积系数	
保 存	区域盖层的岩性	
	区域盖层的面积/km^2	
	区域不整合数/个	
	主要源岩被剥蚀的面积/km^2	
	主要勘探目的层被剥蚀的面积/km^2	
配套史	生储盖组合数/个	
	圈闭形成期与油气运移期的配置关系	

4)计算各类比单元的油气资源量,求和得到盆地总资源量。

4. 实例分析

以鄂尔多斯盆地为例,说明类比法计算盆地资源量的方法。

第一步:类比盆地的选取。

以中、新生界盆地为类比对象;主要沉积建造为湖泊—河流沉积体系;生油岩较单一,以一套为主,且为湖相泥岩;热演化程度近似,以生油为主;油气成藏条件为重要类比对象,其中尤以生油岩的质量、数量、储层类型、性能及油藏规模为关键;油气勘探程度较高、发现储量大,资源估算准确;合理选择类比参数。

根据上述条件,盆地类比中选取松辽、渤海湾、准噶尔盆地与鄂尔多斯盆地进行类比。

第二步:建立盆地类比评分标准(表 5-11)。

第三步:类比评分取值(表 5-12)。

第四步:类比资源量计算(表 5-13)。

表 5-9　盆地类比评价的评分标准

成藏条件	参数名称	分值			
		4	3	2	1
烃源条件	有效烃源岩面积/盆地面积	>50%	50%~25%	25%~10%	<10%
	有效烃源岩厚度/m	>1 000	1 000~500	500~250	<250
	盆地受热史	高温递进	低温递进	高温退火	低温退火
	烃源岩沉积相	深湖-半深湖	半深湖	半深湖-浅湖	浅湖、泻湖及湖沼相
	砂岩百分比(沉积旋回数)	>60	60~30	30~20	<20
	干酪根类型	Ⅰ	Ⅰ-ⅡA	ⅡB-Ⅲ	Ⅲ
	有机碳/%	>3.0	3.0~2.0	2.0~1.0	1.0~0.5
	R_o/%	0.8~1.2	1.2~2	0.5~0.8	>2 或<0.5
	生烃强度/(10^4t·km^{-2})	>1 000	1 000~500	500~200	<200
	排烃强度/(10^4t·km^{-2})	>500	500~250	250~100	<100
	烃源岩的年代/Ma	白垩纪—新近纪	三叠纪、侏罗纪	晚古生代	早古生代或更老
储集条件	沉积相	三角洲、沿岸滩坝相	扇三角洲、滨浅湖	重力流、河道	洪积、冲积相
	储层百分比/%	40~50	30~40	20~30	<20
	储层孔隙度/%	>20	15~20	10~15	<10
	储层渗透率/$10^{-3}\mu m^2$	>600	600~100	100~10	<10
圈闭条件	主要圈闭类型	以背斜为主	断背斜、断块	地层	岩性
	圈闭面积系数/%	>20	20~10	10~5	<5
保存条件	区域盖层的岩性	膏盐岩、泥膏岩	厚层泥岩	泥岩	脆泥岩、砂质泥岩
	区域盖层面积/盆地面积/%	>80	80~60	60~40	<40
	区域不整合数	0	1~2	3~4	≥5
	源岩被剥蚀的面积/盆地面积/%	<10	10~30	30~50	>50
	主要勘探目的层被剥蚀面积/盆地面积/%	<10	10~30	30~50	>50
配套条件	生储盖组合数	>3	3	2	1
	圈闭形成期与主要油气运移期的配置关系	早或同时(3.5)		晚(1.5)	

表 5－10 盆地运聚单元类比评分标准

参数类型	参数名称	类别			
		4	3	2	1
烃源条件	有效烃源岩面积/运聚单元的面积/%	＞50	50～25	25～10	＜10
	烃源岩沉积相	深湖	半深湖	浅湖	湖沼相、海相碳酸盐岩
	烃源岩厚度/m	＞1 000	500～1 000	250～500	＜250
	干酪根类型	Ⅰ	Ⅰ－ⅡA	ⅡA－Ⅲ	Ⅲ
	有机碳/%	＞2.0	1.5～2.0	1.0～1.5	0.5～1.0
	R_o/%	0.8～1.2	1.2～2	0.5～0.8	＞2 或＜0.5
	生烃强度/(10^4 t·km^{-2})	＞1 000	500～1 000	500～200	＜200
	关键时刻	古近纪、新近纪	白垩纪	三叠纪、侏罗纪	古生代
	砂岩百分比/%	30～40	40～60 20～30	60～80	＜20 ＞80
	输导体系类型	储层＋断层	储层	不整合	断层
	运移流线	汇聚流	平行流	发散流	线形流
储层条件	沉积相	三角洲、滨浅湖	扇三角洲	水下扇、重力流、河道	洪、冲积相
	储层百分比/%	＞60	60～40	40～20	＜20
	储层孔隙度/%	＞30	30～20	20～10	＜10
	储层渗透率/$10^{-3}\mu m^2$	＞1 000	100～1 000	100～10	＞10
圈闭条件	圈闭类型	以背斜为主	断背斜、断块	地层	岩性
	圈闭面积系数/%	＞20	20～10	10～5	＜5
保存条件	区域盖层的岩性	膏盐岩、泥膏岩	厚层泥岩	泥岩	脆泥岩、砂质泥岩
	盖层面积/单元面积/%	＞80	80～60	60～40	＜40
	区域不整合数	0	1～2	3～4	≥5
	源岩被剥蚀的面积/单元面积/%	＜10	10～30	30～50	＞50
	主要勘探目的层面积/单元面积/%	＜10	10～30	30～50	＞50
配套条件	生储盖组合数	＞4	3	2	1
	圈闭形成期与关键时刻的配置关系	早或同时		晚	

表 5-11　鄂尔多斯盆地类比评分标准

项目、标准和分值	盆地规模与沉积规模	沉积相	生油条件	储集条件	圈闭条件	含油气性	盖层发育、构造运动、配置条件
5	大型沉积盆地，沉积岩面积 ＞$10\times10^4km^2$。沉积岩厚度＞5 000m，沉积岩体积＞$5\times10^4km^3$	湖泊相—河流相	生油岩面积＞$5\times10^4km^2$，体积＞$5\times10^4km^3$，生油岩沉积相为深湖—半深湖相，有机碳＞2.5%，氯仿沥青“A”＞$1\ 500\times10^{-6}$，总烃＞$1\ 000\times10^{-6}$，S_1+S_2＞300mg/g，生油岩岩性为泥质岩，地温梯度大于3℃/100m，干酪根为Ⅰ－Ⅱ型。生烃强度＞$200\times10^4t\cdot km^{-2}$，排烃强度＞$100\times10^4t\cdot km^{-2}$	储层主要相带为三角洲、沿岸滩坝相，砂岩厚度60～90m，砂泥岩百分比30%～50%。石英砂岩、长石石英砂岩。渗透率大于$500\times10^{-3}\mu m^2$，孔隙度20%～35%	具有大型的构造、地层、岩性、潜山等多种圈闭类型，有利圈闭面积系数30%～50%	油藏规模较大，油层厚度大，储量丰度大	具好的区域性盖层，生储盖组合为互层式和下生上储组合。区域构造运动较弱，区域不整合次数少，生油层及主要的勘探的目的层未遭受过剥蚀
3	大—中型沉积盆地，沉积岩面积$(4\sim5)\times10^4km^2$，沉积岩厚度3 500～5 000m，体积$(3\sim5)\times10^4km^3$	海陆交互相—咸化泻湖相—湖泊相	生油岩面积$(3\sim5)\times10^4km^2$，体积$(2.5\sim5)\times10^4km^3$，沉积相为深—半深湖—浅湖相。有机碳＞1.5%～2%，氯仿沥青“A”$1\ 000\sim1\ 500\times10^{-6}$，总烃$(500\sim1\ 000)\times10^{-6}$，$S_1+S_2$＞150～200mg/g。岩性为泥质岩，地温梯度大于2.5～3℃/100m，干酪根为Ⅱ—Ⅲ型。生烃强度$(100\sim200)\times10^4t\cdot km^{-2}$，排烃强度$(50\sim100)\times10^4t\cdot km^{-2}$	储层主要相带为三角洲、滨浅湖砂体、河道砂体，砂岩厚度30～60m，砂泥岩百分比20%～30%。长石石英砂岩、砂砾岩。渗透率$(100\sim500)\times10^{-3}\mu m^2$，孔隙度15%～20%	以中型构造圈闭为主，并有地层、岩性、潜山等不同圈闭类型复合体，有利圈闭面积系数20%～30%	油藏规模中一大，油层厚度中等，储量丰度中一大	具区域性盖层，生储相带的配置较好，但生储盖组合较单一，以下生上储为主。区域构造运动较强烈，生油层及主要勘探目的层有一定程度剥蚀
1	中—小型沉积盆地，沉积岩面积＜$3\times10^4km^2$，沉积岩厚度＜3500m，体积＜$3\times10^4km^3$	河流相—湖泊相—沼泽相	生油岩面积＜$3\times10^4km^2$，体积＜$2.5\times10^4km^3$，生油岩沉积相为半深湖—浅湖相—泻湖相及湖沼相，有机碳＜1.5%，氯仿沥青“A”＜$(500\sim1\ 000)\times10^{-6}$，总烃＜$500\times10^{-6}$，$S_1+S_2$＜150mg/g，生油岩岩性为泥质岩、膏泥岩、(含)碳质泥岩，地温梯度2～2.5℃/100m，干酪根Ⅲ为主型。生烃强度＜$100\times10^4t\cdot km^{-2}$，排烃强度＜$50\times10^4t\cdot km^{-2}$	储层主要相带为滨浅湖砂体、河道砂体，砂岩厚度30～60m，砂泥岩百分比20%～30%。长石石英砂岩、粉砂岩。渗透率＜$100\times10^{-3}\mu m^2$，孔隙度＜15%	以小型构造及岩性圈闭为主，有利圈闭面积系数10%～20%	油藏规模中等，油层厚度小一中等，储量丰度小一中	区域盖层较差，部分地区有较好的局部盖层，生储盖配置较差，构造活动强度大，生油层、勘探目的层后期受过较大破坏

表 5-12 鄂尔多斯盆地与类比盆地类比评分取值表

盆地名称	盆地规模及沉积规模	沉积相	生油条件								储集条件			圈闭条件		构造运动与盖层发育程度和保存条件	配置关系	油气规模及油气富集程度	总分
	面积(10×10⁴km²) 厚度(m) 最大厚度 体积(×10⁴km³)		面积(×10⁴km²) 厚度(m) 最大厚度(m) 体积(×10⁴km³)	时代	有机碳(%)	氯仿沥青(%)	总烃(10^{-6})	类型	总生烃量(×10⁴t)	总排烃量(×10⁴t)	储层类型或岩相	砂泥岩比(%)	孔隙度(%) 渗透率($\times10^{-3}\mu m^2$)	圈闭类型	圈闭面积/盆地面积(%)				
准噶尔	面积：13.4×10⁴km² 厚度：4 000~7 000m 最大厚度：14 000m 体积：78×10⁴km³	Cz:河流、山麓 Mz:河流沼泽相 Pz:湖泊、海陆交互相	面积：12.7×10⁴km² 厚度:400~1 200m 最大厚度：1 200m 体积:5.4×10⁴km³	P	1.38~3.12	0.028~0.059 9	200~640	Ⅰ—Ⅱ—Ⅲ	3 285	1 969	火山碎屑岩、砂岩及砾岩		中-低不均匀	背斜、披覆、挤压、背斜、断层、地层及岩性圈闭等	20~30	中生界为区域盖层，有一定程度的破坏	较好	以中-小型为主，油气中等富集	27.5
	3.0	3.0	3.5								3.5			4.0		3.5	4.0	3.0	
松辽	面积:25.5×10⁴km² 厚度：1 500~4 000m 最大厚度：6 000m 体积:34.6×10⁴km³	E—JS:稳定的近相湖泊、河流相	面积:4×10⁴km² 厚度:260m 最大厚度:300m 体积:1.04×10⁴km³	K	0.7~2.50	0.057~0.526	285~1 612	Ⅰ—Ⅱ	1 299.6	392	三角洲前缘砂体、席状砂体河道体、浊流砂		9.7~27.5 100~2 000	大型长垣背斜、地层及岩性圈闭	40	发育良好的区域盖层，不整合较少油气保存条件好	好	以大-中型为主、油气非常富集	39.5
	5.0	5.0	4.5								5.0			5.0		5.0	5.0	5.0	
渤海湾	面积：20×10⁴km² 厚度：2 500~4 500m 最大厚度：5 000m 体积：50×10⁴km³	Mz:湖泊相 E:湖泊相 Mz:河、湖相	面积：0.9×10⁴km² 厚度:300~3 200m 最大厚度：3 500m 体积:1.6×10⁴km³	E	0.5~3.0	0.057~0.216	667~4 696	Ⅱ—Ⅰ—Ⅲ	1 882.5		湖泊中的三角洲砂体、生物碎屑灰岩		20~35 500~7 000	背斜、岩性圈闭以及断层、断块、地层及其复合圈闭	25~32	E 为区域性盖层、有机质快速沉积、淹埋、快速成熟、油气保存条件好	好	以大-中型为主、油气非常富集	38.0
	4.0	5.0	5.0								5.0			5.0		4.0	5.0	5.0	
陕甘宁	面积：20×10⁴km² 厚度：2 500~4 500m 最大厚度：5 000m 体积：10×10⁴km³	Mz:湖泊相、河流相	面积：10×10⁴km² 厚度:100~160m 最大厚度:200m 体积：0.93×10⁴km³	TS	0.5~5.2	0.15~0.75	240~1 437	Ⅱ	1 996.5	844.7	三角洲相，滨—浅湖、河道砂体		8.7~23 平均 15.1 0.1~715.3 平均 80.2	背斜构造古地貌控制的各种鼻状构造及岩性地层圈闭	20	区域盖层发育但区域抬升剥蚀较大	较好	以中-小型为主、油气分散度大	19.5
	4.0	3.0	3.0								1.5			1.5		3.0	2.5	1.0	

表 5-13 鄂尔多斯盆地类比资源量计算结果表

盆地名称	面积/$\times10^4$km²	厚度/$\times10^3$m	资源量		资源丰度(K_i)/($\times10^4$t·km^{-2})	类比结果		$K_i\times\alpha_i$/($\times10^4$t·km^{-2})	资源量/$\times10^8$t
			油/$\times10^4$t	气/$\times10^8$m³		盆地类比总分	类比系数(α)		
准噶尔	13.4	4.0~7.0	69.37	12 289	4.17~5.78	27.5	0.709	2.96~4.10	57.46~83.00 期望值 65.50
松　辽	25.5	1.5~4.0	125	8 654	4.09~5.24	39.5	0.494	2.02~2.59	
渤海湾	20.0	2.5~4.5	148	12 490	5.44~7.45	38.0	0.513	2.79~3.82	
鄂尔多斯	24.0	2.5~3.0				19.5		2.59~3.50	

五、其他方法

盆地资源量计算的其他方法还有：统计趋势预测法、勘探经验统计法、油田规模序列法、老油田储量增长法、成因评价法、历史统计外推法、特尔菲法与专家系统等。为了提高油气资源评价的可信度，为高层次的决策提供科学依据，目前在资源评价中采取的基本做法是多种方法并用，运算结果相互验证。

1. 成因评价法

油气资源评价最基本的模型是成因模型。评价条件一般由经济技术要求预先给出，如最大评价深度(H)、最小工业油气藏(q_o)等，所建模型能够用来描述油气聚集的全过程，包括从分散有机质的形成到油气藏的形成及保存。通常在实践中应用的方法是较简单的烃类生成动力学模型。

2. 历史统计外推法

采油量是随时间变化的曲线，当时间趋于无穷大时，对曲线积分所得到的数值即为资源量。这一关系一般可用下述函数描述：$y = c\cdot x\cdot \exp[-(ax^2+bx)]$，式中，$y$ 为勘探效率，x 为资源量转换为工业储量的百分比。

3. 特尔菲法

该法是一种系统综合各石油地质专家经验和知识的简单有效的资源评价方法。专家系统则是特尔菲法的发展与延伸。关于油气资源评价专家系统的研制应注意两方面的问题：第一要建好三库，即知识库、数据库、图形库，这是系统的基础，三库的内容要求丰富、互相兼容、易于维护；第二是要设计好逻辑严谨、推导合理的推理机，要求能够判定一系列的标准规范。因此这个系统要求由资源评价专家、计算机专家和数学地质专家共同创建。

4. 地质因素回归分析法

$$F=\alpha_0+\alpha_1V_f+\alpha_2H_i+\alpha_3V_r+\alpha_4S_n+\alpha_5G_m+\alpha_6(n-1) \tag{5-17}$$

式中，V_f 为有效烃源岩体积/沉积岩体积；H_i 为总烃/总有机碳；V_r 为有效储集岩体积/沉积岩体积；S_n 为可提供储油圈闭面积/沉积岩面积；G_m 为有效盖层面积/沉积岩面积；n 为区域剥蚀次数；α_0、α_1、α_2、α_3、α_4、α_5、α_6 为回归系数，根据刻度区解剖确定；F 为预测资源丰度/($\times10^4$t·km^{-2})。

5. 盆地可采资源量的计算方法

盆地可采资源量可以采用直接计算法、类比法、统计法和可采系数法计算。

直接计算法:用类比方法和统计方法可以直接计算盆地的可采资源量。

类比法:如果类比刻度区使用可采资源丰度,则类比出的预测区的资源量即为可采资源量。

统计法:如果以研究区的可采储量为基础进行统计外推,则外推的结果即为可采资源量。

可采系数法:用计算出的地质资源量乘以研究区的可采系数,即为可采资源量。

基本步骤:

1)对盆地进行单元的划分(同类比法);

2)确定单元的可采系数:与类比刻度区类比或根据可采系数预测模型预测;

3)用研究区的地质资源量乘以可采系数即为研究区的可采资源量。

6. 盆地资源量的汇总

盆地资源量汇总的原因:不同方法(成因法、类比法和统计法)计算的资源量不同,需要将多种方法计算的资源量进行合理的综合,得到盆地统一的资源量值。

汇总方法:特尔菲法

$$Q=\sum_{i=1}^{n}Q_iR_i \qquad \sum_{i=1}^{n}R_i=1 \tag{5-18}$$

上述式中,Q 为盆地总资源量;Q_i 为第 i 种方法计算的盆地资源量;R_i 为第 i 种计算方法的权系数。

7. 层系资源量的估算方法

计算方法:地质因素评价法。它是先计算出盆地的总资源量,再根据各层系的成藏地质条件计算出各层系的评价系数,最后将总资源量分配到各层系。

$$Q_i = Q \cdot K_i \tag{5-19}$$

式中,Q_i 为评价层系 i 的资源量;Q 为盆地总资源量;K_i 为评价层系 i 的地质综合评价系数。

具体步骤如下:

1)根据含油气盆地纵向上的油气分布规律,确定含油气层系;

2)根据影响各层系油气富集程度的主要因素,如生储盖条件、圈闭类型与发育程度等特征、运移条件、保存条件等,确定评价层系评价的评价要素和评价标准;

3)根据各层系的地质条件,按评价标准,求取各层系的地质综合评价系数;

4)把各层系的地质综合评价系数乘以盆地总资源量,即可得到分层系资源量的预测结果。

六、盆地资源量计算的几个重要参数

盆地资源量估算过程中,几个重要参数是排烃系数 $K_{排}$、聚集系数 $K_{聚}$ 和生油岩体积参数 V。这些参数在目前仍未得到完美解决。

1. 排烃系数

烃类自源岩中排出,初次运移量与生油潜量之比的百分数即为排烃系数。

排烃系数:$$K_{排}=1-\frac{(1-g)\times HC}{g\times(1.22\times C-A)} \tag{5-20}$$

式中,g 为干酪根生烃率;HC 为单位重量生油岩总烃含量;A 为单位重量生油岩氯仿沥青“A”含量;C 为单位重量生油岩有机碳含量。

在没有实际资料的情形下,可根据研究程度较高的盆地或地区的排烃系数进行类比取值

(表 5-14)。

从表 5-14 中可以看出,不同盆地的排烃系数差异较大,因此,在实际运用中应尽量选用实际数据或与盆地地质条件类似地区的资料。

表 5-14 烃源岩排烃系数统计结果参考表

地区	盆地或凹陷	排烃系数/%	资料来源及时间
东北	松辽盆地	33.3~50.0	程克明等,1982
华北	泌阳凹陷	10.0~20.0	盛志纬等,1989
	泌阳凹陷	7.9~56.7	汪本善等,1993(模拟结果)
	周口凹陷	24.3~41.7	徐成华等,1994
	古龙凹陷	6.0~64.0	白新华等,1993
	鄂尔多斯盆地	20.0	程克明等,1982
东部	胜利油田	5.0~89.9	王秉海,1992
	济阳坳陷	23.4	宋国奇等,2000
	东营凹陷	21.8	
	沾化凹陷	25.3	
	车镇凹陷	24.7	
	惠民凹陷	26.2	程克明等,1982
	冀中盆地、辽河盆地	22.0~50.0	
	渤海湾盆地	40.0	
	苏北盆地	20.0~40.0	
	江汉盆地	20.0~40.0	
西部	准噶尔盆地	5.0~20.0	贝丰,1983(模拟结果)
	柴达木盆地	5.0~20.0	
	塔里木盆地	13.0~18.0	

2. 聚集系数 $K_{聚}$

指油气聚集量占生油量的百分数,可采用地质类比法对勘探程度较高地区进行典型解剖获取(表 5-15)。

从前人对世界范围内大油气田所在盆地的储量分析结果来看,一般大型的复合盆地的聚集系数较低,裂谷盆地的相对较高,而石油的聚集系数比天然气的大。

总的来说,聚集系数是个复杂的问题,在资料不充分的地区可根据勘探程度较高地区进行类比。目前,我国一般将石油的聚集系数分为三类,但也有特殊的情形(例如,我国胜利油田的聚集系数就较其他地区的高得多)。

Ⅰ类聚集系数:10%~15%,如松辽盆地的白垩系,渤海湾盆地的各坳陷,泌阳、酒西盆地等;

表 5-15 聚集系数统计结果参考表

地　区	盆地或凹陷	聚集系数/%	资料来源及时间
胜利油田	济阳坳陷	47.3	宋国奇等,2000
	东营凹陷	47.9	
	沾化凹陷	51.9	
	车镇凹陷	40.2	
	惠民凹陷	39.1	
西北	塔里木盆地和田探区	0.85～2.5	
	塔里木盆地	1.0～5.0	武守诚,1994
	准噶尔盆地		
	柴达木盆地		
	酒西盆地	10.0～15.0	
华北	鄂尔多斯盆地	1.0～5.0	
东部	江汉盆地	5.0～10.0	
	苏北盆地		
	东濮外围盆地	10～30	
	渤海湾盆地	10.0～15.0	
	泌阳盆地		
东北	松辽盆地	10.0～15.0	

Ⅱ类聚集系数:5%～10%,如江汉、苏北盆地等;

Ⅲ类聚集系数:<5%,如鄂尔多斯、柴达木、准噶尔、塔里木盆地等。

天然气的聚集系数在陆相油气盆地和海相碳酸盐岩地区的取值差异较大(表 5-16)。

表 5-16 天然气的聚集系数统计结果参考表

分　类	陆相油气盆地		海相碳酸盐岩沉积区	
	聚集系数	适用地区	聚集系数	适用地区
Ⅰ	0.02～0.05	东海、珠江口、莺歌海、北部湾、东濮、辽河	0.005	四川盆地
Ⅱ	0.015	黄骅、济阳、济中、渤海	0.004	鄂尔多斯盆地
Ⅲ	0.01	松辽、江汉、济源、塔里木中生界	0.003	华北地区
Ⅳ	0.003～0.005	西部诸盆地、二连、海拉尔、南襄、周口、苏北	0.001～0.001 5	滇黔桂、湘鄂赣、下扬子

七、盆地煤型气资源评价和资源量计算

随着我国天然气勘探的不断深入,天然气储量和产量呈逐年快速增长的趋势,特别是近10年来得到了迅猛发展,其年增长率已超过石油资源,在我国能源结构和国民生活中已占有更加重要的地位。世界各国也都普遍加强了对天然气的勘探和开发(龙胜祥等,2006)。

根据生成天然气的母质类型,可以把有机成因天然气划分为油型气和煤型气。油型气是沉积地层中的腐泥型有机质在热演化过程中伴随石油的形成过程而产生的天然气。煤型气是指煤系地层中由腐殖煤及腐殖型有机质在煤化作用过程中形成的天然气,包括煤成气(coalderived gas)和煤层气(coal - seam gas)。煤型气不包括煤系有机质形成的生物成因气和成岩气。煤成气是指煤系有机质在煤化作用过程中形成的烃类气体,经过初次运移和二次运移、聚集成藏后,目前仍然聚集在地下圈闭中的天然气(有时称为聚煤气)。煤层气是指煤系有机质在煤化作用过程中形成的烃类气体没有经过运移,目前仍然吸附在地下煤层及其邻近岩层中的、以甲烷为主要成分的天然气(即煤层甲烷气,或称瓦斯)(时华星等,2004)。

(一)煤型气资源评价目的和意义

通过开展煤型气资源评价,建立国家级煤型气资源评价体系,包括评价方法体系、参数体系、评价规范和评价流程等;掌握煤型气资源状况,获得各级资源量数据,包括地质资源量和可采资源量以及各级资源的分布特征;分析煤矿区煤型气资源开发利用潜力及其对煤矿生产安全、节约能源与环境保护的重要性;分析未来我国煤层气资源开发利用潜力;建立国家级煤层气资源管理数据库和评价系统(车长波等,2004)。

评价的意义在于建立相应的煤型气资源评价体系,查明煤型气资源分布状况和各级资源规模,分析煤型气资源开发利用潜力,建立煤型气资源管理数据库和评价系统。

(1)开展煤型气资源评价重在查明我国的煤型气资源状况,摸清煤型气资源"家底",对于制定国家整体能源发展战略和规划、保障国家能源安全具有重大意义。

(2)煤型气资源评价是一项基础性、公益性工作,是实现我国煤型气规模性开发的前导性地质工作,有利于促进煤型气资源的开发利用和该产业的持续发展。

(3)煤型气资源评价有利于国家制定煤炭工业和煤型气产业发展的战略和规划,有利于实现我国能源资源的综合开发与利用,对于优化我国能源结构、缓解能源供求矛盾、减轻大气污染、保障煤矿安全生产以及实现我国国民经济可持续发展具有重大的现实意义。

(二)煤型气资源评价内容

煤型气资源评价的主要内容包括:

1) 大区、含气盆地(群)、含气区带的地质资源量、可采资源量。

2) 大区、含气盆地(群)、含气区带地质资源量和可采资源量的深度分布。

3) 大区、含气盆地(群)、含气区带地质资源量和可采资源量的层系分布。

4) 大区、含气盆地(群)、含气区带地质资源量和可采资源量的地理环境分布。

5) 大区、含气盆地(群)、含气区带煤型气资源类别分布。

6) 主要含气区带煤型气资源利用潜力分析。

7) 重点煤矿区煤型气资源评价。

(三)煤型气资源评价基本思路和方法

新一轮国家层面的全国煤型气评价工作的主要思路是:以提高我国油气资源对经济社会可持续发展的保障能力为目标,以科学的评价方法为手段,以各类基础数据为支撑,以已开展的资源评价工作和现有的资源评价队伍为基础,坚持"五统一"的原则(统一组织、统一思路、统一方法、统一标准、统一进度),充分利用中联煤、中石油已经取得的资源评价成果,采取政府部门组织,专家技术负责,产、学、研相结合的运作方式,全面、准确、客观地评价我国煤型气资源规模和分布特征,预测煤型气资源的利用潜力,为国家制定油气资源发展战略和编制油气资源发展规划提供依据。煤型气资源评价主要采用地质资源量评价方法。

(四)煤成气资源分类及资源量计算

目前,国内对煤型气资源量的计算还没有颁布计算规范。张洪年等(1988)根据国内煤成气的勘探现状,将煤成气资源量分为地质储量(已探明)和资源潜量(待发现)两大类。资源潜量(待发现)可以根据勘探程度及资料的丰富程度划分为以下三级。

一级资源潜量:是指经过地震及其他物探技术勘探的详查地区,在已知的圈闭上有1口或几口探井获得工业气流,经过测试已初步了解了产气层的储集岩、物性、流体性质和气层压力,但气藏地质特征还未完全探明,气藏边界仅根据少量的钻井、测井、试气资料确定,或通过邻区类比确定。一级资源潜量相当于储量委员会规定的"可能储量"级别。

二级资源潜量:与已知气田或一级资源潜量的构造带相类似的构造或构造带,已钻遇可靠的气层或气显示。但由于种种原因未获工业气流,计算资源潜量的参数是根据地质条件和与其基本相同的邻区类比取得的。二级资源潜量相当于储量委员会规定的"预测储量"级别。

三级资源潜量:是指尚未发现的资源量,其估算值主要是根据地质外推、地球物理、地球化学或统计类比资料求得。对沉积盆地的类型、沉积岩分布范围、厚度、生气层的一般特征已有所了解,对烃类的生成和聚集的可能性有较大的把握。三级资源潜量的可靠程度较一级、二级资源潜量低,相当于储量委员会规定的"远景储量"级别。

1.生气量计算方法

生气量计算是资源量计算的基础,计算方法包括视煤气发生率法、显微组分法、物质平衡法等(张洪年等,1988)。

(1)视煤气发生率法生气量计算公式:

煤成气总生气量：$Q_{生} = Q_{\mathrm{I}} + O_{\mathrm{II}}$ (5-21)

$$Q_{\mathrm{I}} = S_{\mathrm{I}} \times H_{\mathrm{I}} \times \rho_{\mathrm{I}} \times R_{a} \times (1 - W^{t} - A^{t}) \qquad (5-22)$$

$$Q_{\mathrm{II}} = S_{\mathrm{II}} \times H_{\mathrm{II}} \times \rho_{\mathrm{II}} \times R_{a} \times C \times K \qquad (5-23)$$

式中,$Q_{生}$为总生气量;Q_{I}和Q_{II}分别为由煤层和暗色泥岩中的有机质生成的气量;S_{I}和S_{II}分别为煤层和暗色泥岩的有效分布面积km^2;H_{I}和H_{II}分别为煤层和暗色泥岩的厚度m;ρ_{I}和ρ_{II}分别为煤层和暗色泥岩的密度t/m^3;R_a为视煤气发生率(全气、烃气液态烃的发生率);W^t为煤的分析基水分含量;A^t为煤的分析基灰产率;C为暗色泥岩有机碳含量;K为分散有机质折合成煤可燃基的当量系数。

由于各含煤盆地含煤岩系的地质时代、沉积环境、埋藏深度、热演化程度、煤的显微组分组成等均不相同,故生气量计算时不能采用统一的视煤型气产率值。应遵循以下原则:第一是尽量使用本地区的低成熟样品进行模拟实验,确定本区的视煤气发生率值;第二是如果本地区没有适合于模拟实验的样品,则在掌握本地区煤的显微组分组成的基础上,利用邻区煤的显微组分的视煤型气产率值进行计算,来确定本区煤的视煤型气产率值,即下面将介绍的显微组分法。

(2)显微组分法

大量的模拟实验表明,煤的不同显微组分生气量明显不同,壳质组的生气量最高,其次是镜质组,最低的是惰质组。在计算生气量时,采用不同显微组分的视煤气发生率值进行计算,其结果的可信度更高,计算结果更为合理、真实。

显微组分法计算生气量的公式:

$$Q_{\text{I}}=S\times H\times\rho\times(1-W^{t}-A^{t})\times(V\times\alpha_{v}+I\times\alpha_{\text{I}}+E\times\alpha_{E})\tag{5-24}$$

$$Q_{\text{II}}=1.2C\times S\times H\times\rho\times(V\times\alpha_{v}+I\times\alpha_{I}+E\times\alpha_{E})\tag{5-25}$$

式中：Q_{I}、Q_{II}分别为由煤层和暗色泥岩中的有机质生成的气量；S为气源岩的有效分布面积；H为气源岩的厚度；C为有机碳含量/%，乘以1.2即是恢复成具有一定演化程度的干酪根含量；D为煤层和暗色泥岩的密度；W^{t}为煤的分析基水分含量；A^{t}为煤的分析基灰产率。α_{v}、α_{I}、α_{E}分别为壳质组、丝质组、镜质组在某一演化阶段生气量(m^3/t)。

(3)物质平衡法

该方法由李汶国(1984)提出，即通过理论计算煤气发生率，把各类有机质演变到不同演化阶段时的生气量与相应煤阶的成煤量的质量比值作为煤气发生率。

有机质埋藏后，在地下温度、压力作用下发生分解和聚合反应，使原始有机质的元素重新组合成一些新的化合物，分解反应生成的产物主要是水、二氧化碳和烃类，而聚合反应的产物是向煤的方向发展。

在某一演化阶段的分解产物中，水和二氧化碳的量以及烃类的生成量都可以计算，残留在气源岩中的有机质，可通过残余有机碳的资料计算出与之相当的成煤量。已生成气量与成煤量的比值可视为理论计算的煤型气产率(表5-17)。

表5-17 物质平衡法煤型气产率取值表(据李汶国，1984)

煤阶	成熟度参数对照					生气系数/%		
	R_o/%	V_g/%	TTI	古地温/℃	油气产状	Ⅰ型	Ⅱ型	Ⅲ型
褐煤	0.5	>40	3	65	甲烷	4.6	3.27	0.26
长焰煤	0.6	38～40				9.2	6.56	0.39
长焰煤	0.65	36～38				11.5	8.19	0.52
气煤	0.85	33～35			石油	16.12	11.47	0.91
气煤	0.9	31～334.6				18.42	13.111	1.02
肥煤	1.0	28～30				21.19	15.18	1.83
肥煤	1.1	26～28	43	110	凝析气	23.93	17.26	2.64
肥煤	1.19	25～26				26.41	19.12	3.37
焦煤	1.20	24	200	130		26.68	19.33	3.45
焦煤	1.30	23				29.44	21.40	4.26
焦煤	1.40	22				32.19	23.47	5.07
焦煤	1.50	21				34.94	25.55	5.89
焦煤	1.60	20	100	160		37.70	27.62	6.70
瘦煤	1.70	19				40.45	29.69	751
瘦煤	1.80	18			湿气	43.21	31.77	832
瘦煤	1.90	17				45.96	33.84	9.13
半无烟煤	2.0	14～16				46.29	34.12	9.39
半无烟煤	2.1	10～12		220	干气	46.62	34.40	9.64
无烟煤	2.2	<10				46.95	34.69	9.90

生气量计算公式为：

$$Q_{\text{I}}=S\times H\times\rho\times B\times(l-W^{t}-A^{t})\times 1\,400\tag{5-26}$$

$$Q_{\text{II}}=C\times S\times H\times\rho\times K\times B\times 1\,400\tag{5-27}$$

式中,$Q_{Ⅰ}$、$Q_{Ⅱ}$分别为煤层和暗色泥岩中的有机质生成的甲烷气量/m^3;S 为气源岩的有效分布面积/km^2;H 为气源岩的厚度/m;C 为有机碳平均含量/%;ρ 为煤层和暗色泥岩的密度/$t \cdot m^{-3}$;K 为成煤当量系数即剩余有机碳折合成纯煤的系数;B 为生气系数/%,(CH_4 重/净煤重);W^f 为煤的分析基水分含量;A^f 为煤的分析基灰产率。

2.资源量计算及生聚系数的确定

(1)资源量计算方法

上面介绍了生气量的三种计算方法,生气量乘以生聚系数,即可得到资源量。煤成气资源量的计算公式如下:

$$Q=Q_{生}\times\alpha \tag{5-28}$$

式中:Q 为煤成气资源量/m^3;$Q_{生}$ 为总生气量/m^3;α 为生聚系数,一般取 1.5%~0.36%。

生聚系数包括排烃系数和聚集系数两个参数,煤成气资源量计算的关键问题是如何比较合理地选取生聚系数。

(2)煤系地层排烃系数的研究

煤层既是一种重要的源岩,同时也是一种特殊的储集岩,煤层的生气量主要受煤的显微组分组成和成烃演化阶段的控制,而其吸附气量则受埋藏深度、构造条件、煤层顶底板岩性、煤层厚度等因素的综合影响。对于演化程度一定,即埋藏深度一定的煤层,其生气量是一定的,煤层的吸附气量与排出量互为增减,并处于动态平衡。根据这一认识,只要能够预测煤层的生气量和吸附气量,就可确定煤层的排出气量,进而定量计算出煤层的排烃系数(表 5-18)(宋国奇等,2000;时华星等,2004)。

表 5-18 胜利油区上古生界煤岩成熟度与排烃系数关系计算表(时华星等,2004)

R_o/%	0.85	1.0	1.25	1.50	1.75	2.00	2.25	2.75	3.00
生气量/$m^3 \cdot t^{-1}$	87	119	169	213	244	268	319	319	345
吸附量/$m^3 \cdot t^{-1}$	19.65	20.07	22.15	26.49	26.83	33.47	33.71	33.96	34.13
排烃系数/%	77.4	83.2	86.9	87.6	89.0	87.5	89.5	89.4	90.1

按照物质平衡原理和干酪根热降解烃的不可逆性,如果在一个封闭的体系中,当有机质处于低温状态时,干酪根未降解烃 (S_2)与游离烃(S_1)之和应等于当它处于较高温度时这二者之和,只是 S_2部分转化为 S_1;如果在一个开放的体系中,随着温度的升高,干酪根中未降解的烃(S_2)逐渐转化为游离烃(S_1),而游离烃(S_1)又不断排出,造成 S_1+S_2逐渐减少,这一减少的量就是排烃量。

根据上述原理,煤系泥岩的排烃系数可以根据热解生烃潜量随热演化程度增加而减少的量加以估算。考虑到生烃潜量(S_1+S_2) 还受有机碳和煤岩显微组分的影响,可以采用 (S_1+S_2)/TOC 这一值并尽可能按相同或相似的母质类型指标来回归(秦建中等,2000)。

3.烃源岩聚集系数研究

一个盆地或一个计算区块的分散有机质生排聚系数,主要受盆地生气量以及聚集和保存条件等因素的控制,目前还无法定量研究气源岩的排烃和聚集过程,只能用已知地区的生聚系数,即用聚集量/生气量进行资源量的估算。生聚系数一般可以采用理论推理、与已知地区和地质因素对比分析等方法求取。

我国已发现煤成气田(藏)资源量计算时采用的生聚系数为1.5%～0.36%。

(五)煤层气资源分类及资源量计算

资源量是指尚未探明的煤层气资源的数量，而储量是已经证实的煤层气资源的数量。资源量用于资料较少的勘探初级阶段；而储量则用于资料较多的勘探晚期至开发阶段。美国石油工程师协会(SPE)将煤层气资源量划分为推测的和可能的，将储量划分为开发储量(包括已经生产的和未生产的)和未开发储量(龙胜祥等，2006)。

由于煤层气主要以吸附状态赋存于煤层中，体积法更适合煤层气资源量或储量的计算。根据对煤炭储量数据或资源量数据的掌握情况，采用两种评价方法。

(1)在计算单元内可获得煤炭储量数据或资源量数据(第三次全国煤田预测与评价结果)，采用下面公式计算煤层气地质资源量：

$$G_i = \sum_{j=1}^{n} C_{ij} \cdot \bar{C}_j \tag{5-29}$$

式中，G_i为第i个计算单元的煤层气地质资源量/$10^8\,m^3$；C_{ij}为第j个次一级计算单元的煤炭储量或资源量/10^8 t；$\bar{C}_j$为第j个次一级计算单元的平均原地基气含量/$m^3 \cdot t^{-1}$；n为计算单元中划分的次一级计算单元总数/个。

(2)在计算单元内尚未获得煤炭储量或资源量数据，则计算公式为：

$$G_i = \sum_{j=1}^{n} 0.01 \cdot A_j \cdot \bar{h}_j \cdot D_j \cdot \bar{C}_j \tag{5-30}$$

式中：G_i为第i个计算单元的煤层气地质资源量/$10^8\,m^3$；A_j为第j个次一级计算单元的煤储层含气面积/km^2；$\bar{h}_j$为第j个次一级计算单元的煤储层平均厚度/m；D_j为第j个次一级计算单元的煤储层平均原地基视密度/$t \cdot m^{-3}$；$\bar{C}_j$为第j个次一级计算单元的平均原地基气含量/$t \cdot m^{-3}$；n为计算单元中划分的次一级计算单元总数/个。

(3)可采资源量评价方法

在获取煤层气地质资源量后，再经过可采系数校正可计算出煤层气可采资源量，其计算公式如下：

$$G_r = G_i \cdot R \tag{5-31}$$

式中，G_r为煤层气可采资源量/$10^8\,m^3$；G_i为煤层气地质资源量/$10^8\,m^3$；R为煤层气可采系数/小数。

(4)资源量汇总

采用逐级汇总的原则，首先评价出计算单元的资源量，然后汇总得到含气区带、含气盆地的煤层气资源量，进一步汇总得到大区、全国的煤层气资源量。具体实施方法与步骤如下。

1)在深入研究煤层气地质条件的基础上，合理确定资源量计算范围和计算单元，划分计算块段。选择体积法或其他适用的计算方法，计算单一煤层或煤层组的地质资源量和可采资源量。

2)对求出的煤层气资源量，按层系、深度、类别及地理环境依不同概率值和期望值逐级汇总得到含气区带、含气盆地、大区资源量。

3)最终由各大区汇总得到全国的煤层气地质资源量和可采资源量。

各个煤矿区煤层气资源量计算方法采用采动区和未采动区煤层气资源量分别计算，先计算各计算单元煤层气资源量，然后累加得到评价矿区的总煤层气资源量。

目前，国内外进行煤层气储量计算的方法包括体积法和数值模拟法。体积法是煤层气储量计算最常用的方法，蒙特卡罗法也可以用于煤层气资源量的计算。而数值模拟法一般用于煤层气田开发中期或者是生产试采资料很丰富的情况下。下面仅对勘探阶段使用的体积法和蒙特卡罗法作一介绍。

1. 体积法

煤层气储量计算包括地质储量(*GPI*)和可采储量。根据所掌握资料的丰富程度和计算精度要求，利用体积法计算煤层气的地质储量主要有两种方法。

方法1：研究区只有少数点的资料可以利用，并且这些资料说明区内煤层厚度和含气量变化不大，则煤层气的地质储量可采用下式计算：

$$GPI = C \times H \times \rho \times S \tag{5-32}$$

式中，GPI 为地质储量/m^3；C 为含气量/($m^3 \cdot t^{-1}$)；H 为煤层厚度/m；ρ 为煤的平均密度/($t \cdot m^{-3} \cdot m^{-1}$)；$S$ 为远景区的面积/km^2。

方法2：煤层厚度和含气量的资料比较多，可以比较准确地计算煤层气地质储量。方法是将煤层等厚图与含气量等值线叠合，编制一张单位面积煤层气储量等值线图，计算公式如下：

$$GPI' = C \times H \times \rho \tag{5-33}$$

式中，GPI'为单位面积的煤层气储量/($m^3 \cdot km^{-2}$)；C 为含气量/($m^3 \cdot t^{-1}$)；H 为煤层厚度/m；ρ 为煤的平均密度/($t \cdot m^{-3} \cdot m^{-1}$)。

然后，煤层气地质储量可以通过对每个等值线间隔求积来确定，即用每个等值线间隔乘以单位面积气储量平均值再求和，便可以获得探区内某一煤层的煤层气地质储量。探区内所有煤层的煤层气地质储量均可以用该方法进行计算。

2. 蒙特卡罗法

蒙特卡罗法亦称为统计模拟法，它利用各种不同分布随机变量的抽样系列，模拟给定问题的概率统计模型，给出问题数值解的渐近统计估计值。

蒙特卡罗法的数学基础是：第一，煤层气资源量是煤储量和煤层含气量的乘积；第二，一个研究区的煤层气总资源量是 m 个区块资源量的累加之和。

蒙特卡罗法计算资源量的具体步骤如下：

(1)求出随机变量—煤层含气量(q_i)的分布函数。一般煤层含气量数据为近似服从正态分布的随机变量。

(2)将煤层含气量(q_i)的分布函数和煤储量(M)进行概率相乘，得出第 i 个区块的煤层气资源量(Q_i)的分布函数。

(3)将各区块资源量分布函数进行概率累加，即得到评价区的煤层气资源量的分布函数。

参考文献

[1] 车长波，邱海峻，刘成林等. 国家层面的煤层气资源评价思路和方法要点[J]. 中国煤层气，2004，1(1)：10～12.

[2] 陈荣书主编. 石油及天然气地质学[M]. 武汉：中国地质大学出版社，1994.

[3] 陈昭年主编. 石油与天然气地质学[M]. 北京：地质出版社，2005.

[4] 费琪，范土芝，梅廉夫等. 成油体系分析与模拟[M]. 北京：高等教育出版社，2001.

[5] 金之钧,张金川. 油气资源评价技术[M]. 中国石油天然气总公司勘探局编,现代油气勘探理论和技术培训教材(七),北京:石油工业出版社, 1999.

[6] 李思田,解习农,王华等. 沉积盆地分析基础与应用[M]. 北京:高等教育出版社, 2004.

[7] 林畅松,张海燕. 拉伸盆地模拟理论基础与新进展[J]. 地学前缘,1995, 20(3-4):79~88.

[8] 龙胜祥,王生朗,孙宜朴等. 油气资源评价方法与实践[M]. 北京:地质出版社, 2006.

[9] 秦建中,贾蓉芬,郭爱明等. 华北地区煤系烃源岩油气生成、运移、评价[M]. 北京:科学出版社, 2000.

[10] 时华星, 宋明水, 徐春华等. 煤型气地质综合研究思路与方法[M]. 北京:地质出版社, 2004.

[11] 童晓光,何登发. 油气勘探原理和方法[M]. 北京:石油工业出版社, 2001.

[12] 王成善,李祥辉. 沉积盆地分析原理与方法[M]. 北京:高等教育出版社, 2003.

[13] 吴冲龙主编. 地质信息技术导论[M]. 北京:高等教育出版社, 2007.

[14] 吴冲龙,张洪年,周江羽. 盆地模拟的系统观和方法论[J]. 地球科学,1993,18(6):741~747.

[15] 武守诚. 石油资源地质评价导论[M]. 北京:石油工业出版社,1994.

[16] 解习农,王增明. 盆地流体动力学及其研究进展[J]. 沉积学报,2003, 21(1):19~24.

[17] 杨家本主编. 系统工程概论[M]. 武汉:武汉理工大学出版社, 2002.

[18] 张厚福,方朝亮,高先志等. 石油地质学[M]. 北京:石油工业出版社, 1999.

[19] 周海民,丛良滋,董月霞等. 断陷盆地油气成藏动力学与含油气系统表征[M]. 北京:石油工业出版社, 2005.

[20] 伊恩. 勒奇著,蔡希源,翟国忠,占宝玺等译. 盆地分析的定量方法(第二卷)[M]. 北京:石油工业出版社, 2001.

[21] Allen P A, Allen J R. Basin analysis-principles and applications[M]. Second Edition, London, Blackwell Publishing Ltd. 2005.

[22] Bethke C M, M K Lee, and Park J. Basin modeling with basin2: A guide to using the Basin2 software package[M]. University of Illinois at Urbana-Champaign, 205,2000.

[23] Gluyas J, Swarbrick R. Petroleum geosciences[M]. Blackwell Publishing Ltd. 2004.

[24] Guidish T M. Basin evolution using burial history calculation: An overview[J]. AAPG Bulletin,1985, 69:92~105.

[25] Hunt J M. Petroleum geochemistry and geology[M]. Second Edition, W. H. Freeman and Company. 1996.

[26] Magoon L B, Dow W G. The petroleum system from source to trap[J]. AAPG Memoir 60. , 1994.

[27] Potter P E, Pettijohn F J. Paleocurrents and basin Analysis[M]. New York: Springer-Verlag. 1977.

[28] Sclater J G, Christie P A F. Continental stretching: An explanation of the post Mid-Cretaceous subsidence of the cental North Sea basin[J]. J. Geophs. Res. , 1980, 85:3 711~3 739.

[29] Stechler M S. Watts A B. Subsidence of the Atlantic-type continental margin off New York[J]. Earth Planet Sci. Lett. , 1978, 41:1~13.

第六章 区带勘查和评价

区带勘查和评价是在盆地勘查和评价基础上进行的，是盆地勘探发展到一定阶段后自然产生的、适宜于局部评价和预测的分析方法。丰富和充实了盆地评价的内容，有利于提高对评价对象分布规律以及资源量和储量分析预测的准确性，有利于勘探区块选择和规划部署。区带勘查和评价方法已在油气勘探中得到了广泛的应用，是石油公司为满足近期勘探部署和规划需要的具体评价技术。

在本章主要论述区带的概念和分类，区带勘查目的及意义、内容和方法，区带勘查技术的部署、使用，区带描述和区带资源量计算方法。

第一节 区带概念及分类

一、区带和成藏组合的概念

盆地内的沉降和沉积作用是不均衡的，构成了盆地内次级构造单元，称为坳陷和隆起。勘探实践表明，一些结构复杂的盆地，在坳陷内又可划分为凹陷和凸起，凹陷及其相邻地区是一个油气生成、运移与聚集的单元，成为油气评价中的次一级单元。

二级构造带的概念是从前苏联引进的。根据冯石的定义："二级构造带是位于一定的区域构造部位上，由同一种构造运动形成的若干形态相似的三级构造组成的正向构造。二级构造带不仅控制着三级构造的形态、规模、分布、发展史和力学机制，而且还控制着岩性剖面及生储盖组合，因此二级构造带直接控制着油气圈闭条件，从而形成了一群有共性的油气藏。"

实际上很难找到上述定义的二级构造带，但作为正向单元的构造带是客观存在的，而且对油气的聚集具有一定的作用。构造带的划分方法，要与盆地的具体地质特点相结合。如对于箕状断陷，可以划分为缓坡带、中央凹陷带（和中央隆起带）、陡坡带。每个带都有断裂构造带的特征，而中央隆起带又具有不同的成因类型。在正向构造带和斜坡带中可以由不同层系不同类型的含油气圈闭（油气藏）叠合连片，所以又称为复式油气聚集带。除了构造型的油气聚集带外，还存在地层、岩性等非构造型油气聚集带。区带作为油气评价的一个级次单元，被大部分中国勘探家所承认和重视。

区带（play）是盆地内油气聚集的基本场所，是为适应局部的油气勘探和评价而产生的过渡性地质单元，区带是介于含油气盆地与圈闭之间的地质单元。它可以理解为存在于盆地同一构造带中，具有相同成因联系和油气生、运、聚规律并在地域分布上相邻的一系列圈闭与已发现油气藏（田）的统一组合（图 6-1）。

区带在很大程度上可以理解为依地区性的战役部署规划需要，具体的、用于生产实际的评价单元，除了具有一组圈闭、一群构造、一个构造带或岩性圈闭带外，还可以指某一特殊目的的一轮勘探行为而言。因此，区带一词的含义主要视勘探者视点而定。即有主观的一面，同时，也可以按照一个个相对独立的油气生成系统而言，这样又具有其客观的一面。因而，对其评价

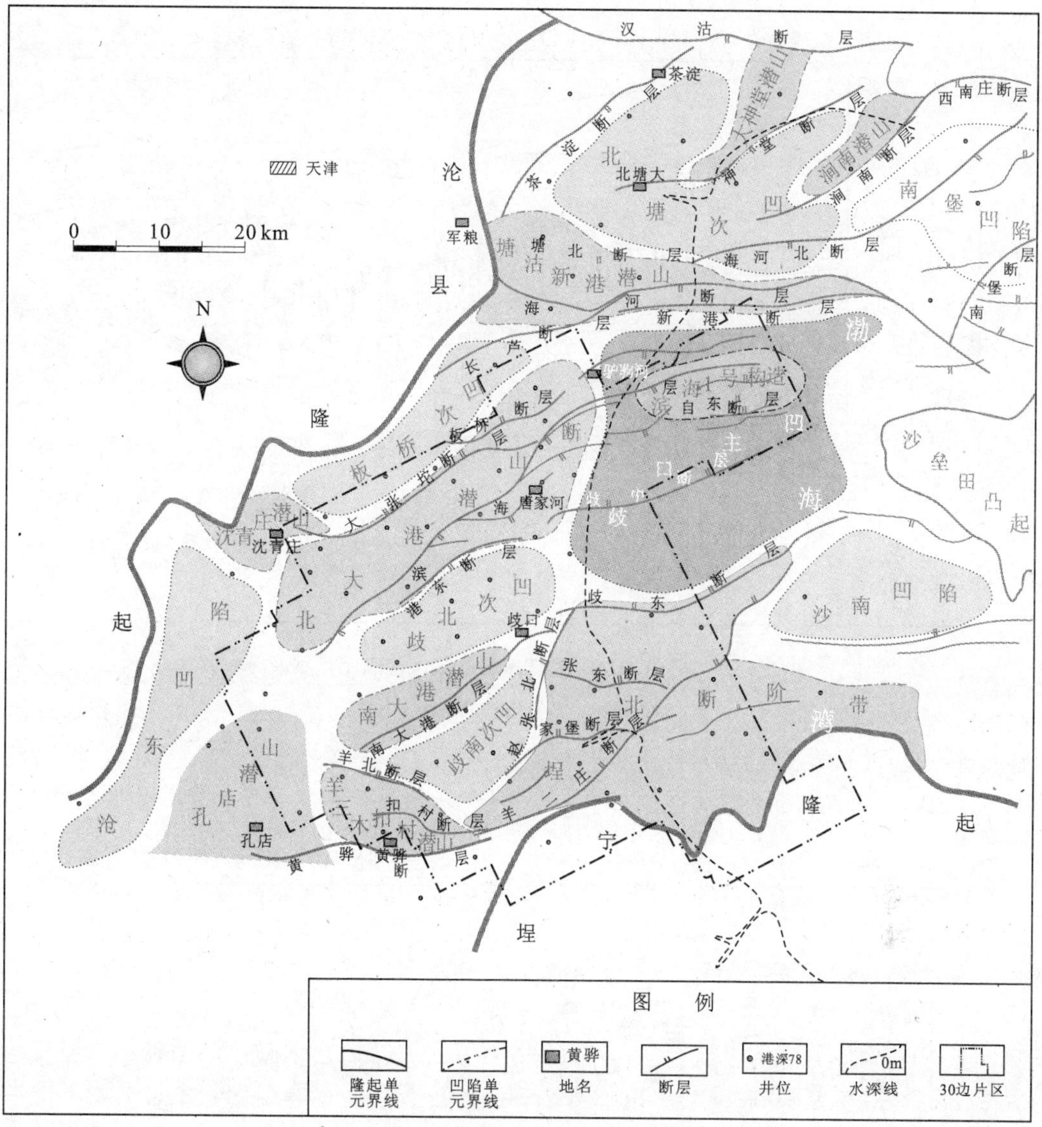

图 6-1 歧口凹陷油气勘探构造(区)带划分

的方法也应具有一定的灵活性。在加拿大,play 是指在地质条件相似前提下,控制油气产状的油源、储层和圈闭在最简单形式上的一系列组合,或者可以表述为由一组具有共同的油气生成、运移、储层发育史、圈闭和已发现的油气藏(田)所组成的一系列勘探目标;在美国,play 被界定为由若干圈闭组成,存在于共同或相对均一地质背景中,可用常规方法进行勘探的范围,它包括了该地区潜在的各种有利钻探目标。

区带较二级构造带的内涵更为灵活,更为广泛。包含有 3 个涵意:①有远景的构造带;②要研究的对象、目标或模式;③具备生、储、盖、圈和运聚配套史。油气区带不仅是识别圈闭类型及分布的重要构造带,也是建立油气成藏模式的主要研究和解剖对象(图 6-2,图 6-3)。

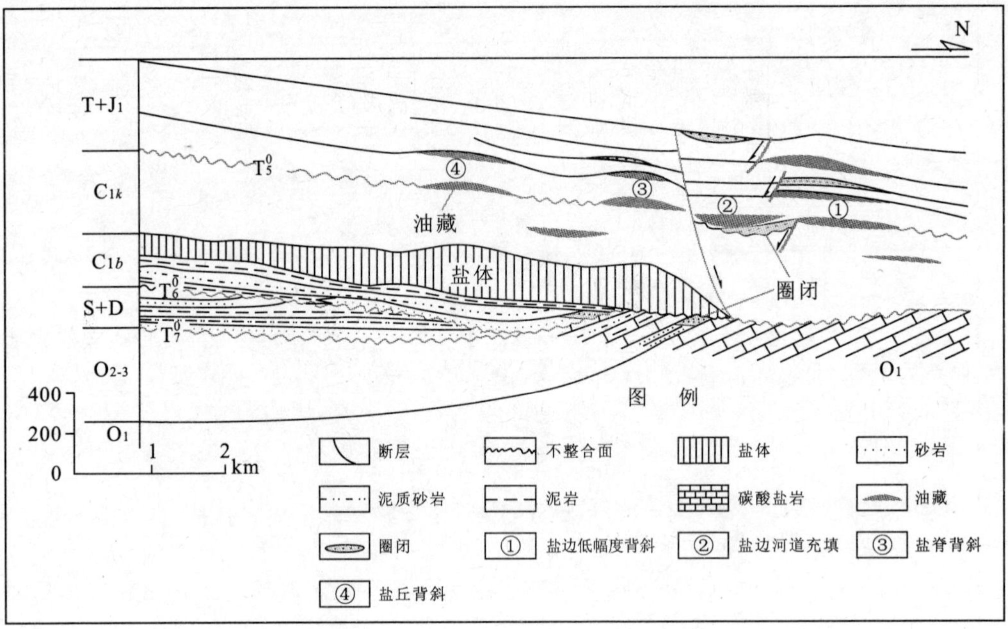

图 6-2 塔里木盆地阿克库勒凸起区带圈闭类型及分布模式

(周江羽等,2004)

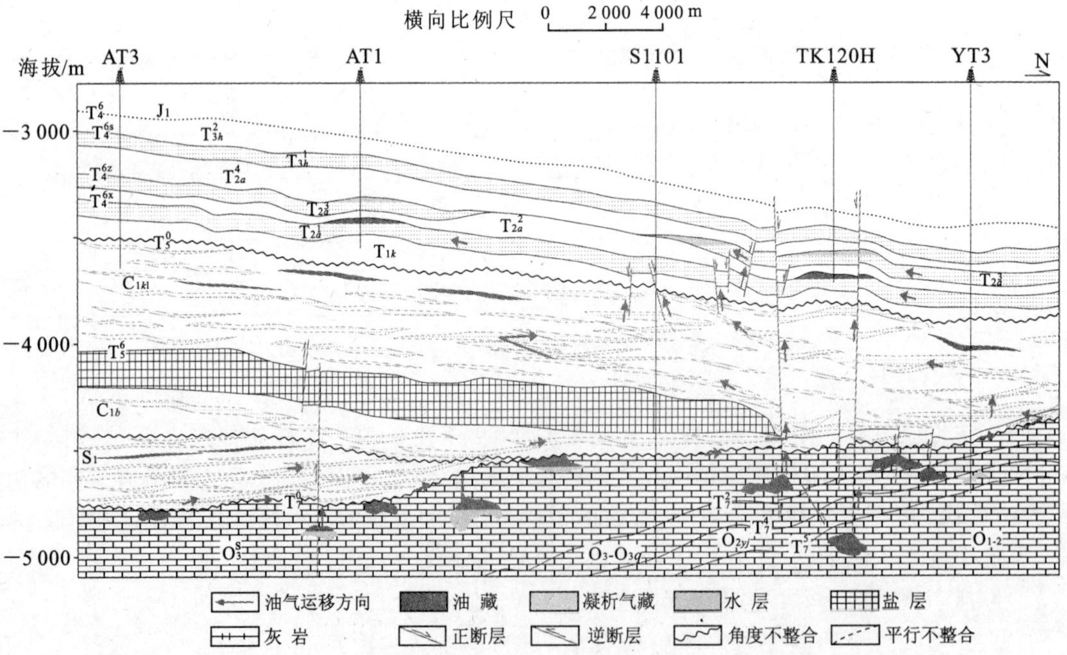

图 6-3 塔里木盆地阿克库勒凸起大型复式油气聚集带综合成藏模式

(林忠民等,2008)

每个区带可以有多个成藏组合，而每个成藏组合可以分布在各个区带，这是两种不同原则的划分方案。但必须看到，区带的构造因素仅仅是油气分布的控制因素之一，甚至不是主导因素。童晓光(1983)在探讨渤海湾盆地油气分布规律时曾经指出，油气聚集带并非油气生—运—聚的基本单元，而凹陷(实际上就是含油气系统)才是油气生—运—聚的基本单元。

区带作为勘探对象的作用是显而易见的，油气的富集与区带确实存在相关性。

探井的钻探往往以多层圈闭为对象，因此，要继续运用中国地质家传统的行之有效的评价油气聚集规律的方法，把成藏组合评价与区带评价结合起来。

成藏组合的提出同样是从勘探部署的需要出发，也就是说，成藏组合与油气勘探方向和勘探部署密切相关。Miller(1982)将其称为 exploration play，EXXON 等大公司也用此词，指综合勘探方案得以建立的有实际意义的单元，具有地理与地层的限制，常限于一组在岩性、沉积环境及构造发育史上密切相关的地层。

油气成藏组合的定义是：相似地质背景之下的一组远景圈闭和/或油气藏，它们在油气充注、储盖发育、圈闭结构及生运聚配套方面经历了相似的发展演化(童晓光等，2004)。根据成藏组合的定义，它的基本特征是某一个地层段内的生、储、盖、圈的静态关系以及上述要素形成时间的匹配和油气运移相结合的组合。每个成藏组合一般有一个油源层，在特殊情况下可以有几个油源层但必然是一个储集层段。反之一个油源层也可能形成几种成藏组合。成藏组合实际上是油气藏在纵向上分布的组合关系。

成藏组合包括七层意思：

(1)一般情况下，成藏组合是含油气系统的组成部分，因此，具有相同烃源层、油气运移的方向、方式与油气充注过程基本一致、有基本相同的成藏期。但在某些情况下，也可以存在其他烃源，造成油气充注和成藏过程的复杂性。

(2)油气成藏组合发育在油气运聚单元之中，一个含油气系统可以有几个运聚单元，而每个运聚单元可以包含若干不同类型的成藏组合。

(3)成藏组合受地层限制：与含油气系统的地层剖面范围不一致，成藏组合的地层限制为一组在岩性、沉积环境等方面相似的岩石单元，它们构成了油气储集体，例如风化壳、碳酸盐岩缝洞体、礁、砂岩、冲积扇砾岩等，储集体的成因一致。即成藏组合要求油气藏或远景圈闭具有共同的储层。

(4)紧邻这套储集体之上或侧向的盖层一般变化不大，储、盖层在某段时间内遭受了共同的构造作用，所形成的圈闭(包括圈闭空间与封盖两个方面)结构相似。

(5)储集体相同、圈闭结构相似，又同处于油气运聚单元或含油气系统之内的这些远景圈闭(或油气藏)，它们的油气成藏样式或过程是相似的，虽然在油气成藏的具体时间上有前后差异。也就是说，油气聚集模式或概念模型是一致的。

(6)成藏组合反映在勘探家的头脑中即为上述油气聚集概念模型，根据该模型，勘探家可以制定勘探方向与决策。即成藏组合是建立勘探方案的基础。

(7)成藏组合又是可以开展评价的含油气地质单元，且较含油气系统更加形象化、更加具体。有具体的储集层段与圈闭结构，因此，可以较为准确地预测油气资源量与油气藏规模序列。

区带与成藏组合在概念上的差别如下表 6-1。

表 6-1 成藏组合与区带的区别(童晓光等,2001)

类别		成藏组合	区带
所处范围		在含油气系统或油气运聚单元之内	在盆地或凹陷之内
地层		确定的:一组在岩性、沉积环境与构造发育史上密切相关的地层	不确定的:可能是盆地内整个充填序列,也可能仅是某一或某几个构造层
地理范围		可大可小:以受储集体展布范围控制为主,构造变形控制次之	受构造带或二级构造带控制,面积虽可变化,但一般变化不大
油气成藏	生油层	以单源为主	单源或多源
	储层	相同	可有多套储集层与岩相变化
	盖层	相似或变化不大	多个储盖组合
	油气充注	以一期为主	可能单期或多期成藏
成藏模式		单一的,具体的模式	多种油气藏类型的叠合
研究思路		以储集体为主要对象	以构造带为主要对象
研究方法		层序地层学:储层和盖层的评价与预测	构造层工业制图
勘探模式		具体储层的细化勘探 风险探区勘探具体部署	定凹、划带
适用范围		各类盆地	构造分带明显的盆地
成功实例		世界各地	渤海湾盆地

二、区带的分类

区带划分的核心问题在于共同的石油地质条件和构成同一个油气聚集区,是建立在盆地分析基础上的,是依据各项石油地质条件的综合分析和勘探实际来进行的。它可以以层系为单元,也可以构造区为单元。需要指出的是,区带划分不是一成不变的,随着勘探程度的深入,原有的划分方案可能会改变(图 6-4)。

区带的分类有多种方法,有区带勘探分类和区带地质成因分类。从成因类型上分析,可分为 3 大类 16 亚类(表 6-2)。

表 6-2 区带的勘探和地质成因分类

区带勘探分类			区带地质成因分类		
已具有油气田的区带	已有油气发现的区带	尚未发现油气的区带	构造型	非构造型	混合型
已有油气田开发或已具探明储量准备开发	经钻探测试具有商业价值的油气流、少量油气流或油气显示	尚未钻探或钻探很少尚无油气发现,但分析认为是有希望发现的区带	披覆背斜带	砂岩上倾尖灭带	构造—岩性带
			逆牵引背斜带	透镜体区带	断层—岩性带
			底辟/盐丘/泥丘构造带	生物礁区带	地层—断层带
			挤压背斜带	潜山带	
			断块/断阶/断鼻/裂缝带	地层不整合圈闭带	
			长垣构造带	地层超覆带	
			穹隆背斜带		

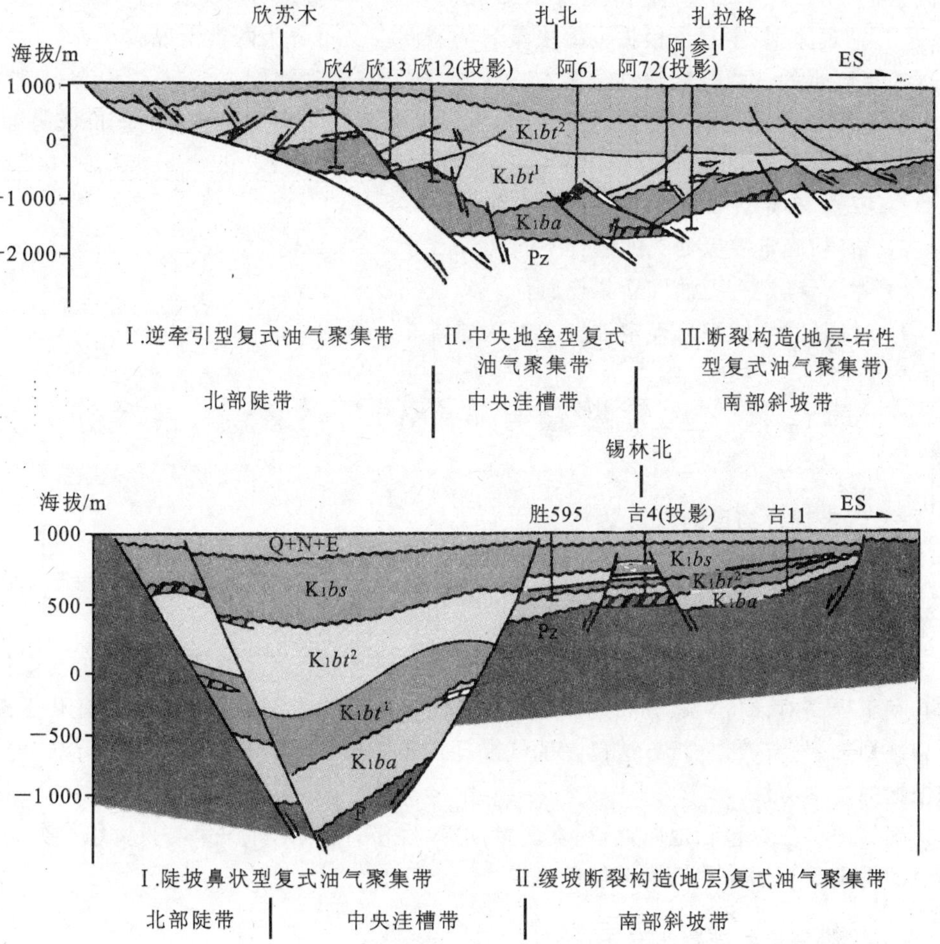

图 6－4　断陷盆地油气区带划分

区带划分的原则包括：

(1)客观上，按照油气生成机制(生、储、盖、圈与运聚配套史条件)，以盆地模拟(分析)的成果作为区带划分的依据，开展多参数的区带地质风险评价与风险资源量计算。主要采用如下资料：

1)沉积相图。每个区带都必须具备有油源条件，因此，从沉积相的角度上讲，必须具备有深水相或半深水相(如深湖或半深湖相)的一部分。同样地，为确保储层或运聚通道条件，每个区带还应有浅水或较浅水相的一部分。这样，一个区带可能包括多种沉积相带，绝不是一种。

2)生(排)烃强度等值线图。该图是反映烃源条件的最直接图件，用以确定出研究区(盆地或凹陷等)内的生(排)烃中心，每个区带必须包括一个或多个生(排)烃中心的一部分，一个生(排)烃中心则可能供给多个区带。

3)砂岩百分比图。该图既能作为沉积相的补充，又能反映储层(或储集体)的分布规律。故常用于划分区带。一个区带中一般包含有一个或多个储集体(如砂体)。一个储集体只能位于同一个区带之中，一般不能跨越不同区带。

4)构造图。该图是划分区带必备的图件。用以确定出研究区内二级构造带，如中央隆起带、断陷带、斜坡带、沉降中心等；同时，还能确定出排烃槽与分水岭的位置(控制油气运移的主要因素之一)。区带的边界一般位于二级带边界上或排烃槽分界线上。

(2)主观原则:主观上根据勘探决策者的意图。又可分为两类情况。

1)当区带的选取与客观划分基本一致时,则可按客观评价。

2)当区带划分与客观划分不一致时,可以从区带内圈闭及其组合的评价成果综合而得。

Chevron 石油公司认为(play)由 4 个顺序部分组成,即:

1) 源岩,确定评价区带有无油气存在;

2) 储层,确定有无油气的贮存空间;

3) 圈闭,确定有无油气聚集场所;

4) 时间匹配和运移,确定油气能否从源岩进入圈闭并保存。

第二节 区带勘查与评价的目的意义、内容和方法

一、区带评价的目的和意义

区带是盆地内油气聚集的基本场所,是为适应局部的油气勘探和评价而产生的过渡性地质单元。从规模范围上考虑,它介于盆地(或坳陷、凹陷)与圈闭之间。

区带评价是盆地勘探发展到一定阶段后自然产生的、适宜于局部评价和预测的分析方法,它有利于提高对评价对象分布规律以及资源量和储量分析预测的准确性,有利于勘探区块选择和规划部署。区带分析方法已在油气勘探评价中得到了广泛的应用,是石油公司具体操作和把握的基本方法。

区带评价任务包括地质评价、资源量估算、经济评价、勘探决策与投资组合分析 5 个方面,其目的是满足石油公司勘探部署的需要。

二、区带评价的内容和方法

区带勘查阶段的对象是盆地中的区带或二级构造单元,它是勘探中进行局部评价的基本单位,区带的评价研究是在盆地研究的基础上进行的,目的是提出有利的含油气区带。在经过圈闭识别和分析研究后所估算出来的总体圈闭内可能存在的潜在资源量,评价可靠性有所提高,但仍未得到钻井证实,评价结果是预探井部署的重要依据。

区带勘查阶段的主要任务是:

(1)区带分类及地质特征包括区带构造背景、沉积特征、分类等;

(2)区带石油地质条件研究包括烃源岩特征、运移路径和通道、储层物性特征、储盖组合特征、圈闭类型及配置关系等;

(3)区带成藏条件分析(成藏动力学)包括油气成藏期次、油气藏分布规律等;

(4)区带资源量估算;

(5)区带风险评价是在对圈闭、油源、储层、保存及匹配史综合研究基础上,利用地质风险概率法进行区带风险评价。

区带评价的主要内容包括每一区带(或区块)边界、主要目的层构造等高线、圈闭的分布、油气田位置、重要探井和油气显示井、区带(或区块)的供烃范围、区带(或区块)的评价结果;附区带(或区块)的油气藏规模序列分布图、资源量概率曲线图,标明最小经济油田规模与地理条

件、评价区带(或区块)的综合排队结果。区带综合评价分类分为Ⅰ、Ⅱ及Ⅲ类。

区带评价的主要成果图件包括两类:①区带资源评价基础图件有区带勘探现状图、区带主要勘探层系构造图等;②区带资源评价成果图件有区带地质风险分析评价图、区带综合评价图、区带油气资源序列图等。

区带评价的主要方法包括进一步的地面地质调查要及时开展,精度进一步提高的地球物理综合勘探和少数探井(基准井及参数井)分析是工作的重点,其中地震勘探是该阶段主要的勘探手段。主要技术布置:①地面地质调查是 1∶5 万的石油地质调查;②区域地球物理是 1∶10 万～1∶5 万重、磁和电法勘探;③地震勘探是 2～4km 线距详查。

第三节　区带描述和评价方法

区带是盆地内针对油气勘探评价目标而划分的更细致地质单元,因此描述内容更加具体化。基本目的是通过区带综合石油地质研究,达到对其中圈闭发育及油气聚集有利性的完整认识,预测成藏模式及分布规律,为计算油气资源量打下基础。

一、区带(区块)描述的主要内容

区带描述的主要内容是在盆地研究的基础上,进一步利用区带内详细的资料和油气勘探新取得的资料,包括区带以内和以外的各种地面地质、物化探、钻－测－录井地质、盆地模拟等方面的内容,在更高精度上对研究的区带进行地质过程分析,归纳研究其各种地质特点。具体描述方法有:①区带烃源岩特征及油源分析;②区带储盖层特征分析;③区带油气成藏分析。

二、区带地质风险分析

1.区带地质风险分析的主要参数

(1)油(气)源条件:源岩类型、丰度、成熟度及规模、输导层与其他通道、供烃方式;区带中目前已形成聚集的油气可能只是烃源岩生成烃类的一部分。区带烃源岩研究不限于本区带,而是给本区带提供油气的全部烃源岩体,研究的目的主要是寻找油气运聚的优势路径及其分支岔点,这是油气田勘探的又一种新方法。对于烃源岩来说,它是所有油气运移的起点,因此在油气勘探分析中的研究意义重大。油源分析是区带评价的重要内容。油源分析包括了源岩属性分析、源岩与油气藏对比分析、源岩与源岩对比分析以及油气藏与油气藏对比分析等几类。在油源分析中,各类生物标记物起到了重要的示踪作用。

(2)圈闭条件:首先考虑圈闭的落实程度(存在与否),然后考虑圈闭的类型、要素,圈闭与油源的距离,区带内圈闭的有效面积(圈闭总面积/区带面积)。

(3)储盖层条件:储层类型、厚度、储层规模岩相带的好坏(孔隙性与渗透性)、砂层组油层及有效层的厚度比;有效的盖层位于油气聚集场所的上部、上倾趋势方向或有利的扩散运移趋势方向上,通常由页岩、泥岩、盐岩、膏岩或泥灰岩等为主要构成,盖层在沉积与成岩作用研究方面与储层研究具有互补趋势,其分布范围一般也更为广泛。盖层评价主要从盖层的连续性和完整性、压力封闭性、组合有效性等方面进行。

(4)配套史条件:即圈闭形成时间与空间是否配套,时间是指构造形成与油气运移高峰时间的早、晚关系;空间是指自生自储、下生上储与上生下储,以及不整合次数、油气运移方式。

(5)保存条件:盖层的岩性、分布、面积、厚度、排替压力;断层所起的作用、水动力情况(压力系统)、油气水性质。

(6)成藏条件:区带是盆地内最大的油气聚集单元,各油气藏之间具有成因上的相互联系和相同的成藏史。油气藏的形成、演化、保存以及破坏,严格受区带所处区域构造单元的演化过程所影响和控制。区带油气成藏分析的内容主要有隆起的基本地质特征、区带油气成藏期、区带油气输导体系、区带油气藏分布规律研究。

2. 区带地质风险分析

区带地质风险的分析采用概率统计分析方法。根据区带的定义和油气成藏的基本原理,烃源、圈闭、储层、配套史、保存等五项成藏地质条件是决定一个区带是否具有油气藏的5个独立事件,缺一则区带不能形成油气藏。因此区带是否存在油气的可能性,就可以用这5个事件同时发生的各自概率的乘积来表示。即:

$$P=\prod_{i=1}^{5}P_i \tag{6-1}$$

式中,P 为区带含油气概率($0\leqslant P\leqslant 1$); P_i 为单项成藏地质条件存在(发生)的概率($0\leqslant P\leqslant 1$)。

而这5个单项成藏地质条件又可以进一步划分为多项子因素,则其存在发生的概率,取决于其子项地质因素的好坏。通常的方法是建立子因素评价标准,赋予(0~1)区间的定量评价权值(表示不同等级的优劣,各子因素的权值是根据其对单项成藏地质条件影响的大小所赋予的一个系数,权值的和等于1)。子项因素的优劣由评价值表示。即:

$$P_i=\sum_{j=1}^{n}q_{ij}P_{ij} \qquad (i=1,2,3\cdots \quad j=1,2,3\cdots) \tag{6-2}$$

$$\sum_{j=1}^{n}q_{ij}=1 \tag{6-3}$$

式中,P_{ij} 为各子项因素评价值($0\leqslant P_{ij}\leqslant 1$); q_{ij} 为各子项因素的权值。

根据概率论原则有:

$$P=\prod_{i=1}^{n}\left[\sum_{j=1}^{n}q_{ij}P_{ij}\right] \tag{6-4}$$

区带地质风险分析的前提条件,一是准确划分区带,在区带内的所有可能的待评价目标(圈闭),必须具有相同的成藏地质条件;二是所评价的区带必须是具有油气远景的区带;三是在子参数的选取上,保证参加计算参数的独立性。如果选取的参数具有相关性,应进行相关性分析,以筛选出具有独立性的计算参数。适用范围是,对于已经上报国家储委探明储量的油气田,除本油气田内新块、新层系外,不再进行地质风险分析。其他所有区带或具有其他储量级别的区带都需进行地质风险分析。参数的选取是在区带地质评价前必须充分研究区域地质资料,经充分讨论及专家的认可,制定区带评价的地质条件与子因素。区带油气成藏地质条件通常包括圈闭、保存、油源、储层、配套史等5项条件,在这5项条件下还包括了许多的子因素,这些条件和因素也就是区带风险评价的主要参数(表6-3、表6-4、表6-5)。其基本流程如下。

(1)确定区带地质风险评价因素:不同勘探程度的区带其主要成藏地质条件的风险是不同的。对已有油气田的区带(区块)主要地质风险评价一般需要评价圈闭和储集条件;对已有油气发现的区带(区块),一般需要评价圈闭、保存和储集条件;对尚未发现油气的区带(区块)一般需要评价5个条件。

表 6-3 区带评价参数格式表

评价目标			区块名称			
县			盆地			
烃源岩类型			日期			
风险评价计算	发现油气的概率＝烃源概率×储层质量概率×圈闭完整概率×时间配套和运移概率					
	风险因素	差（＜0.3）	较差（0.3～0.5）	中等（0.5）	好（0.5～0.7）	很好（＞0.7）
烃源岩评价	烃类充注能力					
	源岩成熟度					
	其他					
储层质量	存在与否					
	质量					
	其他					
圈闭完整性	可靠性					
	圈闭特征					
	封闭性					
	其他					
时间配套和运移	时间配套					
	运移路径					
	保存条件					
	其他					

表 6-4 区带石油地质条件评价标准

地质条件	地质因素	I类	II类	III类	IV类
	分值	1～0.75	0.75～0.5	0.5～0.25	0.25～0
圈闭	类型	背斜构造带	断裂构造带	混合圈闭带	地层—岩性带
	面积/km^2	＞50	50～30	30～10	＜10
	闭合度/m	＞300	300～200	200～100	＜100
油源	厚度/m	＞500	500～300	300～100	＜100
	运移距离/km	＜1	1～10	10～30	＞30
储层	厚度/m	＞100	100～50	50～10	＜10
	孔隙度/%	＞25	25～15	15～10	＜10
	类型	砂岩	孔隙白云岩	火成岩	变质岩
盖层厚度	区域/m	＞500	500～300	300～100	＜100
	直接/m	＞20	20～10	10～5	＜5
配置	水动力条件	活跃		较活跃	
	圈闭形成期与排烃期	圈闭形成期早于或同期于主要排烃期		圈闭形成期晚于主要排烃期	
	断层	未断开、封闭性		断开区域盖层，开启性	

表 6-5 区带地质风险分析参数取值标准

参数类型	参数名称	分值			
		1.0～0.75	0.75～0.50	0.50～0.25	<0.25
圈闭条件	圈闭类型	背斜为主	断背斜、断块	地层	岩性
	圈闭面积系数	>20	20～10	10～5	<5
	圈闭幅度/m	>400	400～200	200～100	<100
盖层条件	盖层厚度/m	>500	500～200	200～50	<50
	盖层岩性	膏盐岩、泥膏岩	厚层泥岩	泥岩	脆泥岩、砂质泥岩
	断裂破坏程度	无破坏	破坏弱	破坏较强	破坏强烈
储层条件	储层沉积相	三角洲、滨浅湖	扇三角洲	水下扇、河道、重力流	洪、冲积相
	储层百分比/%	>60	60～40	40～20	<20
	储层孔隙度/%	>30	30～20	20～10	<10
	储层渗透率/$10^{-3}\mu m^2$	>600	600～100	100～10	<10
	储层埋深/m	<1 500	1 500～2 500	2 500～3 500	>3 500
油(气)源条件	源岩埋深/m	>1 000	1 000～500	500～250	<250
	有机碳含量/%	>3.0	3.0～2.0	2.0～1.0	<1.0
	有机质类型	Ⅰ	ⅡA	ⅡB	Ⅲ
	成熟度	成熟	高成熟	过成熟	未成熟
	供烃面积系数	>1.5	1.5～1.0	1.5～1.0	<1.0
	供烃方式	汇聚流供烃	平行流供烃	发散流供烃	线形流供烃
	生烃强度/(10^4t·km^2)	>1 000	1 000～500	500～200	<200
	生烃高峰时间	新近纪、古近纪	白垩纪	三叠纪、侏罗纪	古生代
	运移距离/km	<10	10～25	25～50	>50
	输导条件	储层+断层	储层	断层	不整合
配套条件	时间匹配	早或同时(1.0～0.5)		晚(1.5～0)	
	生储盖配置	自生自储	下生上储	上生下储	异地生储

(2)确定地质评价参数的取值标准和权系数:根据评价对象的主要与次要的地质因素,由有经验的专家小组制定标准并给予权重。地质风险评价主要是成藏条件“好坏”的评价。

(3)地质评价参数集的预处理:地质评价参数集包括所有的成藏地质条件及其子因素。指标集应具有全面性、有效性(敏感性)和离散性等特征,同时应进行指标权重处理。针对不同地质评价目标,通过专家组认定指标集的内容与标准。

(4)区带地质风险计算:根据前述的原理和计算公式,计算区带的地质风险系数。

实际上,区带石油地质风险包括两类。

1)区带有无油气的风险——区带含油气边缘概率

a.整个区带是否有油气来源；

b.区带内是否发育有储集层；

c.区带内是否有圈闭存在；

d.区带内的保存条件是否有利。

2)区带经济风险——圈闭是否成为油气藏，圈闭含油气条件概率

a.圈闭的封闭机制(横向或纵向)是否存在；

b.储集层是否具有有效孔隙度与厚度；

c.圈闭的油气聚集条件是否有利。

区带地质风险概率取值方法——主观概率取值：评价者研究实际资料、制定区带风险取值标准、评价者集体研究给出欲评价区带的取值；整理各项地质资料、邀请专家各自取值、特尔菲法综合取值；取值内容(因区带勘探程度而异)：对已具有油气田的区带考虑待评价区带的圈闭与储层两项条件；对已有油气发现的区带考虑待评价区带的圈闭、保存、储层三项地质风险；对尚未发现油气的区带要全面考虑区带地质风险分析的五项内容。

三、区带综合地质评价实例分析

含油气区带评价是油气远景评价系列(盆地—区带—勘探目标)中的一个重要环节。含油气区带评价主要是研究一组具有相同或相似地质特征的勘探目标(圈闭)，评价其成藏地质条件和油气资源规模，提供勘探方向或领域，它的评价是一个石油公司进行一具体地区油气勘探部署的重要基础。塔北地区是目前塔里木盆地勘探程度最高的地区，本次评价沙雅隆起和库车坳陷两个含油气区带(图6-5)。含油气区带评价工作是该区以往远景评价中的薄弱环节，开展这项工作对于该区进一步的油气勘探，扩大油气发现具有重要意义(周庆凡等，1999)。

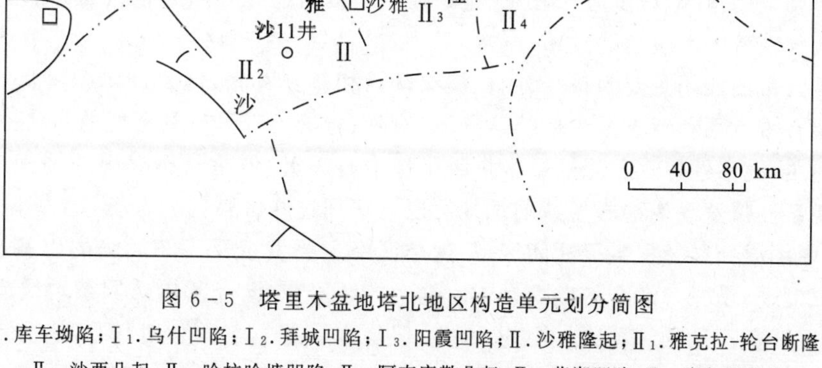

图6-5　塔里木盆地塔北地区构造单元划分简图

I.库车坳陷；I_1.乌什凹陷；I_2.拜城凹陷；I_3.阳霞凹陷；II.沙雅隆起；II_1.雅克拉-轮台断隆；II_2.沙西凸起；II_3.哈拉哈塘凹陷；II_4.阿克库勒凸起；II_5.草湖凹陷；II_6.库尔勒鼻凸

1. 区带类型及描述

根据研究区区域构造－沉积条件、油气地质条件和油气发现情况，划分为两类区带类型：一类是确定型区带(confirmed play)，指已发现了油气藏的区带；一类是概念型区带(conceptual play)，指尚未发现油气，但其油气地质条件分析可能含有油气的区带。

塔北地区主要含油气区带划分9种类型(表6-6)。其中属于确定型区带的有：中—新生界背斜圈闭区带，中—新生界低幅度构造圈闭区带，震旦系—奥陶系潜山、岩溶圈闭区带，中生界背斜圈闭区带，石炭系构造圈闭区带，下古生界古潜山、岩溶圈闭区带。概念型含油气区带有：中生界地层超覆尖灭圈闭区带、石炭系地层尖灭圈闭区带和志留系—泥盆系地层圈闭区带(表6-6)。

表6-6 塔北地区主要含油气区带类型(周庆凡等，1999)

含油气系统	含油气区带	区带类型	发育地区
三叠系＋侏罗系陆相源岩含油气系统	中—新生界背斜圈闭区带	确定型	库车坳陷
	中—新生界低幅度构造圈闭区带	确定型	库车坳陷南缘及雅-轮断隆
	中—新生界地层超覆尖灭圈闭区带	确定型	库车坳陷南缘
	震旦系－奥陶系潜山、岩溶圈闭区带	确定型	雅-轮断凸
寒武系＋奥陶系海相源岩含油气系统	中生界背斜圈闭区带	确定型	雅-轮断凸、沙西凸起、阿克库勒凸起
	石炭系复合圈闭区带	确定型	阿克库勒凸起、波斯坦地区
	石炭系地层尖灭圈闭区带	概念型	阿克库勒凸起圈闭
	下古生界古潜山、岩溶圈闭区带	确定型	阿克库勒凸起、沙西凸起、雅—轮断隆
	志留系—泥盆系地层圈闭区带	概念型	阿克库勒凸起圈闭

(1)中—新生界背斜圈闭区带：该类型区带主要发育于库车坳陷北部，近EW向呈带状分布，由北向南依次分布南天山山前含油气区带；库车含油气区带和秋里塔格含油气区带。该类区带的主要特点是短轴背斜、鼻状构造、逆冲断层发育，以断层为主要运移通道，保存条件总体较好。

(2)中—新生界低幅度构造圈闭区带：这类区带主要分布雅-轮断隆以及库车坳陷的南缘，包括了库车—亚肯含油气区带、牙哈含油气区带和英买7—红旗—轮台含油气区带，前两者分布在库车坳陷的南缘，后者分布在雅-轮断隆上。目前已在牙哈含油气区带和英买7—红旗—轮台含油气区带上发现了油气田(藏)。

这类区带的圈闭主要为挤压背斜、披覆背斜和盐丘背斜，但是圈闭幅度低，单个圈闭面积小。盖层有古近系和新近系中新统蒸发岩、石膏、岩盐、膏泥岩，具极好的封堵性。储层以陆相碎屑岩为主，孔渗性好。尽管这些区带距生烃中心较远，但是从已获得的油气成果看，库车坳陷的三叠系—侏罗系生油岩生成的油气可以运移到这些区带。

(3)中生界地层超覆尖灭圈闭区带：这类区带主要发育于库车坳陷的南斜坡，在区带内还没有油气发现，是一个潜在的勘探领域。据一专题研究，已经圈出侏罗系地层超覆尖灭圈闭8个，下白垩统下段地层超覆尖灭圈闭9个。但是由于地震剖面相对较稀疏，分布不均，部分地震剖面品质较差，因此圈闭落实程度并不高。

(4)震旦系—奥陶系潜山、岩溶圈闭区带:此区带分布在雅-轮断凸及其北侧,目前已在牙哈和英买7井地区发现了油气藏,储层为寒武系、奥陶系海相白云岩,证实该区带是三叠系—侏罗系源岩含油气系统中一个值得注意的勘探领域。

(5)中生界背斜圈闭区带:此类区带主要分布于阿克库勒凸起和雅克拉地区,可划分为雅克拉中生界背斜圈闭区带,阿克库勒库盐边中生界背斜圈闭区带和阿克库勒盐上中生界背斜圈闭区带,这些区带主要由中生界(T,J,K)低幅度构造圈闭组成,油源来自下部寒武系—奥陶系,断裂对圈闭形成和油气运移有重要作用。目前已在前两个区带中获得较大的油气发现,但在阿克库勒南部盐上中生界背斜圈闭区带中还没有理想的结果,这可能与这区带油源条件不好有关。

(6)石炭系复合圈闭区带:此类区带主要分布在阿克库勒凸起和波斯坦地区,主要圈闭类型为构造圈闭。阿克库勒凸起地区多为低幅度背斜及岩性圈闭,储层为石炭系砂岩。目前可划出阿克库勒石炭系复合圈闭区带和波斯坦地区石炭系复合圈闭区带。在这两个区带均已发现石炭系油气藏,其中石炭系低幅度复合圈闭是阿克库勒凸起地区重要勘探目标之一。

(7)石炭系地层尖灭圈闭区带:该区带主要发育于阿克库勒凸起西南围斜部位,由于石炭系向阿克库勒凸起超覆尖灭而形成。区带内尚无油气发现,但据地质条件分析,可作为潜在目标作进一步研究。

(8)下古生界潜山、岩溶圈闭区带:该类区带主要分布于沙西地区、阿克库勒凸起和雅克拉地区。据此可划分3个区带:沙西凸起古生界潜山、岩溶圈闭区带,阿克库勒凸起下古生界潜山、岩溶圈闭区带和雅克拉下古生界潜山、岩溶圈闭区带。在这3个区带都有油气发现(如英买1、雅克拉和塔河3,4号油气田),这些区带的圈闭主要为古潜山、岩溶型圈闭,也包括部分内幕圈闭。这些圈闭既可以在海西期成藏(如英买1井奥陶系油藏),也可以在燕山—喜马拉雅期成藏(雅克拉气田奥陶系凝析气藏)。

(9)志留系—泥盆系圈闭含油气区带:下志留统柯坪格组上部的砂岩段与中上志留统塔塔埃尔塔格组巨厚砂岩与中下泥盆统的泥质岩形成一个良好的储盖组合。目前已经在这个组合发现了油气显示,哈1井钻遇288 m厚的沥青砂岩证明了一个大型早期油气藏的存在。这个区带储集砂体巨厚,其上下分别有晚加里东期构造运动和早海西期构造运动形成的不整合面,为油气运移进入这个区带提供了良好条件,可能形成大中型油气田。此带在塔北地区保存条件欠佳,圈闭成藏期在加里东—海西期,古隆起上的油气藏都被破坏,古斜坡上有可能有此类油气藏保存。

2. 圈闭类型及分布

圈闭类型及其分布特征可以作为划分区带的基础(周庆凡等,1999)。塔北地区发育各式各样的圈闭类型,按圈闭的成因和形态,可划分为4大类,即构造圈闭、地层圈闭、岩性圈闭和构造-地层(岩性)复合圈闭,9亚类和14种类型(表6-7)。这些类型有的已经为勘探证实,发现了油气,成为油气藏,有的尚待证实,是潜在的勘探对象。

3. 区带综合油气地质评价

区带综合油气地质评价是综合考虑影响含油气区带石油地质条件的各种地质因素来进行含油气区带的油气远景评价。影响含油气区带的地质因素很多,在评价中,选择其主控因素有油气烃源条件、储集条件、运移条件、圈闭形成条件和保存(盖层)条件,另外还考虑了油气发现情况,因为有无油气发现也是评价区带勘探潜力的一个重要标准(表6-8)。

表 6－7　塔北地区含油气区带圈闭类型（周庆凡等，1999）

圈闭类型			圈闭要素及形状	发育地区及层位（地层时代）	油气藏实例（地层时代）
大类	亚类	类型			
构造圈闭	背斜圈闭	挤压背斜圈闭	1.背斜，2.岩性，3.断层，4.层状	库车坳陷（Mz/Kz），雅-轮断凸（Mz）	依奇克里克油气藏（J）；雅克拉油气藏（K_1）
		披覆背斜圈闭	1.背斜，2.砂岩体，3.层状	阿克库勒凸起（Mz）；沙西凸起（Mz）	阿克库勒油气藏（T_2）
		牵引背斜圈闭	1.背斜，2.断层，3.层状	库车坳陷（Mz）；沙西凸起（Pz）	东河塘油气藏（C_1）
		基岩内背斜覆闭	1.背斜，2.断层，3.不规则状	沙西凸起（O、∈）	沙西 2 号油气藏（O_2）
	断裂圈闭	断层遮挡圈闭	1.断层，2.岩性，3.层状或块状	河西凸起（Pz）；雅—轮断凸两侧（Pz，E）	
		不整合—断裂遮挡圈闭	1.断层，2.不整合，3.层状或块状	沙西凸起（Pz）	
	刺穿圈闭	岩浆岩刺穿圈闭	1.储层与岩体直接接触并受到封闭，2.层状	沙西凸起中部	
		膏盐岩刺穿圈闭	1.膏盐岩底辟核，2.储层与膏盐岩直接接触，3.层状	沙西凸起北部	
地层圈闭	地层不整合圈闭	潜山（丘）圈闭	1.潜山（丘），2.不整合，3.块状或层状	沙西凸起（O—∈）	英西油气藏（O）
		剥蚀断层块圈闭	1.断块山，2.不整合面，3.块状	雅-轮断凸（Pz） 阿克库勒凸起（O_1）	雅克拉油气藏（O、E） 阿克库油气藏（O_1） 阿克库木油气藏（O_1）
		削蚀体不整合圈闭	1.削蚀体作为储层，2.不整合面上覆非溶透层封堵，3.块状		
	地层超覆圈闭			阿克库勒凸起（S—D） 库车坳陷南缘（J）	
	生物礁圈闭			阿克库勒凸起（O—∈）	
岩性圈闭	尖灭体岩性圈闭	砂岩尖灭体岩性圈闭	1.储集体上倾尖灭方向相变为非渗透层，2.块状或层状	沙雅隆起（Mz，C_1）	阿克库勒油气藏（C_1）
	透镜体岩性圈闭	砂岩透镜体岩性圈闭	1.透镜状储层四周被非渗透性岩包围，2.自成独立的油气系统	沙雅隆起（Mz，C_1）	雅克拉油气藏（J）
	改造型岩性圈闭	与白云岩化和溶蚀作用有关的岩性圈闭	1.成岩后生作用造成孔—渗性好的储集体，2.不规则状	沙雅隆起（∈—O）	塔河 4 号油气藏（O）
复合型圈闭				库车坳陷（J） 沙雅隆起（Mz）	

表 6-8 塔北地区含油气区带综合地质评价基本因素及分级标准(周庆凡等,1999)

因素	级别		
	A级	B级	C级
烃源条件	位于排烃指向区,距生烃中心近	位于排烃指向区,但距生烃中心较远	距油气源区很远或不是油气运移主要指向区
储集条件	储层厚度大,孔渗条件好	储层厚度较小,孔渗条件较好	储层厚度薄,横向变化大,孔渗条件差
运移条件	以区域性不整合及断裂或好的砂层为运移通道,通道条件好	以不整合及砂层作运移通道,断裂发育,通道条件好	砂层及不整合不发育,断层不发育,通道条件较差
圈闭形成条件	圈闭形成于大规模排烃期之前,储盖配套条件较好,且圈闭空间大	圈闭形成于排烃期或排烃期之前,储盖配套条件较好,圈闭规模中等	圈闭形成于主排烃期之后;或圈闭形成于主排烃期之前,但储盖配套条件差,而且圈闭规模也小
保存条件	发育区域性盖层	发育地区性盖层	盖层条件差,或盐层遭受破坏
油气发现情况	有大型油气藏(田)或多个中小型油气(藏)发现,累计储量规模大	仅有中小型油气(田)藏发现,累计储量规模小	尚未发现油气或仅有油气显示或油气苗

通过综合评价得出,最有利区带6个,有利区带10个,较有利区带2个(表6-9)。区带评价是一个复杂的动态过程,需要根据勘探进展和新资料的获得,不断补充、修正和完善评价结果,并及时指导勘探。

表 6-9 塔北地区含油气区带综合地质评价结果(周庆凡等,1999)

区带		烃源条件	储集条件	运移条件	圈闭形成条件	保存条件	油气发现情况
中—新生界背斜圈闭含油气区带	南天山山前含油气区带	B	B	B	B	C	C
	库喀含油气区带	A	B	A	A	B	A
	秋里塔格含油气区带	A	B	A	B	B	C
中—新生界低幅度构造圈闭区带	库南—亚肯含油气区带	B	B	B	B	A	C
	牙哈含油气区带	B	B	B	A	A	A
	英买7—红旗—轮台含油气区带	C	B	B	A	A	B
	中生界地层超覆尖灭区带	B	B	B	B	B	C
	震旦系—奥陶系潜山、岩溶圈闭含油气区带	C	B	B	A	B	B
中生界背斜圈闭区带	雅克拉中生界背斜圈闭区带	B	A	B	B	B	A
	阿克库勒中生界背斜圈闭区带	A	B	A	B	B	A
	阿克库勒盐上中生界背斜圈闭区带	C	B	C	B	B	C
石炭系复合圈闭区带	阿克库勒石炭系复合圈闭区带	B	B	B	A	A	A
	波斯坦石炭系复合圈闭区带	B	A	B	A	B	A
	石炭系地层尖灭复合圈闭区带	B	B	B	B	A	C
下古生界潜山、岩溶圈闭区带	沙西地区下古生界潜山岩溶圈闭区带	B	B	B	B	B	B
	阿克库勒地区下古生界潜山、岩溶圈闭区等	A	A	B	A	B	A
	雅克拉地区下古生界潜山、岩溶圈闭区带	B	B	B	A	B	A
	志留系—泥盆系地层圈闭区带	A	A	A	B	C	C

(A、B、C含义见表6-8)

第四节　区带资源量计算方法

区带资源量计算是在区带描述的基础上对有利区带资源量的进一步分析求证，中心工作是地质因素风险分析和资源量数值计算。开展工作时一般是先对区带进行确定和研究，然后进行区带资源量计算与评价。

区带资源量计算方法主要有：体积法、运聚单元资源分配法（成因预测法）、供油单元法、远景圈闭个数法（∑圈闭法）、统计预测法［包括发现过程法和油藏规模序列法（Pareto 定律法）］、圈闭（或远景目标）密度与资源丰度统计预测法、分阶段油藏序列模型法、资源丰度类比法等。

一、体积法

在对地质风险、体积参数、采收率及最小经济油田确定的基础上，对各主要参数进行多元统计分析后，得出储量丰度的回归方程。

对于研究程度较低的地区，回归方程为：

$$\ln Q=4Z-3L+0.5H+39 \tag{6-5}$$

对于研究程度较高的地区，回归方程为：

$$\ln Q=3Z-2L+h-0.25S+5.2 \tag{6-6}$$

对于资料详度较高的地区，回归方程为：

$$\ln Q=2Z-L-6H_s-0.46S-0.13J-0.3S_m-0.49C_o+9.2 \tag{6-7}$$

上述式中，Q 为油气地质储量丰度/$(\mathrm{kt\cdot km^{-2}})$；$Z$ 为预测区带到盆地边缘的距离/km；L 为勘探层到盆地基底的距离/km；H 为含油气层系厚度/km；h 为沉积岩系厚度/km；S 为圈闭面积/$\mathrm{km^2}$；H_s为含油气层系中砂岩的厚度/km；J 为构造闭合幅度/km；S_m为圈闭平均面积/$\mathrm{km^2}$；C_o为含油气层系中泥岩有机碳含量/%。

用户也可以利用多元统计分析方法，统计盆地中各主要地质因素同储量丰度之间的关系，自定义回归方程中的系数。

二、运聚单元资源分配法

含油气系统内所生成的烃类就近运移到本地的含油气带内，这种根据地震构造区划分或沉积发育史所划分的一个供油面积叫供油单元，供油单元内所能聚集的烃类为资源量。计算公式如下：

油（气）充注体积＝有效排烃面积×排烃面积内的烃源岩厚度×烃源岩产率×排烃系数×运聚系数

前提条件：正确划分运聚单元；参加类比的参数必须是独立的；

适用范围：该方法适用中、高勘探程度的区带；

参数研究：干酪根类型、生油岩厚度、泄油面积、成熟度、有效生油岩体积；

计算参数：单位体积生油岩产烃率、不同时间的排烃量（产率）。

研究技术：

油气聚集（充填）——判别分析；

保存条件——回归分析（有效封堵层厚度、岩性、深度、裂缝、断层作用等）；

体积估算——蒙特卡罗模拟；

可采资源——采收率分析、经济评价。

三、供油单元法

在正确划分区带供油单元的基础上，采用多元统计法、概率法和蒙特卡洛法确定计算参数，按以下步骤进行计算。

1)计算排烃系数 $K_{排}$ 和聚集系数 $K_{聚}$：

$$K_{排} = 1 - \frac{(1-g) \times HC}{g \times (1.22 \times C - A)} \tag{6-8}$$

公式中各参数意义见盆地评价部分和聚集系数计算部分。

2)计算油气充注体积 V(R_o>0.60%有效)：

$$V = S \times H \times A \times K_{排} \times K_{聚} \tag{6-9}$$

3)计算区带油气资源量 $Q_{区}$：

$$Q_{区} = V \times C \times R \tag{6-10}$$

上述公式中，V 为油气充注体积/km^3，S 为有效排烃面积/km^3；H 为有效排烃面积内的生油岩累计厚度/m；A 为生油岩产率/($kg \cdot t^{-1}$)；$K_{排}$ 为排烃系数；T_c 为运聚系数；C 为采收率/%；R 为区带风险系数。供油单元、有效排烃面积和排烃模式的确定见图 6-6、图 6-7、图 6-8。

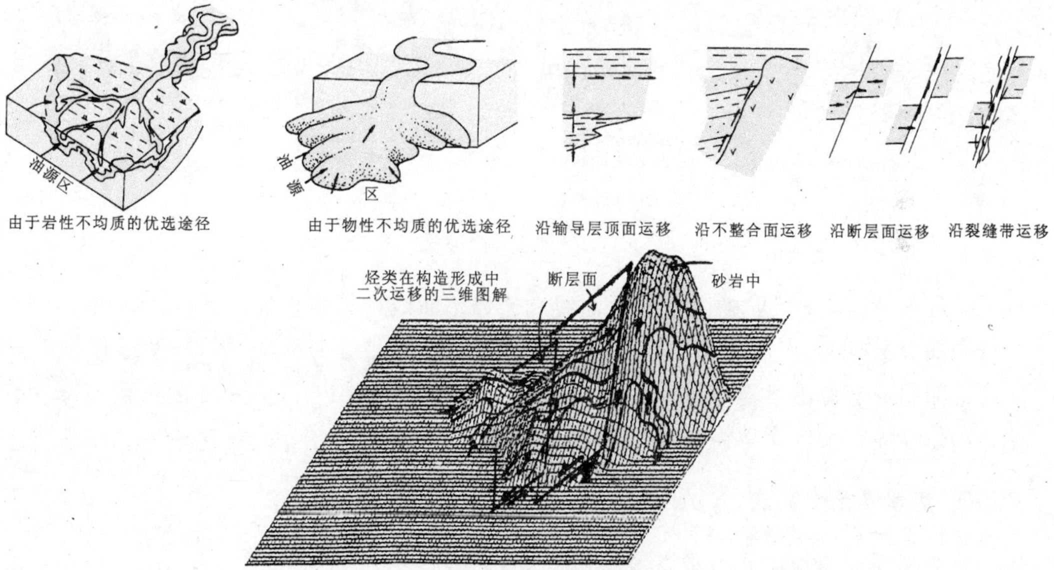

图 6-6　供油单元、排烃槽与二次运移的优选路径

该类方法的实施一般按照以下几个步骤进行：

1)根据地质综合分析划分供油单元；

2)根据有效烃源岩的排烃门限圈定源岩排烃范围，计算有效排烃面积；

3)通过统计获得排烃面积内的烃源岩厚度；

4)根据热演化程度确定供油单元的烃源岩产烃率；

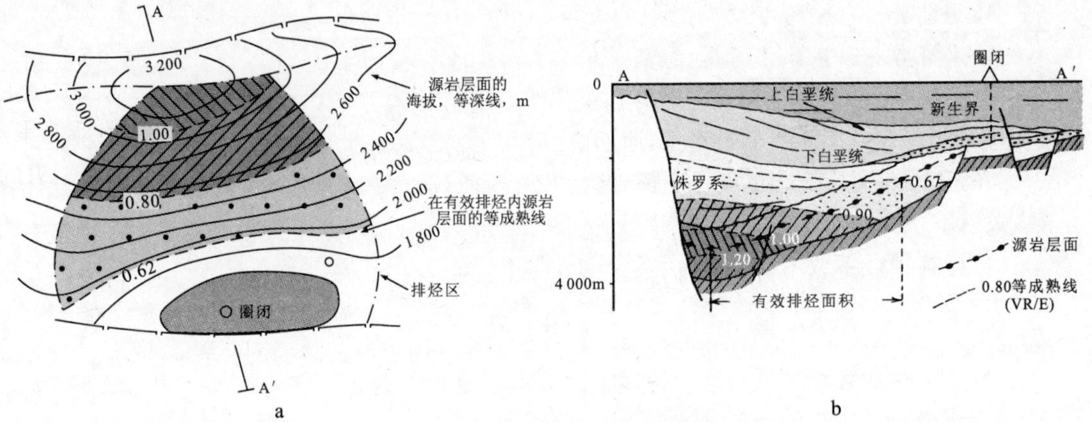

图 6-7 有效排烃面积的量取

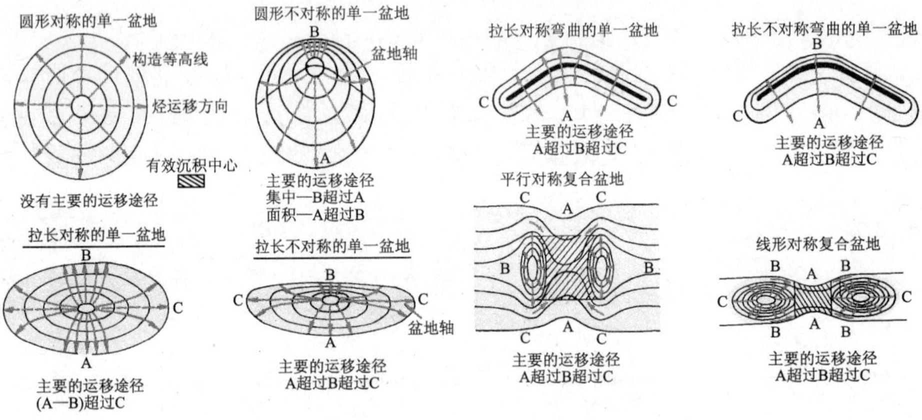

图 6-8 各种理想条件下的排烃模式

5)根据氯仿沥青"A"随深度变化曲线和产烃率曲线计算出排烃系数；

6)确定运移系数：通过对刻度区的有效封堵层厚度、岩性、深度、裂缝、断层作用等保存条件进行回归分析做出运移系数模型，用评价区参数求得；

7)估算体积油气充填体积，即该区带资源量。

四、远景圈闭个数法($\sum$圈闭法)

单个圈闭资源量计算的基本公式为：

1)未落实的圈闭。油：$Q = V \times K$ 或 $Q = (Q_{总} - Q_{1-V})/N$ (6-11)

溶解气：$G_s = Q \times R_{si}$ (6-12)

气顶或非伴生气：$Q_g = V \times K_g$ (6-13)

2)已落实的圈闭。油：$Q = S \times H \times F \times K$ (6-14)

溶解气：$G_s = Q \times R_{si}$ (6-15)

气顶或非伴生气：$Q_g = S_g \times H \times F \times K_g$ (6-16)

3)已有油气发现的圈闭。油：$Q = S \times H \times \varphi \times (1 - S_w) \times \rho \times \beta^{-1}$ (6-17)

溶解气：$G_s = Q \times R_{si}$　(6-18)

气顶或非伴生气：$Q_g = 0.1 \times S_g \times H_g \times \varphi \times (1 - S_w) \times \rho \times \beta^{-1}$　(6-19)

式中，S 为圈闭含油气面积/km^2；H 为圈闭产层厚度/m；φ 为储层有效孔隙度/%；S_w 为含水饱和度/%；ρ 为烃密度/($g \cdot m^{-3}$)；β 为体积系数；R_{si} 为气油比。

关键参数：油藏个数分布、油藏储量规模分布。

基本公式分解：

远景圈闭个数×勘探成功率 ＝潜在油田个数　(1)

潜在油藏个数×油藏平均可采储量＝可采储量　(2)——单值评价

油藏个数分布×油藏储量规模分布＝可采储量分布　(3)——分布评价

主要工作：建立各类区带类比数据库。

1)油藏个数分布：①类比同类区块(油田密度等)获得；②由3个值计算获得：最小值表示区内已发现油藏个数(100%存在)；中值表示可能发现油藏的平均个数(50%概率)；最大值表示可能发现油藏的最大个数(0.001%概率)。

2)油藏储量规模分布：①同类区块(多个)组成的分布；②已发现的油藏规模分布；③容积法获得远景圈闭面积、储层参数、烃类充满指数、采收率等分布。

五、油藏规模序列法

该方法的理论基础是Pareto定律，其表述如下：

$$Q_m / Q_n = (n/m)^k \tag{6-21}$$

式中：Q_m 为序号等于 m 的随机变量(第 m 个油藏的储量)；Q_n 为序号等于 n 的随机变量(第 n 个油藏的储量)；m、n 为1,2,3…的整数序列中的任一数值(油藏序列号)，但 $m \neq n$；k 为油藏储量规模变化率，实数；对公式两边取对数，则有：$(\lg Q_m - \lg Q_n)/(\lg m - \lg n) = k$。

该方法的基本原理是将区带内所有的远景圈闭，根据圈闭体积法分别计算圈闭资源量，然后通过所有圈闭资源量的和来得到区带内的总资源量。根据圈闭的落实程度和发现油气的情况，采用不同的资源量计算公式(图6-9)。

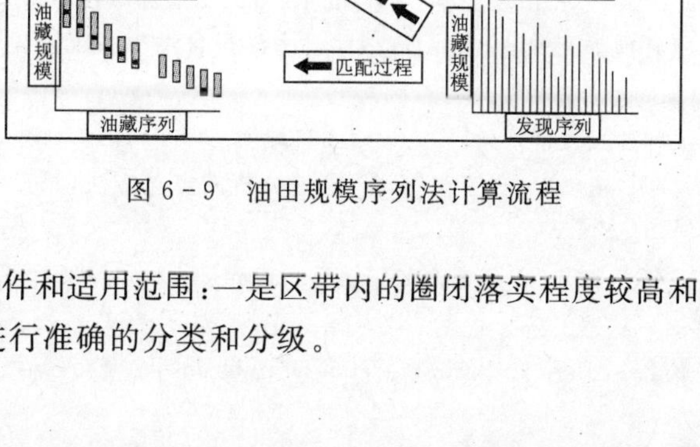

图6-9　油田规模序列法计算流程

方法应用的前提条件和适用范围：一是区带内的圈闭落实程度较高和圈闭的个数比较确定；二是必须对圈闭进行准确的分类和分级。

六、资源丰度类比法

同盆地级区带资源量估算的资源丰度类比法。

1. 方法基本原理和计算方法

区带地质(可采)资源量＝区带面积×圈闭密度×圈闭成功率×单位面积地质(可采)资源量。

2. 前提条件

该类方法使用的前提条件是:①具备类比刻度区,并建立起了各个参数的统计模型;②区带的划分能够达到分类与分级。

3. 应用范围

该方法适用于本次评价的一、二类盆地。

4. 参数的确定

(1)区带面积:根据区带划分的边界来确定;

(2)圈闭密度:储油圈闭叠合面积/区带面积,对于地震测网为2km×4km以上的评价区带,还应考虑漏失的比例,由刻度区解剖而来;或由多个解剖区统计出圈闭密度分布;

(3)圈闭成功率:由刻度区统计得到;或由多个解剖区统计出圈闭成功率分布;

(4)单位面积地质(可采)资源量:由相似条件的刻度区的解剖得到。

5. 方法的实施步骤

(1)划分区带,进行地质分析;

(2)选取刻度区或找出参数统计模型;

(3)计算区带资源量。

参考文献

[1] 陈荣书主编. 石油及天然气地质学[M]. 武汉:中国地质大学出版社. 1994.

[2] 费琪,范土芝,梅廉夫等. 成油体系分析与模拟[M]. 北京:高等教育出版社. 2001.

[3] 金之钧,张金川. 油气资源评价技术[M]. 中国石油天然气总公司勘探局编,现代油气勘探理论和技术培训教材(七),北京:石油工业出版社. 1999.

[4] 李思田,解习农,王华等. 沉积盆地分析基础与应用[M]. 北京:高等教育出版社. 2004.

[5] 秦建中,贾蓉芬,郭爱明等. 华北地区煤系烃源岩油气生成、运移、评价[M]. 北京:科学出版社. 2000.

[6] 童晓光,何登发. 油气勘探原理和方法[M]. 北京:石油工业出版社. 2001.

[7] 王成善,李祥辉. 沉积盆地分析原理与方法[M]. 北京:高等教育出版社. 2003.

[8] 武守诚. 石油资源地质评价导论[M]. 北京:石油工业出版社. 1994.

[9] 张厚福,方朝亮,高先志等. 石油地质学[M]. 北京:石油工业出版社. 1999.

[10] 周海民,丛良滋,董月霞等. 断陷盆地油气成藏动力学与含油气系统表征[M]. 北京:石油工业出版社. 2005.

[11] 周庆凡. 塔北地区含油气区带评价[J]. 海相油气地质. 1999,4(1):10～15.

[12] 伊恩. 勒奇著,蔡希源,翟国忠,占宝玺等译. 盆地分析的定量方法(第二卷)[M]. 北京:石油工业出版社. 2001.

[13] Allen P A, Allen J R. Basin analysis-principles and applications [M]. Second Edition, Blackwell Publishing Ltd. 2005.

[14] Bethke C M, M K Lee, Park J. Basin modeling with basin2: A guide to using the Basin2 software pack-

age[M]. University of Illinois at Urbana-Champaign, 205. 2000.
[15] Gluyas J, Swarbrick R. Petroleum geosciences[M]. Blackwell Publishing Ltd. 2004.
[16] Guidish T M. Basin evolution using burial history calculation: An overview[J]. AAPG Bulletin, 1985, 69:92～105.
[17] Hunt J M. Petroleum geochemistry and geology[M]. Second Edition, W. H. Freeman and Company. 1996.
[18] Stechler M S, Watts A B. Subsidence of the Atlantic-type continental margin off New York[J]. Earth Planet Sci. Lett., 1978, 41:1～13.
[19] Sclater J G. Christie P A F. Continental stretching: an explanation of the post Mid-Cretaceous subsidence of the cental North Sea basin[J]. J. Geophs. Res., 1980, 85:3 711～3 739.

第七章 圈闭勘查和评价

圈闭是油气勘探的具体目标，圈闭评价是各石油公司所进行的一项常规的工作。圈闭评价工作从区带研究中的圈闭准备开始，直到钻探并获得商业价值油气流为止。圈闭评价以圈闭风险分析和资源量计算为核心，它要求以区带地质背景和油气成藏理论为依据，充分利用多种资料和手段，展开圈闭的识别、描述、综合评价和优选。

本章讲述圈闭预探阶段的内容和工作方法，圈闭的识别方法和相关的勘查技术手段，并说明圈闭的描述方法、圈闭风险分析和圈闭资源量计算方法。

第一节 圈闭评价的目的意义、内容和方法

一、圈闭评价的目的意义

圈闭是油气聚集的最小单元，从圈闭的意义看，圈闭由一个具体储盖组合内由四周封闭的地质体组成。如一个被断层切割的背斜，若断层具有封闭作用，则每个断块中的每个储盖组合可能就是一个圈闭。但在实际工作中往往将整个构造中的各个断块及所包含的各个储盖组合作为一个整体来评价，这时所谓的圈闭就成为成因基本一致的圈闭组合(童晓光等，2004)。

随着国内外油气地质理论水平不断提高，西方的油气评价系统的概念也进入了中国。结合中国勘探实践经验的总结，我国的油气勘探评价系统包括含油气盆地、含油气系统或含油气聚集区带、圈闭和油气藏评价。

圈闭评价的目的意义在于：圈闭评价以圈闭风险分析和资源量计算为核心，它要求以区带地质背景和油气成藏理论为依据，充分利用多种资料和手段，展开圈闭的识别、描述、综合评价和优选。以探明储量为目的，为油田开发提供各项参数，做好开发前的全面准备工作，因此这个阶段有人将其称为油藏评价。

二、圈闭评价的内容和方法

圈闭预探阶段的主要任务是：①圈闭识别与描述；②圈闭条件；③风险评价和资源量测算；④预探井位；⑤储量预测。

圈闭评价要求滚动进行，但是在一些地质条件十分复杂的盆地或区带，为了达到最优的经济效益，需要有一个滚动勘探开发阶段，尤其对于层系多、规模小、数量多的十分隐蔽的圈闭。这种圈闭很难一次发现，更难以一次探明。如果要完成全部圈闭的评价后开发，不仅勘探工作量大，而且时间拖得很长。滚动勘探开发的基本思想，是勘探开发滚动式进行，先以主力油气层以及较大和较简单的圈闭为对象进行勘探评价以及开发，在这个过程中积累资料，加深地质认识，进行过细的地质工作，发现和评价隐蔽的圈闭，实践证明这是一种有效的方法。

滚动勘探开发的具体作法，要根据具体的地质条件和所采用的勘探技术灵活对待，至于一个油气区带应该按照常规的勘探程序，还是滚动勘探开发，主要决定于具体条件。如果含油气

层系比较单一，圈闭的位置和形态比较确定，则用常规勘探程序为好。

(1)圈闭识别和描述。落实圈闭的存在，界定圈闭的形状、大小和类型。确定含油气面积、油气柱高度、油气水界面深度；确定含油气层厚度和平面变化；确定储层孔隙度、渗透率、含油饱和度和润湿性及其纵横向变化；查明油气水性质和油气相态特征，作出原油组分的工业评价；确定岩性、物性、含油性、与测井响应之间的关系，确定有效厚度及其平面变化；查明油藏的温度、地层压力、饱和压力、油气比和驱动类型；油气层的产能和采油指数。

(2)风险评价和资源量测算。对圈闭的石油地质条件进行研究和分析，确定风险概率计算的油气潜在资源量，按照圈闭的有利程度、资源量大小、可靠性把握以及经济指标等进行优选排队，拟定预探井井位。

(3)储量预测。对已发现油气的圈闭进行圈闭精细描述，计算预测储量，提出评价勘探建议。提交探明储量和可采储量。

(4)作出圈闭的经济评价。圈闭预探阶段的评价对象具体到圈闭，是从钻探圈闭直到获得油气发现而进行的资源评价。通过该阶段的工作，要进一步增加对石油地质的认识，最终成果要么是对面积作否定的回答，要么提交可能的储量，为下一步是否进行详探提供部署依据或作为开发规划的参考。

该阶段以发现油气田为目的，预探的主要技术手段是地震详查和预探井。地震详查的测网密度要达到 1km×1km 或 1km×2km，达到预探井井位方案程度，第一口预探井应设计在圈闭最有利的部位，可以同时设计几口井(一般不超过 3 口井)，遵循稀井广探原则(面广、目的层多)。预探井如何科学地用最少的钻探工作量，高效率地发现油气田，这是决定预探工作水平的主要内容。

圈闭预探阶段的主要工作步骤是：

(1)确定预探项目。对复杂圈闭宜进行三维地震勘探，对简单而大型圈闭可在二维详查地震勘探的基础上进行评价钻探；

(2)地震详查；

(3)预探井和评价井钻探。评价井的数量要根据圈闭类型、面积和储层变化特点确定。对于构造比较简单的砂岩油田，主要根据圈闭面积确定数量。其基本原则是圈闭大，每口井控制的面积就大，圈闭小，则每口井控制的面积就小，但不一定成严格的线性关系，这与其他地质条件有关，以完成探明储量为标准，但要尽量减少评价井；

(4)圈闭评价。

第二节 圈闭识别方法

圈闭识别是圈闭评价的第一步，它为圈闭描述、资源量计算和经济评价提供了基础，主要分为 3 个方面的内容。

一、圈闭预测

对已经认知的区带按照构造和沉积模式以及区带内所有圈闭存在的成因联系进行圈闭类型和分布模式预测，即：①根据已发现圈闭和已知区带的圈闭模式对预测圈闭的规模和序次进行预测；②参考重、磁、电及遥感等物探资料所显示的异常进行圈闭预测；③从盆地和区带中圈闭发育的完整性进行圈闭类型和分布规模预测，分析所有可能存在的圈闭。

二、圈闭认定

圈闭是由储集体及其上方或侧翼的封盖层共同构成的统一体。封盖层不仅指储集层上方的岩体，而且是具有一定封闭能力的岩体，常为低渗透性、低孔隙度的地层。储集体由储层的岩石组构及其孔隙系统（由水、烃类、胶结物等所占据）组成。封盖能力决定了一个圈闭最大可能的烃柱高度，储集能力则决定了圈闭充注烃类后的优劣程度或商业价值。圈闭要素（如闭合度、闭合面积等）表示这样一个容器能保存烃类的能力。圈闭地质条件研究首先要分析圈闭类型（童晓光等，2004）。

圈闭类型研究已有很长的历史。早期的分类侧重于圈闭成因分类，根据形成圈闭的地质要素将圈闭分成：①地层局部变形封闭的油藏（如褶皱作用、断裂作用、侵入作用等）；②岩石孔隙度变化封闭的油藏（例如削截或尖灭）；③由褶皱作用和孔隙度变化形成的油藏；④由断裂作用和孔隙度变化形成的油藏。而 Leverson（1954）将这些因素简化处理，提供了一个石油地质界广泛应用的圈闭分类方案：①构造圈闭；②地层圈闭；③复合圈闭。他也强调“主圈闭要素”的概念，指出“若油气藏受制于局部隆升或变形，那么即使储集层发生尖灭或楔形减薄也不应认为圈闭是地层型的”。

圈闭内含油气则成为油气藏，圈闭类型与油气藏类型密切相关。因此，二者的分类虽各有侧重，但常常可以互用。对于圈闭或油气藏类型的划分，主要有以下几种方案：①圈闭成因及形态分类；②流体动力学分类；③封盖机理分类；④开发地质分类；⑤烃类相态分类；⑥油气产量和储量规模分类；⑦油气藏驱动类型分类。

圈闭的成因分类：根据成因分为构造圈闭、非构造圈闭和复合圈闭三大类；以形态可以进一步细分。

圈闭的封盖机理分类：单一封盖层圈闭和多封盖层圈闭。

圈闭或油藏开发地质分类：根据原油性质、构造条件、储集渗透性、储集岩石类型进行分类（裘怿楠等，1996）。

以区带为对象整体设计地震及其物化探测网，对圈闭进行确认：①以地震和钻探资料为依据，通过构造和岩性地层圈闭的要素作图，对圈闭类型、位置、形态、大小和规模序次进行分析和认定；②结合其他石油地质条件的分析资料对隐蔽圈闭进行识别（图 7-1～图 7-6）。构造圈闭的识别：主要是通过地震剖面解释和成果图件编制的方法，运用地质条件分析和制图原理，在平面和剖面上对可能存在的各种构造圈闭进行识别和分析。具体工作方法包括 5 个步骤：标准层选择和层位对比、地震反射剖面解释、剖面和平面断层解释、时深转换和构造编图、圈闭识别。

非构造圈闭识别：非构造圈闭类型主要指地层不整合圈闭和岩性圈闭两类。

（1）地层不整合圈闭：基本方法是将目的层（储层）的尖灭线、剥蚀线、超覆线以及剥蚀面、超覆面、不整合面和断层面与储集目标层的构造图进行叠合分析，确定不整合面上下的岩性组合关系，分析不整合圈闭存在的有利层位和地区。通过平面图分析、剖面检查和钻井结果验证，预测可以确定不整合圈闭的面积、幅度、基本形式以及可靠性程度。

（2）岩性圈闭：主要是通过钻井地质研究和层序地层学分析，成熟勘探区带的岩性圈闭发育模式进行预测分析。结合沉积模式特征和区带位置、类型以及成熟勘探区带的岩性圈闭发育模式进行预测分析。

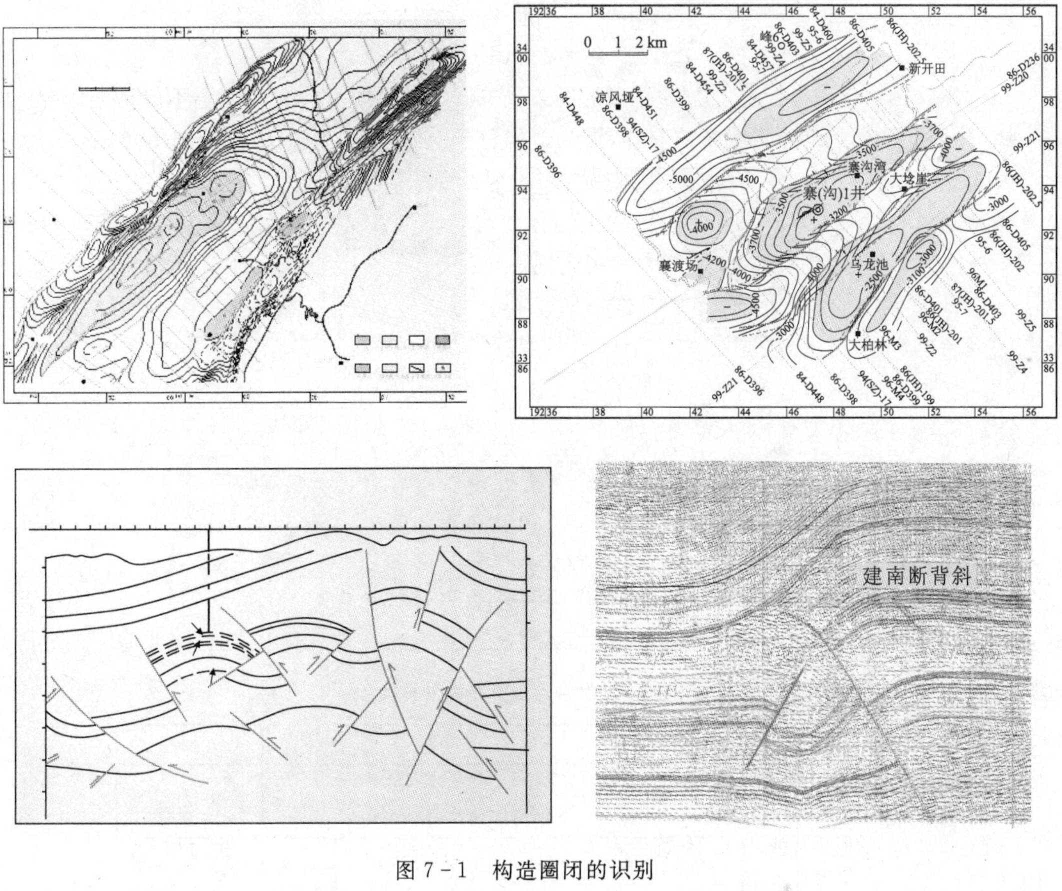

图 7-1 构造圈闭的识别

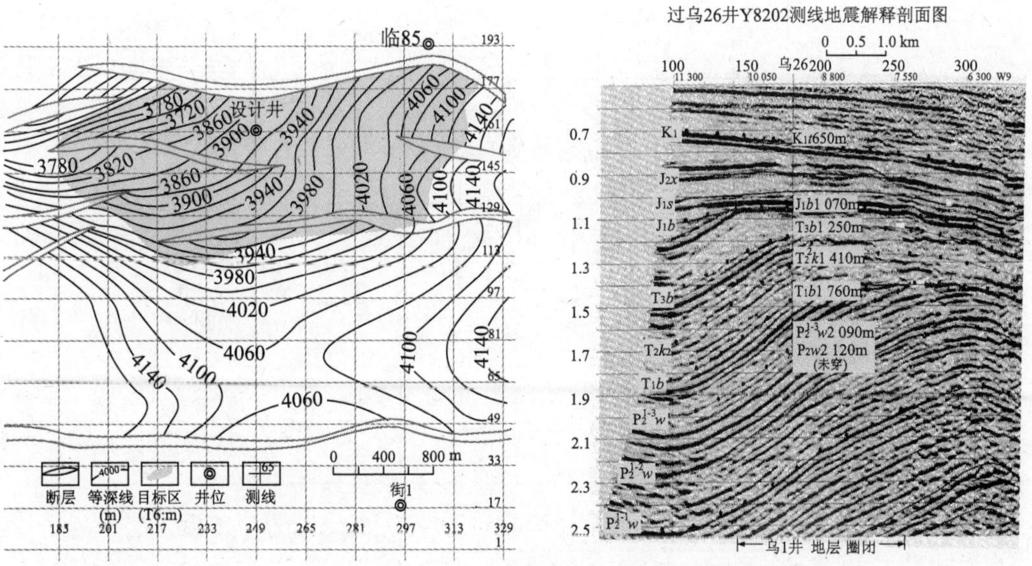

图 7-2 岩性圈闭的识别

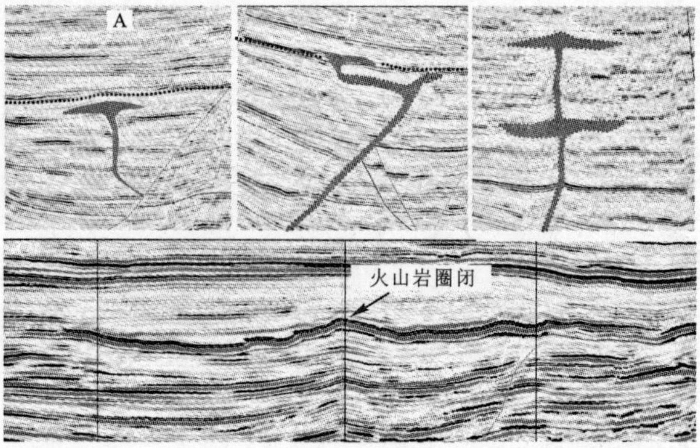

图 7-3　火山岩圈闭的识别

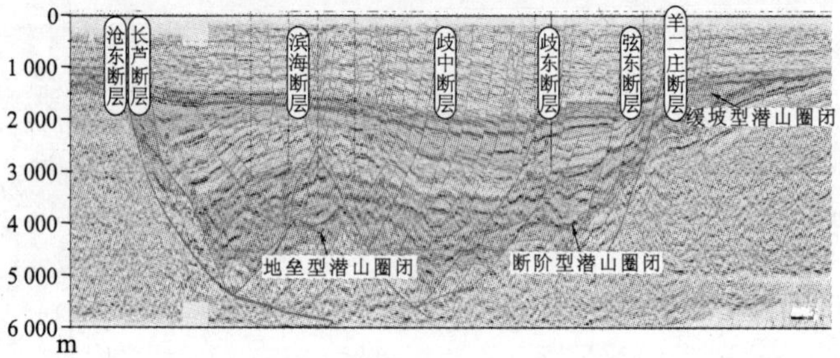

图 7-4　潜山圈闭的识别

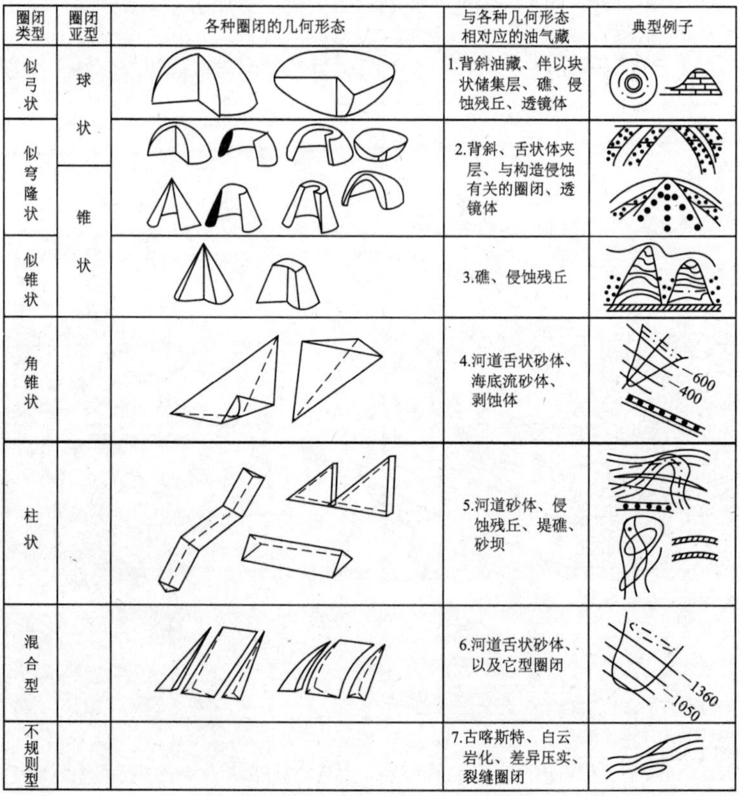

图 7-5　油气圈闭的形态分类
（据 C. A. Gabrielyants 等，1979）

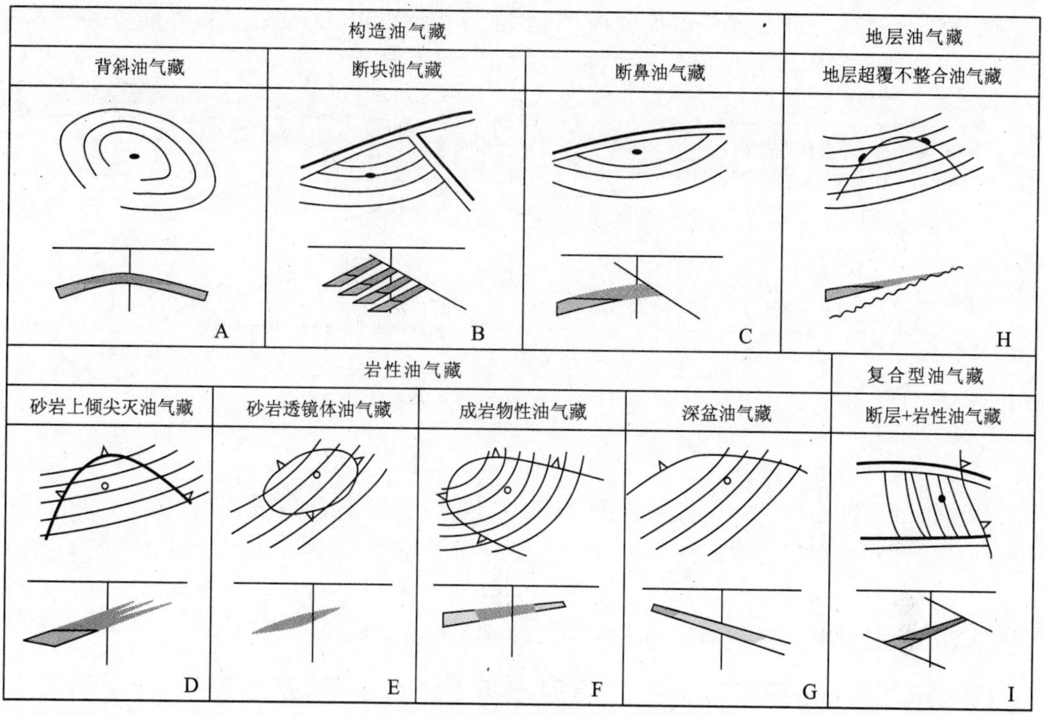

图 7-6　油气(藏)圈闭的类型

(据陈振林等,2009)

(3)特殊类型圈闭识别:主要指非常规油气藏的圈闭类型,例如火山岩体、砾岩体和基岩风化壳潜山圈闭等。当存在有特殊类型圈闭出现的趋势时,针对不同圈闭的类别特点进行有针对性的构造、沉积和成岩特点识别分析,通过地震、钻井、特殊处理以及实际测试结果分析来确定特殊类型圈闭的存在与否和规模特点。

三、圈闭可靠性分析

依据资料条件和资料解释精度对所有识别出来的圈闭进行落实程度和可靠性分析,确定圈闭存在的可靠性。

圈闭评价与优选是在圈闭可靠性评价的基础上,对评价为可靠和较可靠的圈闭进行地质有效性评价,计算圈闭资源量和勘探经济效益的综合分析,并采用各种风险评价方法,对圈闭进行综合排序,其最终目的是优选出有利的若干个圈闭作为下一步钻探的对象,以及尽早发现油气田。

第三节　圈闭勘探和描述方法

一、圈闭勘探

圈闭评价的关键就在于圈闭的勘探程度。随着时间的进展大体上可将圈闭勘探划分为未钻探圈闭、已发现油气的圈闭、已开发的圈闭。在未钻探圈闭的工作初期为推测性圈闭,其后期必须提交可供钻探的圈闭,此时要求圈闭明确可靠。经过钻探的圈闭初期是在测试商业价值油气流的基础上进行预探以控制面积，继而进行评价以期全部探明，并准备开发。在勘探中，圈闭的评价工作也必须相应进行(图 7－7)。

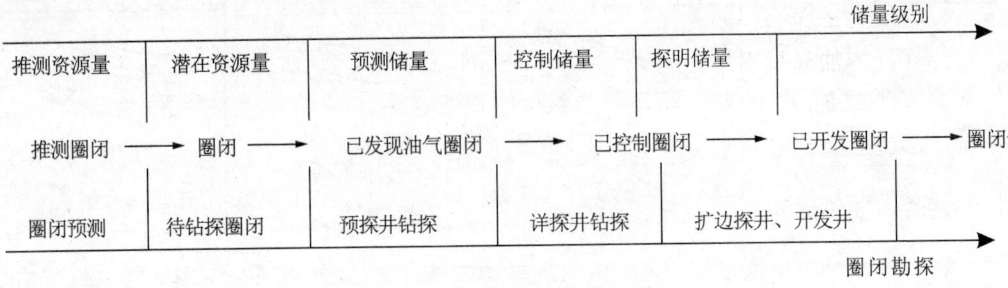

图 7－7　圈闭勘探及评价流程图

1.预探的任务与布井

预探的布井是针对一个区带中的局部构造(圈闭)进行的以发现油气藏为目的的钻探工作。布置预探井需要的主要图件为分目的层的构造等高线图，大比例尺局部圈闭平面图，过井位的纵、横剖面图；预探井需要的次要图件包括地层等厚图、古构造发育史图、沉积环境与沉积体系图、储层预测图、早期储量预测图等。预探井布井系统见图 7－8，图 7－9。

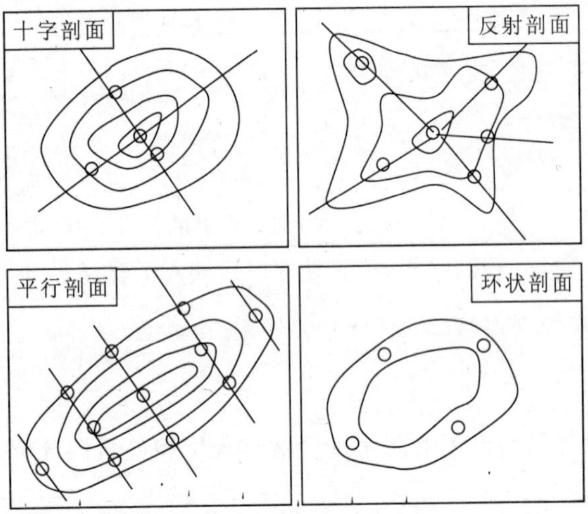

图 7－8　预探井布井系统

(据朱新学，1987)

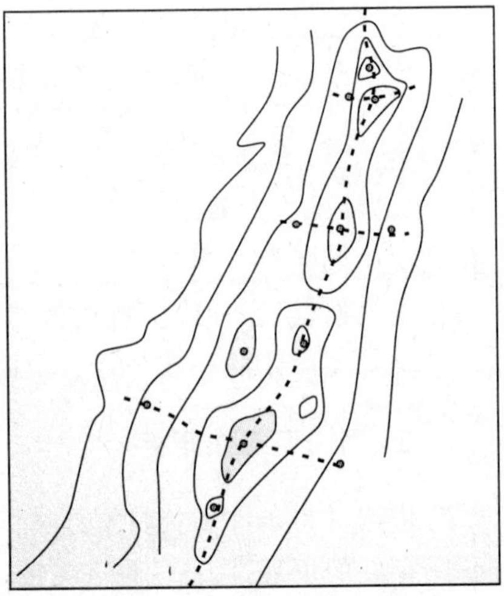

图 7－9　大庆长垣预探井部署

(据朱新学，1987)

2.预探布井的基本原则

(1)合理的布井系统：井位(井与井的关系)、井数和钻井次序；

(2)第一口探井设计在圈闭聚油最有利的部位；

(3)稀井广探：预探的面广，目的层多；

(4)布井系统有：十字剖面、平行剖面、反射剖面和环状剖面。

3.预探井的类别

(1)独立井；

(2)附属井：必须钻的井，位置和深度根据独立井调整；

(3)后备井:可钻可不钻,视已钻井的结果决定。

4.确定布井系统的根据

(1)圈闭的平面形态;

(2)预计的油气藏类型;

(3)埋藏深度;

(4)构造复杂程度。

二、圈闭描述方法

作为圈闭资源量计算和经济评价的资料基础,圈闭描述贯穿于圈闭预探阶段的全过程,主要目标任务是随着勘探阶段的进展而不断对圈闭构造、储层和油气富集条件进行分析研究,提交精度不断提高的资源量和预测储量评价数据,分析圈闭风险条件和经济评价,优选有利圈闭,适时为勘探目标计划提供依据。圈闭描述的主要内容包括以下4个方面。

1.圈闭构造描述

构造轮廓、断裂组合、高点位置进一步落实圈闭的封闭能力确定(表7-1)。

表7-1　断层封闭性判别标志(梅廉夫,2003)

影响因素	判别标志
岩性因素	1.同生断层断开地层砂泥比值大于1.0,非同生断层大于0.8,断层封闭能力极差
	2.渗透性岩层与上倾方向另盘非渗透性岩层对置,断层具封闭性
	3.盖层不断开,断层垂向横向封闭性好
	4.断层两盘均为渗透性岩层相对置时,断层泥可提供有效封闭
	5.当断移地层砂泥比小于1.0时,同生断层均充填断层泥,有利于封闭
	6.固结良好的岩层或脆性岩层被断开时,断层封闭性较差
力学因素	7.最大主应力轴 σ_1 方向与断层走向越趋于垂直,断层封闭性越好
	8.张性断层比压性断层封闭性差,先张后压的断层封闭性好
	9.断层埋深越大,封闭性越好
	10.断层两侧存在地层超压、断层是封闭的
	11.压扭性断层的封闭性比张扭性断层封闭性好
几何因素	12.断层倾角越小,断层封闭性越好
	13.断距不大的断层封闭性能较好,水平断距越大,封闭性越差
	14.与断层有关的裂缝带相穿插的断层,渗透性好,封闭性差
活动性因素	15.正在活动的断层具开启性,但横向上易产生流动页岩遮挡
	16.停止活动的断层有一定的封闭性,停止活动时间越长,越有利于封闭
	17.从下往上断距越来越小的断层,其封闭性从下往上越来越好
其他因素	18.断裂带的矿化的作用、成岩胶结作用及石油降解都可增加其封闭性
	19.欠压实泥岩的异常超压会使该断层有封闭性

充分利用最新完成的加密地震测线和特殊地震处理资料对构造轮廓进一步落实认定和边界确定，对圈闭岩性和发育特点进行精度校正；利用三维地震和新增探井资料对圈闭的断裂组合、构造形态和高点位置等重新落实；利用地史分析和计算机模拟方法对圈闭的发育过程特点、断层对油气的封堵性、圈闭有效储集空间以及捕集油气的有利性条件等进行全面分析；通过平面、剖面成果图件编制，准确计算圈闭幅度、面积和有效体积。对于岩性、地层圈闭，尚需在精细构造图基础上叠加剥蚀或超覆面构造图，在平面和剖面上准确反映圈闭的规模、形态和分布特点。

2. 圈闭储层描述

通过地震资料和钻井对储层的空间展布及储层的岩性、物性进行预测分析，确定勘探的目标层并且预测岩性圈闭(图 7－10、图 7－11、图 7－12)；主要包括两方面，即储层砂体分布预测和储层物性预测。储层砂体预测方法包括利用地震层速度计算砂泥比，利用道积分和 Velog 剖面预测砂体，利用反射振幅和振幅-时差积预测砂体，利用振幅、波阻抗、波形、时差、频率等地震反射多参数模式反演预测砂体分布以及利用模式判识方法预测砂岩。而储层物性预测(声波时差)方法主要是通过钻井岩心标定测井，通过测井分析标定地震速度，这就使得利用地震提取的多种参数预侧储层物性更加可信。

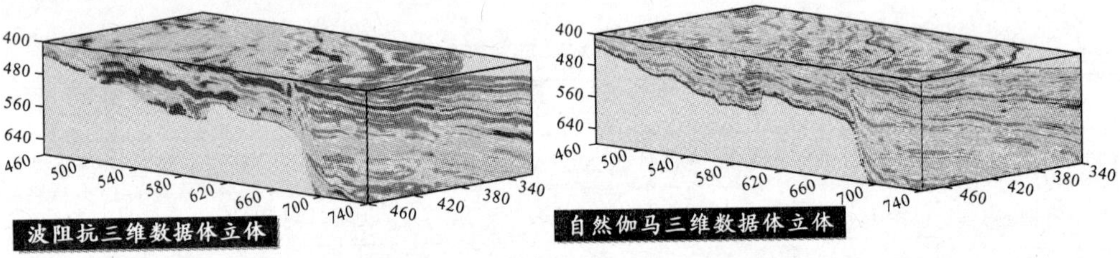

图 7－10　储层波阻抗反演三维数据体

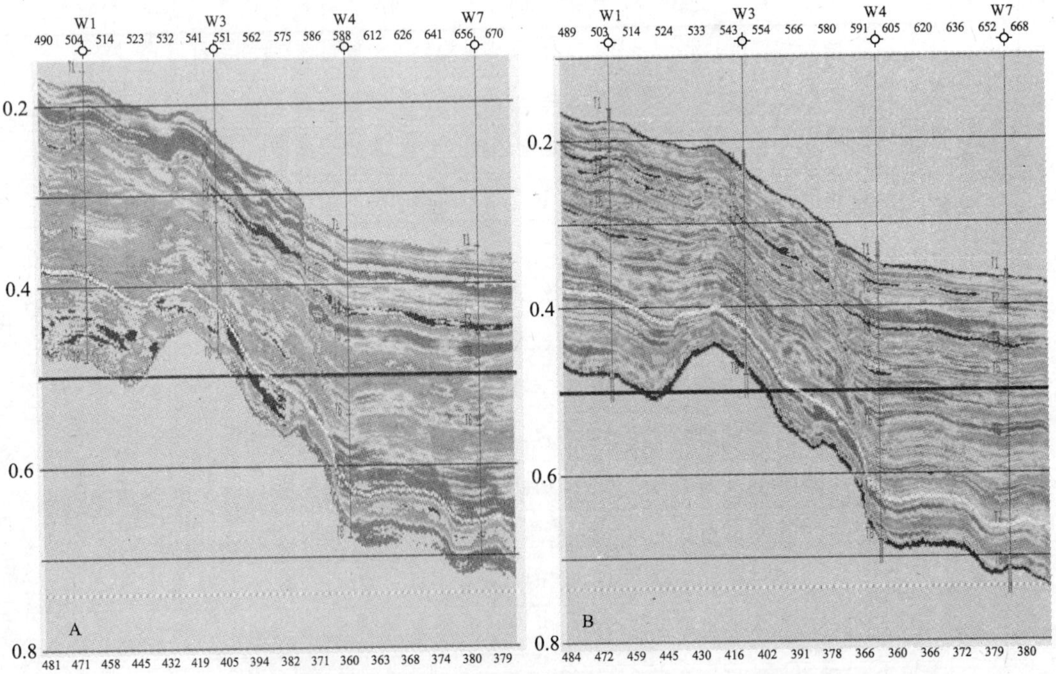

图 7－11　储层波阻抗和自然伽马连井剖面

(A. 波阻抗难以区分灰质泥岩与砂岩；B. 自然伽马能区分灰质泥岩与砂岩)

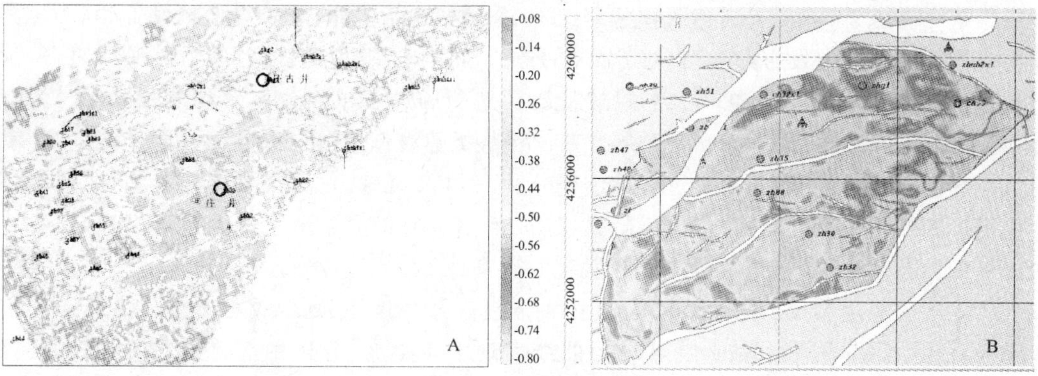

图 7-12　地震振幅(A)和频谱成像技术(B)储层预测

3. 圈闭含油气条件及保存条件描述

该描述包括油气显示(钻、测和录井等)、供油条件和聚油条件分析、盖层分析、烃类检测技术。主要通过对圈闭的供油条件和聚油条件分析,结合钻、测、录井以及烃类检测技术(AVO技术、亮点技术、频谱比以及平点与暗点等方法)展开对圈闭的含油气性综合评价;通过盖层分析(包括岩性、厚度、分布、排替压力等)和断裂活动分析预测圈闭对油气的保存条件。

4. 圈闭发育和成藏条件描述

该描述包括圈闭发育史和形成过程分析、油气生、排、运、聚史分析,模拟成藏史,预测圈闭的含油气性。主要通过对圈闭发育的地质历史条件和形成过程分析,研究圈闭的发育特点和成藏模式,结合对盆地的油气生、排、运、聚史分析,模拟成藏史并预测圈闭的含油气性,主要内容包括:地层等厚图和平衡剖面、构造发育史图编制,圈闭发育史与断裂发育分析,圈闭发育过程特点与油气生、排、运、聚匹配条件分析,可能油气藏类型、含油气性规模和分布特点预测以及成藏后的破坏作用与次生油气成藏特点预测等。

三、圈闭描述实例

川东北区块位于川东高陡构造带与川中隆起带北东端交界处,属于川东褶皱带北部的黄金口构造带,受 SE、NW、N、NEE 等多方向构造应力在不同时期的叠加、改造的影响,形成了区内局部构造总体呈 NE 向展布、NW 向改造的特点。该区块早先共钻井 21 口,累计进尺 58 791.52m,二维地震2 843.555km,三维地震 25.6km^2。铁山坡、渡口河、黄龙、七里峡等构造上分别在 C_2h、P_2ch、T_1f 等不同层位获得高产气流,产气量在(63.76~231.64)×10^4 m^3/d ,天然气资源量为 4 493.79×10^8m^3。

1. 基本石油地质条件分析

(1)烃源岩条件。烃源岩为志留系、二叠系及上三叠统、下三叠统、中下侏罗统的暗色碳酸盐岩和黑色泥岩,烃源岩厚度一般为 50～300m,有机碳一般为 0.04%～5.33%,干酪根类型为志留系—中三叠统属于Ⅰ型和Ⅰ—Ⅱ型,上三叠统—中侏罗统以Ⅲ型为主,镜质体反射率 R_o 为 0.82%~3.33%,属于低成熟—高过成熟阶段。志留系龙马溪组、二叠系茅口组和长兴组及上三叠统须家河组是区内三套主力烃源层。

(2)储集条件。主要储层为中石炭统黄龙组、上二叠统长兴组、下三叠统飞仙关组,次要储层为下二叠统茅口组、上三叠统须家河组、下侏罗统自流井组、中侏罗统沙溪庙组。

飞仙关组主要发育与鲕滩(坝)有关的白云岩类储层。沉积相划分为碳酸盐岩台地相、台地边缘相和台盆相三大单元。在碳酸盐岩台地相内进一步划分出鲕粒滩相、滩间泻湖相、潮(间、潮上)坪相、台缘鲕粒坝相等次级相带。受烃类热演化作用控制的两期埋藏溶蚀孔隙发育。

纵向上,由于飞仙关期属进积型沉积,使台地相不断扩大而台盆相相应缩小,边缘鲕粒滩相随沉积作用的发展向台盆方向迁移。造成鲕粒滩分布层位由东向西逐渐抬高。横向上,该区东部存在台地边缘,是鲕粒滩(坝)发育的有利地区。

Ⅰ类储集岩特征:孔隙结构为粗孔大喉型。孔隙度>12%,渗透率>$100\times10^{-3}\mu m^2$,喉道半径中值(R50)>1.0μm,毛管压力曲线表现出粗歪度,分选中等,储集性能最佳。该类储集岩在本区石炭系储层中不发育,主要分布在长兴生物礁、飞仙关鲕滩气藏的白云岩类储层中,呈透镜状分布。渡口河构造飞仙关鲕滩气藏储层中Ⅰ类储集层厚度可达24.5m。在川东开江地区黄龙场构造生物礁储层中该类储层厚度可达1m左右。

Ⅱ类储集岩特征:孔隙结构为细孔中喉型。孔隙度为6%~12%,渗透率$(25\sim100)\times10^{-3}\mu m^2$,喉道中值1.0~0.2μm之间,毛管压力曲线显示出中—细歪度,分选中等,储集性能良好。Ⅱ类储集岩在黄龙场构造长兴礁气藏和飞仙关鲕滩气藏中极为发育。在开江渡口河构造渡3井飞三气藏Ⅱ类储集岩累积厚度可达27m。在石炭系黄龙组二段(C_2hl^2)较发育。在温泉井、沙罐坪等构造,此类储层累计厚度一般为0.5~1.1m,累计厚度达5.5m。

Ⅲ类储集岩特征:孔隙结构为细孔、微—细喉型,孔隙度为3%~6%,渗透率在$(0.44\sim25)\times10^{-3}\mu m^2$,喉道中值在0.2~0.03μm。毛管压力曲线显示出中—细歪度,分选中等—差,储集性能较好。Ⅲ类储集岩在黄龙组二段最发育,单层厚度可达6.30m,累计厚度达15m,是黄龙组C_2hl^2的主要储集岩类。在长兴组生物礁储层及飞仙关组鲕滩储层中均有发育。

Ⅳ类储集岩特征:孔隙结构为微孔微喉,孔隙度<3%,渗透率<$0.44\times10^{-3}\mu m^2$,喉道中值<0.03μm。毛管压力曲线特征显示出细—极细歪度,分选差—极差,储集性能差。在本区长兴组中非礁相储层及飞仙关组非鲕滩相储层中大部分都属Ⅳ类储集层。七里峡北的亭子铺、雷音铺部分井石炭系黄龙组中亦发育该类储层。

储集类型:从C_2hl^2—T_1f储层的储集类型初步分析可知,飞仙关鲕滩及生物礁气藏白云岩储层属高孔、高渗孔隙性储层,非礁、滩相储层、鲕滩灰岩类储层均属低孔隙度、低渗透率的非均质储层。根据本区C_2hl^2—T_1f储层中孔隙类型、储层级别及其在储集、渗流中的相互关系及作用,可将区内储层类型大致可分为裂缝—孔洞型、裂缝—孔隙型、裂缝型三类。

裂缝—孔洞型:该类型是本区最重要、最好的储渗类型。其孔隙、孔洞、裂缝是主要储集空间,裂缝和孔、洞喉道成为主要渗滤通道。其储渗性能很好,主要由Ⅰ、Ⅱ类储集岩类组成,可形成较大的工业气流。本区二叠系长兴组生物礁及三叠系飞仙关组鲕滩储层遭受强白云岩化及晚期溶蚀改造后,可以形成此类储渗体,如渡口河构造飞仙关气藏储层。

裂缝—孔隙型:该类型的储集空间是孔隙及裂缝,渗流通道为裂缝和喉道,主要由Ⅱ、Ⅲ类储集岩类组成,储层的储渗能力中等,非均质性较强。由于其基质渗透率较低,在裂缝发育带以及经过增产措施产生人工裂缝的情况下,可产出工业气流。此类储层是本区石炭系黄龙组、上二叠统长兴组生物礁及下三叠统飞仙关组鲕滩储层中最为常见的储层,形成的气藏规模较大。

裂缝型:该类型的储集空间以裂缝为主,少量的孔隙和孔洞,渗流通道为裂缝,主要由Ⅲ、Ⅳ类储集岩类组成,储层的储渗能力较差,非均质性较强。由于裂缝连通程度差,基质渗透率较低，在裂缝发育带经过酸化压裂措施后，可能连通已有裂缝或产生人工裂缝，可产出工业气流。长兴组、飞仙关组、黄龙组发育该类型储层。

储层预测：通过储层在高分辨率地震资料的精细储层标定研究，运用模型正演技术建立了下三叠统飞仙关组和石炭系黄龙组储层在地震资料的响应特征，通过储层响应分析研究，对高分辨率时间剖面采用"相面"法、最大振幅、平均振幅、聚类分析等地震属性的提取和阻抗（速度）反演技术，分别预测了储层厚度展布情况，利用钻井资料孔隙度与阻抗（速度）关系，预测了储层孔隙度分布。通过对储层展布和储层物性分析研究，确定了储层发育有利地区。飞仙关组有利储层主要分布于区内东北部渡口河、铁山坡、毛坝场、普光构造，以及慈云寺等构造。

（3）圈闭条件：该区地面和浅层构造由 NE、NW 向两组构造组成，主体构造由铁山坡、付家山、东岳寨组成向西凸出的弧形，在弧形外侧则形成 NW 向的龙文坝、分水岭等向 NW 倾斜的鼻状构造，各构造形变层表现为不同的构造形态。中层构造总体为北东向，其中部受到北西向构造的叠加、改造。空间上川岳 84 井—双石 1 井一线以西以正向构造为主，其南则以负向构造为主。新发现或落实构造 38 个，其中以海相地层为目的层的构造圈闭有 14 个（表 7-2）。

表 7-2 川东北地区部分圈闭统计表

序号	名称	备注	序号	名称	备注	序号	名称	备注
1	分水岭北高点	发现	14	付家山 2 号高点		27	君塘高点	
2	分水岭南高点	已钻	15	胡家场断块		28	双石庙断块	已钻
3	分水岭西高点	发现	16	双河场断背		29	双石庙北高点	发现
4	铁山断背斜		17	双庙场断背	已钻	30	羊烈子高点	发现
5	铁山南高点		18	土主高点		31	清溪场断鼻	
6	分水岭断背		19	土主北高点		32	清溪场北断背	发现
7	柏林湾背斜		20	马家场高点		33	清溪场南高点	
8	毛坝场断背斜		21	东岳寨断背	已钻	34	老君山高点	发现
9	毛坝场北高点		22	东岳寨北断背		35	宣汉西高点	发现
10	毛坝场东高点		23	东岳寨南断背		36	宣汉东 1 高点	发现
11	毛坝场西高点		24	东岳寨东高点		37	宣汉东 2 高点	发现
12	付家山断背	已钻	25	东林河东高点		38	东林河高点	
13	普光高点		26	覃洞坪高点		总面积 388.8km^2/38 个		

（4）盖层和保存条件：具有全区统一陆相砂泥岩和海相膏岩两套区域盖层，分布在下二叠统梁山组、上二叠统龙潭组、下三叠飞仙关组底部。该区陆相砂泥岩盖层连片分布，纯泥岩总厚 270.5～533m，一般厚度为 400m 左右，占该段地层厚度的 16.2%～35.4%。成岩作用处于中成岩阶段晚期。

高压带顶部位于下三叠统嘉陵江组三段和四段，飞仙关组四段顶部，压力系数在 1.30～2.20。总矿化度在 9 190～265 061mg/L，水型以 $CaCl_2$ 为主，部分为 $NaHCO_3$ 和 Na_2SO_4，地层水化学参数表明北部保存条件良好。

断层封堵性分析结果表明，NE 向断层的封堵性好于 NW 向断层。

保存条件总体评价：纵向上有利层位应是膏盐封盖层以下的海相层位。横向上北部优于南部。北部属沉积封存水，高压带位于嘉四段以上。南部保存条件变差的原因主要是晚期 NW 向断裂开启性活动对构造封闭条件的影响。

(5)油气系统分析：划分为 3 个含油气系统（图 7－13）。

志留系—石炭系黄龙组—二叠系梁山组(!)

上二叠统龙潭组—长兴组、飞仙关组—嘉陵江组四、五段、雷口坡组(!)

须家河组—下侏罗统自流井组—上沙溪庙组(!)

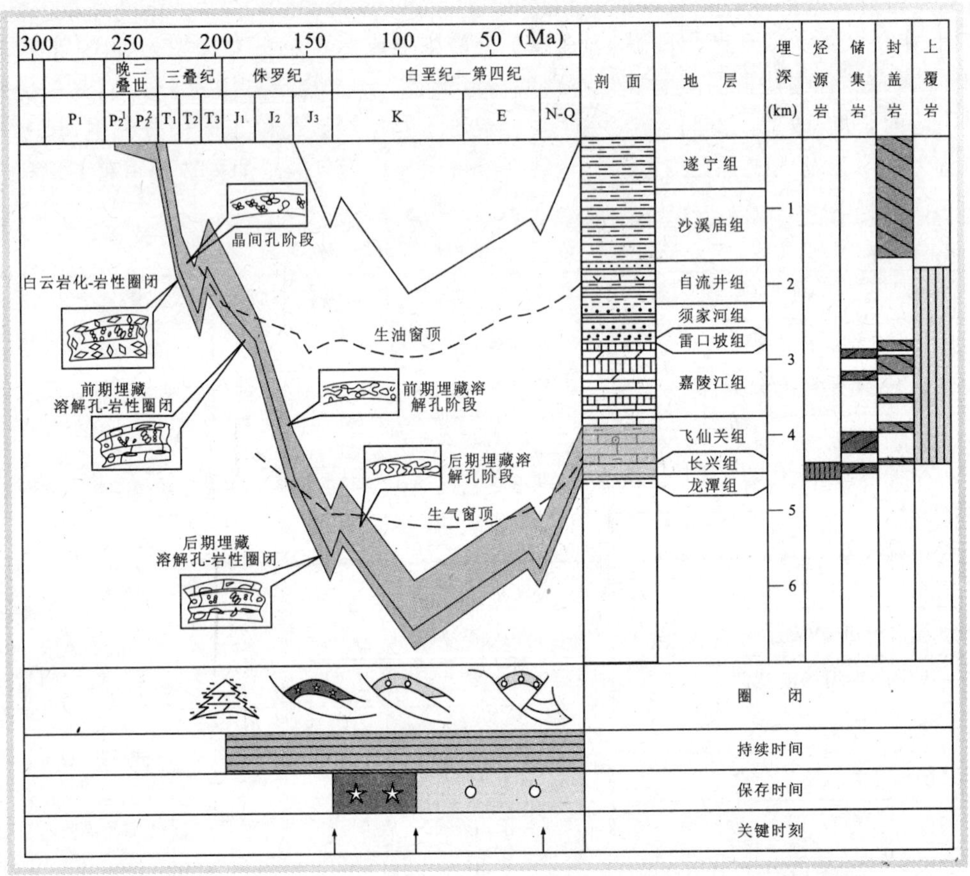

图 7－13　上二叠统龙潭组－飞仙关组－嘉陵江组四、五段、雷口坡组含油气系统

2. 圈闭评价及排序

根据川东近年来的勘探成果，已在飞仙关组鲕滩相构造－岩性复合型圈闭获得探明＋预测储量超过1 000 亿 m^3。储量丰度$(6.7\sim8.52)\times10^8 m^3/km^2$。

预测该区鲕滩相储层异常面积 185.625km^2，据此计算，本区飞仙关组的圈闭资源量为 $1\ 200\times10^8 m^3$。

评价依据：圈闭条件、储层条件、保存条件及圈闭资源量。

评价结果：对 14 个重点圈闭综合评价，Ⅰ类圈闭圈闭有普光高点及其东南翼、毛坝场断块、大湾鼻状构造、老君山高点和清溪场背斜。Ⅱ类圈闭有东岳寨、分水岭、双庙场3个。在Ⅰ类圈闭中，有4个属飞仙关组构造—岩性复合圈闭，圈闭总面积85.1 km^2，占总圈闭圈闭总面积的23%；资源量773.335 1×$10^8 m^3$。因此普光、大湾、老君山及毛坝场飞仙关组构造—岩性复合圈闭是天然气勘探的首选圈闭。

第四节 圈闭地质风险分析

广义的圈闭风险包括地质条件风险、评价与估差风险、勘探成功率风险等多种。狭义的仅指圈闭的地质条件风险，这里对此进行简要分析。

一、地质风险概率分析法

1. 基本概念

风险和风险分析：风险是指失败的可能性，在油气勘探中通常是指勘探成功的可能性。风险分析就是确定和估计某一结果出现的概率，其理论基础是概率统计学。

地质风险分析：地质风险是指形成油气藏基本石油地质条件，包括烃源岩条件、圈闭条件、储盖条件、运聚匹配条件对油气聚集成藏的影响程度。地质风险分析是通过对控制油气藏形成的各项基本地质条件存在可能性和证实程度的分析，确定和估计圈闭地质成功的概率，所要解决的基本问题就是勘探目标(或圈闭)有没有油气或有油气的概率是多少的问题。

勘探成功率：是指测试中获得稳定油气流的含油气构造或油气田与已钻探的圈闭数之比。

2. 地质风险分析的程序和方法

地质风险分析的程序包括：资料收集、油气藏(含油气构造)及干井分析、评价区勘探成果及成藏规律的分析、圈闭石油地质条件分析和打分、油气地质勘探专家评估、圈闭地质成功概率计算。

地质风险分析的方法有：矩阵风险分析法和综合风险分析法。

3. 圈闭地质风险概率的计算

圈闭含油气性的主要控制因素包括圈闭、油源、储层、保存和配套史5个方面，只有上述条件都存在时，圈闭才含油气；任意一个条件不存在，圈闭就不含油气。

(1)单个圈闭地质风险概率：

$$P = P_{烃} \times P_{储} \times P_{盖} \times P_{圈} \times P_{运} \qquad (7-1)$$

其中，$P_{烃}$、$P_{储}$、$P_{盖}$、$P_{圈}$、$P_{运}$分别为烃源岩、储集层、盖层、圈闭、运聚匹配条件的成功概率；

(2)至少一个层圈闭地质成功的风险概率：

$$P = 1 - [(1-P_1) \times (1-P_2) \times \cdots \times (1-P_n)] \qquad (7-2)$$

其中，P_1、P_2、…、P_n分别为第一、第二、…、第n个层圈闭的地质风险概率；

(3)所有层圈闭均地质成功的风险概率：

$$P = P_1 \times P_2 \times \cdots \times P_n \qquad (7-3)$$

其中，P_1、P_2、…、P_n分别为第一、第二、…、第n个层圈闭的地质风险概率。

二、模糊数学评价法

模糊综合评判通过对因素集合U和评语集合V建立起模糊映射关系，实现分析与评价。

其中因素集合由选定的 n 个评价因素构成，即：

$$U = \{U_1, U_2, \cdots, U_n\} \tag{7-4}$$

式中，$U_i(i=1,2,\cdots,n)$代表评价因素，如圈闭、油源、储层、保存和配套史 5 个因素，n 为整数。

评语集合则由 m 个评语等级构成，即：$V=\{V_1, V_2, \cdots, V_m\}$

对于因素域 U 上的每个因素 U_i，都有一个单因素评判：$R = [r_{ij}]_{n \times m}$

每个因素在评价中所起的作用不同，其权重分配 A：$A = (A_1, A_2, \cdots, A_n)$

评价因素的权重分配 A 与综合评判变换矩阵 $\boldsymbol{R}$ 的合成得到综合评判矩阵 $\boldsymbol{W}$，即：

$$\boldsymbol{W} = A \cdot \boldsymbol{R} \tag{7-5}$$

然后计算综合评判得分 D，即可对圈闭的含油气性进行综合评价。

$$D = \boldsymbol{W} \cdot C^T \tag{7-6}$$

三、圈闭综合系数评价法

将地质风险概率分析法所得到的圈闭含油气性概率 P 与模糊数学方法得到的圈闭综合评价值 D 进行统一考虑，使用不同方法计算圈闭的综合评价系数。

第五节　圈闭资源量计算

一、圈闭资源量计算方法

圈闭资源量计算依赖于对圈闭识别和描述的结果分析，依赖于圈闭的落实程度和分类，圈闭类型可划分为三类：I 类（落实或可靠，可供预探）、II 类（较落实或较可靠，进一步工作后可供预探）、III 类（不落实或不可靠，不能提供预探）。

1. 圈闭容积法是圈闭资源量计算的常用方法

$$Q_{圈} = S \cdot K_o \tag{7-7}$$

$$Q_{圈} = S \cdot F \cdot H_o \cdot SNF \tag{7-8}$$

$$Q_{圈} = S \cdot F \cdot (H_d \cdot S_d \cdot H_k) \cdot SNF \tag{7-9}$$

$$Q_{圈} = S \cdot F \cdot H_o \cdot \Phi \cdot S_o \cdot \rho_o \cdot \beta^{-1} \tag{7-10}$$

式中，$Q_{圈}$为圈闭资源量/10^4t；S 为圈闭面积/km^2；K_o为单位面积圈闭资源量丰度/(10^4t · km^{-2})；F 为圈闭油气充满度/%；H_o为平均油气层厚度/m；SNF 为单储系数/(10^4t · km^{-2} · m^{-1})；单位面积中单位油层厚度的储量单位/(10^4t · km^{-2} · m^{-1})，对砂岩储层取 8～12；H_d为目的层储层总厚度/m；S_d为砂岩百分含量/%；H_k为有效砂岩厚度比；Φ 为储层有效孔隙度/%；S_o为含油饱和度/($S_o=1-S_W$/%)；S_w为含水饱和度/%；ρ_o为常温常压下的油密度/(g · cm^{-3})；β 为体积系数。

根据资料程度的不同，分别选择上述公式进行计算，也可以自定义公式进行计算。

上述公式未考虑圈闭的形态。事实上，圈闭形态对资源量的结果影响较大。因此，我们根据国外一些石油公司圈闭评价方法和评价系统对圈闭形态进行校正的方法和思路，采用形态因子对圈闭形态进行校正。形态因子可根据圈闭形态按表 7-3 进行估算。

利用形态因子这一变量来校正含烃高度在圈闭边缘变薄的情形，可以更准确地计算出圈闭潜在资源量。

依据资料程度，选择相应的计算公式。

(1)在资料程度低的情形下：

$$Q = \alpha \cdot A \cdot C_a \cdot H \cdot SNF \tag{7-11}$$

式中：Q 为油气资源量/10^4 t；α 为圈闭形态因子；A 为圈闭面积/km^2；C_a 为含油气面积系数，(无量纲)；H 为油气层有效厚度/m；SNF 为石油单储系数/($10^4 t \cdot km^{-2} \cdot m^{-1}$)。

(2)在资料程度较高的情形下：

$$Q = \alpha \cdot S \cdot C_a \cdot H_o \cdot \Phi \cdot S_o \cdot \rho_o / \beta \tag{7-12}$$

式中：Q 为油气资源量/10^4 t；α 为圈闭形态因子；S 为圈闭面积/km^2；C_a 为含油气面积系数，(无量纲)；H_o 为油气层有效厚度/m；Φ 为储层有效孔隙度/%；S_o 为含油气饱和度/%；ρ_o 为常温常压下油密度/($g \cdot cm^{-3}$)；β 为体积系数。

对于Ⅲ类圈闭，因未落实，故不进行资源量的计算。

表 7-3　圈闭形态因子估算表(据 GeoX 软件)

	长宽比	锥状穹隆	尖顶背斜		顶部平坦穹隆	顶部平坦背斜		断块
		1	2	10	1	2	10	
储层厚度/圈闭高度	1.0	0.34	0.42	0.49	0.59	0.68	0.74	1.0
	0.9	0.37	0.46	0.54	0.63	0.71	0.77	1.0
	0.8	0.41	0.51	0.60	0.67	0.74	0.80	1.0
	0.7	0.47	0.56	0.66	0.71	0.78	0.83	1.0
	0.6	0.53	0.61	0.71	0.76	0.81	0.86	1.0
	0.5	0.59	0.67	0.76	0.80	0.84	0.89	1.0
	0.4	0.66	0.73	0.81	0.84	0.88	0.91	1.0
	0.3	0.74	0.80	0.86	0.88	0.91	0.93	1.0
	0.2	0.83	0.87	0.91	0.93	0.95	0.96	1.0
	0.1	0.92	0.94	0.96	0.97	0.98	0.99	1.0
	0.0	1.0	1.0	1.0	1.0	1.0	1.0	1.0

2. 单元体积法圈闭资源量计算

对Ⅰ类、Ⅱ类圈闭，石油资源量计算公式为：

$$N = S \times h \times SNF \tag{7-13}$$

式中，S 为含油面积/km^2；h 为油层有效厚度/m；SNF 为石油单储系数/($10^4 t \cdot km^{-2} \cdot m^{-1}$)。

天然气资源量计算公式：

$$N = S \times h \times SGF \tag{7-14}$$

式中，S 为含气面积/km^2；h 为气层有效厚度/m；SGF 为天然气单储系数/($10^4 t \cdot km^{-2} \cdot m^{-1}$)。

单储系数 SNF 是指单位面积中单位油层厚度的储量($10^4 t \cdot km^{-2} \cdot m^{-1}$)，对砂岩储层取 8～12；

对于Ⅲ类圈闭，因未落实，故不进行资源量的计算。

二、圈闭储量计算

油、气体积可由一系列参数之积来表示。鉴于单个参数值的不确定性，油、气体积可看成一种分布函数，且常为正态对数分布。Chevron 的评价系统中，这种分布即是钻井可发现的可采烃类（或储量）范围（假定地质上成功）。在此储量指“从一给定时间起可望采出的烃量”。

获得储量分布的一种方法是蒙特卡罗模拟法，即先将单个参数的分布具体化，然后将选择值随机地多次相乘得到近似代表实际分布的高样本的直方图。要获得该分布的满意的估计数迭代可从几百到几千。蒙特卡罗法计算需要几分钟，这取决于迭代次数。

相应蒙特卡罗法的另一方法是海湾石油公司的 Warren（1980 — 1984）开发出来的三点法。这种方法本质上与蒙特卡罗法一致，但无需迭代、无需假定参数的分布，计算尤其快捷方便。

三点法计算圈闭可采储量的计算步骤如下：

$$R(\text{油}) = 6\ 287 \times 10^3 \times A \times h \times \varphi \times S_h \times (1/\beta_{oi}) \times R_{fo} \quad (7-15)$$

$$R(\text{气}) = 1\ 000 \times A \times h \times \varphi \times S_h \times (1/\beta_{gi}) \times R_{fg} \quad (7-16)$$

$$R(\text{凝析油}) = 35.336 \times 10^3 \times A \times h \times \varphi \times S_h \times (1/\beta_{gi}) \times R_{fg} \times CR \quad (7-17)$$

式中：A 为圈闭面积/km^2；h 为平均净产层/m^3；φ 为平均孔隙度/%；S_h 为烃饱和度（$1-S_w$），S_w 为水饱和度/%；β_{oi} 为初始油层体积因子，储集层桶/储存罐桶（STB）；β_{gi} 为初始气层体积因子，储集层 m^3/地表 m^3；R_{fo} 为油的采收率；R_{fg} 为天然气采收率；CR 为凝析油采收率，STB/m^3；$6\ 287\times10^3$ 为从平方公里·米转换成桶的系数；1 000 为从平方公里·米转换成立方公里的系数。

计算要点：

三点法最初要将 5%、50 %、95%概率条件下每一参数具体值范围输入，这对于这种方法能否成功尤为关键。

（1）选 5%的值时，一般接近希望出现的最小值。例如，对于孔隙度，5%的值接近邻井观测到的最小孔隙度值；对于面积，5%的值为对应于最小烃柱的面积。勘探家们应记住发现小于该选择值的概率是 1∶20；

（2）选 95%的值时，一般接近希望出现的最大值。例如，对于孔隙度，95%的值接近邻井观测到的最大孔隙度值；对于面积，95%的值对应于最大烃柱的面积。勘探家们应记住发现大于该选择值的可能性也是 1∶20；

（3）选 50%的值时，一般接近期望范围的中间值。中值一般难于确定，需要有与油气成藏组合有关的资料或地质类比来支持。使用类比时要小心。例如，在陆相盆地中，湖相源岩与海相储集层的类比是不适用的。需记住发现小于该选择值的可能性恰好与发现大于该选择值的可能性相当。

确定了储量参数的范围之后，即可计算储量分布的均值与方差。

所计算的均值通常小于勘探家的期望值，这与输入的参数范围有关。若输入范围是根据较好的资料，就很难做较大的改动，勘探家最好调整他的期望值。解决这个问题的方法可以将圈闭储量分布与油气成藏组合的油田一规模分布相比较。常会出现下列问题：

（1）预测值能与迄今在相似（圈闭）中发现的储量一致吗？若一致，就使用输入参数范围中的数值；

（2）预测值大大低于或高于相似圈闭中迄今发现的储量吗，若是这样，则造成这种差异有技术上的原因吗？若有，使用该范围；技术上的原因不能造成这种原因，若是，则重新考虑所给的参数值，再进行计算。

三、油气资源分类与资源量可信度 Q_r 评价

油气资源分类是油气资源评价、统计和对比的基础。根据地质勘探的程度、地质资料的详度和经济评价标准，可将油气资源划分为探明储量（包括已开发、未开发和基本探明三类）、控制储量、预测储量和远景资源量（包括潜在的或推测的）。

石油地质综合评价是油气资源量预测的基础，对油气地质规律的认识程度决定了资源量估算的可信度。根据资源量分类标准及对油气地质的综合分级评价结果，确定如下资源量可信度（风险资源量）评价模型：

资源量可信度 Q_r＝计算的远景或潜在资源量 Q×地质风险评价系数 P

对于盆地级别：盆地资源量可信度 Q_{br}＝盆地远景资源量 Q_b×盆地地质风险评价系数 P_b

对于区带级别：区带资源量可信度 Q_{pr}＝区带远景资源量 Q_p×区带地质风险评价系数 P_p

对于圈闭级别：圈闭资源量可信度 Q_{tr}＝圈闭远景资源量 Q_t×圈闭地质风险评价系数 T_e

对于中国勘探地质家来说，特别需要注意的是要区分未经风险评价的资源量和经过风险评价的资源量。所谓风险后资源量就是根据成藏条件的风险系数与每个评价单元的资源量相乘，这样可能更接近实际。另一个需要区分的是有经济价值的资源与无经济价值的资源，要根据各种经济条件确定门限资源量（童晓光等，2004）。

如何应用圈闭资源量去预测未经充分勘探的较高评价级次的评价单元，如盆地、含油气系统、成藏组合或公司所获得的勘探区块的圈闭资源量：一个未充分勘探的地区，地震测网较稀，不可能发现所有圈闭。如 4km×4km 的测网就可能漏掉 $16km^2$ 面积以下的圈闭。随着测网加密将可能发现较小的圈闭，所以在评价一个盆地或合同区块的资源量时，不仅要预测已知圈闭的资源量，还要预测可能发现圈闭的资源量。首先要预测可能发现圈闭的数量和面积，采用的主要办法就是类比法。如果盆地有较密测网，最好是三维地震区，所发现的不同大小的圈闭数和圈闭面积与工区面积的比值，类推稀测网区的相应数值。如果无本盆地数据，可使用相邻相似盆地数据，当然其可信度就要降低。在类推时还要注意区块在盆地中的区域构造位置，如处于向斜区还是背斜区，其圈闭的发育程度必然有所区别。另外要根据地质条件和经济评价参数确定所要评价圈闭的面积下限。

很显然，已确定圈闭资源量与类比预测的圈闭资源量的可信度有很大差别，应分成两大类计算。圈闭资源量法从地震普查起就可以用于资源评价，并一直应用于整个勘探阶段，其预测的可信度也随着勘探程度的提高而提高。圈闭资源量法可以应用于任何一级评价单元，在国外寻找勘探区块时，是作可行性研究的最重要方法。

参考文献

[1] 陈荣书主编. 石油及天然气地质学[M]. 武汉：中国地质大学出版社. 1994.

[2] 费琪，范土芝，梅廉夫等. 成油体系分析与模拟[M]. 北京：高等教育出版社. 2001.

[3] 金之钧，张金川. 油气资源评价技术[M]. 中国石油天然气总公司勘探局编，现代油气勘探理论和技术培训教材（七），北京：石油工业出版社. 1999.

[4] 李思田，解习农，王华等. 沉积盆地分析基础与应用[M]. 北京：高等教育出版社. 2004.

[5] 秦建中，贾蓉芬，郭爱明等. 华北地区煤系烃源岩油气生成、运移、评价[M]. 北京：科学出版社. 2000.

[6] 童晓光，何登发. 油气勘探原理和方法[M]. 北京：石油工业出版社. 2001.

[7] 王成善，李祥辉. 沉积盆地分析原理与方法[M]. 北京：高等教育出版社. 2003.

[8] 武守诚. 石油资源地质评价导论[M]. 北京:石油工业出版社. 1994.

[9] 张厚福,方朝亮,高先志等. 石油地质学[M]. 北京:石油工业出版社. 1999.

[10] 周海民,丛良滋,董月霞等. 断陷盆地油气成藏动力学与含油气系统表征[M]. 北京:石油工业出版社. 2005.

[11] 周庆凡. 塔北地区含油气区带评价[J]. 海相油气地质. 1999,4(1):10~15.

[12] 伊恩·勒奇著. 盆地分析的定量方法(第二卷)[M]. 蔡希源,翟国忠,占宝玺等译. 北京:石油工业出版社. 2001.

[13] Allen P A, Allen J R. Basin analysis — principles and applications[M]. Second Edition, Blackwell Publishing Ltd. 2005.

[14] Bethke C M, Lee M K, Park J. Basin modeling with basin2: A guide to using the Basin2 software package[M]. University of Illinois at Urbana-Champaign, 205. 2000.

[15] Hunt J M. Petroleum geochemistry and geology[M]. Second Edition, W. H. Freeman and Company. 1996.

[16] Gluyas J, Swarbrick R. Petroleum geosciences[M]. Blackwell Publishing Ltd. 2004.

[17] Guidish T M. Basin evolution using burial history calculation: An overview[J]. AAPG Bulletin, 1985, 69:92~105.

[18] Sclater J G, Christie P A F. Continental stretching: An explanation of the post Mid—Cretaceous subsidence of the cental North Sea basin[J]. J. Geophs. Res., 1980,85:3 711~3 739.

[19] Stechler M S, Watts A B. Subsidence of the Atlantic-type continental margin off New York[J]. Earth Planet Sci. Lett., 1978,41:1~13.

第八章　油气藏勘查和评价

作为单一圈闭中具独立温压系统和统一油气水界面的油气聚集，油气藏是含油气盆地中油气聚集的最小和最基本单元，是油气勘探的最终目标。油气藏勘查和评价系指从圈闭预探获得工业油气流开始，到探明油气田的全过程。显然，油气藏勘查和评价的对象是油气藏，目的为探明储量，为油气田开发奠定基础，主要任务是综合运用各种资料，对油气藏的构造、储层和油气分布等进行滚动式动、静态和宏、微观综合研究，提交探明储量和控制储量，为油气田开发做好准备。因此，油气藏勘查和评价是介于石油地质学和开发地质学之间的一个综合性研究层次，涉及到油气地质学、构造地质学、沉积学、储层地质学、地球化学、地震勘探、测井以及试井等学科。油气藏勘查和评价的成果既能指导油气勘探，又服务于油气藏开发，从而既可提高勘探效益，又能降低开发成本，是油气勘查与评价中的一个重要环节。

本章主要讲述油气藏勘查和评价的任务、程序及技术方法，油气藏描述的基本方法，地质建模的主要技术，以及储量计算方法。

第一节　油气藏勘查和评价的任务、程序及技术方法

一、任　务

概括而言，该阶段应承担完成的基本地质任务包括：

(1)查明主要目的层的构造形态、断层在平面上的分布特征和纵向上切割的层位、局部高点与断块分布等；

(2)查明油气藏的类型、面积、高度、有效厚度等；

(3)查明油气层的岩性、物性、电性特征及其分布与变化特征；

(4)查明油气层的温度、压力及温压系统特征；

(5)查明油、气、水在地面和地层条件下的物理、化学性质及其变换特征；

(6)查明油气藏的驱动类型和油、气、水的分布规律及相互关系与控制因素；

(7)查明探井油气产能及其在试油和试采期间的产量和压力变换特征；

(8)阐明影响钻井工程的主要地质因素。

二、程　序

油气藏勘查和评价工作是在勘查项目建立后，以地震精查为先导，快速查明油气藏的构造形态，并在此基础上提供评价井位，然后以地震、地质、测井等资料为依据开展油气藏描述与评价，以准确计算油气储量，为油气田开发奠定基础。

1. 地震精查

油气藏评价在勘探项目建立后，应视圈闭的可靠程度、储层预测和储量计算等的需要，针对主要目的层，进行地震精查或三维地震，以提高原圈闭的精度及控制储集层的分布与变化，

达到提交各类圈闭的构造要素和详细的分层构造图、开展储层预测、进行烃类检测并提供评价井井位的目的。

如前所述(第三章),油气藏评价属于油气勘查的详探阶段,该阶段的地震精查测网密度要达到0.5km×0.5km或0.5km×1km,以满足最终成图比例1∶5万或1∶2.5万的精度要求;针对复杂圈闭(油气藏),要安排三维地震,或0.5km×0.5km测网的地震精查,以满足最终成图比例尺1∶2.5万或1∶1万的精度要求。

该阶段所要进行的主要地质任务有构造解释、储层预测及烃类检测,进而完成评价井位的设计与论证。

(1)构造解释:在对地震详查或三维地震资料精细采集、处理和解释的基础上,查明圈闭(油气藏)的准确形态,落实断层、高点分布等构造细节,提交主要目的层顶面的精细构造图。

(2)储层预测:在地震属性精细提取和分析的基础上,选用合适的预测模型,并充分利用已有钻井资料进行标定,做出主要含油气层系的砂岩厚度图或砂岩百分比预测图、储集层孔隙度解释预测图等。在储层预测中,要特别重视垂直地震剖面、地层倾角测井的应用,并要根据最新钻井资料及时进行校正,经过反复多次的精细目标处理解释,以提高预测准确性,更好地为油气勘探开发实践服务。

(3)烃类检测:将不同层位、不同类型、不同可靠程度的异常(包括地质的、地球物理的和地球化学的等)分门别类地标注到构造图上,并对其作出初步的解释,同时要重视已有钻探资料和成果的应用,以验证或修改检测原有认识与成果,提高预测精度。

(4)评价井设计:评价井设计是在构造解释、储层预测及油、气、水预测的基础上,进行评价井数目、位置、井深剖面、完钻深度、井眼轨迹、取样要求等方面的地质设计以及与之配套的钻井工程设计工作。

评价井设计所需资料包括:

1)两条以上利用合成地震记录标定的地震剖面,其中至少1条是过井剖面;

2)1∶1万或1∶2.5万的含油气层段精细构造图、含油气范围预测图;

3)储集层岩性分布图、物性参数分布图及油层综合评价平面图;

4)油气层对比图、栅状图、油气藏剖面图。

评价井的设计应视圈闭大小、类型及储集层发育特征等,按照一定的原则,合理地确定评价井数与井网选择;评价井的井距一般为1~2.5km,在具体井位部署上除在预测砂岩发育区、预测烃类检测的异常区和构造有利部位外,还要在高点之间的鞍部、低断块、断块的较低部位、预测砂岩的不发育区、预测烃类检测异常区范围以外的部位等部署一定数目的评价井。

评价井设计与部署的主要原则有:

1)稀井广探:稀井广探是油气勘查中普遍适用的原则,以尽快查明油气藏类型、形态和储集层岩性、物性变化及含油气边界。

2)一井多探:在评价井设计时,应使一口井能尽量兼顾揭示多层油气层,以少打井,提高工作效率和经济效益。

3)主体探明:系指已查明圈闭形态、油气藏类型以及储集层岩性、物性变化,在有井控制范围内,已达到计算探明储量的规范要求,但含油气边界尚不很清楚;或指仅有1口预探井获油气的小型油气田,不去进行探边评价,而将余留的地质任务,如储量升级、油气水界面与含油气边界确定等,由开发阶段去完成。

4)优先钻探:包括两方面的含义:其一是指通过油气藏早期描述,对可能存在的复合圈闭(如地层或岩性—构造)或潜在的储集层(如礁、滩等),要优先部署,重点评价,以迅速查明圈闭(油气藏)类型,或利用兼探发现潜在的储集层;其二是指为适应市场需要,促进油气储量迅速转化为商品,加快油气田早期试采,优先钻探用户或集输管网附近的评价井。

5)开发早期介入:油气藏特别是被初步确认的大油气田,开发早期介入,进行开发概念设计,尽早地将油气藏开发地质问题向勘探阶段延伸,这对评价井井距、井网方式、密度的合理确定以及静、动态资料的获取,并为开发工程做好准备等是十分有益的。

2. 评价井钻探

评价井是在已经证实有工业性油气的圈闭以及地震详查的基础上,以查明油气藏类型、评价油气田规模、生产能力以及经济价值为目的的探井。

评价井钻探的主要地质任务有:

1)查明油气层的形态与展布特征,确定油气水边界及油气水界面,探明含油气范围;

2)建立油气层的岩心综合剖面,综合确定油气产层的厚度与有效厚度下限,查明储油气层的岩性与物性特征及其“四性”(岩性、物性、电性、含油气性)关系;

3)采集油气藏内部流体特征资料;

4)获取油气试油试采资料,如产能、压力、温度、油气藏工程参数等。

3. 油气藏评价

油气藏评价的主要内容为以下 3 项。

1)油气藏地质评价:评价圈闭特征、储集层特征、流体特征,建立油气藏构造模型、储集层结构模型、储集层参数模型、流体分类模型。

2)储量与经济评价:包括储量参数确定、储量计算及储集性能和产能评价。

3)开发特征评价:包括温度特征、压力特征、驱动类型、生产特性,为制定合理的开发措施和开发方案奠定基础。

三、技术方法

油气藏勘查和评价的技术方法主要涉及地震精查、评价井钻探、油气藏描述、储量计算及油气藏综合评价等方面的技术方法。以下主要介绍油气藏描述技术和储量计算技术。

第二节 油气藏描述

油气藏描述(reservoir description)是 20 世纪 70 年代发展起来的用于油气田勘探和开发的一项技术。所谓油气藏描述,是指以沉积学、构造地质学、储层地质学和油气地质学理论为指导,综合运用地质、地震、测井和试油试采等信息,以现代油气勘探技术和计算机技术为手段,对油气藏进行定性、定量描述和评价的一项综合研究方法技术。简言之,就是对油气藏进行综合研究和评价。油气藏描述技术自其诞生以来,经历了以测井为主体的评价阶段(20 世纪 70 年代)、多学科协同描述阶段(20 世纪 80 年代)和多学科一体化的现代油气藏描述阶段(20 世纪 90 年代至今)等发展历程,其贯穿于从油气藏发现到油气田探明乃至油气田开发的全过程,可分为勘探阶段的油气藏描述(也称为早期油气藏描述)、开发早期阶段的油气藏描述和开发中后期阶段的油气藏描述。本章简要介绍勘探阶段油气藏描述的基本原理与主要方法技术。

一、油气藏描述的任务

油气藏描述是油气藏勘查与评价阶段中的一种主要方法技术，其目的是建立含油气地质体模型，描述油气藏形态，揭示油气藏内部结构和油气分布状况，指导勘探部署，以尽可能少的探井，控制和探明更多的石油天然气储量。主要任务在于阐明油气藏的构造面貌、沉积相和微相的类型与展布、储集体的几何形态和大小、储层参数分布和非均质性及其微观特征、油气藏内流体性质和分布，乃至建立油气藏地质模型、计算油气储量和进行油气藏综合评价。

二、油气藏描述阶段的划分

油气藏勘查和评价阶段的油气藏描述可以划分为两个阶段。

(1)第一阶段以油气藏上的地震信息为主，以从第一口发现井开始取得的各项资料为基础，在过井的地震剖面上进行严格标定，充分利用地震信息展开的油气藏框架描述，主要研究内容包括油气藏构造与储层特征、油气藏类型及分布、控制储量计算、油气藏技术经济评价、油气层损害评价及油气层低产原因分析等。第一阶段结束，提交控制储量和评价井位意见。

(2)第二阶段以油气藏(田)上评价井取得的各项资料为骨架，在多井评价的基础上，利用地震资料所展开的油气藏描述，主要研究内容包括三维地震解释、精细构造分析、多井综合评价、油气藏三维地质模型建立及探明储量计算等。第二阶段结束，提交探明储量。

这两个描述阶段既有区别，又相互衔接；随着勘探程度的提高和资料的积累，油气藏描述要滚动进行，不断提高精度。但是，有的勘探目标两个阶段无明显差别，可合并描述。

三、油气藏描述的基础资料

1. 必备资料

(1)地质背景资料：包括区域地质、构造特征、沉积环境、油气生成、油气运移和油气藏形成条件等资料。

(2)地质录井资料：包括岩心、岩屑、气测、荧光、泥浆等录井资料，有条件时应备有热解色谱录井或罐顶气分析录井等资料。

(3)数字测井资料：按照探井测井要求，测全9条曲线，并根据地质需要加测地层倾角测井、电缆地层测试(RFT或FMT)等特殊测井、测试。

(4)试井资料：PVT与流体性质、油气藏边界、储集类型、驱动类型、产能及动态储量等资料。

(5)岩心试验资料：粒度、薄片、胶结物和储集性能参数；有条件时测定岩石物理参数。

(6)地震资料：与地质条件相适应的高精度数字地震资料和VSP资料。

2. 可选资料

其他地质、地球物理、地球化学、测井、油藏工程和数学地质等多种方法技术取得的资料。

总之，油气藏描述应尽可能地充分利用一切资料，并按标准规范建立高精度二维地震或三维地震数据库、单井岩性库、数字测井成果数据库、地质测试资料数据库、分析化验数据库、勘探综合数据库、井位及测线位置数据库等数据库，为高质量地进行油气藏描述与评价奠定资料基础。

四、油气藏描述的技术

油气藏描述是一个涉及面广、内涵丰富、多学科高度综合的系统工程，其主要技术有以下5个方面。

1. 单井综合评价技术

充分收集、利用和消化吸收单井钻探、录井、测井、测试和分析化验等各项资料，进行单井综合评价，为油气藏描述和储量探明奠定坚实的资料基础，其重点是地层、沉积、储层、盖层、油气藏性质等基础研究及测井解释和储层“四性”(岩性、物性、电性、含油气性)关系研究等。

2. 圈闭精细描述技术

开展二维或三维地震野外采集、处理、解释一体化综合研究，通过地震与地质资料相互结合的反复迭代、构造地质建模及精细速度场等的综合研究，完成圈闭精细描述工作。其中，多次精细目标处理和叠前深度偏移处理等技术的应用，能使地震资料品质得到明显的提高；构造地质建模和构造精细解释有助于构造模式和断裂分布特征的明晰；精细速度场的建立、井约束和地层倾角测井资料的应用与验证有助于油气层顶面构造图的精确编制和圈闭形态与含油气面积的准确厘定。

3. 储层描述技术

储层描述主要是通过野外露头试验区储层建模、单井储层综合评价、测井储层评价和地震储层横向预测的相互结合来进行。在具体工作中，首先对露头剖面开展沉积储层研究，进行砂体横向追踪及解剖，建立砂体和内部泥质隔夹层分布的地质模型；而后根据建立的野外地质模型，综合测井、岩心等资料，开展单井沉积相(亚相、微相)划分和储层综合评价；再进行地表与井下沉积相(亚相、微相)和储层的对比分析研究；最后利用地震波阻抗数据体，进行井约束条件下的反演处理，开展地震储层横向预测，从而建立与地下地质相适合的储层模型。

4. 油气藏综合评价技术

综合运用地震、地质、录井、测井和相关分析测试等资料，进行油、气、水性质与分布特征和油气层温压系统、油气井产能等研究，查明油气藏类型、驱动类型、特征及主要控制因素，总结油气成藏规律，建立油气藏地质模型，进行油气藏综合评价。

5. 计算机技术

油气藏描述涉及参数众多，数据量巨大，必须借助先进的计算机技术才能得以高效、优质地完成。油气藏描述的计算机技术，包括油气藏描述计算机软件系统、油气藏描述数据库、数据处理技术和成果显示技术等。

五、油气藏描述的内容和程序

油气藏描述涉及的内容有很多，主要包括以下7个方面。

1. 圈闭描述

(1)层位标定：从第一口油气发现井或评价井地层分层和标准(志)层出发，利用进行过环境校正的声波测井曲线，制作测井声波合成记录，结合地层倾角测井、VSP与地震合成记录等资料与成果，在过井的优质地震剖面上进行严格标定，求得正确的时深转换。

(2)油气层(油组)顶面圈闭形态图编制：利用经过严格标定的高精度地震剖面，编制各油气层(油组)的顶面圈闭形态图。

(3)圈闭形态图修订：利用所完成的评价井的地层对比、砂层对比、地层倾角测井和油气藏探边测试等成果，结合高精度二维或三维地震资料修订圈闭形态图。

(4)圈闭对油气控制作用分析：根据地震、地质、测井、试油、分析化验等方面的信息资料综合分析圈闭和断层对油气聚集的控制作用，描述主断层的断面形态和深浅层的圈闭偏移。

2. 地层沉积描述

(1)地层分布研究：利用发现井和评价井的测井和分析化验资料，确定地层层序，进行地层对比；结合高精度的地震资料识别地层超覆、剥蚀及岩性与厚度的变化。

(2)沉积相模式建立：基于钻井岩心详细观察、岩心试验和沉积岩石学研究，建立各种沉积相模式。

(3)单井相分析：研究沉积相与自然伽马、声波时差、岩性密度、补偿中子、电阻率、倾角测井等测井信息的对应关系，建立测井相模式，并进行单井沉积相(亚相或微相)划分与分析。

(4)地震相展布分析：研究以沉积相、单井相与地震合成记录、声波阻抗、反射系数为主的地震信息的对应关系，建立地震相模式，并描述地震相在三维空间中的展布。

3. 储集体描述

(1)油、气、水层解释及油气水系统划分：利用数字测井，结合岩心观察、分析化验、地层测试、试油试采等资料，进行油、气、水层解释及油气水系统的划分。

(2)储集参数求取：按照单井测井资料数字处理流程的相关规范，与岩心试验相结合，描述含油气储集体的岩性、矿物成分及物性变化，高质量求取储集层有效厚度、孔隙度、含油气饱和度、渗透率与泥质含量等参数。

(3)储集体横向追踪：主要基于高精度地震资料，经过相位校正的保持振幅地震处理和特征反射波地质含义分析，通过 VSP 声波合成记录、波阻抗曲线及地层倾角测井的已知深度刻度地震剖面的深度和相位的倾角、倾向，标定已知油、气、水层在地震剖面上的位置和纵横向分布，结合地质资料对油气层或油组作横向追踪，并描述其形态、厚度变化和连续性。

(4)孔隙度或饱和度纵横向变化分析：利用高精度地层信息，进行特殊处理，分析储集体的孔隙度纵横向变化；条件许可时预测含油气饱和度。

4. 油气藏盖层描述

描述盖层岩性、厚度、孔隙度、连续性、产状及与储层的关系等。

5. 油气藏与油气分布特征描述

(1)油气藏类型分析：在圈闭描述的基础上，分析油气藏形成条件和油、气、水分布特征及其主要控制因素，确定油气藏类型及油气分布规律。

(2)含油气边界确定：利用地震横向预测技术，结合数字测井的 RFT(FMT)、地层测试、试井等获得的资料和油藏工程成果，确定油气水的接触界面，并结合地质圈闭特征圈定含油气范围。

(3)油、气、水性质及其分布特征分析：用测试和试井方法取得地面和地下油、气、水性质，并尽可能地进行层间和井间的对比分析，确定流体性质的变化规律。

(4)油气层压力特征分析：按照压力资料获取的标准规范，取全、取准油气层的压力资料，获得准确的原始地层压力；利用高压物性 PVT 资料获取原始饱和压力；结合 RFT(FMT)资料了解压力梯度变化，查明压力系统。

(5)油气层温度特征分析：及时测定油气层温度，计算地层温度梯度，并分析地层温度变化特征。

(6)油气井产能分析:根据试井和试采资料确定油气井产能(日产量、采油气强度和指数),分析产能变化特点和高产条件。

6.油气储量计算

按照国家颁布的油气储量规范标准进行(详见第四章和本章第四节)。

7.油气藏综合评价

(1)油气富集特征分析:在建立含油气地质体静态模型和储集性能三维数据体的基础上,分区块、分层段综合评价油气富集条件与特征,指明油气富集高产的部位及分布情况。油气藏地质模型的建立方法详见下节。

(2)经济效益评价:根据油气藏的油气分布状况,分析其油气储量的丰度,综合评价它的经济效益。

(3)勘探工作建议:根据勘探的实际需要,及时提出新钻井位,并设计出最佳钻头轨迹。

以上有关油气藏描述的内容和程序可以根据实际取得的资料种类、精度和勘探工作要求分阶段实施。

六、油气藏描述的成果表达

油气藏描述的成果主要以总结报告和相关图件及表格的形式表达。

1.油气藏描述总结报告

(1)油气藏描述区及邻区地质概况。

(2)勘探工作量与质量评述。

(3)油气藏描述的内容、方法、程序与技术特点。

(4)油气藏描述的成果:包括①含油气圈闭;②油气水层与油组划分;③含油气地质体沉积特征;④含油气地质体储集性能;⑤含油气地质体油气藏类型、驱动类型与油气生产特点;⑥油气水性质;⑦地层压力与温度;⑧储量计算;⑨油气富集高产综合评价及预测。

(5)勘探工作建议。

2.提交的主要附图与附表

(1)附图:①含油气层(组)顶部圈闭形态图及典型地震地质剖面图;②地质综合柱状图(岩性、电性、地质试验成果等);③典型井"四性"关系图;④关键井测井解释综合图;⑤油气层(组)层位标定图;⑥含油气面积图;⑦油气藏横剖面图;⑧油气层对比图;⑨储层参数(有效厚度、孔隙度、饱和度、渗透率等)等值线图;⑩综合评价图(包括分区产能评价)。

(2)附表:①含油气圈闭要素汇总表;②地质试验分析数据汇总表;③试油成果表;④储层参数汇总表;⑤流体性质汇总表(包括地面和原始地层条件下);⑥储量汇总表。

第三节　油气藏地质建模

油气藏地质模型实质上是油气藏类型、形态、规模、储层物性参数和流体空间变化的高度概括,是一种理想化的模式。油气藏地质模型是油气藏综合评价的基础,同时也是油气藏描述的最终成果和重要的表现形式之一,其可为油气藏数值模拟的参数选取和开发方案的编制与优化提供科学依据,并对提高油气勘探和开发的预见性、针对性和可靠性具有重要的意义。

一、模型组成

一个完整的油气藏地质模型包括构造特征模型、储层地质模型和流体分布模型。

(一)构造特征模型

构造特征模型主要表征油气藏构造形态、断层分布及其封闭性特征，由断层模型和层面模型组成。其中，断层模型反映的是三维空间的断层面以及断层之间的相互切割关系(图 8-1)，主要根据地震解释和井资料校正的断层文件来建立断层在三维空间的分布，其建模关键是单个断层面形态的精确刻画和多个断层之间空间配置关系的准确确定；层面模型反映的是地层界面的三维分布，叠合的层面模型即为地层格架模型(图 8-2)。构造特征模型的建立，实际上就是结合断层模型和地层格架模型，以此表征构造的非均质特性。

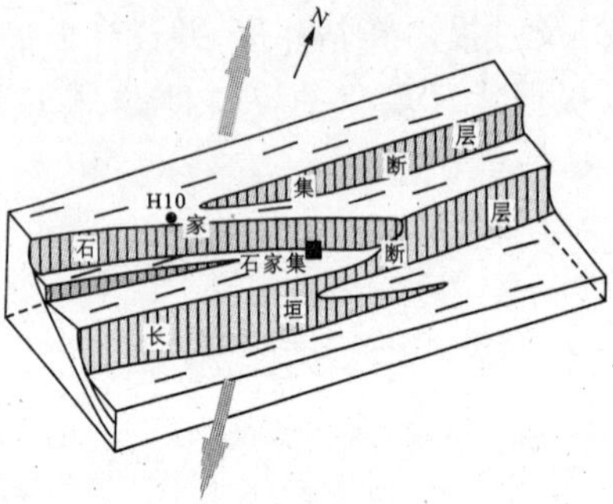

图 8-1 东濮凹陷西部斜坡带断层模型

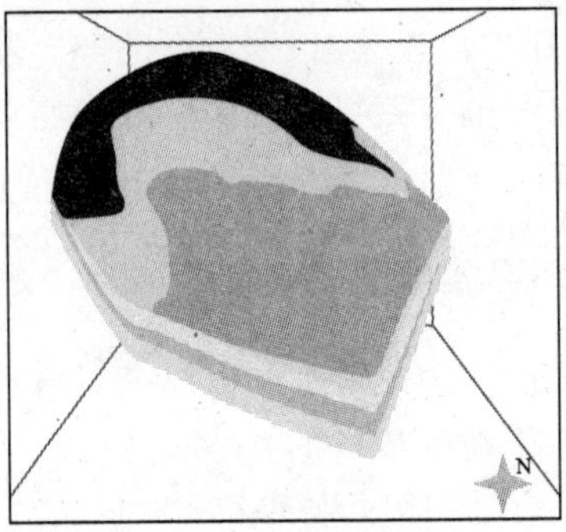

图 8-2 我国西部某区块地层格架模型

(据刘景亮，2008)

(二)储层地质模型

储层地质模型表征的是储层特征及其非均质性在三维空间上的变化和分布，其是油气藏地质模型的核心，是储量计算与评价的关键，也是油气藏地质模型研究的重点。储层地质模型就是把储层各项物理参数在三维空间的分布定量地表征出来。

目前，国内外学者从不同的角度出发，提出了多种储层地质模型的分类方案，其中具代表性的有以下几种。

1. 储层属性和模型内容分类

这是国外比较通用的分类方案。这种分类方案将储层地质模型分为离散属性模型和参数模型两大类，其中离散属性模型主要包括储层沉积相带模型、储层砂体骨架模型、流动单元模型和裂缝分布模型；参数模型主要由储层孔隙度、渗透率及含油饱和度分布模型组成。

(1)离散属性模型

这类模型主要用于描述储层离散变量(如储层砂体沉积相带、砂体、储层流动单元等)的三维空间分布。

1)储层沉积相带模型：该模型表征的是储层内部不同沉积相类型的三维空间分布(图 8-3)，通常以沉积亚相模型的建立为主。建立三维沉积相带模型能够为岩石物性建模和油藏数值模拟提供详细的相带结构，有利于开展相控储层参数建模。

2)储层砂体骨架模型：亦称为砂体格架模型，是指储层砂体的几何形态及在三维空间分布的主体格架(图 8-4)。

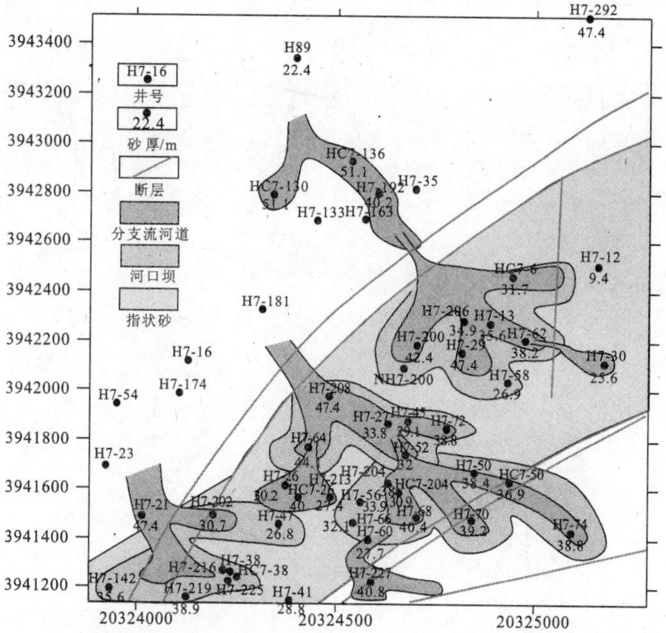

图 8-3　我国东部某区块沙三下 4 储层沉积微相图

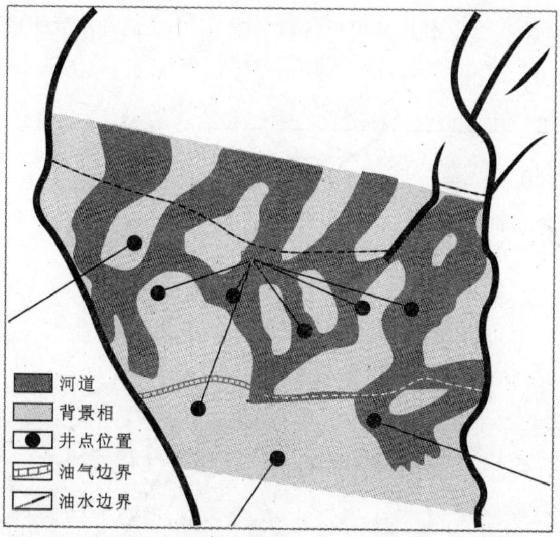

图 8-4　印度尼西亚某断块分流河道单砂体 A 骨架模型

（据吕晓光等，2007）

3）流动单元模型：流动单元系指根据影响流体流动的地质参数（如渗透率、孔隙度、垂直渗透率与水平渗透率之比、非均质系数、毛细管压力等）在储层中进行进一步划分的纵横向连续的储集带；在该带中，岩层特点和影响流体流动的地质参数在各处相似（图 8-5）。显然，不同的流动单元具有不同的流体流动特征及生产能力。流动单元模型是由许多流动单元块组成的三维岩体。

4）裂缝分布模型：裂缝分布模型可分为两种：一种是三维裂缝网格模型，用以表征裂缝类型、大小、形状、产状、切割关系及基质岩块特征等；另一种是二维裂缝密度模型，用以表征裂缝的发育程度（图 8-6）。

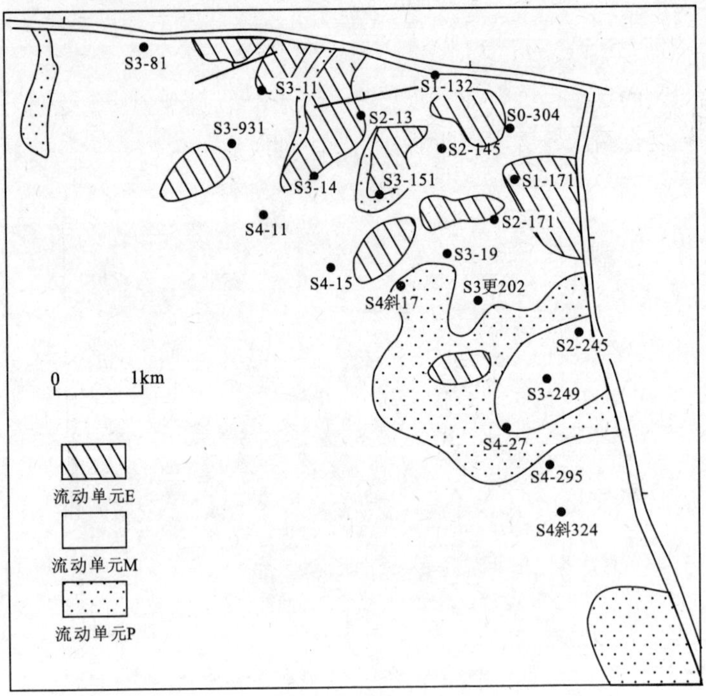

图 8-5 胜坨油田二区沙二段 34 小层流动单元平面展布

(据汪必峰等，2007)

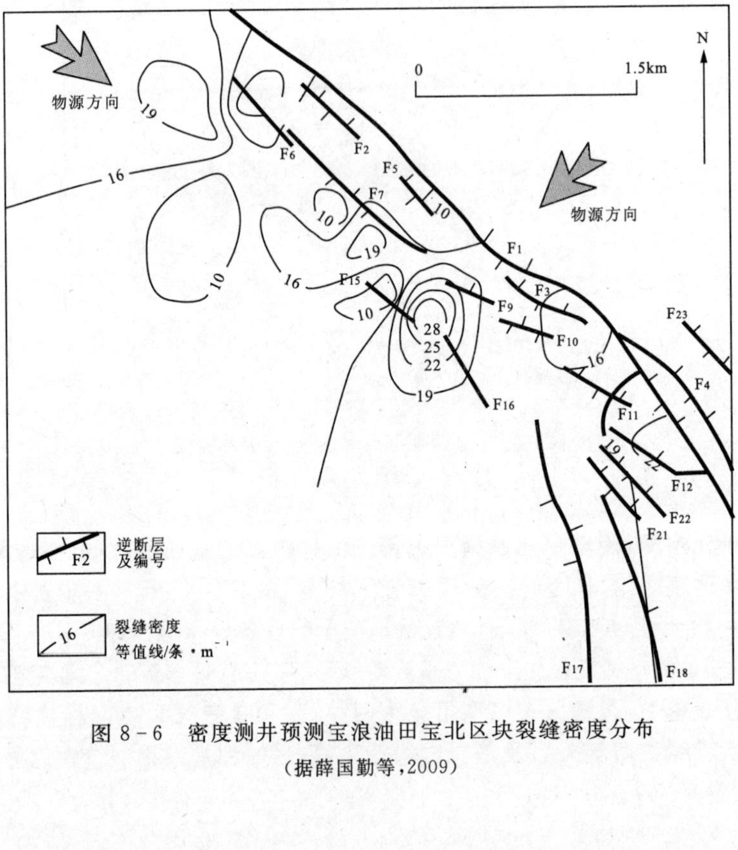

图 8-6 密度测井预测宝浪油田宝北区块裂缝密度分布

(据薛国勤等，2009)

(2)储层参数模型

储层参数模型是诸如厚度、孔隙度、渗透率、含油饱和度、泥质含量等连续性储层参数在三维空间上变化和分布的模型。厚度模型反映的是储层厚度在三维空间的分布，孔隙度模型反映的是储存流体的孔隙体积分布，渗透率模型反映的是流体在三维空间的渗流性能，含油饱和度模型则反映的是三维空间上油气的分布，泥质含量模型反映的是储层段泥质含量在三维空间的分布，并以渗透率模型最为重要。

2. 层次化储层地质模型分类

(1)按非均质性尺度，储层地质模型可划分为巨型(giga)(＞3 000m)、大型(mega)(30～3 000m)、宏观(macro)(厘米～米)和微观(micro)(微米级)等不同级次的地质模型。

(2)按解剖对象的尺度，储层地质模型可分为油田规模(1～10km)、油藏规模(约 0.1～1km)、成因砂体规模(0.01～0.5km)和岩石相及岩心规模(＜0.01km)等级别。

(3)依据油气藏描述的不同需要，储层地质模型可分为单砂体模型、单井模型、二维模型和三维模型等。

3. 油田勘探开发阶段分类

裘怿楠(1991)根据油田勘探开发不同阶段的任务、资料精度及对地质模型的要求，将储层地质模型划分为概念模型、静态模型和预测模型三大类。

(1)概念模型：概念模型是针对某一沉积类型或成因类型的储层，把具有代表性的储层特征抽象出来，加以典型化和概念化，从而建立起来的一个对这类储层在研究区内具有普遍意义的地质模型，其代表的是某一地区(油田)某一类储层的基本面貌。如图 8-7 为典型的裂缝性储层的概念模型，它把一系列不规则的裂缝简化为互不相连的立方网块，突出地表现了基质储层与立方空间。

一般而言，概念模型是以储层沉积学为基本手段，利用岩心资料和测井资料而建立起来的，主要应用于油田的评价阶段和开发设计阶段，对指导利用计算机建立储层结构模型具有十分重要的意义。

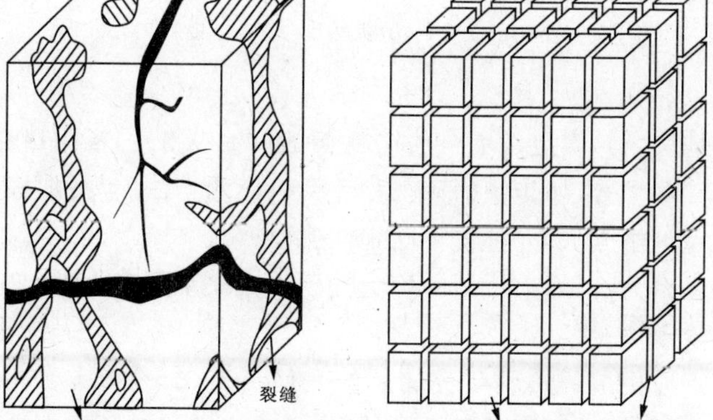

图 8-7　裂缝性储层概念模型

(据王志章等，1999)

(2)静态模型:静态模型是针对某一具体油田(或开发区)的一个(或一套)储层,将其储层特征在三维空间的变化和分布如实地加以描述而建立的地质模型,其主要为编制开发调整方案及油藏管理服务。

在20世纪80年代以前,我国各油田大都采用手工编制、建立储层静态模型,如小层平面图、油层剖面图和栅状图等,其仅能二维显示,不能反映储层参数在三维空间上的变化和分布特征。80年代以后,随着计算机技术的快速发展,逐步建立起一种依靠计算机存储和显示的三维静态模型,即把储层网块化后,把各网块参数按三维空间分布位置存入计算机内,这样就可以任意切片和切剖面,显示不同层位不同剖面的储层模型,以及进行其他各种运算和分析,并可以直接与油藏数值模拟相连接。

(3)预测模型:预测模型是一种比静态模型精度更高的储层地质模型,它要求对控制点间及以外地区的储层参数能够作一定精度的内插或外推的预测。

建立预测模型是储层地质模型研究追求的目标,同时也是难度很大的课题。当前世界上一些大的石油公司、研究院和高等学校,都正在开展这一课题的攻关。

(三)流体分布模型

流体分布模型表征的是储层内流体(油、气、水)分布和流体性质的空间变化。建立该模型的目的在于揭示油气藏内流体性质基本特征、分布规律和控制因素,探讨流体性质非均质性及对油井产能的影响,为储量计算、油气藏综合评价提供必要参数,最终为油田选择合理开采工艺、改善开发效果提供依据。流体分布模型主要包括流体性质模型和流体性质分布模型,其中流体性质模型表征的是流体性质参数(包括原油密度、黏度、含蜡量、胶质含量、凝固点和初馏点等;天然气密度,甲烷、丙烷、丁烷、戊烷和非烃气体含量等;地层水总矿化度,$K^+ + Na^+$、Ca^{2+}、Mg^{2+}、SO_4^{2-}、HCO_3^-;、CO_3^{2-}、Cl^-含量和水型等)的特征及各参数之间的相关性,流体性质分布模型表征的是不同流体及不同流体的各性质参数在三维空间上的分布规律。

二、建模方法

可用于油气藏地质建模的方法(技术)有很多。归结起来,可分为确定性建模(deterministic modeling)和随机性建模(stochastic modeling)两大类。

(一)确定性建模方法

确定性建模是从已知确定性资料的控制点(如井点)出发,推测出点间(如井间)确定的、唯一的和真实的油气藏参数,如传统的人工和计算机作图方法(包括加权平均法、差分法、样条函数法、趋势面法、克里格方法等)都属于确定性建模方法。

以储层地质建模为例,目前所用的确定性建模方法主要有4种。

1.储层地震学方法

该方法主要是应用地震资料研究储层的几何形态、岩性及参数的分布,即从已知井点出发,应用地震横向预测技术进行井间参数预测,并建立储层的三维地质模型。储层地震学方法主要包括三维地震和井间地震方法。

(1)三维地震方法:三维地震资料具有覆盖面广、横向采集密度大的优点。应用三维地震资料的属性参数(如层速度、波阻抗、振幅等),结合井资料和VSP资料,可在油气藏勘查和评价阶段建立油组或砂组规模的储层地质模型,确定地层格架、断层特征、砂体的宏观格架及储层参数的宏观展布。

(2)井间地震方法：由于井间地震方法采用了井下震源及多道接收排列，因而比地面地震具有更多的优点：①震源和检波器均在井中，从而避免了近地表风化层对地震波能量的衰减，因而可提高信噪比；②由于采用高频震源，且井间传感器离目标非常近，因而增加了地震资料的分辨率；③可以利用地震波的初至，实现P波和S波的井间地震层析成像，因而可准确重建速度场。这样，大大提高了井间储层参数的解释精度。

2. 储层沉积学方法

该方法主要是在高分辨率等时地层对比及沉积模式分析的基础上，通过井间砂体对比建立储层地质模型。

(1)高分辨率等时地层对比：高分辨率等时地层对比是依据层序地层学原理，通过识别并对比反映基准面高频变化的关键面(如不整合面、洪泛面、海侵冲刷面等)或高频基准面转换旋回，划分层序地层单元，为砂体对比提供等时地层框架。

(2)相控—等时井间砂体对比建模：在建立高分辨率层序地层等时格架的基础上，应用测井资料进行砂体识别，并对其进行沉积微相解释，然后对比各微相砂体在井间的延伸情况(连通或尖灭)。

3. 水平井方法

由于水平井是沿储层走向或倾向钻井，可以直接取得储层侧向或沿层变化的参数，因而可建立确定性的储层模型。

4. 克里格方法

克里格方法(Kriging)是以南非矿业工程师Krige的名字来命名的，其是地质统计学的核心技术。该方法是以变差函数为工具进行井间插值而建立起储层参数模型。井间插值是建立确定性储层参数分布模型的常用方法。该方法大致可以分为传统的统计学插值方法(如反距离平方法)和地质统计学估值方法(如克里格方法)。由于传统的数理统计学插值方法只考虑了观测点与待估点之间的空间位置关系(距离)，而没有考虑地质规律所造成的储层参数在空间上的相关性(空间结构)，因此插值精度较低。为了提高对储层参数的估值精度，目前人们广泛应用克里格方法来进行井间插值。

克里格法估值是根据待估点周围的若干已知信息，应用变差函数所特有的性质，来对待估点的未知值作出最优(即估计方差最小)、无偏(即估计值的均值与观测值均值相同)的估计。在应用克里格法进行点间(井间)估值时，首先是确定待估点周围已知数量点的参数对待估点的贡献大小(即加权值)，然后进行估值计算，其一般表达式为：

$$Z^*(X) = \sum_{i=1}^{n} \lambda_i Z_i(X_i) \tag{8-1}$$

式中，$Z^*(X)$为待估点的克里格估计值；$Z_i(X_i)$为待估点周围某点X_i处的观测值，$i=1, 2, \cdots, n$；λ_i为X_i的权系数。

克里格方法有很多，如简单克里格、普通克里格、泛克里格、因子克里格、协同克里格、指示克里格等。这些方法可用于不同地质条件下的参数预测。

需要说明的是，确定性建模方法得到的地质模型是唯一的，但对参数有一种光滑效应，消弱了真实观测数据的离散性，从而不能很好地反映地质模型的非均质性。

（二）随机性建模方法

虽然油气藏本身是客观的和确定的，但由于油气藏是由众多地质要素构成并由复杂地质作用过程形成的系统，在油气藏勘查和评价过程中，由于勘探程度、资料条件及人们认识水平等的限制，致使人们难以精确表征油气藏的特征，导致油气藏描述具有不确定性，也即油气藏地质模型具有随机性和多解性。因此，如果应用确定性方法去对具有随机性质的油气藏进行建模，并据此进行预测及决策，显然具有较大的风险性。所以，人们目前广泛应用随机建模的方法对油气藏进行模拟和预测。

随机模拟是近年来迅速发展起来的地质建模的一个重要手段。它是以已知的信息为基础，以随机函数为理论，应用随机模拟方法，借助于计算机的快速运算能力，合成多个可选和等概率的反映变量空间分布模型的方法，也即随机模拟的基本思想便是从一个随机函数中按不同的随机路径抽取多个可能的实现，即通常情况下沿着不同的随机路径求取各节点的累积分布函数(CCDF)，并从累积分布函数中提取模拟值，从而人工合成反映区域化变量空间分布的多个可供选择的、等概率的、高精度的模型。应用该方法建立的地质模型既能反映原始数据和现有样品的统计特征或参数的理论分布规律，同时还能反映参数的细微变化，并且建立的模型不是唯一的，而是多个，各个模型之间的差别就反映了由于资料不足而引起的建模中的不确定性。因此，随机建模被认为是最受地质家和油藏工程师欢迎和最有发展前途的建模方法。

1. 随机模型的分类

随机模型的分类方法有很多，根据不同的分类标准，具有不同的分类方案。

(1)根据模拟结果是否忠实于约束条件，随机模拟模型可分为条件模拟模型和非条件模拟模型。其中，非条件模拟所产生的模型只要求再现储层参数空间分布的相关结构而可以不忠实原始数据；而条件模拟所产生的模型不仅要求再现储层参数空间分布的相关结构，还要求条件化到已知观察位置必须与已知数据相一致。

(2)根据地质参数空间变化的性质，随机模型可分为离散型和连续型两种基本类型。其中，离散型随机模型主要描述离散性质的地质特征，如沉积相分布、砂体位置和大小、泥质隔夹层的分布和大小、裂缝和断层的分布、大小、方位等；连续型随机模型主要描述连续变化的储层参数的空间分布，如孔隙度、渗透率、流体饱和度等岩石物性参数及地震层速度、油水界面等参数的空间分布。在实际的油气藏模型中，离散性质和连续性质往往是共存的，离散型模型和连续型模型的结合则构成混合模型，又称为“两步模型”，即两步模型法建立的随机模型。

2. 随机模拟的主要方法

随机建模的方法很多，且目前仍在不断地提出与发展之中。根据模拟单元的不同，随机模拟可分为以目标物体为模拟单元的方法和以像元为模拟单元的方法。其中，以目标物体为模拟单元的随机模拟方法认为模拟应从具有成因意义的目标创建算法，而不应一个个节点(像元)地去模拟，其主要用于描述各种离散性地质特征的空间分布，如沉积微相、岩石相、流动单元、裂缝、断层及夹层等地质特征的空间分布，其建立的随机模型为离散型模型，常用的有布尔法(表8-1)；以像元为模拟单元的随机模拟方法主要用于描述各种连续性参数(如岩石物性参数)以及离散性参数(地质特征参数)的变化，其建立的随机模型以连续型为主，部分为离散型，常用的模拟方法有马尔柯夫随机域法、截断随机函数法、两点直方图法、序贯指示模拟法、模拟退火模拟法、分形随机域法等。以下简要介绍各方法的基本原理。

(1)布尔法(Boolean simulation)：也称为示性点法或标点法，该方法是随机建模中最简单的一种方法，属非条件模拟。其基本思路是根据一定的概率法则按照空间中几何物体的分布统计规律，产生这些物体中心点的空间分布，并通过多个随机函数的联合分布确定中心点处的几何物体形状、大小和方向等。布尔法主要用于油气藏勘查与评价阶段中储层砂体结构模型和隔夹层分布模型等离散型模型的建立。该方法的主要优点为：①很容易用于二维和三维建模；②所用的参数较少；③非常灵活。主要缺点在于统计推导复杂且困难，模拟结果很难忠实于局部的数据，如钻井所遇到的岩相序列。

表 8-1 常见的随机模拟方法分类(据王志章等，1999，略修改)

随机建模方法	随机模型类型		
方法分类	方法名称	离散型/连续型	条件/非条件
以目标物体为模拟单元	布尔法	离散	非条件
以像元为模拟单元	马尔柯夫随机域法	离散/连续	条件
	序贯指示模拟法	离散/连续	条件
	截断高斯模拟法	离散/连续	条件
	二点直方图法	离散	条件
	模拟退火法	离散/连续	条件
	分形随机域法	连续	条件

(2)马尔柯夫随机域法(Markov random field simulation)：马尔柯夫链模型是由俄罗斯数学家 Markov 于 1906 年最早提出的一种进行随机过程分析的模型。马尔柯夫随机域模拟法的基本原理为某一像元、某类型变量的条件概率仅取决于邻近像元的值。在实际应用中，条件概率常表达为邻近像元之间相互关联的指数函数。该方法既可用于离散变量也可用于连续变量的模拟，其优点为再现某一种状态复杂的非均质性能力较强，适合于镶嵌状分布的岩相或岩性的随机模拟，但存在条件概率常常难以确定、收敛速度慢等缺点。

(3)序贯指示模拟法(sequential indicator simulation)：序贯指示模拟是序贯模拟的一种。序贯模拟的总体思路是沿着随机路径序贯地求取各节点的累积概率分布函数(CCDF)，并从 CCDF 中提取模拟值，其中用于求取 CCDF 的条件数据不仅包括原始的样品点，还包括已经模拟好的点。这一模拟算法的主要目的是充分利用更多条件数据来恢复变量的空间相关性。在序贯指示模拟方法中，不需要对条件分布的参数形式作任何假设，在现有数据和其他相关资料的基础上，根据门槛值将条件数据转化为指示数据，并基于相应的指示变差函数，应用简单或指示克里格法给出每个网格节点处条件分布估计量。该方法既可用于模拟连续性变量，也可用于模拟离散性变量。序贯指示模拟法的主要优点在于：①变量的分布形态无需作任何假设；②可以容易地综合多种来源、定性或定量、可靠性不同的信息。主要缺点是算法和参数灵活性太大，人为因素明显。

(4)截断高斯模拟法(truncated gaussian simulation)：该方法首先采用指示模拟方法生成一个高斯随机函数模型，然后对连续变化的高斯随机函数模型进行截断以得到变量的模拟结果。这种方法易于使用，快速、灵活，可在模拟中考虑地质因素，并可以对模拟结果进行条件限制，使之与条件数据相吻合，但适用性较差，只适于相带呈排序分布的沉积相模拟，如三角洲成因的储层模拟。

(5)二点直方图法：该方法主要用于离散变量的随机模拟，属于二点统计学的范畴。其主要特征是在空间范围内一个相距一定距离的像元分属于不同类型变量的转换概率分布，在特定偏移距所有两元类型变量的转移概率即构成二点直方图模型。该方法适用于镶嵌状分布的沉积相或岩性的随机模拟，也可用于只有一个相的沉积相的随机模拟，但由于转换概率的计算在条件数据有限时常常难以进行，所以在实际应用时要有一个与待模拟地区地质条件相近的、数据密度较高的原型模型。

(6)模拟退火法(simulated annealing simulation)：模拟退火的基本思路是对一个初始的图像连续地进行扰动，并依每次扰动是否使得图像更接近目标而决定接受或拒绝某次扰动，直到它与预先定义的、包含在目标函数内的特征相吻合为止。该方法实现的关键是目标函数的建立和接受或拒绝某次扰动的确定，是一种灵活、适应性好的优化算法，对连续性和离散性变量的模拟均适合。模拟退火法主要优点为：(a)可以很好地保持数据所反映的空间结构，即实验变差函数；(b)综合利用各种来源信息的能力强；(c)模拟重现实验样品非均质性的效果好。但是，该方法存在计算量大、收敛速度慢等不足。

(7)分形随机域法(fractal simulation)：分形随机域的最大特点是其自相似性，即局部与整体相似。分形模拟方法是在确定随机变量符合分形特征后，根据自相似性原理应用少量数据预测整个模拟目标区的变量分布。该方法主要用于模拟连续性变量的特征，如孔隙度、渗透率等参数的空间变化，同时也可用于模拟裂缝分布模型的建立。分形模拟具有运算速度快的优点，但也存在要求模拟变量具分形特征，且难以考虑间接信息的缺点。

三、建模步骤

随机建模的步骤与确定性建模基本相同，主要差别在于输入参数及空间赋值方式的不同。以下以随机建模为例，说明地质建模的主要步骤。

1. 建立数据库

任何地质模型的建立乃至项目的研究都是从数据库开始的，量大、全面、可靠、操作简便的数据库是正确、快捷建模的重要基础与保证。地质建模中需用到的所有数据(如井位、钻井分层、断层、岩性、流体等)都必须分门别类地加以建库。其中，确定性建模中所用到的数据主要为各类原始数据，随机建模需要的数据除各类原始数据外，还需用到统计特征数据。

2. 建立定性地质概念模型

基于数据库资料及相关专业知识、经验，建立定性地质概念模式，如沉积相分布模型、砂体连续性模型、储层非均质性模型等。定性地质概念模型的建立主要为后续模拟参数的选择和随机模型的优选服务。

3. 确定模拟输入的统计特征参数

如在砂岩储层随机模拟中所需要输入的统计特征参数包括变异函数特征值(岩性指标变异系数、岩石物性变异系数等)、概率密度函数特征值(砂岩面积或体积密度、岩石物性概率密度函数等)、砂体宽厚比、长宽比等。

4. 随机模拟

选用合适的随机模拟方法，进行随机建模，得出一簇随机模型。

5.模型优选

应用地质概念模式，对所建立的一簇随机模型进行比较、优选，选择符合地质概念模型的随机模型，作为后续油气藏模拟的输入。

第四节　油气藏储量计算与评价

储量计算是油气勘查的一项基础工作，也是勘探评价阶段的最终成果之一。油气藏（田）储量的客观、准确计算与评价可为油气勘探开发确立投资与建设规模，也为评估资源性资产提供重要依据并奠定坚实基础。油气藏勘查与评价阶段计算的储量为探明储量和控制储量。

一、储量计算

按所使用资料性质的不同，油气藏储量的计算方法可分为静态法和动态法两大类：其中静态法利用油气藏（田）的静态资料和参数来计算油气储量，主要包括容积法和统计模拟法；动态法主要依赖于油气田开发生产测试资料，包括物质平衡法、矿场不稳定试井法、产量递减曲线法和水驱特征曲线法等。

（一）容积法

容积法是计算油气藏地质储量的主要方法，应用最广泛。容积法适用于不同勘探开发阶段、不同的圈闭类型、不同的储集类型和驱动方式，计算结果的可靠程度取决于资料的数量和质量。一般而言，该方法对于大、中型构造砂岩储集层油气藏的计算精度较高，而对于复杂类型油气藏的准确性则较低。

油气藏储量计算的容积法的原理和计算公式与圈闭资源量计算的“圈闭体积法”相同（详见第四章），但二者的参数取值方法和计算资源量的级别不同。其中，在油气藏勘查与评价阶段的储量计算中，其储集层及烃类性质等参数是基于油田范围内取心井的分析数据所得，准确性和可信度较高，计算结果为探明储量或控制储量，而在圈闭评价阶段的资源量计算中，各参数主要是由经验分布或者类比而得到，准确性和可信度相对较低，计算结果为推测资源量。

（二）统计模拟法

统计模拟法，也称为蒙特卡罗模拟法，其以随机变量为对象，以概率论为理论基础，将控制储量大小的不确定性因素作为随机变量进行处理，经过模拟运算，得到不同概率风险条件下的储量，也即其计算的结果是提供一条储量概率分布曲线，根据该曲线，可以获得不同可靠程度下的储量（详见第四章）。显然，统计模拟法的基本原理仍然是容积法，只是在参数取值和储量计算中考虑了概率分布规律，将主要储量参数视为随机变量进行处理。统计模拟法对复杂油气藏的储量计算十分有用，可以提供一个合理的储量范围值，现已逐渐成为国内外储量计算的常规方法。

（三）物质平衡法

该法又称为压降法，依据物质守衡原理，利用动态生产数据进行物质平衡方程求解，得到较理想条件下的油气藏地质储量。

基于物质守恒原理所建立的物质平衡方程式，与油、气田的驱动类型有关。

1.油田的物质平衡方程式

对于未饱和油藏(原始地层压力 p_i大于油藏饱和压力 p_b)和饱和油藏(原始地层压力 p_i等于油藏饱和压力 p_b),各种驱动类型的物质平衡方程式的通式为:

$$N = \frac{N_p[B_o + (R_p - R_s)B_g] - W_e - (W_i - W_p)B_w}{(B_o - B_{oi}) + (R_{si} - R_s)B_g + \frac{mB_{oi}}{B_{gi}}(B_g - B_{gi}) + (1+m)B_{oi}C_e(p_i - p)} \tag{8-2}$$

$$m = \frac{G_{cap}B_{gi}}{NB_{oi}} \tag{8-3}$$

$$C_e = \frac{C_w S_{wi} + C_f}{1 - S_{wi}} \tag{8-4}$$

式中,N 为油田地质储量/$10^4\,m^3$;N_p 为累积产量/$10^4\,m^3$;W_e为天然累积水侵量/$10^4\,m^3$;W_i为人工累积注水量/$10^4\,m^3$;W_p为累积产水量/$10^4\,m^3$;m 为在原始地层条件下气顶储量与含油区储量之比,无量纲;G_{cap}为气顶的地质储量/$10^4\,m^3$;p_i为原始地层压力/101kPa;p 为目前地层压力/101kPa;B_o为压力 p 下原油的体积系数,无量纲;B_{oi}为压力 p_i下原油的体积系数,无量纲;B_g为压力 p 下天然气的体积系数,无量纲;B_{gi}为压力 p_i下天然气的体积系数,无量纲;B_w为压力 p 下地层水的体积系数,无量纲;C_e为有效压缩系数/101^{-1} kPa;C_w为地层水压缩系数/101^{-1} kPa;C_f为岩石孔隙体积压缩系数/101^{-1} kPa;S_{wi}为地层束缚水饱和度/小数;R_s为压力 p 下的溶解气油比/$(m^3 \cdot m^{-3})$;R_{si}为压力 p_{si}下的溶解气油比/$(m^3 \cdot m^{-3})$;R_p 为累积生产气油比/$(m^3 \cdot m^{-3})$。

(1)未饱和油藏的物质平衡方程式

未饱和油藏的条件为:$m=0$,$p_i>p_b$,$R_{si}=R_s=R_p$,$B_o=B_{oi}[1+C_o(p_i-p)]$。因此,由式(8-2)可简化得到未饱和油藏的物质平衡方程通式为:

$$N = \frac{N_pB_o - W_e - (W_i - W_pB_w)}{B_{oi}C_t(p_i - p)} \tag{8-5}$$

$$C_t = C_o + \frac{C_w S_{wi} + C_f}{1 - S_{wi}} \tag{8-6}$$

式中,C_t为油藏的总弹性压缩系数/101kPa;C_o为原油的体积压缩系数/101kPa;其他参数意义同前。

对于不同的驱动条件,式(8-5)又可进一步简化。

1)封闭性弹性驱动

在封闭性弹性驱动条件下,$W_e=W_i=W_p=0$。因此,式(8-5)简化为:

$$N = \frac{N_pB_o}{B_{oi}C_t(p_i - p)} \tag{8-7}$$

2)天然弹性水压驱动

在天然弹性水压驱动条件下,$W_i=0$。因此,式(8-5)简化为:

$$N = \frac{N_pB_o - (W_e - W_pB_w)}{B_{oi}C_t(p_i - p)} \tag{8-8}$$

3)人工注水弹性水压驱动

在人工注水弹性水压驱动条件下,$W_e=0$。因此,式(8-5)简化为:

$$N = \frac{N_pB_o - (W_i - W_pB_w)}{B_{oi}C_t(p_i - p)} \tag{8-9}$$

(2)饱和油藏的物质平衡方程式

对饱和油藏而言，由于 $p_i = p_b$，因此 $B_{oi} = B_{ob}$，$R_{si} = R_{sb}$，$B_{gi} = B_{gb}$ 。此时，由式(8－2)可得饱和油气藏的物质平衡方程式的通式为：

$$N = \frac{N_p[B_o + (R_p - R_s)B_g] - W_e - (W_i - W_p)B_w}{(B_o - B_{ob}) + (R_{sb} - R_s)B_g + \frac{mB_{ob}}{B_{gb}}(B_g - B_{gb}) + (1+m)B_{ob}C_e(p_b - p)} \tag{8-10}$$

式中，p_b为油气藏饱和压力/101kPa；B_{ob}为压力 p_b下的原油体积系数/无量纲；B_{gb}为压力 p_b下的气体体积系数/无量纲；R_{sb}为压力 p_b下的溶解气油比/($m^3 \cdot m^{-3}$)；其他参数意义同前。

同样，对于不同的驱动条件，式(8－10)也可进一步简化。

1)溶气驱动

在溶气驱动条件下，$W_e = W_i = W_p = 0$，$m = 0$，$C_e = 0$，则式(8－10)简化为：

$$N = \frac{N_p[B_o + (R_p - R_s)B_g]}{(B_o - B_{ob}) + (R_{sb} - R_s)B_g} \tag{8-11}$$

2)溶气和气顶驱动

在溶气和气顶驱动条件下，$W_e = W_i = W_p = 0$，$C_e = 0$，则式(8－10)简化为：

$$N = \frac{N_p[B_o + (R_p - R_s)B_g]}{(B_o - B_{ob}) + (R_{sb} - R_s)B_g + \frac{mB_{ob}}{B_{gb}}(B_g - B_{gb})} \tag{8-12}$$

3)溶气和人工注水驱动

在溶气和人工注水驱动条件下，$W_e = 0$，$m = 0$，$C_e = 0$，则式(8－10)简化为：

$$N = \frac{N_p[B_o + (R_p - R_s)B_g] - (W_i - W_p)B_w}{(B_o - B_{ob}) + (R_{sb} - R_s)B_g} \tag{8-13}$$

4)溶气和天然水驱(考虑弹性驱影响)

在溶气和天然水驱条件下，$W_i = 0$，$m = 0$，则式(8－10)简化为：

$$N = \frac{N_p[B_o + (R_p - R_s)B_g] - W_e - W_pB_w}{(B_o - B_{ob}) + (R_{sb} - R_s)B_g + B_{ob}C_e(p_b - p)} \tag{8-14}$$

2.气田和凝析气田的物质平衡方程式

气田和凝析气田的物质平衡方程式，依其有无天然水驱的作用，可以划分为水驱气田(凝析气田)和定容封闭性气田(凝析气田)两类，其中前者具有弹性水压驱动的特点，后者则具有消耗式压降的特点。不同驱动类型的物质平衡方程式各异。

(1)水驱气田和凝析气田的物质平衡方程式

根据物质守恒的基本原理，可以导出水驱气田和凝析气田的物质平衡方程式：

$$G = \frac{G_pB_g - (W_e - W_pB_w)}{B_{gi}\left[\left(\frac{B_g}{B_{gi}} - 1\right)\right] + \left(\frac{C_wS_{wi} + C_f}{1 - S_{wi}}\right)(p_i - p)} \tag{8-15}$$

式中，G 为气田或凝析气田的地质储量/$10^8 m^3$；G_p 为累积产气量/$10^8 m^3$；W_e为累积天然水侵量/$10^8 m^3$；W_p为累积产水量/$10^8 m^3$；B_w为地层水的体积系数/无量纲；p_i为原始地层压力/101kPa；p 为目前地层压力/101kPa；B_{gi}为在压力 p_i下天然气的体积系数/无量纲；B_g为在压力 p 下天然气的体积系数/无量纲；C_w为地层水的压缩系数/101kPa；C_f为岩石孔隙体积压缩系数/101kPa；S_{wi}为气层束缚水饱和度/小数。

由于地层束缚水和地层岩石的压缩系数与天然气的弹性膨胀系数相比甚小，通常可忽略不计。因此，式(8－15)可以写为：

$$G=\frac{G_pB_g-(W_e-W_pB_w)}{B_g-B_{gi}} \tag{8-16}$$

且有：

$$B_{gi}=\frac{p_{sc}Z_iT}{p_iT_{sc}} \tag{8-17}$$

$$B_g=\frac{p_{sc}ZT}{pT_{sc}} \tag{8-18}$$

式中，p_{sc}为地面标准压力/101kPa；T_{sc}为地面标准温度/K；Z_i为在压力 p_i下气体偏差系数/无量纲；Z 为在压力 p 下气体偏差系数/无量纲；T 为气层温度/K。

将式(8－17)和式(8－18)代入式(8－16)中，并整理可得：

$$G=\frac{G_p-(W_e-W_pB_w)\dfrac{pT_{sc}}{p_{sc}ZT}}{1-\dfrac{p}{Z}\Big/\dfrac{p_i}{Z_i}} \tag{8-19}$$

(2)定容封闭性气田

对于定容封闭性气田而言，由于没有天然水驱的作用，因此有：$W_e=W_p=0$。于是，可得其物质平衡方程式为：

$$G=\frac{G_p}{1-\dfrac{p}{Z}\Big/\dfrac{p_i}{Z_i}} \tag{8-20}$$

3.异常高压气田的物质平衡方程式

对于压力系数大于 1.5 的异常高压气田，由于地层的压实和弹性膨胀作用，致使岩石孔隙体积压缩系数比正常压力系统的压缩系数大 5～10 倍。因此，在气田开采过程中，能有效地起到补充地层能量和减缓地层压降的作用。

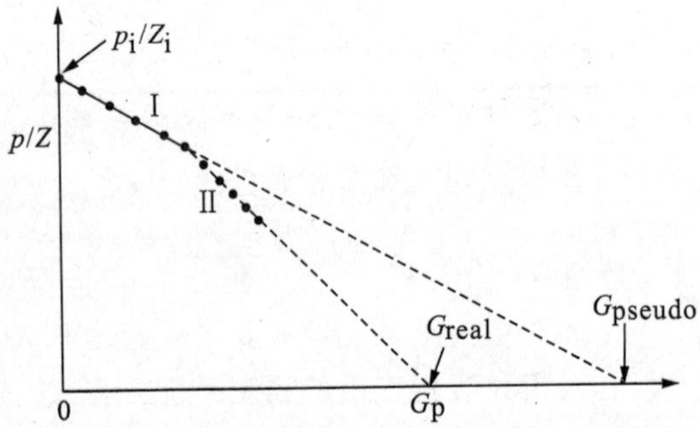

图 8－8 异常高压气藏的压降图

实际开发资料表明，异常高压气田的压降图具有斜率明显不同的二段直线组成，且第二直线段的斜率比第一直线段的斜率要大(图 8－8)。因此，应用第一直线段外推到 $p/Z=0$ 的储量不是真实的地质储量，而是一个假想的虚拟地质储量，必须利用第二直线段外推到 $p/Z=0$ 才可以得到真实的地质储量。然而，一般要在采出气田真实地质储量的 20%～25%时，第二直线段才出现。所以，需要先利用第一直线段求得的虚拟地质储量后，才能确定异常高压气田的真实地质储量。

根据物质平衡原理所得到的求解方法为：

$$G_{real}=\frac{G_{pseudo}}{1+\dfrac{\left(\dfrac{C_wS_{wi}+C_f}{1-S_{wi}}\right)(p_i-p_s)}{\dfrac{p_i}{Z_i}\Big/\dfrac{p_s}{Z_s}-1}} \tag{8-21}$$

式中，G_{real}为异常高压气田的真实地质储量（第二直线段外推的地质储量）/$10^8\ m^3$；G_{pseudo}为虚拟地质储量（第一直线段外推的地质储量）/$10^8\ m^3$；p_s为气田的静水压力/10lkPa；Z_s为在压力p_s下气体的偏差系数，无量纲；其他参数意义同前。

异常高压气田的岩石孔隙体积压缩系数确定的数学表达式为：

$$C_f = (8.82 \times 10^{-3} L - 2.51) \times 10^{-5} \tag{8-22}$$

式中，L为气田产层的平均深度/m。

当由初期的第一直线段的外推（线性回归）法求得虚拟地质储量G_{pseudo}之后，根据式（8－21）即可计算求得异常高压气田的真实地质储量G_{real}。

物质平衡法的有效应用有赖于取得正确可靠的矿场地质、开发动态和油藏物理等各项数据，其适用于封闭性强的未饱和型高连通渗透小油气藏，要求油气藏得到一定程度的开采且油气藏压力出现明显下降；而对于低渗透的饱和油藏，精度相对较差。

（四）产量递减曲线法

产量递减法适用于油气藏（田）开发后期，油气藏已达一定的采出程度，并经过开发调整之后，油气藏产量要进入递减阶段。一般，递减阶段的产量将按照一定的规律随时间而连续递减，利用这一递减规律，可预测达到经济界限时的最大累积产油、气量，如将此数据加上递减之前的总产油、气量，即得到油气藏的可采储量。

1. 产量递减法的基本关系式

油气藏产量递减的大小或快慢，通常利用一个叫做递减率的参数来表示。所谓递减率，是指在单位时间内（月或年）产量递减掉的百分数（图8－9），其数学表达式为：

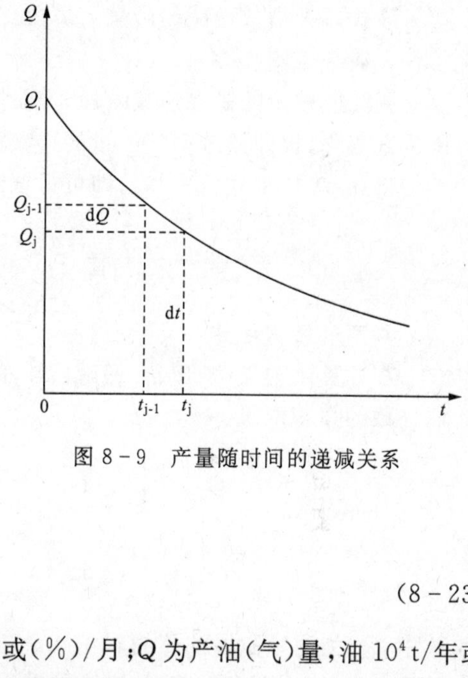

图8－9　产量随时间的递减关系

$$D = -\frac{1}{Q}\frac{dQ}{dt} \tag{8-23}$$

式中，D为递减率/年$^{-1}$或月$^{-1}$，一般表示为（%）/年或（%）/月；Q为产油（气）量，油10^4 t/年或10^4 t/月，气$10^8\ m^3$/年或$10^8\ m^3$/月；t为递减阶段的开采时间/年或月。

根据Arps对不同递减类型的理论研究，基于产量递减曲线法来表示递减率的通式为：

$$\frac{Q}{Q_i} = \left(\frac{D}{D_i}\right)^n \tag{8-24}$$

式中，D_i为开始递减时的瞬时递减率，（%）/年或（%）/月，或年$^{-1}$和月$^{-1}$；Q_i为开始递减时的产油（气）量，油为10^4 t/年或10^4 t/月，气为$10^8\ m^3$/年或$10^8\ m^3$/月；n为递减指数，即为递减率的指数；其他参数意义同前。

递减指数n为用于区分递减类型的重要参数。当$1<n<\infty$时，为双曲线递减；当$n=\infty$时，为指数递减（又称为常百分数递减、等比级递减或半对数递减等）；当$n=1$时，为调和递减。因此，指数递减和调和递减可视为双曲线递减的特定类型。一般地，在油藏递减初期更接近于指数递减，而在递减后期则接近于调和递减，但双曲线递减有较大的代表性。

2. 双曲线递减

双曲线递减是指在递减阶段，产量随时间的变化关系符合于双曲线函数。双曲线递减的递减率不是一个常数，而是界于指数递减率(∞)和调和递减率(1)之间。将式(8-24)代入式(8-23)中，并经整理后积分可得双曲线递减的产量计算公式：

$$Q = \frac{Q_i}{\left(1 + \frac{D_i}{n}t\right)} \tag{8-25}$$

3. 指数递减

指数递减系指在递减阶段，单位时间内的产量变化(即递减率)等于一个常数。当 $n=\infty$ 时，式(8-25)可改写为：

$$Q = Q_i e^{-D_i t} \tag{8-26}$$

该式即为指数递减的产量计算公式。

4. 调和递减

调和递减指的是在递减阶段，产量随时间的递减率不是一个常数，但其递减率与产量成正比关系变化，也即递减率随产量的递减而减小。

将 $n=1$ 代入式(8-25)，即可得调和递减的产量与开发时间的关系式为：

$$Q = \frac{Q_i}{1 + D_i t} \tag{8-27}$$

5. 可采储量计算

在计算出油气藏(田)在递减阶段单位时间的产油、气量后，利用积分法即可求得在该阶段油气藏的累积产量：

$$O_{p2} = \int_0^t Q_o \mathrm{d}t \tag{8-28}$$

$$G_{p2} = \int_0^t Q_g \mathrm{d}t \tag{8-29}$$

式中，O_{p2} 为递减阶段油田的累积产量/10^4 t；G_{p2} 为递减阶段气田的累积产量/10^8 m^3；Q_o 为递减阶段油田的产油量/(10^4 t · 年$^{-1}$)；Q_g 为递减阶段气田的产气量/(10^8 m^3 · 年$^{-1}$)。

将式(8-25)、式(8-26)和式(8-27)分别代入式(8-28)和式(8-29)，并用 Q_{oa} 和 Q_{ga} 分别表示经济界限的极限最终废弃条件油、气产量，则可以分别得到按 Arps 三种递减规律所表示的油气田废弃时递减阶段的油气累积产量(O_{pa} 和 G_{pa}，单位分别为 10^4 t 和 10^8 m^3)(表 8-2)。

表 8-2 不同递减规律下油气田递减阶段的累积产量计算公式一览表

递减类型	油田	气田
双曲线	$O_{pa} = \frac{Q_i^{\frac{1}{n}}}{D_i}\left(\frac{n}{n-1}\right)\left(Q_i^{\frac{n-1}{n}} - Q_{oa}^{\frac{n-1}{n}}\right)$	$G_{pa} = \frac{Q_i^{\frac{1}{n}}}{D_i}\left(\frac{n}{n-1}\right)\left(Q_i^{\frac{n-1}{n}} - Q_{oa}^{\frac{n-1}{n}}\right)$
指数	$O_{pa} = \frac{Q_i - Q_{oa}}{D}$	$G_{pa} = \frac{Q_i - Q_{ga}}{D}$
调和	$O_{pa} = \frac{Q_i}{D_i}\ln\frac{Q_i}{Q_{oa}}$	$G_{pa} = \frac{Q_i}{D_i}\ln\frac{Q_i}{Q_{ga}}$

假定用 O_{p1} 和 G_{p1} 分别代表油气田在发生递减之前的油、气累积产量，则综合油气田在递减阶段前和递减阶段的油、气产量即可得油田和气田的可采储量为：

$$O_R = O_{p1} + O_{pa} \tag{8-30}$$

$$G_R = G_{p1} + G_{pa} \tag{8-31}$$

式中，O_R 为油田的可采储量/10^4 t；G_R 为气田的可采储量/$10^8 m^3$。

由于影响油气藏产量递减的因素很多，因此正确判断油气藏是否已真正进入递减阶段并取得真实的递减率参数，是用好产量递减法的关键。

(五)矿场不稳定试井法

矿场不稳定试井法是利用出油、气的探井，进行矿场不稳定试井的测试工作，在保持产量稳定的条件下，连续地测量井底流动压力随时间的变化关系，以确定油、气井控制的断块或裂缝、岩性油气藏的地质储量。

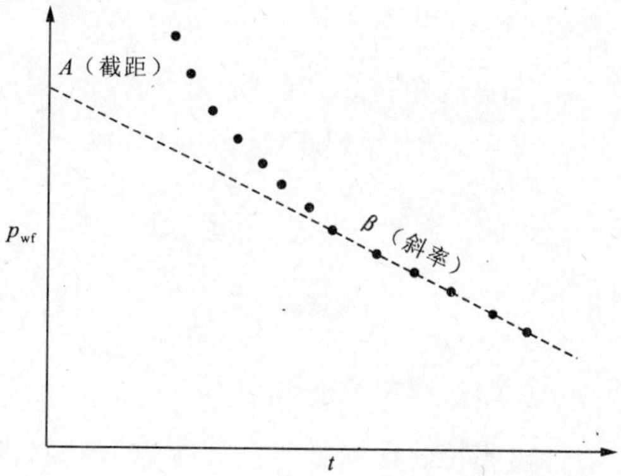

图 8-10　井底流动压力与开井生产时间的关系

对于一个有限封闭性的油气藏而言，在某一稳定产量生产的条件下，当油气井控制范围之内的压力动态达到拟稳定时，压降曲线就会出现直线下降关系(图 8-10)。

对油井而言，直线段的井底流动压力与开井生产时间的关系可表示为：

$$p_{wf} = A_o - \beta_o t \tag{8-32}$$

$$A_o = p_i - \frac{42.4 Q_o \mu_o B_o}{Kh\gamma_o}\left(\lg\frac{r_t}{r_w} - 0.326 + 0.435S\right) \tag{8-33}$$

$$\beta_o = \frac{\xi Q_o}{OC_{to}} \tag{8-34}$$

$$C_{to} = C_o + \frac{C_w S_{wi} + C_f}{1 - S_{wi}} \tag{8-35}$$

对气井则表示为：

$$p_{wf}{}^2 = A_g - \beta_g t \tag{8-36}$$

$$A_g = p_i^2 - \frac{848000 Q_g \mu_g Z T p_{sc}}{KhT_{sc}}\left(\lg\frac{r_t}{r_w} - 0.326 + 0.435S\right) \tag{8-37}$$

$$\beta_g = \frac{\varphi Q_g p_i}{GC_{tg}} \tag{8-38}$$

$$C_{tg} = C_g + \frac{C_w S_{wi} + C_f}{1 - S_{wi}} \tag{8-39}$$

式中，p_{wf} 为开井生产 t 时间的井底流动压力/101kPa；p_i 为原始地层压力/101kPa；Q_o 为油井产量/$(t \cdot d^{-1})$；Q_g 为气井产量/$(10^8 m^3 \cdot d^{-1})$；μ_o 为地层原油黏度/(MPa·s)；μ_g 为地层天然气黏度/(MPa·s)；B_o 为地层原油体积系数/无量纲；Z 为气体偏差系数/无量纲；T 为地层温度/K；T_{sc} 为地面标准温度/K；γ_o 为地面脱气原油密度/$(t \cdot m^{-3})$；K 为地层有效渗透率/$10^{-3}\ \mu m^2$；h 为地层有效厚度/m；p_{sc} 为地面标维压力/101kPa；r_t 为油气藏半径/m；r_w 为井底半径/m；S 为井壁附加阻力系数/无量纲；A_o 为油井压降曲线直线段的截距/101kPa；A_g 为气井压降曲线直线段的截距/101kPa；β_o为油井压降曲线直线段的斜率/(101kPa·d^{-1})或(101kPa·h^{-1})；β_g为气井压降曲线直线段的斜率/(101kPa·d^{-1})或(101kPa·h^{-1})；O为原油地质储量/10^4t；G为天然气地质储量/10^8m^3；C_{to}为油藏的总压缩系数/101^{-1}kPa；C_{tg}为气藏的总压缩系数/101^{-1}kPa；C_o为地层原油压缩系数/101^{-1}kPa；C_g为地层天然气压缩系数/101^{-1}kPa；C_w为地层束缚水压缩系数/101^{-1}kPa；C_f为地层岩石孔隙压缩系数/101^{-1}kPa；S_{wi}为地层束缚水饱和度/小数；t为压降曲线的测试时间/d或h；ζ为单位换算系数，当t取为小时时，$\zeta=4.17\times10^{-6}$；当t取为天时，$\zeta=10^{-4}$；Φ为单位换算系数，当t取为小时时，$\Phi=8.34\times10^{-6}$；当t取为天时，$\Phi=2\times10^{-4}$。

由式(8-34)和式(8-38)，可以分别得到利用压降曲线确定油、气地质储量的关系式，为：

$$O=\frac{\xi Q_o}{\beta_o C_{to}} \tag{8-40}$$

$$G=\frac{\varphi Q_g p_i}{\beta_g C_{tg}} \tag{8-41}$$

(六)水驱特征曲线法

水驱特征曲线法是在油藏投入开发含水率达到50%以后，利用油藏的累积产水量和累积产油量在半对数坐标上存在明显直线关系的特点(该曲线叫做水驱曲线)，外推到含水率为98%时求油藏可采储量的方法。

1.水驱曲线的基本关系式

根据理论推导，水驱曲线具有以下3种主要的表达形式：

$$\lg W_p=A_1+B_1O_p \tag{8-42}$$

$$\lg \Omega_p=A_2+B_2O_p \tag{8-43}$$

$$\lg WOR=A_3+B_3O_p \tag{8-44}$$

式中，W_p为累积产水量/10^4t；O_p为累积产油量/10^4t；Ω_p为累积产液量/10^4t；A_1、A_2和A_3为水驱曲线的截距/10^4t；B_1、B_2和B_3和水驱曲线的斜率/无量纲；WOR为水油比/无量纲。

水油比(WOR)与含水率(f_w)的关系式为：

$$WOR=\frac{f_w}{1-f_w} \tag{8-45}$$

由式(8-42)对时间求导数后，可得：

$$W_p=\frac{WOR}{2.303B_1} \tag{8-46}$$

假定水驱油田开发的最终条件取为$(f_w)_{max}=98\%$，则相应的最终水油比$(WOR)_{max}=49$。因此，最终的累积产水量为：

$$(W_p)_{max}=\frac{21.2766}{B_1} \tag{8-47}$$

2.可采储量的关系式

将式(8-47)代入式(8-42)中，即可得到利用水驱曲线计算可采储量的公式，为：

$$O_R=\frac{1.3279-A_1-\lg B_1}{B_1} \tag{8-48}$$

式中，Q_R为可采储量/10^4t。

用水驱曲线法求得的储量只反映油藏当前控制的可采储量，在使用时应充分考虑开发调整、采油工艺对它的影响。

二、储量评价

油气地质储量的经济价值不仅与储量规模大小有关，而且还与储量的质量、开发难度等密切相关；对地理条件优越、埋藏浅、原油性质好、产量高的油气藏，在建立同等产能时，其所需要的开发投资必然少，因此其经济价值也就高。

根据储量规范要求，各单位申报的油、气储量必须按以下5个方面对储量进行综合评价。

1. 储量规模

根据地质储量规模，一般可将油(气)田分为特大型油(气)田、大型油(气)田、中型油(气)田及小型油(气)田4个级别(表8-3)。

2. 储量丰度

根据地质储量丰度(单位面积内的储量)，一般可将油(气)田分为高丰度油(气)田、中等丰度油(气)田、低丰度油(气)田及特低丰度油(气)田4种类型(表8-4)。

表8-3　地质储量规模分类

类　型	油田/$\times 10^8$t	气田/$\times 10^8 m^3$
特大型油(气)田	>10	>1 000
大型油(气)田	1～10	300～1 000
中型油(气)田	0.1～1	50～300
小型油(气)田	<0.1	<50

表8-4　地质储量丰度分类

类　型	油田/($\times 10^4 t \cdot km^{-2}$)	气田/($\times 10^8 m^3 \cdot km^{-2}$)
高丰度油(气)田	>300	>10
中等丰度油(气)田	100～300	2～10
低丰度油(气)田	50～100	<2
特低丰度油(气)田	<50	

3. 埋藏深度

根据储层埋藏深度，将油(气)田分为超深层油(气)田、深层油(气)田、中深层油(气)田及浅层油(气)田4种类型(表8-5)。

表8-5　储层埋藏深度分类

类　型	油田/m	气田/m
超深层油(气)田	>4 000	>4 000
深层油(气)田	3 200～4 000	3 200～4 000
中深层油(气)田	2 000～3 200	1 500～3 200
浅层油(气)田	<2 000	<1 500

4. 油气井产能

根据千米井深稳定日产油(气)量或每米采油指数,将油气田(井)分为高产油(气)田(井)、中产油(气)田(井)、低产油(气)田(井)及特低产油(气)田(井)4 种类型(表 8-6)。

表 8-6 油气井产能分类

类型	千米井深的稳定日产油量/($t\cdot km^{-1}\cdot d^{-1}$)	千米井深的稳定日产气量/($t\cdot km^{-1}\cdot d^{-1}$)	每米采油指数/($t\cdot MPa^{-1}\cdot d^{-1}\cdot m^{-1}$)
高产	>15	>10	>1.5
中产	5~15	3~10	1~1.5
低产	1~5	<3	0.5~1
特低产	<1		<0.5

5. 流度

根据流度(K/μ)[$10^{-3}\mu m^2/(mPa\cdot s)$],分为高流度(>80)、中等流度(30~80)、低流度(10~30)及特低流度(<10)4 种类型。

此外,还可以根据储层的孔隙度与渗透率及原油性质等对储量进行分类。

(1)储层孔隙度分类:按储层孔隙度的大小,将储量分为 5 类(表 8-7)。

表 8-7 储层孔隙度分类

类型	碎屑岩孔隙度/%	非碎屑岩基质孔隙度/%
特高	>30	
高	25~30	>10
中	15~25	5~10
低	10~15	2~5
特低	<10	<2

(2)储层渗透率分类:根据渗透率(空气渗透率,$10^{-3}\mu m^2$)大小,将储层分为特高渗(>1 000)、高渗(500~1 000)、中渗(50~500)、低渗(5~50)及特低渗(<5)等 5 种类型。

(3)原油性质分类:按地面原油密度(g/cm^3)的大小将原油分为超重油(>1.0)、重质油(0.92~1.0)、中质油(0.87~0.92)和轻质油(<0.87)等 4 种类型;根据脱气原油黏度($mPa\cdot s$)的大小,则可将原油分为超稠油(沥青)(>50 000)、特稠油(10 000~50 000)、稠油(100~10 000)和常规油(<100)共 4 大类;按原油凝固点(℃)的高低,将原油分为高凝油(>40)、常规油(-10~40)和低凝油(<-10)共 3 种类型。

(4)油气藏含硫量分类:按原油中含硫量和天然气中含硫化氢量的大小,将油气藏分为 4 类(表 8-8)。

表 8-8 油气藏含硫量分类

类 型	原油含硫量/%	天然气含硫化氢量/%
高	>2	>30
中	0.5～2	5～30
低	0.01～0.5	0.02～5
微	<0.01	<0.02

(5)气藏凝析油含量分类：按单位烃类气体中含有的凝析油重量(g/cm^3)，将凝析气藏划分为特高(>500)、高(300～500)、中(100～300)、低(50～100)和特低(<50)5 种类型。

参考文献

[1] 常子恒. 石油勘探开发技术(上册)[M]. 北京：石油工业出版社. 2002.

[2] 陈元千，李璗. 现代油藏工程[M]. 北京：石油工业出版社. 2001.

[3] 丁贵明. 油气勘探项目管理工作手册[M]. 北京：石油工业出版社. 1995.

[4] 窦立荣. 油气藏地质学概论[M]. 北京：石油工业出版社. 2001.

[5] 杜铭，郭康良. 沙 15 块油藏储层相控建模研究[J]. 石油天然气学报(江汉石油学院学报)，2006，28(6)：46～47.

[6] 杜尚明，胡光灿，李景明. 天然气资源勘探[M]. 北京：石油工业出版社. 2004.

[7] 侯景儒，黄竞先. 地质统计学的理论与方法[M]. 北京：地质出版社. 1990.

[8] 胡向阳，熊琦华，吴胜和. 储层建模方法研究进展[J]. 石油大学学报(自然科学版). 2001，25(1)：107～112.

[9] 黄克中，毛善培. 随机方法与模糊数学应用[M]. 上海：同济大学出版社. 1987.

[10] 贾爱林，郭建林，何东博. 精细油藏描述技术与发展方向[J]. 石油勘探与开发，2007，34(6)：691～695.

[11] 贾爱林. 储层地质模型建立步骤[J]. 地学前缘，1995，2(3～4)：22～225.

[12] 姜汉桥，姚军，姜瑞忠. 油藏工程原理与方法[M]. 东营：石油大学出版社. 2000.

[13] 姜香云，王志章，吴胜和. 储层三维建模及在油藏描述中的应用研究[J]. 地球物理学进展，2006，21(3)：902～908.

[14] 蒋有录，查明. 石油天然气地质与勘探[M]. 北京：石油工业出版社. 2006.

[15] 金之钧，张金川. 油气资源评价技术[M]. 北京：石油工业出版社. 1999.

[16] 郎兆新. 油藏工程基础[M]. 东营：石油大学出版社. 1994.

[17] 李军，郝天珧. 油气储层随机模拟方法综述[J]. 地球物理学进展，2006，21(2)：458～464.

[18] 廉庆存，唐洪俊，白君孝. 油藏工程[M]. 北京：石油工业出版社. 2006.

[19] 刘德华，刘志森. 油藏工程基础[M]. 北京：石油工业出版社. 2004.

[20] 刘景亮. 准噶尔盆地车 2 井区储层建模[J]. 石油与天然气地质，2008，29(4)：537～542.

[21] 刘泽容. 油藏描述原理与方法技术[M]. 北京：石油工业出版社. 1993.

[22] 刘振宇. 油藏工程基础知识手册[M]. 北京：石油工业出版社. 2002.

[23] 吕晓光，王德发，姜洪福. 储层地质模型及随机建模技术[J]. 大庆石油地质与开发，2000，19(1)：10～13.

[24] 吕晓光，张学义，刘合年等. 综合运用地震反演及测井资料建立单砂体骨架模型[J]. 石油学报，2007，28(6)：82～86.

[25] 庞雄奇. 油气田勘探[M]. 北京：石油工业出版社. 2006.

[26] 秦同洛. 实用油藏工程方法[M]. 北京:石油工业出版社. 1989.
[27] 裘怿楠,陈子琪. 油藏描述[M]. 北京:石油工业出版社. 1996.
[28] 裘怿楠,贾爱林. 储层地质模型 10 年[J]. 石油学报,2000,21(4):101～104.
[29] 裘怿楠. 储层地质模型[J]. 石油学报,1993,12(4):55～62.
[30] 沈平平,宋新民,曹宏. 现代油藏描述新方法[M]. 北京:石油工业出版社. 2003.
[31] 陶庆学. 凝析油气田储量计算方法[M]. 北京:石油工业出版社. 1998.
[32] 童晓光. 油气勘探原理和方法[M]. 北京:石油工业出版社. 2001.
[33] 汪必峰,黄文科,戴俊生等. 砂体内部建筑结构和流动单元模型对比研究——以胜坨油田为例[J]. 油气地质与采收率,2007,14(6):5～8.
[34] 王家华,张团峰. 油气储层随机建模[M]. 北京:石油工业出版社. 2001.
[35] 王志章,石占中. 现代油藏描述技术[M]. 北京:石油工业出版社. 1999.
[36] 王志章. 裂缝性油藏描述及预测[M]. 北京:石油工业出版社. 1999.
[37] 吴胜和,金振奎,黄沧钿. 储层建模[M]. 北京:石油工业出版社. 1999.
[38] 吴翊,吴孟达,成礼智. 数学建模的理论与实践[M]. 长沙:国防科技大学出版社. 1999.
[39] 信荃麟,张一伟. 油藏描述与油藏模型[M]. 东营:石油大学出版社. 1990.
[40] 徐英霞. 浅海油区开发早期地质建模与油藏工程优化[M]. 东营:石油大学出版社. 2005.
[41] 薛国勤,周锋德,姚光庆等. 宝浪油田宝北区块储层裂缝单元表征及预测[J]. 地质科技情报,2009,28(2):72～76.
[42] 杨通佑. 石油及天然气储量计算方法(第二版)[M]. 北京:石油工业出版社. 1998.
[43] 姚光庆,蔡忠贤. 油气储层地质学原理与方法[M]. 武汉:中国地质大学出版社. 2005.
[44] 张敏,易文涛,曹雄伟. 油气储层随机建模技术概述[J]. 内蒙古石油化工,2007,(5):246～248.
[45] 张文昭. 石油天然气储量管理[M]. 北京:石油工业出版社. 1999.
[46] 张幸福,周嘉玺. 陆相复杂断块油田精细油藏描述技术:以港东开发区为例[M]. 北京:石油工业出版社. 2001.
[47] 张一伟,熊琦华,纪发华. 地质统计学在油藏描述中的应用[M]. 东营:石油大学出版社. 1992.
[48] 赵文智. 石油地质综合研究导论[M]. 北京:石油工业出版社. 1999.
[49] 周路. 早期油藏描述技术与应用[M]. 北京:石油工业出版社. 2006.
[50] 朱仕军,杜志敏,沈昭国等. 储层定量建模[M]. 北京:石油工业出版社. 2005.
[51] 朱玉玺. 智能决策与石油储量评价[M]. 北京:石油工业出版社. 1998.
[52] H C. 斯利德著,徐怀大译. 实用油藏工程学方法[M]. 北京:石油工业出版社. 1982.
[53] J M 坎贝尔著,陈月明、朱恩灵译. 油气藏评价[M]. 石油工业出版社. 1982.
[54] J M 亚鲁斯,R L 查贝尔斯编,穆龙新、陈亮译. 随机建模和地质统计学:原理、方法和实例研究[M]. 北京:石油工业出版社. 2000.

第九章　油气勘查决策

所谓决策就是对某一事件的目标及其实现手段的最优选择。简言之,决策就是作决定。它是人类的一种有目的的思维活动,存在于人类的一切实践活动与人类历史的全过程中。油气勘查作为人类寻找油气的一种实践活动,同样也面临着决策问题,可以说油气勘查就是一个不断作出决策的过程,决策是油气勘查中最重要、最高层次的工作之一。从收集资料开始到申请矿权、接受项目、地震作业、钻预探井、油藏评价、油田开发等不同的阶段都必须做出决策。油气勘查决策的根本目的在于选择最优的勘查方案,以减少勘查投入和风险,提高利润。油气勘查决策是一个从石油工业诞生那天起就存在的古老话题,但科学化、民主化和定量化解决这一问题只是近二三十年的事情。因此,从这个意义上说油气勘查决策又是一门新兴的学科。

本章主要讲述油气勘查风险性与决策的基本概念,以及不同勘查阶段和不同自然状态下油气勘查决策的主要方法。

第一节　油气勘查的风险性与决策概论

一、油气勘查风险的类型

众所周知,油气勘查是一个高投入、高风险、高利润、长周期、技术工艺复杂的产业,风险性是其基本特征之一。风险是指发生特定危害事件的可能性以及事件结果的严重性,其具有客观性、随机性、相对性、可变性等属性。就油气勘探投资者所承担的风险类型而言,主要有地质风险、自然风险、经济和政治风险三类。

(一)地质风险

地质风险往往是油气勘查中面临的最大风险,其又可以细分为两种:

(1)找到油气的机会有多大?或找到油气的可能性有多大?

(2)预期发现油气的数量有多少?

对油气的有无以及多寡,尽管石油地质学家可以通过多种理论、方法和手段来进行预测,但受技术条件和自身知识的局限,尤其是油气的生、排、运、聚、散过程受多种不确定性因素的影响与制约,导致其地质风险往往难以准确预测。有时看来把握很大的地区,勘探却一无所获;而有时勘探久攻不破,正准备放弃时,却又突然出现重大转折,往往“柳暗花明又一村”。如美国普鲁德霍湾大油田的发现,落基山逆掩推覆带勘探局面的打开,俄罗斯西西伯利亚盆地特大油气田的勘探成功,以及我国渤海蓬莱 19-3 大型油田的发现,都有力地说明了油气勘查所具有的随机性和不确定性,可以说油气勘查的地质风险是无处不在和无时不有。具体以位于阿拉斯加北坡的美国最大油田——普鲁德霍湾(Prudhoe Bay)大油田的发现历程为例,早在欧洲人涌入美国大陆之前,阿拉斯加当地人即已在广阔的土地上发现了油气苗,并在 20 世纪初找到了几个小型油田；1921 年，加利福尼亚标准石油公司(Socal)曾在北坡西部勘探过石油；20 世纪 20 年代，美国联邦地质调查局在阿拉斯加开展过地质调查；20 世纪 40～50 年代初期，美国海军曾在储备地上钻过几口井，但没有大的发现；1950 年，美国联邦地质调查局在阿拉斯加北坡中段发现了乌米阿特小油田；1956 年，加利福尼亚的一家炼油公司——里奇菲尔德(Richfield)石油公司在阿拉斯加南部斯瓦森河附近钻了一口探井，于 1957 年在约 3 353m 处钻获了具有商业价值的油流，发现了阿拉斯加第一个上规模的油田，可采储量约6 164 万 t；1959 年，美国新泽西标准石油公司在钻了当时代价最高的一口干井后便中止了作业；1963 年，英国石油公司对靠近乌米阿特的大片土地作了航空测量和地震勘探，并尔后在科尔维尔地区一连钻了 6 口探井，但只打出了少量没有工业价值的石油和天然气；同时，辛克莱(Sinclair)公司由于在布鲁克斯岭一带的勘探失利而灰心丧气，决定退出阿拉斯加。1965 年 6 月，英国石油公司布在构造顶部的一口井一无所获，于是英国石油公司总部决定到此为止，关闭了设在洛杉矶的办事处，并把租用的钻机准备在科尔维尔解冻后运回加拿大去；里奇菲尔德公司也已经打了 8 口干井，花掉了 3 000 多万美元。1967 年 1 月，阿科公司与汉伯尔公司合伙在普鲁德霍湾海边约 96.5km 处钻苏西 1 井，但以失败而告终；原计划还要在阿拉斯加北坡北一中区第 28 区块上再钻一口探井，但引起了不少人的争论与怀疑，因为此时在北坡已经打了 48 口干井，英国石油公司和辛克莱公司都撤走了，最后由阿科公司总裁安德森决策拍板。他考虑再三，尽管心里也不踏实，咬咬牙，还是决定把这口井打了，不成再撤。结果“皇天不负苦心人!”《石油、金钱、权利》一书这样描述到：“那年 12 月 26 日，巨大的振动声引得 40 来人赶到井边。声音越来越响，这是天然气在怒吼，一股天然气随即从套管喷出，在狂风撕掠中一蹿 30 英尺(约 9m)高。探井见油了。”于是，1968 年 3 月，阿科公司在离普鲁德霍湾 1 井 11km 处又布了一口探井——塞路河 1 井，又成功了！从而宣告了一个世界级大油田的诞生，油田东西长 51km，南北宽 19km，构造面积 $969km^2$，含油面积 $516km^2$，原始石油可采储量达 13.7×10^8t，天然气储量 $7\ 300\times10^8m^3$，油田产层为下白垩统的库帕鲁克河层(K 层)、二叠一三叠系的赛德勒罗茨特层(S 层)和石炭系的利斯布尔尼层(L 层)(图 9-1)，是美国目前储量最大、产量最高的大油田，成为美国的一个主要石油生产基地。

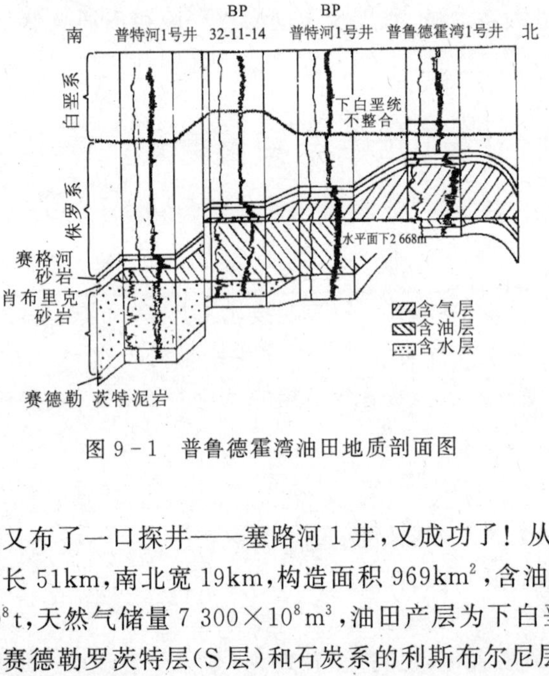

图 9-1 普鲁德霍湾油田地质剖面图

就全球油气勘查历史而言，预探井的成功率大致为 15%。因此，油气勘探历史给我们留下的失败和教训远多于成功和经验。

（二）自然风险

油气勘查是在自然条件下进行的，因此受自然条件的严重制约，自然灾害的风险与油气勘查时刻相伴。陆上油气勘查受气候、环境、地质灾害等的影响；海上油气勘查除承担陆上勘查的风险外，还承担着由于海风、海浪、海流、海啸等海况变化等因素所带来的灾难风险，如 1979 年 11 月 25 日凌晨 3 点 30 分左右，原石油部海洋石油勘探局“渤海二号”钻井船在渤海湾迁移

图 9－2　事故发生前在海上作业的“渤海二号”

井位拖船作业途中由于突遇八、九级大风及其他因素的影响而倾覆沉没(图 9－2)，导致 74 名船员中的 72 人死亡，直接经济损失达 3 735 万元，是我国石油工业史上前所未有的重大事故，造成了生命财产的巨大损失。

（三）政治和经济风险

油气价格、汇率、通货膨胀率、税制、石油政策、地区冲突和战争等因素都会给油气勘查带来风险。油气供求关系以及与之相关的油价波动，会对石油市场造成冲击，进而影响正在进行的油气勘查，比如油价下跌，勘查投资就会减少；而油价上升反过来则会刺激油气勘查的进行。图 9－3 为国际原油现货价格走势图，在 2007 年 5 月 4 日至 2009 年 5 月 8 日的两年期间，国际原油价格强烈振荡变化，2008 年 7 月 3 日美国 WTI(West Texas Intermediate)和英国布伦特原油分别以 145.29 美元/桶和 146.08 美元/桶收盘，创下了纽约和伦敦交易所收盘价最高历史纪录；而 2009 年 1 月份美国 WTI 和英国布伦特原油的现货价格跌至平均仅为 40.33 和 41.57 美元/桶，在半年的时间内跌幅超过 100 美元/桶。国家税制和石油政策的变化也会极大地影响油气勘查的进行。地区冲突、战争、体制变革等导致的油气勘查风险则是十分清楚的道理。例如，前苏联的解体和政体的变革严重地冲击了俄罗斯的石油工业，导致其年产油量从原来的 6×10^{8}t 降到 1994 年的大约 3.5×10^{8}t，从第一大产油国降为第二大产油国；海湾战争也巨大地影响了海湾地区石油工业的发展，同时使一些其他国家获得了可观的收入。

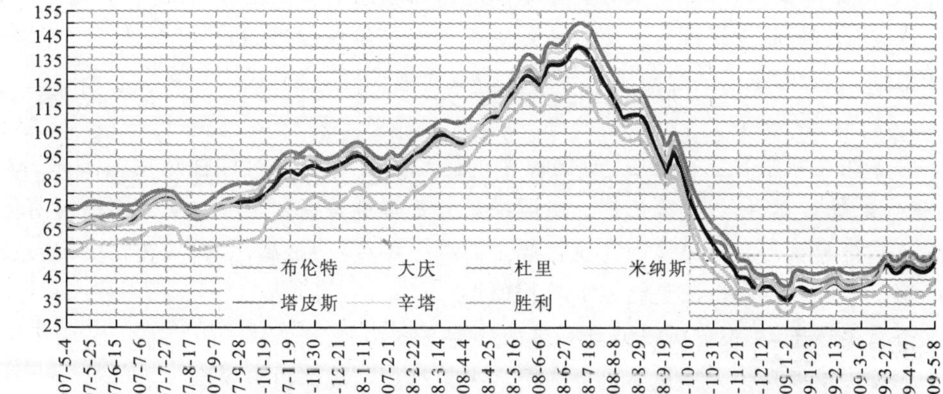

图 9－3　国际原油现货价格走势图

要想在油气勘查过程中回避和分散风险，获得较大的经济效益，就必须综合考虑地质、政治、经济、技术、地理等方面的因素，对勘探远景、勘探部署、勘探投入进行科学地决策分析。

二、油气勘查决策概论

(一)决策

如前所述,决策就是作决定,在具体操作上就是对多种可能采取的行动加以比较抉择,选定最有利的方案,去贯彻执行,其既可以包括战略问题,也可以包括经营管理问题和个人的决断。而决策分析是为了合理分析涉及不定性决策问题时提出的一套概念和系统方法,从一系列可能方案中找出一个满足一定目标的合适方案。决策分析是一门与经济学、数学、心理学和组织行为学等学科密切相关的综合性学科。它的研究对象是决策,研究目的是帮助人们提高决策质量,减少决策的时间和成本。因此,决策分析是一门创造性的管理技术。它包括发现问题、确定目标、确定评价标准、方案制定、方案选优和方案实施等过程。

1.决策分析的基本要素

一般的,决策分析由以下6个基本要素构成。

(1)决策者:即决策主体,可以是个体,也可以是群体。决策者常常受社会、政治、经济、文化、心理等因素的影响。

(2)决策目标:决策者必须有一个希望达到明确的目标,可以是单个目标,也可以是多个目标。决策是围绕着目标展开的,决策的开端是确定目标,终端是实现目标。决策目标既体现了决策者的主观意志,也反映了客观事实,没有目标就无从决策。

(3)决策方案:决策必须至少有两个可供选择的可行方案。方案有明确方案和不明确方案两种,其中明确方案是指具有有限个明确的方案,不明确方案则一般只是对产生方案可能的约束条件加以描述,而方案个数可能有有限个,也可能有无限个。

(4)自然状态:为决策者无法控制但可以预见的决策环境客观存在的各种状态,如市场销路、季节变换等。自然状态可能是确定的,也可能是不确定的,其中不确定的又分为离散的和连续的两种情况。

(5)决策结果:即各种决策方案在不同的自然状态下所出现的结果。

(6)决策准则:为评价方案是否达到决策目标的价值标准,也是比较方案的标准和选择方案的依据。通常,它的确定与决策者的价值取向或偏好有关。

2.决策分析模型

为了抓住问题的主要矛盾,简化程序,便于操作,在决策时往往运用模型来分析、求解问题,选择最优方案,作为决策依据。所谓决策分析模型是指把实际决策事实加以简化而得到的映象。决策模型与实际决策问题比较起来有两个特点:一是简化,即从实际决策问题中选择主要因素,舍弃次要因素;二是结构上具相似性。

按有关标志,决策分析模型具有多种分类方案:

1)按决策者是个人或集体可分为个人决策模型与集体决策模型。

2)按决策目标的数目可分为单目标决策模型与多目标决策模型。

3)按取得的信息水平可分为确定型决策模型、风险型决策模型及不确定型决策模型。

4)按时间上的影响可分为静态决策模型与动态决策模型。

5)按经营管理角度可分为战略决策、管理决策与作业决策。

6)按决策面临是自然环境(或社会环境)还是竞争对手可分为决策模型与对策模型。

3. 决策分析过程

决策分析大致包括三个步骤：

1)明确问题症结，建立决策目标；

2)拟定多种可能的行动方案，供选择采用；

3)按照决策者的决策准则互相比较备选方案，从中选定最优方案。

其工作流程如图 9－4 所示。

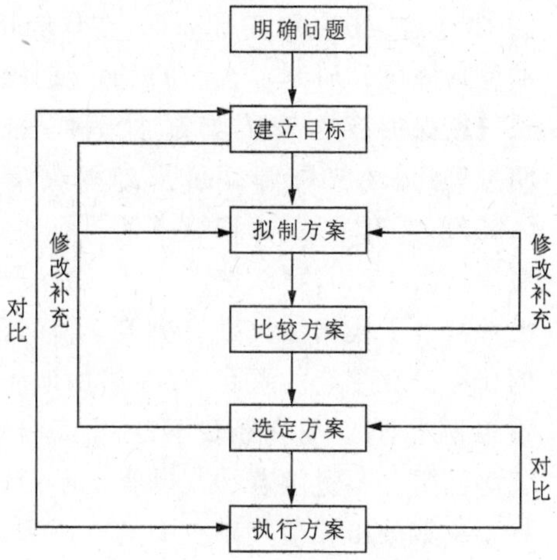

图 9－4　决策分析基本流程图

(二)油气勘查决策

与决策分析的概念相对应，油气勘查决策分析就是从若干个油气勘查方案中选择最佳方案，它是为了解决当前或未来勘探过程中可能发生的情况而选择最佳勘探方案的一种过程，是油气地质勘查过程中普遍存在的一种活动。决策分析贯穿油气勘查管理的全过程，管理本身就是决策。它不仅是个地质问题，也是个经济问题，甚至涉及了更广泛的社会问题。而石油勘探方案是指某一勘探地区(如一个地质坳陷、沉积盆地、省、国家等)、在某段时间内(如一年、一个五年计划期间等)勘探工作的总体部署及阶段安排，它包括勘探费用的投资分配，勘探设备的运行调拨，计划投入的勘探工作量及其具体部署等。因此，制定一个勘查方案往往会涉及到多方面的因素，是一个综合性的系统工程。

1. 油气勘查决策研究历史与现状

虽然“决策”一词源远流长，决策分析中所用的一些基本概念早在三百多年前(1654 年)就被系统地阐述过，但决策成为一个在学术界普遍认可的专门研究领域则始于 20 世纪 50 年代，建立了决策分析的理论体系；我国对决策分析方法的研究始于上个世纪 70 年代末。尽管油气勘查决策是一个从石油工业诞生那天起就存在的古老话题，但国际上对石油勘探开发经济评价和风险决策分析方面的研究风行于上个世纪七八十年代，发表、出版了大量有关油气勘查决策方面的论文与专著，如 P. D. Newendorp，《Decision Analysis for Petroleum Exploration》，1975；A. W. Mc Cray，《Petroleum Evaluations and Economic Decisions》，1975；R. E. Megill，《An Introduction to Exploration Economics》，1975；R. E. Megill，《An Introduction to Exploration Risk Analysis》，1977；D. A. Jones，《Decision Analysis for Petroleum Project》，1982。近年来，决策分析已引起石油工业界的高度重视与极大关注，各大石油公司普遍重视决策理论的研究与应用，决策分析已成为油气勘查研究中一个重要的组成部分与必不可少的内容，如 AAPG 年会、世界石油大会、世界地质大会上均有关于石油和矿业经济方面的论文，并在一般的储量报告、地质报告、技术报告和经济活动报告中都有大量篇幅论述油气资源经济评价和决策问题，且各石油公司、矿业公司在从事油气勘探开发活动中，都要进行矿地产权评估、勘探开发风险评价和勘探开发最优方案选择等工作。目前，油气勘探决策研究在国际上备受重视，技术也较成熟，正朝着智能化、信息化、产品化和自动化方向发展，并强调地质思维与经济思维在教育和实践中紧密结合。

在我国，对油气勘探决策方面的研究工作相对较晚，大约起步于 20 世纪 80 年代中期。1984 年，狄其中教授翻译了美国经济学家 P. D. Newendorp 的《Decision Analysis for Petroleum Exploration》一书，标志着我国开始意识到油气勘查领域需要借鉴国际上的科学决策方法;20 世纪 80～90 年代初期,在华罗庚教授的倡导下,中国科学院系统科学研究所和大庆石油管理局合作研制了大型的“油气勘探开发决策辅助系统”;同时,国内也先后出版了多部有关油气勘探决策的专著,如石油部科学技术情报研究所的《现代决策科学与石油勘探》(1984);夏明忠等的《油气资源评价及勘探决策系统》(1994);成金华等的《石油勘探开发决策分析》(1995);朱玉玺等的《智能决策与石油储量评价》(1999);郭秋麟等的《油气勘探目标评价与决策分析》(2004);贾承造的《油气勘探风险分析与实物期权法经济评价》(2004)。所有这些均极大地推动了我国油气勘查决策学科的前进,但总体而言,与欧美发达国家相比,我国在该方面的研究仍有一定的差距,存在诸如地质思维与经济思维之间缺乏紧密的联系机制,对决策研究重视程度不高,研究经费不足,重经验轻理论,信息利用少,定量分析不够,以及决策体系不完备等问题。不过随着油气勘查的不断深入和现代企业制度的建立与完善,我国已越来越认识到了决策分析在油气勘查中的作用和重要性,国家和各大石油公司、企业均投入了越来越多的人力和物力于油气勘查的决策分析之中,这些问题正在逐步解决,正在迎头赶上国际先进水平,以推动我国油气工业的高速发展。

2. 油气勘查方案制定的原则

概括而言,油气勘查方案制定的基本原则为:以最少的勘探工作量(或转成的货币值)投入,实现利润的最大化,并在预定时间内完成或超额完成国家、上级主管部门下达的油气产量任务。同时,在制定油气勘查方案时,需要考虑的主要因素包括:

(1)探区中潜在的油气资源量:探区中潜在的油气资源量是制定勘探方案的物质基础,潜在油气资源量的多少是预探部署的重要依据。

(2)单位储量的综合勘探成本:单位储量的综合勘探成本是指经过勘探获得某种类型石油资源单位地质储量(如 100 万 t、1 万 t、1t 等)的总投资费用,其与油气藏的性质、埋藏深度及规模等有关。显然,获得单位储量的综合勘探成本越低的方案越优。

(3)勘查方案实施期间探区逐年的计划产值以及已投入开发油田的预计产能:任何油田都是具有一定寿命的,油田的生产开发也不是一蹴而就的,如未达到产量高峰的油田产量在以后的一段时间内可能上升,而过了产量高峰的油田产量将要逐渐下降,必须从可持续发展的角度合理规划油田的产能建设过程,并制定相应的勘查方案。

(4)探区中各分区之间的产量分配:探区中各分区之间的产量分配是指在勘探方案实施期间,分区间的逐年计划产量与已投入开发油田的对应年份预测产量之差的累计及其之间的比例。

(5)各种储量类型之间的产量分配:按原油的质量可将储量划分为很多种类型,诸如构造型储量、低渗低产型储量、稠油型储量等。

此外,还需要考虑其他的因素,如:现有勘探技术所能承担的地质条件及地面条件的难度;探区中各分区的人文、经济情况;勘探方案实施期间可以动用的投资费用及勘探设备;石油价格的可能变化及勘探物资的今后比价等。

3. 油气勘查决策的分类

与通用决策分析相类似,根据不同的标志,决策分析可划分为不同的类型。基于油气勘查活动的特殊性,油气勘查决策主要有以下几种分类方式。

(1)根据油气勘查的层次可分为战略决策、管理决策和作业决策等。

(2)根据油气勘查的对象可分为盆地决策、区块决策和目标决策等。

(3)根据油气勘查的阶段可分为开始与否勘查决策、继续与否勘查决策、优选勘查目标决策等。

(4)根据油气勘查所处的自然状态(环境)可分为确定型决策、不确定型决策和风险型决策等。

不同分类、不同类型的决策其所研究的内容和所采用的决策模型、方法存在较大的差别，以下主要介绍不同阶段和不同自然状态下决策分析的主要研究内容和方法技术。

第二节　不同油气勘查阶段的决策分析内容

如前所述，从油气勘查的阶段上，决策可分为开始与否勘查决策、继续或放弃勘查决策、优选勘查目标决策三种类型，不同阶段决策分析的内容不同。

一、开始与否的勘查决策

面对一个新的勘查区域(盆地、区带或区块等)，决策分析所要回答的主要问题为是否开始进行勘查。在该阶段中，决策分析的主要内容包括地质风险分析、资源量计算和经济评价。

(1)地质风险分析：地质风险分析的主要任务是阐明待决策区油气存在的可能性大小，但随着勘探进程的变化及评价目标的变更，地质风险分析的内容也会随之变化。如对一个未进行过钻探的新盆地，制约勘查决策的主要矛盾为该区是否具备油气生成条件，从而论证是否需要打一口参数井来揭示烃源岩发育状况？在哪里打？此阶段地质风险分析的主要内容是盆地发育的古地理、古环境、古气候条件，盆地类型与规模，盆地沉积埋藏史与构造发育史，烃源岩发育层位、规模及其热成熟程度等。一旦钻探证明评价区内有烃源岩层存在或发现油气显示或油气流，需要进一步回答的就是盆地有多大的油气勘探潜力？哪一个区带最好？应优先钻探哪一个圈闭？等问题。

如第四章所述，在地质风险分析中常用的方法主要有主观概率法和定性排队法等。

(2)资源量估算：资源量估算的主要任务是定量评价研究区内的资源量大小及其概率，为勘查决策和规划提供依据。常用的资源量估算方法如第四章所述。在实际工作中，资源量计算与地质风险分析往往是同步进行的，风险概率确定后的资源量是经济评价的基础。

(3)经济评价：经济评价是油气勘查决策中必不可少的重要一环，尤其是在当今我国社会主义市场经济体制下，随着勘探市场的逐步建立和石油、天然气储量的商品化，油气勘探过程日渐成为一种商业性生产活动，国家和各大石油公司均对油气勘查活动(项目)的经济评价日益重视。油气勘查项目经济评价的主要任务为：在获得油气发现之前优选勘探目标，要求选准投资方向；在获得油气发现之后确定它有无开采价值，要求预测它在投入开发后的经济效益。因此，在经济评价时要对勘查项目的全过程投入和最终产出(成果)状况进行全面地分析、计算和研究，从中判断勘查项目的经济效益好坏程度。

我国石油天然气勘探项目经济评价应遵循国家计委和建设部颁布的“建设项目经济评价方法与参数”规定的一般原则和基本方法。

总之，在对一个勘查项目进行开始与否的分析、决策时，必须深入、系统、全面地占有和分析资料，从有利和不利两个方面充分论证，尽量避免决策失误。同时，也要充分认识到油气藏形成的复杂性和油气勘探的风险性，任何的预测、评价都不可能与实际情况完全一致，有时尽管人们做了细致、扎实的工作，运用的预测、评价方法也是正确的，但预测结果仍然与实际有很大的偏差，评价的可靠性不高。现以壳牌(Shell)石油公司在Schlee穹隆(dome)构造勘查决策中的失败为例来说明之。

Schlee构造位于美国东海岸北大西洋海域巴尔的摩海峡盆地(Baltimore Canyon Trough)的东北部，构造闭合度为244m，圈闭体积为3.4km³，若该圈闭全部充满，则估计的可采储量为70×10⁸bbl。因此，该构造吸引了世界众多石油公司参与竞标。在风险勘探开发投标前，壳牌公司做了如下评价：①该穹隆是由早白垩世侵入岩形成的。构造变形作用使该区形成了大量的断裂构造，从而使下部侏罗系中可能存在的“烃源岩”与下白垩统优质砂岩储集层联系在一起，上白垩统页岩可作为良好的盖层；②基于区块内钻于1975年的COST (Continental Offshore Stratigraphic Test)B－2井的分层资料，并根据侏罗系可能存在的“烃源岩”的埋藏史，应用Lopatin法计算的成熟度指数表明，在晚白垩世圈闭形成时，烃源岩的成熟度R_o为0.9%。因此，该圈闭形成时间与油气生成期相匹配。但是，COST B－2井在该区被招标时只钻到了上侏罗统顶部，只见到了上侏罗统－下白垩统约2 000m厚的海陆过渡相含煤地层，尚未见到好的烃源岩。根据常规的沉积相模式，并将该区与墨西哥湾对比，壳牌公司的勘探开发家们推测该区的侏罗系可能存在碳酸盐岩礁前斜坡相、礁后泻湖相以及海进层序中具有良好生油能力的页岩。根据以上分析，除了烃源岩为一未确定的风险因素外，该区推测的“含油气系统”形成的其他条件都具备。因此，在招标上，壳牌公司以5.53亿美元的高额标价中标，赢得了对Schlee穹隆的勘探开发权。然而，实际的钻探结果令壳牌公司的勘探开发家们十分沮丧，5口探井均宣告失利，没有见到油气显示。之后的评价表明，中上侏罗统没有见到海进层序及礁前斜坡相和礁后泻湖相烃源岩，失利的原因被认为可能是缺乏成熟烃源岩，或烃源岩与储层间缺乏输导通道，或在油气运移期缺乏顶部封盖，或者是三者的综合(图9－5)。

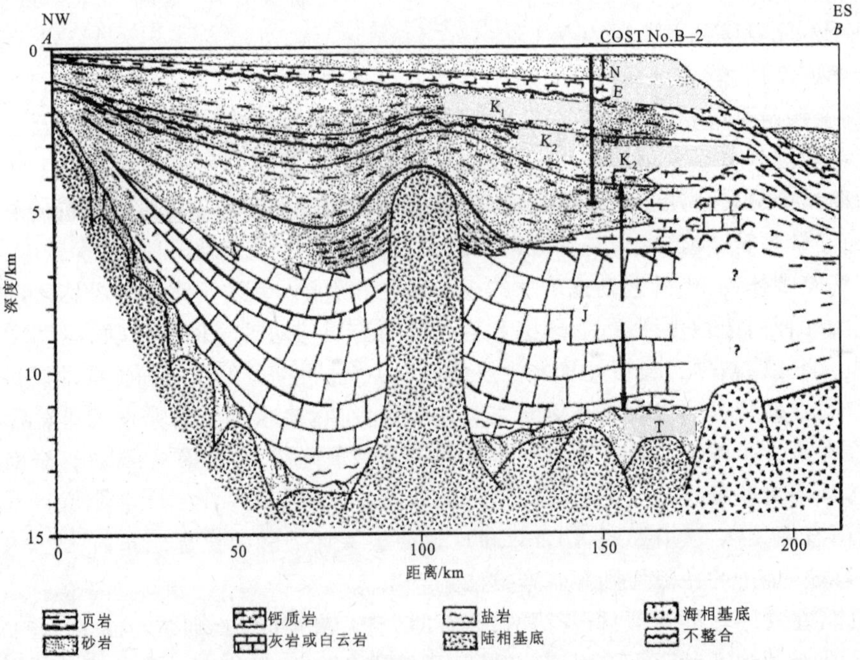

图9－5 过Schlee穹隆北西－南东向地质横剖面图

(据Prather，1991)

二、继续与否的勘查决策

继续与否的勘查决策涉及的是项目进行中的决策问题，其实质是何时放弃盆地或区带的勘查，而何时放弃勘查是勘探决策中最难决策的问题。

1.老油区勘查决策

对于老油区而言，继续或放弃勘查主要取决于对该地区油气资源潜力的分析和国际油价的情况，即：

(1)该区的剩余资源潜力有多大？利用一切可以利用的资料，采用多种方法相互印证、综合评价研究区的剩余资源潜力。

(2)该区是否有更大的油气藏未被发现？对老油区而言，如果区内尚有更大规模的油气藏未被发现，显然其值得继续勘探；反之，如果区内所有较大规模的油气藏(田)均已被发现，而仅有一些规模较小的油气藏尚未被发现，那么即使其还有一定的剩余油气资源潜量，但要继续投入勘探工作量也需持慎重态度。虽然要回答勘探区内是否有较大甚至更大规模的油气藏(田)没被发现常常是十分困难的，但基于已有油气藏储量分布等方面的资料，利用“油田规模序列法”(其原理和方法如第四章所述)可以帮助预测探区内的可能油田规模序列，从而分析区内是否有更大油气藏尚未被发现。

(3)勘探效益。在查明探区剩余油气资源潜力后，其勘探效益的高低或有无，显然在很大程度上受油价的制约，尤其在现今油价波动剧烈的年代更是如此。

2.新探区勘查决策

对于一个新探区(勘探程度较低、尚没有大规模油气被发现的地区)而言，何时放弃勘探是一个更难决策的问题。因为要准确认识一个盆地的地质特征及其含油气潜力不是一蹴而就的，往往需要较长时间，短者十几年，长者几十年甚至上百年；有些盆地久攻不破，而一个偶然的机会，又可能会使其起死回生。尽管世界上的含油气盆地有很多，但完全一样的却没有，因此类似盆地的勘探经验可以借鉴，但却不能机械地照抄照搬。可以说，勘探历程中的每一步都充满着继续或放弃的决策。因此，对新探区继续与否的勘查决策内容主要为随着勘探进程的展开、工作的深入、新资料的不断补充，随时对其作出开始决策的地质风险分析、资源量估算和经济评价等方面的依据重新论证与研究，及时调整勘探部署和决策方案，以使决策更为科学、客观和合乎探区的油气地质实际。

以下以塔里木盆地的油气勘探历程来说明之。作为我国内陆最大的沉积盆地的塔里木盆地位于我国西部新疆维吾尔自治区南部，面积达 $56\times10km^2$，现已发现油气田 30 余个，成为我国油气工业的重要基地。盆地的油气勘探自 1952 年中苏石油股份公司开始，迄今已有 50 余年的历史，期间经历了“五下六上”的曲折历程。

(1)“一上一下”：1952 年初，中苏石油公司成立了喀什地调站和喀什钻井处，派出一支勘探队在南疆进行地质普查，重点勘察了喀什坳陷和库车凹陷，并且在英吉沙地区钻了几口初探井，总进尺 3 000 多米，但是没有油气发现。1954 年，队伍撤回。

(2)“二上二下”：1957 年 4 月，新疆石油管理局成立塔里木地质勘探大队，同年完成了和田河以西 $13\times10^4km^2$ 的重、磁力概查。1958 年，新疆石油管理局在研究库车坳陷的地质资料后，认为依奇克里克和吐格尔明两个构造有明显的油苗出露，值得进行勘探，于是派出一支地质调查队，进军这两个构造；1958 年 4 月 12 日，505 和 506 两支重力、磁力队分三路进入塔克拉玛干大沙漠，完成了 1∶100 万重力、磁力普查。同时，原地质部和原石油部合作完成了 $34.5\times10^4km^2$ 的 1∶100 万航磁普查，首次从整体上认识了盆地的地质结构，在盆地中央划分出一个中央隆起带。1958 年 9 月 23 日，依奇克里克 1 号探井开钻，10 月 9 日在井深 468.18m 喷出工业油流，初产 $120\sim140m^3/d$，从而发现了塔里木盆地的第一个油田——依奇克里克油田（图 9－6）。1958—1963 年，先后投入钻机 16 台，对喀什凹陷克拉托构造、库车坳陷依奇克里克、吐格尔明、库姆格列木、喀桑托开等 11 个构造（地区），共钻探井 24 口，总进尺 2.06×10^4m，但没有新的发现。1959 年 7 月以后，由于支援大庆会战，塔里木盆地的油气勘探暂缓。

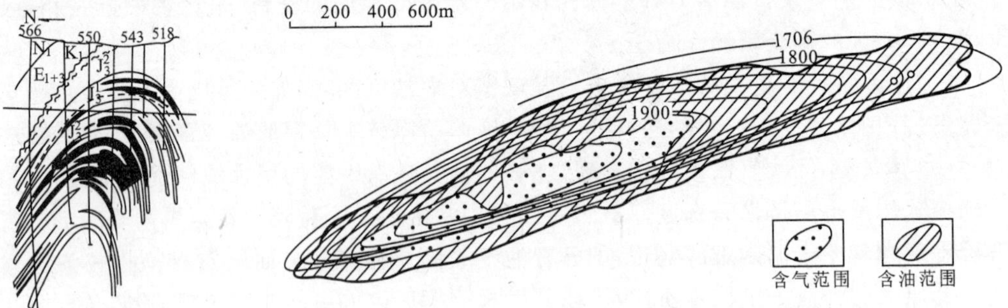

（a）油藏剖面图　　（b）501区第二砂层组下部泥岩顶面构造图（单位：m）

图 9－6　依奇克里克油田构造图及油藏剖面图

（据邱中建等，1999）

依奇克里克油田的发现是在精细地面地质调查工作的基础上，在一个勘探新区定出预探井位，并一举获得成功的实例。1956 年，新疆石油管理局地调处库车东部地质专题研究队在踏勘依奇克里克背斜东高点时，通过精细的野外观察，首次发现背斜轴部出露的最老地层为上侏罗统，而不是中苏石油股份公司苏联 13 航测队所认为的白垩系，这使有可能利用当时只有 1 200m 的钻机能力去打中侏罗统克孜勒努尔组的“自生自储型”油藏。同时，地质研究人员对库车坳陷 26 个构造进行了详细的测量与评价排队，依奇克里克构造位居前列。所有这些，都为油田的发现奠定了基础。相反，在中苏石油股份公司时期（1953－1955 年），在没有查清地层、构造的情况下，盲目地在喀什、克拉托和喀桑托开三个局部构造上钻了 7 口探井，结果全部落空。

（3）“三上三下”：1965 年，新疆石油管理局成立南疆石油勘探指挥部；10 支钻井队、9 支地震队在库车坳陷和盆地北缘钻探井 31 口，探明了依奇克里克油田的含油面积；在吐格尔明构造获工业油流；在迷斯布拉克和巴楚牙桑地构造上见油气显示。1966 年“文化大革命”开始，盆地油气勘探工作陷于停顿。

（4）“四上四下”：1970 年初，原燃料化学工业部重新组建南疆石油会战指挥部，8 个地震队陆续开赴塔西南，同时决定钻探克拉托构造。1970 年 5 月初，原地质部石油地质综合研究大队西北分队对塔里木盆地进行了油气前景评价研究，从天山山前到昆仑山山前观察了多个代表性地质剖面、构造点及油气点，编写了“塔里木盆地含油气前景初步认识”的研究报告，认为塔里木盆地是我国很有远景的大型含油气区之一，并在勘探部署上提出“扩大一块（库车坳陷），突破一块（西南坳陷区），准备一块（东北坳陷区）”。1970－1972 年，在盆地内共钻探井 19 口，总进尺 2.86×10^4m，但没有取得发现。1973 年，盆地的油气勘探工作再次陷于停顿。

(5)“五上五下”:1974 年,新疆地矿局喀什地质二大队首次在塔西南玉力群构造上发现了油苗;次年,新疆地矿局地调处又在同一排构造上发现多处地蜡和油浸砂岩。1975 年 4 月,南疆石油勘探会战指挥部由库车迁往塔西南,汇集了勘探队伍 1 500 多人。1976 年 5 月 1 日,在塔西南坳陷叶城凹陷西段柯克亚构造上开钻柯参 1 井;5 月 17 日,柯参 1 井在井深 3 783.1m 处发生强烈井喷,喷出的油气柱高达 60 余 m,初期日产天然气约 2 000×10^4m^3,凝析油 1 300m^3,发现了柯克亚高产凝析油气田(图 9-7)。1977 年 8 月,原国家地质总局决定组建塔里木筹备组,并在盆地油气地质调研的基础上提出“着眼全盆,分区规划,突破喀什,准备东部,探索中央”的部署建议。1978 年 2 月,原石油工业部组织新疆、四川、华北、石油物探局等单位共 14 800 人,投入了 23 个钻井队、22 个地震队、3 个重力队,各类设备 2 000 台套,组织了“马蹄形战役”的勘探部署,探明了柯克亚凝析油气田的储量。1978 年 5 月,原国家地质总局成立“新疆石油普查勘探指挥部”,对喀什一麦盖提地区进行了侦察性勘查。1979 年,由于“马蹄形战役”失利,21 个钻井队、7 个地震队及其他勘探队伍陆续外撤,塔西南会战告一段落。

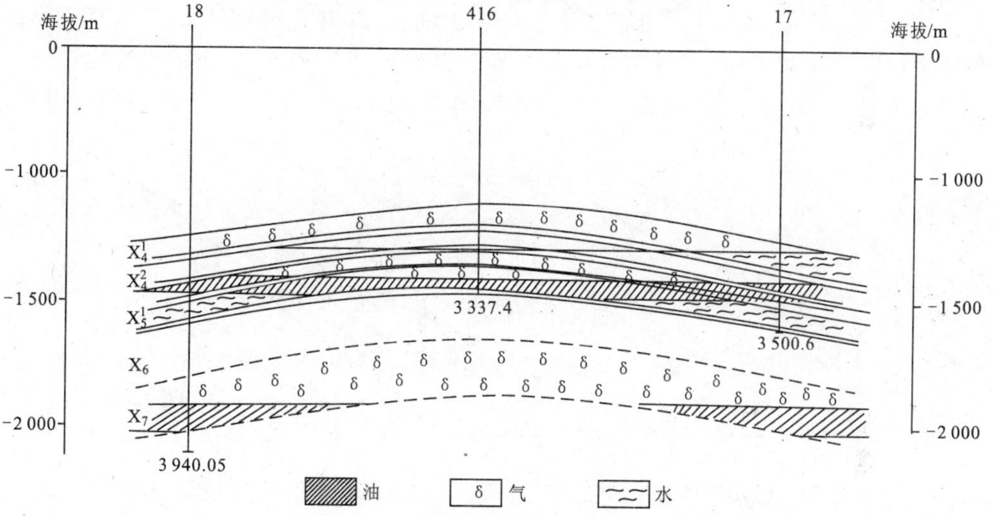

图 9-7 柯克亚油气田油藏剖面图

(据杨正文等,1985)

(6)“六上”:1980 年初,新疆石油普查勘探指挥部把勘探的重点转移到沙雅隆起,开始用 3 个地震队开展普查勘探;同时在塔河南跃进一个重力高上钻跃参 1 井,该井首次发现厚 600m 左右的中生界,并见到了二叠系;在侏罗—三叠系中发现厚度 320m 烃源岩,从而坚定了在塔东部地区进行油气勘探的信心和决心。1981 年,原石油部决定在塔里木盆地组织地球物理勘探会战,在原有 17 支地震队的基础上再增加 19 支队伍。1983 年 5 月,由 366 台车辆和设备组成的 2 个美国 GSI 公司地震队和 1 个美国装备的中国队首次开进大沙漠地震空白区;在两年的时间内,共完成 19 条纵贯盆地南北的区域地震大剖面,全长 5 782.2km,完成了 1∶20 万航磁测量,取得了对盆地“三隆四坳”构造格局的初步认识。1984 年 9 月 22 日,原地质矿产部在塔北雅克拉潜山上钻探的沙参 2 井,在井深 5 391.18m 的奥陶系灰岩中获得高产油气流,日初产油 1 000m^3,天然气 200×10^4m^3,实现了盆地古生代海相油气的突破,成为塔里木油气勘探史上的重要里程碑之一,同时也拉开了塔里木盆地油气大会战和全面夺油大战的序幕。

1985年初，原地矿部组建了塔北油气勘查联合指挥部，从华北、华东、中南、西南、广东5个区局调集精干队伍6 000人，到塔北进行规模空前的联合勘探大会战，并在雅克拉、二八台、轮台、阿克库木(轮南)、阿克库勒(桑塔木)、东河塘及沙西凸起上部署了一批探井，到1990年先后发现了雅克拉(图9-8)、轮台、阿克库木、阿克库勒、阿克莫奇、达里亚和艾协克等油气田(藏)，揭示了沙雅隆起是一个多层系含油的油气聚集带。1987年3月21日，塔北隆起东段的轮南1井开钻；9月21日，在三叠系砂岩中获工业油流，首次在塔北隆起中生界取得突破。1988年11月—1989年1月，轮南2井在三叠系—侏罗系5个油层组中先后获得日产281～631m^3的高产油流。1989年2月12日，塔北隆起西段的英买1井在奥陶系灰岩中酸化后日产油211m^3。同年3月28日，轮南1井在奥陶系灰岩中酸化后日产油97.5m^3。1989年4月10日，原中国石油天然气总公司在库尔勒正式宣布成立塔里木石油勘探开发指挥部，并提出了“建立两个根据地，打出两个拳头”的勘探方针。1989年10月18日，位于沙漠腹地的塔中1井在3582m处奥陶系白云岩中获得日产油365m^3、气$55.7\times10^4 m^3$的重大突破。1990年7月11日，塔北隆起上的东河1井在石炭系砂岩中出油；1990年10月22日，阿克库勒凸起上的沙23井于石炭系试获高产油气流，并在奥陶系见良好的油气显示，成为塔河油田的第一口发现

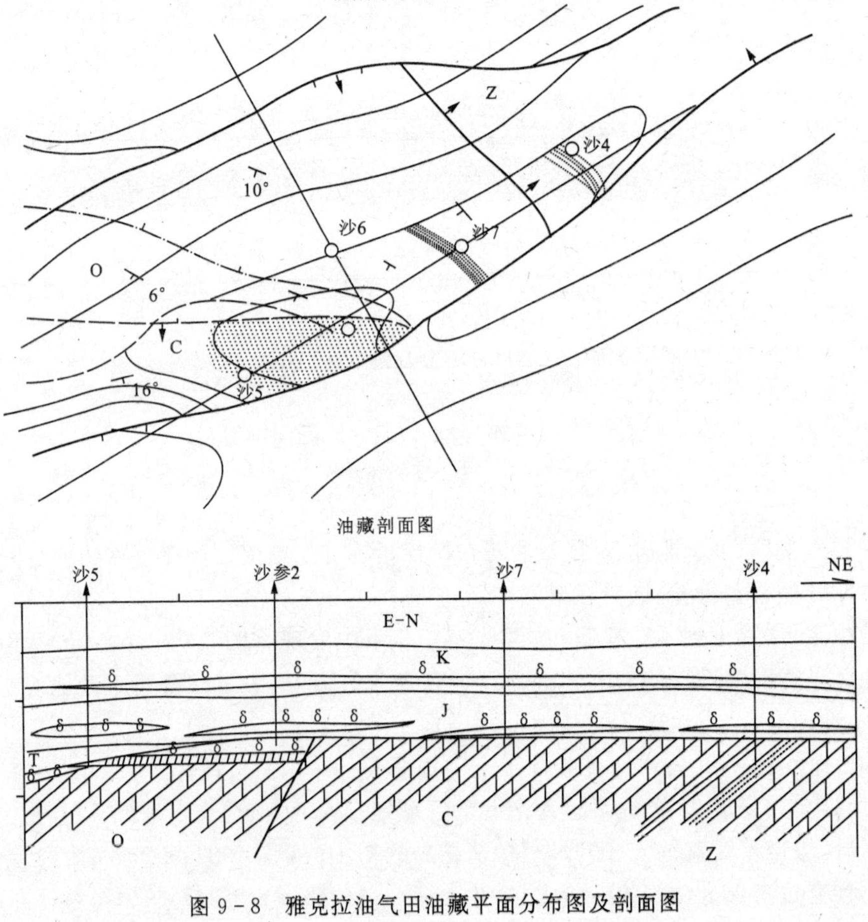

图9-8　雅克拉油气田油藏平面分布图及剖面图

(据周兴熙，1995)

井。1992 年 4 月，相继在轮台断隆的西段和东段分别发现了英买 7 号和提尔根凝析油气田；1992 年 9 月 13 日，麦盖提斜坡上的麦 3 井在井深 4 300m 的上石炭统试获高产油气流，日产油 $16m^3$、天然气 $80\times10^4m^3$。1993 年初和 11 月，又分别在轮台断隆的西段和中段发现了红旗构造带油气田与牙哈大油气田。1994 年 9 月，在轮台断隆西段发现了羊塔克凝析油气田。1995 年 9 月 17 日，巴楚隆起上的巴参 1 井在井深 2 360～3 639m 的石炭系试获日产油 $61m^3$、天然气 $2\times10^4m^3$ 的高产油气流；1997 年，沙 46 井、沙 47 井和沙 48 井均在奥陶系试获高产油气流，由此宣告塔河亿吨级大油田的诞生(图 9－9、图 9－10)。1997 年 9 月 27 日，位于巴楚隆起南侧玛扎塔克构造带上的玛 4 井在钻至井深 1 875m 的石炭系生屑灰岩中发生强烈井喷，喷出大量天然气；1998 年，玛扎塔克构造带上又有 5 口探井在奥陶系和石炭系灰岩中获得工业油气流，从而发现了和田河大气田。1998 年 1 月 20 日，位于库车坳陷克拉苏构造带西段的克拉 2 号井在古近系白云岩段中途测试，日产气 $27.71\times10^4m^3$，而后在白垩系中测试日产天然气 $(23.8\sim71.7)\times10^4m^3$，气柱高度 443m，发现了克拉两大气田(图 9－11)。

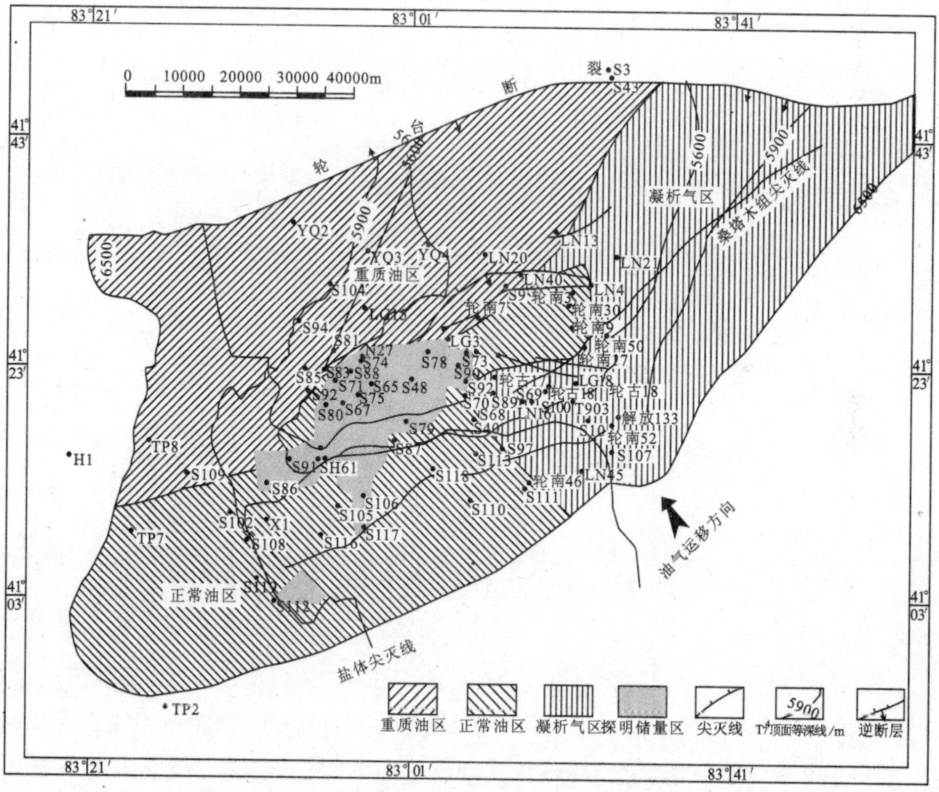

图 9－9 塔河油田奥陶系岩溶缝洞型储层油气藏展布示意图

(据焦方正等，2008)

其中值得提及的是沙参 2 井的钻探决策过程。1981 年，原地质矿产部新疆石油普查勘探指挥部根据地质、地震新资料和成果，计划在塔北沙雅隆起雅克拉构造上打沙参 2 井，并决定快速加密雅克拉构造的地震测线，以进一步落实圈闭。1983 年初，在雅克拉构造完成井字网 4 条地震测线、编制构造图后，确定了沙参 2 井井位，并于 1983 年 8 月 12 日开钻。该井于 1984

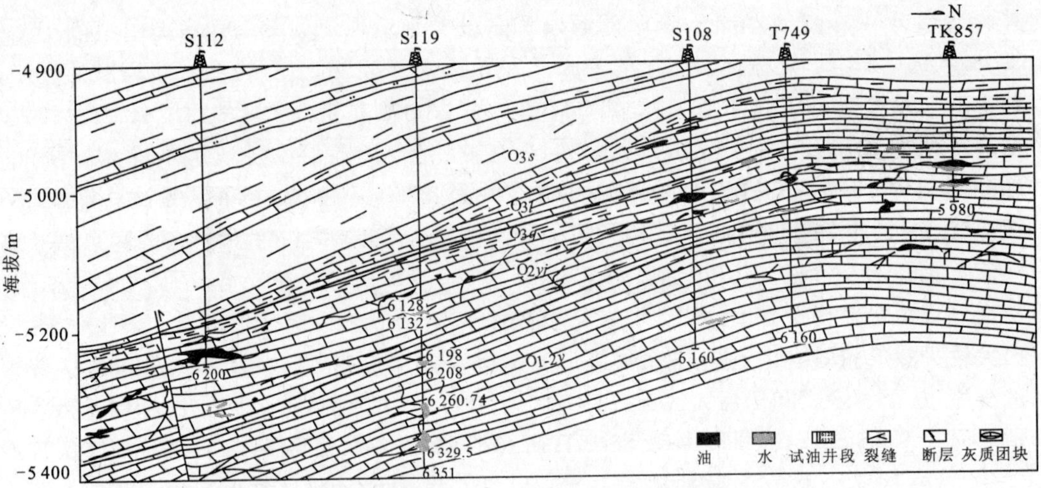

图 9－10 塔河油田 **S**112－**TK**857 井奥陶系油藏剖面示意图

（据焦方正等，2008）

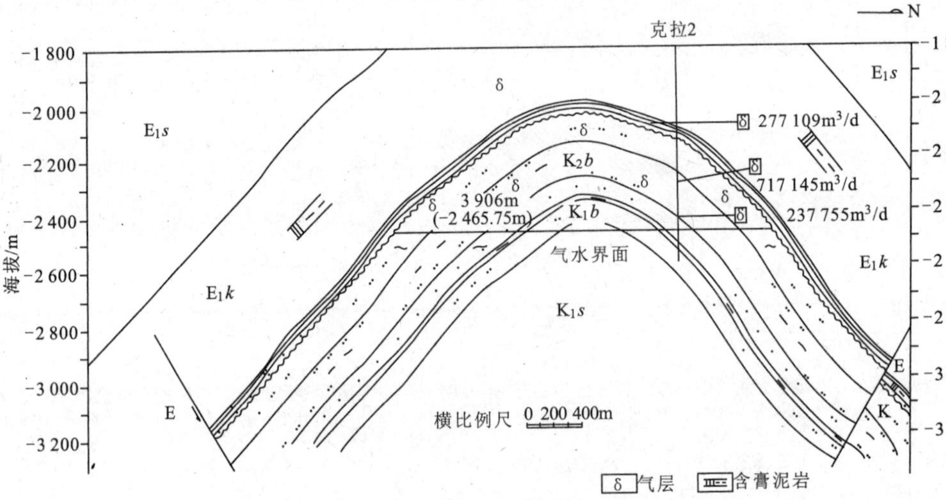

图 9－11 克拉 2 号构造古近系—白垩系气藏剖面图

（据邱中建等，1999）

年 8 月 23 日钻达 5 363m 见到古风化面，并取得少量白云岩岩心，但未见油气显示。人们期待已久的古风化面含油的愿望破灭了，此时有些人要求停钻完井，但相关地质技术人员通过分析认为，该井于 3 800 多米见到含油砂岩，这油肯定是从深部运移上来的，因此深部可能有油气存在；并且根据我国东部古潜山油气藏的特点，认为油气不一定在古风化壳表面，而往往富集于古风化面之下一定深度的风化淋滤带内，于是提出绝不能停钻，至少再打 100m。经过堵漏、下技术套管等施工后，于 1984 年 9 月 22 日凌晨只加深了 28 m 即井深 5 391.18m 时，获得高产油气流，实现了我国古生代海相油气田的首次重大突破，同时成为我国石油勘探史上继大庆、海上油气突破后的第三个重要里程碑。

需要特别指出的是，如果一个新区块的勘探与原来预测的结果相差很大，甚至原决策所依据的评价结果根本就不正确，即原决策的基础已不复存在，在这种情况下通常需要作出停止勘探的决策，如前面提到的壳牌公司在Schlee穹隆构造上的勘探即是这样的实例。

三、优选目标的勘查决策

优选目标的勘查决策主要为最优井位的确定问题，即圈闭评价优选问题，这也是油气勘查中最直接和最常见的一类决策问题，其决策分析的主要内容为圈闭地质评价、资源量计算和经济评价。

1. 圈闭地质评价

圈闭地质评价的主要任务是分析圈闭的含油气性及其相对优劣，即评价圈闭的含油气地质风险。圈闭的地质评价过程，实质上是圈闭地质条件的综合分析过程，包括圈闭的落实程度、圈闭的类型与规模及其含油气地质条件（如油源条件、储集条件、保存条件、生储盖组合形式与条件、圈闭发育与油气生运聚在时空上的配置关系等），目前多采用定性排队法、特尔菲法或主观概率法等一些定性或半定量的方法来评价。

2. 圈闭资源量计算

圈闭内油气资源的规模是勘查决策的重要依据。目前多采用圈闭体积法来预测圈闭内的油气资源量，其预测的可靠性主要取决于计算参数取值的准确性，应尽量采用蒙特卡罗模拟计算，通过对各随机变量的概率分布进行随机抽样来求圈闭资源量的概率分布。

3. 圈闭经济评价

圈闭经济评价是进行勘查决策的基础，其目的是研究在有限的勘查投资下如何选择一批圈闭以获得最多的储量，使单位储量所花费的成本最低，达到勘查效益的最大化。其主要包括以下三个方面的内容。

（1）圈闭勘查成本的估算：圈闭勘查成本是指完全探明一个圈闭所需的所有费用，包括以往成本、进一步地震勘探成本、钻井成本、地质风险成本、井场费用、测度费用以及其他费用等。

（2）圈闭预期探明地质储量的计算：为圈闭资源量与其预期最终探明率的乘积。

（3）单位储量勘查成本的计算：将圈闭预期探明的地质储量与圈闭勘查成本之商，即单位成本所获得的圈闭探明储量，来作为圈闭的勘查经济指标，从而对圈闭进行勘查经济排队。当储量任务一定时，根据该指标的大小来选择一批圈闭，使拿同样多的储量所需的勘查成本最少；当勘查投资一定时，根据该指标的大小来选择一批圈闭，使预期获得的探明储量最多。

第三节　不同自然状态下油气勘查决策分析的方法

在油气勘查过程中，经常面临着不同的客观条件，同时又会有几种可供选择的勘探方案。其中勘探工作所面临的客观条件称为自然状态，简称状态；而勘查方案是对勘查工作的总体部署及阶段安排。自然状态是客观条件，是不以人的主观意志为转移的，所以可称为不可控制因素。例如，一个探区中有多个凹陷，而每个凹陷的含油气地质条件完全是由地质历史的演变所自然形成的，是不以人们的主观意志为转移的。但是，勘查方案却是人为制定的，即如何进行勘探，选定何种部署方案是可控制因素，完全取决于决策者的主观选择。衡量一种勘查决策是否合理、是否正确的标准是勘查后的经济效益，而经济效益通常可以货币益损值来表示。

依据油气勘查所处的自然状态，勘查决策可分为确定型、不确定型和风险型等类型，且不同类型的决策分析方法不尽相同。

一、确定型决策分析

确定型决策是指只存在一种完全确定的自然状态的决策。构成一个确定型决策问题必须具备以下 4 个条件:①存在一个明确的决策目标,即预期的勘查效益;②存在一个明确的自然状态;③存在可供决策者选择的两个或两个以上的勘查方案;④可求得各勘查方案在确定状态下的益损值。

由于确定型决策的自然状态只有一种,决策环境完全确定,问题的未来发展只有一种确定的结果,决策者只要通过分析、比较各个方案的结果(益损值)就能选出最优方案。例如,一个探区经过初步勘探,已预测 $20km^2$ 的含油面积,这是唯一存在的自然状态。根据专业技术人员的认真分析,如果继续钻探两口井,预计一年内可以拿下 50 万 t 的石油地质储量,这是决策人希望达到的一个收益较大的勘探目标;如按 30%采收率计算,可以采出 15 万 t 原油;若原油销售价格为 1 500 元/t,则经济收益为 225 亿元。如果不继续勘探,则没有地质储量和原油产量,仅能根据含油面积估算出石油资源量,即没有直接经济效益。显然,通过简单比较,自然会选择第一种方案。

从上述的分析可知,确定型决策分析适用于方案实施中遇到的客观情况只有一种的场合,即在确定的环境下只有一种自然状态的场合。确定型的勘查决策分析看起来似乎非常简单,但在实际的勘查工作中并非如此,有时可供选择的勘查方案很多,难以简单决策,常常需要运用强调最优决策的运筹学方法,如线性规划、非线性规划、动态规划、图与网络等方法,为确定型决策问题寻求最优解。

一般地,确定型的油气勘查决策非常少见,绝大多数油气勘查决策都属于风险型或不确定型。

二、风险型决策分析

风险型决策也称随机型决策,是决策者根据几种不同的自然状态可能发生的概率所进行的决策。决策者所采取的任何一种勘查方案都会遇到一个以上的自然状态而引起不同结果。这些结果出现的机会是用各自然状态出现的概率来表示的。因此,决策者无论选择何种方案,都要承担一定的风险。

风险型决策一般包含以下条件:①存在着决策者希望达到的目标(如收益最大或损失最小);②存在着两个或两个以上的勘查方案可供选择,最后只能选择一个方案;③存在着两个或两个以上不以决策者主观意志为转移的自然状态;④可以计算出不同勘查方案在不同自然状态下的益损值;⑤在可能出现的不同自然状态中,决策者不能肯定未来将出现哪种状态,但能确定每种状态出现的概率。

常用的风险型决策分析的方法有最大可能法、期望值法、决策树法、矩阵法和效应理论等。

(一)最大可能法

在风险型决策问题中,各种自然状态出现的概率值客观上是不相同的。最大可能法就是以概率值最大的自然状态为基础,决策者认为它比其他自然状态有更多的发生机会,然后从中选择一个在这种状态下收益值最大的勘查方案作为最优决策方案。

例如，摆在某决策者面前有 $A1$、$A2$、$A3$ 和 $A4$ 共 4 个供选择勘查的地区，即存在 4 个勘查方案；而勘查任何一个探区均有 B1、B2 和 B3 三种可能的勘查结果，即三种自然状态，且三种自然状态出现的概率 $P(B1)$、$P(B2)$ 和 $P(B3)$ 分别为 0.3、0.5 和 0.2。表 9-1 中的益损值给出了经过勘查后获得的可采储量及扣除投资后的净收入，如 A3 勘查方案在出现自然状态 B2 时，其可获得可采储量 0.5 亿 t，扣除投资后的净收入为 20 亿元。当按"最大可能法"进行决策时，则首先选择概率最大的自然状态，即 B2，此时风险型勘查决策就变成了确定型勘查决策模型，而后比较 B2 自然状态下各勘探方案所获得的益损值，进而选择益损值最大的方案即为最优勘查方案。在此例中，$A3$ 勘查方案的益损值最大，也即应选择 A3 探区进行勘查，采用该方案可获得 50 万 t 的可采储量，扣除投资后可以获纯利润 20 亿元。

表 9—1　风险型决策分析数据表（据赵旭东，1992）

自然状态 / 勘查方案	B1	B2	B3
	$P(B1)=0.3$	$P(B2)=0.5$	$P(B3)=0.2$
$A1$	0 −0.05 亿元	20 万 t 10 亿元	80 万 t 40 亿元
$A2$	1 万 t 0.45 亿元	10 万 t 4.5 亿元	50 万 t 22.5 亿元
$A3$	0 −0.1 亿元	50 万 t 20 亿元	100 万 t 40 亿元
$A4$	2 万 t 0.8 亿元	40 万 t 15 亿元	80 万 t 30 亿元

需要指出的是，用最大可能法进行勘查决策时，若在几种可能的自然状态中，有一种自然状态出现的概率特别大时，决策的效果才好；如果各种自然状态出现的概率都不大，且相互接近，则决策效果好坏的把握性不大，甚至可能会出现重大失误。

（二）期望值法

一个决策方案的期望值等于它在不同自然状态下的益损值乘上相对应的发生概率之和。期望值法就是在计算出各决策方案的期望益损值后，比较、选择收益期望值最大者为最优方案。仍以表 9-1 为例，首先计算出 $A1$、$A2$、$A3$ 和 $A4$ 勘查方案的益损期望值：

$$E(A1)=-0.05\times0.3+10\times0.5+40\times0.2=12.985(\text{亿元})$$

$$E(A2)=0.45\times0.3+4.5\times0.5+22.5\times0.2=6.885(\text{亿元})$$

$$E(A3)=-0.1\times0.3+20\times0.5+40\times0.2=17.97(\text{亿元})$$

$$E(A4)=0.8\times0.3+15\times0.5+30\times0.2=10.74(\text{亿元})$$

然后比较各勘查方案的益损期望值，显然 A3 方案的益损期望值最大，也即应当选择 A3 探区进行勘查。

需要注意的是，在运用期望值法进行勘查决策时，如果益损期望值最大的方案不止一个，就要选取离差最小的方案为最优方案；此外，期望值法决策中计算的益损期望值并非为勘查所获得的真正利润，而是不同勘查方案在不同自然状态下可能获得的平均利润。

(三)决策树法

决策树又称决策图，是以方框和圆圈及节点，并由直线连接而形成的一种像树枝形状的结构图。利用决策树形图进行决策分析的方法称为决策树分析法。当决策涉及多方案选择时，借助由若干节点和分支构成的树状图形，可形象地将各种可供选择的方案、可能出现的状态及其概率，以及各方案在不同状态下的条件结果值简明地绘制在一张图纸上，以便讨论研究。决策树法为一种图解法，因其过程似树形而得名，决策过程犹如从树枝归结到树干，是期望值法的拓展，其优点在于系统地、连贯地考虑各方案之间的联系，无论多么复杂的决策，都可用该方法进行分析；整个决策分析过程直观易懂、清晰明了，且便于决策人员集体讨论，使决策工作能够在集思广益的基础上进行。

决策树形图可分为单级决策树和多级决策树。

1.单级决策树

系指决策问题只需进行一次决策活动，便可以选出理想的方案，其一般只有一个决策节点(图 9-12)。决策树形图一般由以下基本要素构成：①决策点：一般位于决策树的最左端，即决策树的起点位置，以方框表示的节点；②方案枝：为由决策点起自左而右画出的若干条(通常为两条或两条以上)直线，每条直线表示一个供选择的勘查方案；③状态节点：为决策分枝的终点，也表示一个备选方案可能遇到的自然状态的起点，以在每个方案枝的末端画上一个圆圈并注上代号表示，其上方的数字表示该方案的期望益损值；④概率枝：为从状态节点引出的若干条直线，每条直线代表一种自然状态，并在各分枝上面注明自然状态及其发生的概率；⑤结果点：也称为末梢点，为画在概率枝末端的一个三角形节点，并在其右侧列出不同方案在不同自然状态及其概率条件下的益损值，以供决策之用。

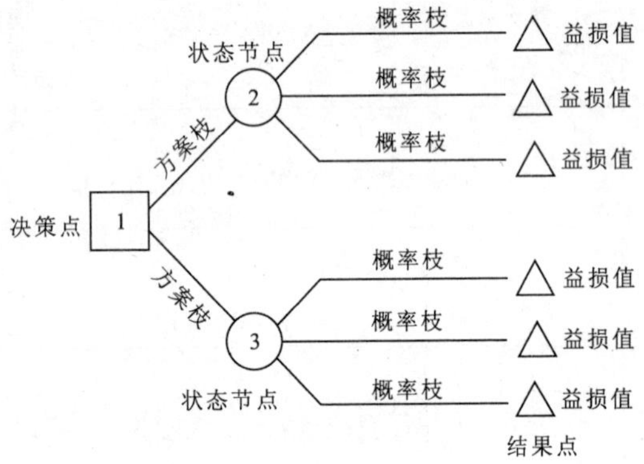

图 9-12 单级决策树模型

应用决策树法进行勘查决策时的基本步骤为：

(1)绘制决策树：根据实际勘查决策问题，以初始决策点为树根出发，从左至右分别选择决策点、方案枝、状态节点、概率枝等画出决策树。

(2)计算期望益损值：从右至左逐步计算各个状态节点的期望益损值，并将其数值标在各点上方。

(3)剪枝决策：在决策点将各状态节点上的期望值加以比较，选取期望益损值最大的方案。对落选的方案则要进行“剪枝”，即在效益差的方案枝上画上“//”符号，最后留下一个效益最好的勘查方案。

2.多级决策树

如果所需决策的勘查问题比较复杂，通过一次决策不能解决，而是要通过一系列相互联系的决策才能选出最满意方案，即一个决策问题的决策方案中又包含着另一个或几个决策问题，只有当低一层次的决策方案确定之后，高一层次的决策方案才能确定，这种决策就称为多级决策(图 9-13)。多级决策的目标是使各次决策的整体效果达到最优,在处理多级决策问题时必须通过依次的计算、分析和比较,直到整个问题的决策方案确定为止。

缪飞等(2005)曾应用决策树法对某一油气勘探开发项目进行了决策。某油区需调整改造,现有两套方案,方案Ⅰ:只钻 2 口调整井,不进行地面设施的改造,3 年后上三采措施;方案Ⅱ:钻 4 口调整井,同时进行部分地面设施的改造,以后不上三采措施。调整井和三采均有三种可能的增油量,各种可能状态的概率见表 9-2 和表 9-3,各方案可能出现的各种状态的经济效益指标(益损值)见表 9-4。

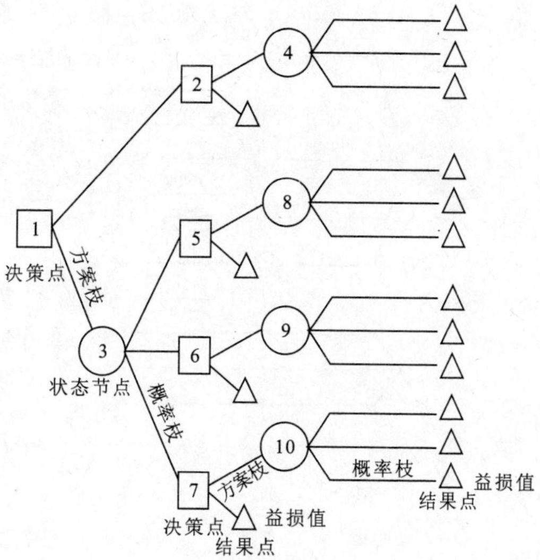

图 9-13　多级决策树模型

表 9-2　调整井增油量概率(据缪飞等,2005)

调整井	增油量		
	大	中	小
方案Ⅰ	0.2	0.5	0.3
方案Ⅱ	0.3	0.4	0.3

表 9-3　三采措施调整井增油量概率(据缪飞等,2005)

调整井	增油量		
	大	中	小
大	0.3	0.3	0.4
中	0.3	0.5	0.2
小	0.4	0.4	0.2

表 9-4　益损值(万元)汇总表(据缪飞等,2005)

调整井		增油量		
		大	中	小
方案Ⅰ三采增油量	大	120	100	80
	中	60	70	40
	小	−10	−20	−40
方案Ⅱ		110	70	−5

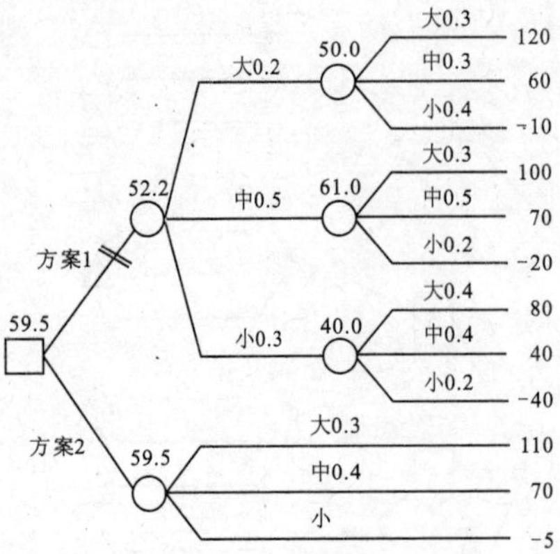

图 9-14 决策树示意图

根据以上资料可计算出各状态节点的期望益损值绘制出该项目决策的决策树(图 9-14)。对比方案Ⅰ和方案Ⅱ的期望益损值可知,本例方案Ⅱ的期望益损值(59.5万元)大于方案Ⅰ的期望益损值,因此应舍弃方案Ⅰ,按方案Ⅱ进行油区调整改造。

(四)贝叶斯法

贝叶斯法是一种条件概率的决策方法,由英国牧师贝叶斯(Thomas Bayes)所创立。

贝叶斯决策的条件概率公式为

$$P(A_i \mid B) = \frac{P(A_i)P(B \mid A_i)}{P(B)} = \frac{P(A_i)P(B \mid A_i)}{\sum_{i=1}^{n} P(A_i)P(B \mid A_i)} \tag{9-1}$$

贝叶斯公式能使我们从一个条件概率计算另一个条件概率。在评价分析一项勘查决策时,可先根据统计资料验得概率 $P(A_i)$,称为“先验概率”;再根据事后获得的资料算出 $P(B|A_i)$,称为“后验概率”;然后计算出 $P(A_i|B)$。

例如,某探区已发现三个圈闭,如果实施钻探,预计各圈闭能获得的石油产量分别占总产量的 50%、30%和 20%,但各圈闭钻探成功的概率分别为 80%、90%和 70%,现在有资金准备钻探一个圈闭,假设钻探各圈闭需要投入的成本相同,试决策应先钻探哪一个圈闭?

令 B 表示钻探成功,A_1、A_2和 A_3分别表示三个已发现的圈闭,于是 $P(B|A_1)$、$P(B|A_2)$、$P(B|A_3)$分别表示三个圈闭钻探成功的概率,即有

$$P(B \mid A_1) = 0.80 \qquad P(B \mid A_2) = 0.90 \qquad P(B \mid A_3) = 0.70$$

$$P(A_1) = 0.50 \qquad P(A_2) = 0.30 \qquad P(A_3) = 0.20$$

于是全部圈闭钻探成功的概率为

$$\begin{aligned} P(B) &= P(A_1)P(B \mid A_1) + P(A_2)P(B \mid A_2) + P(A_3)P(B \mid A_3) \\ &= 0.50 \times 0.80 + 0.30 \times 0.90 + 0.20 \times 0.70 \\ &= 0.40 + 0.27 + 0.14 = 0.81 \end{aligned}$$

依贝叶斯公式,就可计算出 A_1、A_2、A_3各圈闭钻探成功在全部圈闭钻探成功中的概率。

A_1圈闭:

$$P(A_1 \mid B) = \frac{P(A_1)P(B \mid A_1)}{P(B)} = \frac{0.50 \times 0.80}{0.81} = 49.4\%$$

A_2圈闭:

$$P(A_2 \mid B) = \frac{P(A_2)P(B \mid A_2)}{P(B)} = \frac{0.30 \times 0.90}{0.81} = 33.3\%$$

A_3圈闭:

$$P(A_3 \mid B) = \frac{P(A_3)P(B \mid A_3)}{P(B)} = \frac{0.20 \times 0.70}{0.81} = 17.3\%$$

由于 A_1圈闭钻探成功占全部圈闭钻探成功的比值(概率)最高,因此应优选钻探 A_1圈闭。

(五)效用决策法

人们在进行经济评价及勘探决策时,一般以期望益损值作为衡量、选择勘查方案的标准,

但这并非完全合理，且有时也不符合实际。如果完全以期望值的大小作为决策标准，就会把决策过程变成机械地计算期望益损值的过程，而没有把决策者的主观作用考虑进去，这当然不够合理。事实上，任何决策都是由人作出的，决策者的经验、才智、胆识和判断能力等主观因素，必然会对决策方案的选择产生影响。同时，决策者对风险的态度也是至关重要的，同一个决策问题，保守型决策者与冒险型决策者所作出的选择会很不一致，而且同样的货币量对不同的经济主体往往具有不同的“价值”。例如，上千万元的风险损失，在大石油公司看来可能是小事一桩，而小石油公司则会看成是与企业兴衰攸关的大事。此外，即使是对同一经济主体，在不同时刻、不同环境下，同样的货币量也可能具有不同的“价值”。

经济学家通常以“效用”(Utility)这个概念去衡量人们对同等货币量在主观上的价值，这就是货币的效用值概念，效用理论也称偏爱理论。效用是人们的价值观念在决策活动中的具体表现，代表着决策者对于风险的态度。例如，对同一决策者来说，在不同勘查风险情况下，同等货币值具有不同的效用值；而在相同勘查风险情况下，由于不同的决策者对于勘探风险的态度不同，同一期望值也可能具有不同的效用值。效用值通常以[0,1]闭区间上的数值表示，其中1表示最大效用值，0表示最小效用值。

1. 效用曲线的含义及类型

如果以直角坐标系中的横坐标表示益损值，纵坐标表示效用值，就能将某决策者对待风险态度的变化关系用曲线表示出来，该曲线称为效用曲线。一般来说，不同决策人的效用曲线是不同的。根据决策者对待风险的态度，可将效用曲线分为保守型、中间型和冒险型三种基本类型(图9-15)。

(1)保守型效用曲线(图9-15中Ⅰ型曲线)：这种类型的决策者对利益的反应比较迟钝，而对损失比较敏感，是不求大利、回避风险、小心谨慎的保守型决策人。如果这种效用曲线的函数 y_1 有二阶导数，则有：

$$\frac{d^2 y_1}{dx^2} < 0 \tag{9-2}$$

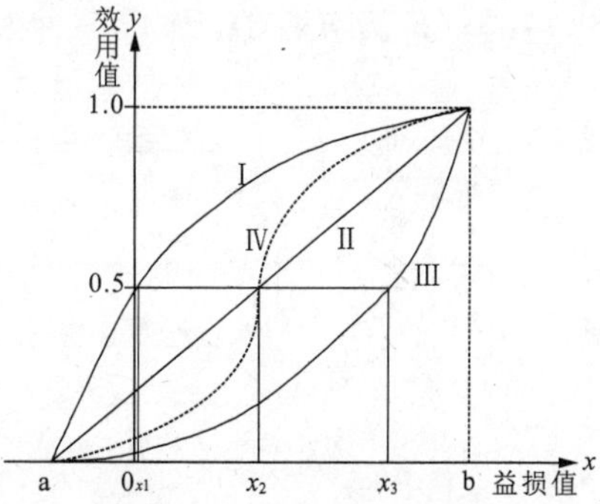

图9-15 效用曲线类型

(2)中间型效用曲线(图9-15中Ⅱ型曲线)：这种类型的决策者对风险漠不关心，认为益损值的效用值与益损值成正比。如果这种效用曲线的函数 y_2 有二阶导数，则有：

$$\frac{d^2 y_2}{dx^2} = 0 \tag{9-3}$$

(3)冒险型效用曲线(图9-15中Ⅲ型效应曲线)：这种类型的决策者对损失的反应比较迟纯，而对利益的反应比较敏感，是谋求大利、敢冒风险的进取型决策人。如果这种效用曲线的函数 y_3 有二阶导数，则有：

$$\frac{d^2 y_3}{dx^2} > 0 \tag{9-4}$$

除上述三种基本类型的效用曲线外，还可由这三种类型组成多种不同的效用曲线。例如，决策者在小益损值情况下敢冒风险，而在大益损值情况下又回避风险，这种效用曲线如图9-15中的曲线Ⅳ，属厌风险型。

2. 效用曲线的确定

效用曲线的确定是效用决策法应用的前提与基础，且效用曲线因人而异，不同的决策者会有不同的效用曲线。目前一般通过 N－M 心理试验法来确定效用曲线，该方法由冯·诺曼(Von Neumann)和摩金斯顿(Morgenstern)于 1944 年共同创立，也称为标准测定法(图 9－16)。

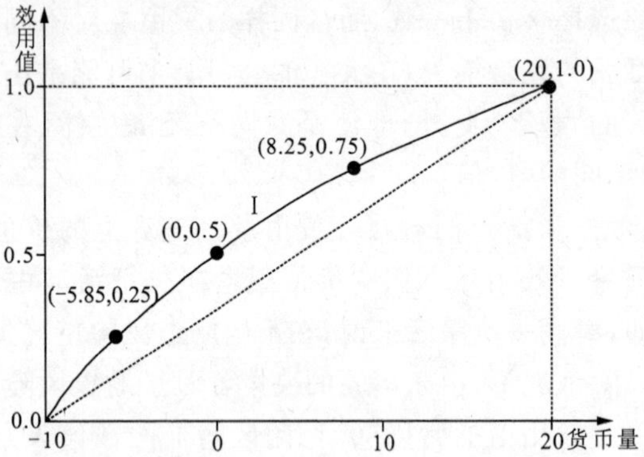

图 9－16 效用曲线绘制过程示意图

3. 效用决策法的应用

所谓效用决策法就是根据效用曲线，把效用作为一种相对尺度，将目标值转化为效用值，在计算不同方案各种可能结果的期望效用的基础上，以最大的期望效用作为方案的选优依据。以下举一实例来说明效用决策法的基本思路与过程(赵旭东，1992)。

例如，在对某个二级构造带进行整体解剖勘查时，有两种可以选择的勘查方案，每种勘查方案预计有两种可能出现的自然状态，且每种自然状态发生的概率均为 50%，其树形图如图 9－17 所示。

对这一勘查问题进行决策时，在讨论中有三种意见，各种意见的效用曲线如图 9－18 中的①、②、③曲线。根据效用理论，1 200 万元为效益最大值，其效用值为 1.0；－100 万元为效益最小值，效用值为 0.0；1 000 万元在①、②、③三种效用曲线的效用值分别为 0.950、0.847 和 0.700；100 万元在①、②、③三种效用曲线的效用值分别为 0.350、0.153 和 0.050。

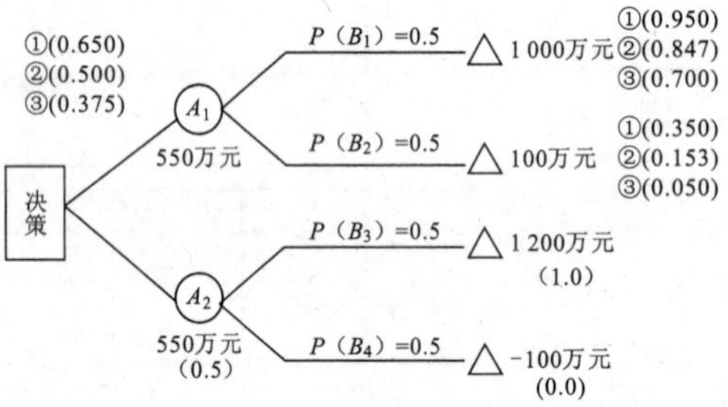

图 9－17 效用决策法树形图

(据赵旭东，1992)

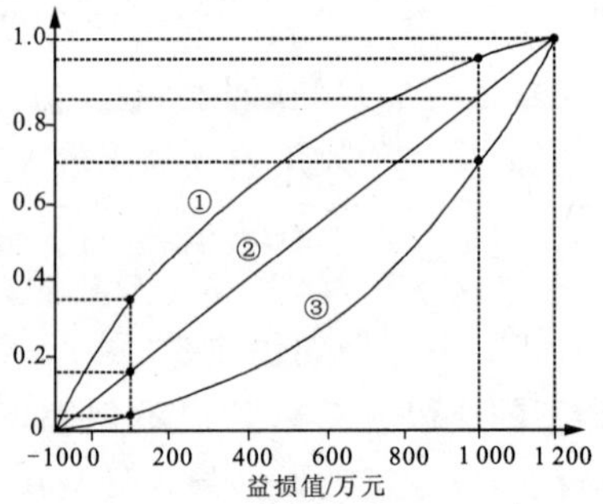

图 9－18 效用曲线图

(据赵旭东，1992)

对方案 A_1 而言，其在获得 550 万元效益期望值时的①、②、③三种效用曲线的效用值分别为 0.650、0.500 和 0.375，即

$$0.950\times0.5+0.350\times0.5=0.650$$

$$0.847\times0.5+0.153\times0.5=0.500$$

$$0.700\times0.5+0.050\times0.5=0.375$$

对方案 A_2 而言，其在获得 550 万元效益期望值时的效用值为

$$1.0\times0.5+0.0\times0.5=0.5$$

由此可见，如果按效用曲线①进行决策，则要选用 A_1 方案，因为 A_1 方案的效用值(0.65)大于 A_2 方案的效用值(0.5)。曲线①代表的决策者是个保守型的人，按 A_1 方案勘查至少也能

稳妥的获得 100 万元的收益。

如果按效用曲线②进行决策，则选用 A_1 方案或 A_2 方案均可，因为二者的效用值相同，均为 0.5。曲线②代表的决策者对风险不关心，属中间型的人，认为效用值与益损值成正比。

如果按效用曲线③进行决策，则要选用 A_2 方案，因为 A_2 方案的效用值(0.5)大于 A_1 方案的效用值(0.375)。效用曲线③所代表的决策者是个敢冒风险的人，宁愿冒损失 100 万元的风险，也要争取得到 1 200 万元的收益。

三、不确定型决策分析

在油气勘查决策中，常常会遇到一些资料极少或应急的事件，对这类事件的决策只能在不肯定的情况下作出，即在知道可能出现的各种自然状态，但又无法确定各种自然状态发生概率的情况下作出，这类决策问题就是不确定型决策。

不确定型决策应满足如下四个条件：①存在着一个明确的决策目标；②存在着两个或两个以上随机的自然状态；③存在着可供决策者选择的两个或两个以上的勘查方案；④可以计算出不同勘查方案在不同自然状态下的损益值。

由上述可知，不确定型勘查决策是风险勘查决策中缺少第五个条件下的决策问题，即对勘查过程中可能出现的各种自然状态的概率事先无法估计。例如，在一个新的盆地进行早期勘查时，因为极度缺乏地质资料，并且没有可供借鉴的类比含油气区，这种情况下的勘查决策即为不确定型决策。

例如：在对某个探区进行勘查时，共有 A_1、A_2、A_3、A_4 四种勘查方案供选择，且每种勘查方案又都有可能出现三种勘查结果，即存在 θ_1、θ_2、θ_3 三种自然状态，但是每种自然状态出现的概率事先无法估计(表 9-5)。

表 9-5　某探区不确定型勘查决策分析原始数据(益损值，万元)

自然状态 / 勘查方案	θ_1	θ_2	θ_3
A_1	−200	1 000	1 200
A_2	600	1 900	1 000
A_3	−800	400	2 500
A_4	400	200	1 600

在进行不确定型决策时，决策者的主观意志、胆识、经验、判断能力等素质占据着重要的地位，对同一个不确定型决策问题，不同的决策者可能采取不同的决策方法来解决，而应用不同的方法可能得到不同的结果。常用的决策方法有以下几种。

(一)乐观决策法

乐观决策法的基本思想是决策者对客观自然状态总是抱以乐观的态度，对于以收益最大为目标的决策来说，首先找出各方案的最大收益值，然后选择这些最大收益值中最大者所在的方案作为最优方案。如在某个探区进行勘查时，有 m 种可供选择的勘查方案，预计每种勘查方案可能出现 n 种自然状态，第 i 种勘查方案第 j 种自然状态的益损值为 $\alpha(A_i,\theta_j)=\alpha_{ij}$。乐观决策法的计算公式为：

$$\underset{A}{\mathrm{Max}}\{\underset{\theta}{\max}[\alpha(A,\theta)]\} \tag{9-5}$$

也即首先在各勘查方案中选择最好的自然状态构成列向量，再从这个列向量中选出最大的益损值，该值所对应的勘查方案就是选定的方案。

按表 9-5 中给出的数据，用乐观决策法进行勘查决策时有：

第一步：选择各勘查方案中最好（益损值最大）的自然状态，得：

1 200	1 900	2 500	1 600
A_1	A_2	A_3	A_4

第二步：选取益损值最大者对应的勘查方案。由于 A_3 方案所对应的益损值最大（2 500），因此，勘查方案 A_3 即为采用乐观决策法时应选用的方案。

显然，乐观决策法是决策者采用最大－最大期望值决策准则（好中求好）进行的一种决策方法，反映了决策者乐观冒进的态度，其适用于以下情况：

(1)高收益值诱导。决策者运用有可能实现的高期望值目标，激励、调动人们奋进的积极性。实际结果如何并不重要，关键是重视决策目标的激励作用。

(2)绝处求生。勘查或企业处于绝境，运用其他较稳妥的决策方法难以摆脱困境，此时，与其等着破产，还不如采用最大期望值的方案，通过拼搏，以求获得最后一线生机。

(3)前景看好。决策者对探区（企业）的前景充满信心，应当采取积极进取的方案，否则就会贻误最佳时机。

(4)实力雄厚。企业实力强，如果过于稳妥、保守，往往会无所作为，甚至削弱力量及降低地位。因此，企业应凭借其强大的风险抵御力勇于开拓，积极发展。

(二)悲观决策法

与乐观决策准则正好相反，悲观决策的思想基础是对客观情况总持悲观态度，往往是决策者认为形势比较严峻，在未来发生的各种自然状态中，最坏状态出现的可能性较大，即设想采取任何一种方案，都是收益最小的状态发生。因此，必须从最坏处着眼，采用较为稳妥的决策准则，即从各个行动方案的最小收益中选取收益值最大的方案为决策方案。如当对探区的地质特征不太清楚的情况下，对勘查工作要持慎重态度，即认为勘查工作不会太顺利。因此，悲观决策法是在所有可能的勘查方案中选择最不好的自然状态，再从最不好的自然状态中找出相对较好的勘探方案。数学表达式为：

$$\underset{A}{\mathrm{Max}}\{\underset{\theta}{\min}[\alpha(A,\theta)]\} \tag{9-6}$$

按表 9-5 中给出的数据，用悲观决策法进行勘查决策时有：

第一步：选择各勘查方案中最差（益损值最小）的自然状态，得：

−200	600	−800	200
A_1	A_2	A_3	A_4

第二步：选取益损值最大者对应的勘查方案。由于 A_2 方案所对应的益损值相对最大（600），因此，勘查方案 A_2 即为采用悲观法决策时应选用的方案。

显然，悲观决策法是决策者采用最大－最小期望值决策准则（坏中求好）进行的一种决策方法，反映了决策者悲观保守的思维方式，适用于那些把握性很小、损失很大的决策问题，并对规模较小、资金薄弱、经不起大的经济冲击的企业较为适用。

（三）折中决策法

鉴于乐观决策法的“好中求好”准则和悲观决策法的“坏中求好”准则都属于走极端，前者盲目乐观，后者过分保守，所以都不够明智。为此，美国经济学家赫威茨（Hurwicz）建议采取两者的折中，即“折中决策法”，这可在一定程度上克服乐观冒进和悲观保守的缺陷，并提出了“乐观系数”的概念，认为应根据对形势的判断确定一个在 0 与 1 之间的乐观系数值 β，然后像计算期望值的办法那样，根据最大益损值和最小益损值，计算出一个折中的益损值，最后比较各方案折中益损值的大小，从而确定折中益损值最大的那个方案为最优方案。因此，该决策方法又称为“赫威茨决策法”或“乐观系数决策法”，其数学表达式为：

$$\underset{A}{\mathrm{Max}}\{\beta\underset{\theta}{\max}[\alpha(A,\theta)]+(1-\beta)\underset{\theta}{\min}[\alpha(A,\theta)]\} \qquad (9-7)$$

显然，如果 $\beta=1$，则变为乐观决策法；如果 $\beta=0$，则变为悲观决策法，也即乐观决策法和悲观决策法为折中决策法的特例。一般情况下，β 值应在 0 与 1 之间，它越接近 1，就表示越乐观，并且 β 取值不同，勘查决策结果也可能不同。因此，在具体确定 β 的值时，要根据专业技术人员对探区勘探前景的估计而定。如果探区的含油气地质条件较好时，则可把 β 值取大一些，反之，β 值应取小些。

按表 9-5 中给出的数据，假定乐观系数 $\beta=0.5$，则 $1-\beta=0.5$。用折中决策法进行勘查决策时有：

第一步：求取乐观系数 β 为 0.5 时各勘查方案的益损值。从每个勘查方案中选出最大益损值乘以 β，再选出最小益损值乘以 $(1-\beta)$，而后二者相加，即得

500	1 250	850	900
A_1	A_2	A_3	A_4

第二步：选取益损值最大者对应的勘查方案。由于 A_2 方案所对应的益损值最大（1 250），因此，勘查方案 A_2 即为采用折中法进行决策时应选用的方案。

相对而言，折中决策法是一种既积极又稳妥的决策方法，但其存在诸如乐观系数不易确定、也仅利用了最大和最小益损值等缺陷。

（四）等可能决策法

等可能（概率）决策法的基本思想是假定未来各种自然状态发生的概率相同（$1/n$），然后，求各行动方案的期望益损值，具有最大期望益损值的方案，即是等可能决策准则下决策的最优方案。实质上，前述乐观决策法认为对每个行动来说，出现最好状态的概率是 1，其他状态的概率为 0；悲观决策法则认为对每个行动来说，出现最坏状态的概率是 1，其他状态的概率为 0；折中决策法则认为最好状态发生的概率为 β，最坏状态发生的概率为 $1-\beta$，而其他中间状态发生的概率都为 0。

按表 9-5 中给出的数据，用等可能决策法进行勘查决策时，每种勘查方案的各自然状态出现的概率均为 1/3，其决策分析步骤为：

第一步：求取各勘查方案的期望益损值，得

666.7	1 166.7	700.0	733.3
A_1	A_2	A_3	A_4

第二步：选取期望益损值最大者对应的勘查方案。由于 A_2 方案所对应的期望益损值最大（1 166.7），因此，勘查方案 A_2 即为采用等可能法进行决策时应选用的方案。

等可能决策法的优点是全面考虑了一个行动方案在不同自然状态下可能取得的不同结

果，并把概率引入了决策问题，从而将不确定型问题演变成风险型问题来处理。其既充分发挥了折中决策法有关系数调整的优点，又克服了折中决策法没有充分利用全部信息的缺点，是一种较为积极的决策方法。但是，等可能决策法假定所有自然状态都以相等的机会出现，这样处理偏简单化了，且与实际情况很难相符。

(五)后悔值决策法

后悔值决策法的基本思想是：当决策者选定某决策方案之后，如果发现所选的方案并非最优方案，必然会因为舍优取劣而感到后悔。该方法由萨凡奇(Savage)所创立，故又称为"萨凡奇决策法"。后悔感的大小可以以"后悔值"来反映。所谓"后悔值"是指在某种自然状态下，方案中的最大益损值与各方案的益损值之差。显然，所选方案的益损值与最优方案的益损值相差越大，后悔值就越大。后悔值法决策的准则就是要求决策者在选择决策方案时所产生的后悔感最小，属于最小一最大后悔值决策法。

后悔值决策分析的步骤为：首先分别算出各方案在各种自然状态下的后悔值，然后找出各方案的最大后悔值，再从这些最大后悔值中挑选出最小后悔值，最后把这个最小后悔值对应的方案作为最优方案。其数学表达式为：

$$\begin{cases} R[\alpha(A,\theta)] = \max\limits_{\theta}[\alpha(A,\theta)] - \alpha(A,\theta) \\ \min\limits_{A}\{\max\}R[\alpha(A,\theta)] \end{cases} \tag{9-8}$$

按表 9-5 中给出的数据，用后悔值决策法进行勘查决策时有：

第一步：求取后悔值矩阵。用每个状态的最大益损值减去该状态下各方案的益损值，得

$$\begin{array}{c|ccc|} A_1 & 800 & 900 & 1\,300 \\ A_2 & 0 & 0 & 1\,500 \\ A_3 & 1\,400 & 1\,500 & 0 \\ A_4 & 200 & 1\,700 & 900 \\ \multicolumn{1}{c}{} & \theta_1 & \theta_2 & \multicolumn{1}{c}{\theta_3} \end{array}$$

第二步：在后悔值矩阵中找出各方案的最大后悔值，即

$$\begin{array}{cccc} 1\,300 & 1\,500 & 1\,500 & 1\,700 \\ A_1 & A_2 & A_3 & A_4 \end{array}$$

第三步：选取后悔值最小者对应的勘查方案。由于 A_1 方案所对应的后悔值最小(1 300)，因此，勘查方案 A_1 即为采用后悔值法决策时应选用的方案。

从某种角度上看其与悲观决策法属同一类决策方法，它体现了决策者不求最好但求无过的保守性格，也反映了决策者对问题信心不足但又不愿失去机会的矛盾心态。由于它是从避免失误的角度进行决策，所以在某种意义上后悔值决策法又比悲观决策法合乎情理一些，因此是一种稳妥的决策方法。该决策方法一般适用于有一定基础的中小企业，因为这类企业一方面能承担一定风险，因而可以不必太保守，不必过于稳妥；另一方面，又不能抵挡大的灾难，因而又不能像乐观决策法那样过于冒进。另外，竞争实力相当的企业在竞争决策中也可采用此法。因为竞争者之间已有一定实力，必须以此为基础进一步开拓，不可丧失机会；但又不宜过激，否则欲速则不达，危及基础。

总之，不确定型勘查决策相比确定型和风险型勘查决策更为复杂，其往往会因决策者采用不同的决策方法，而得到不同的决策结果，而且常常也难以判断哪种决策效果的好与不好，这是由于各种勘查方案可能出现自然状态的概率难以估计所造成的。因此，在进行不确定型勘

查决策时，采用何种计算方法，完全取决于勘探工作中决策人所持有的态度；对于勘查前景持乐观态度者可采用乐观决策法；持悲观态度者可采用悲观决策法；持中间状态度者可采用估计系数法；持一视同仁态度者可用等可能法；对决策失误持后悔态度者可采用后悔值法。

参考文献

[1] 陈湛匀. 现代决策分析概论[M]. 上海：上海科学技术文献出版社. 1991.

[2] 成金华，陈安民，费琪等. 国内外石油勘探开发决策分析研究现状概述[J]. 中国地质矿产经济，1996，(4)：46～48.

[3] 成金华，郭凤鸣，覃家君. 石油勘探决策分析系统[J]. 中国地质矿产经济，1995，(4)：22～28.

[4] 范阳，金之钧，华泽澎. 一种油气勘探决策模型的建立[J]. 勘探家，1998，3(3)：10～12.

[5] 冯晓杰，陆明德. 广西合浦盆地石油勘探决策分析[J]. 西安工程学院学报，1999，21(1)：18～21.

[6] 郭立夫，李北伟. 决策理论与方法[M]. 北京：高等教育出版社. 2006.

[7] 郭秋麟，米石云. 油气勘探目标评价与决策分析[M]. 北京：石油工业出版社. 2004.

[8] 贾承造. 油气勘探风险分析与实物期权法经济评价[M]. 北京：石油工业出版社. 2004.

[9] 焦方正，翟晓先. 海相碳酸盐岩非常规大油气田：塔河油田勘探研究与实践[M]. 北京：石油工业出版社. 2008.

[10] 康玉柱. 塔里木盆地油气勘探实践论谈[J]. 中国西部油气地质，2005，1(1)：4～8.

[11] 罗凯升，贾希玉，翁宁. 圈闭评价与油气勘探决策[J]. 新疆石油地质，1997，18(1)：24～29.

[12] 缪飞，李红昌. 决策树模型在油气勘探开发经济评价中的应用[J]. 河南石油. 2005，19(4)：91～92.

[13] 庞雄奇. 油气田勘探[M]. 北京：石油工业出版社. 2006.

[14] 邱中建，龚再升. 中国油气勘探：西部油气区(第二卷)[M]. 北京：地质出版社，石油工业出版社. 1999.

[15] 孙家和，孙家乐. 决策技术[M]. 南京：南京工学院出版社. 1987.

[16] 王才良，周珊. 找油的故事[M]. 北京：石油工业出版社. 2006.

[17] 王川，彭苏萍. 油气圈闭勘探决策思路和方法再讨论[J]. 石油与天然气地质，2006，27(2)：275～280.

[18] 王川，田中原. 对局部构造阶段性勘探决策方法的探讨[J]. 中国石油勘探，2001，6(2)：57～58.

[19] 王雅春，庞雄奇，卢双舫. 油气勘探决策因素的评价方法[J]. 大庆石油学院学报，2005，29(5)：6～8.

[20] 武守诚. 石油资源地质评价导论[M]. 北京：石油工业出版社. 1994.

[21] 杨正文，何德全. 柯克亚油气田原始地层压力及驱动类型研究[J]. 新疆石油地质，1985，6(4)：70～80.

[22] 赵旭东. 石油数学地质概论[M]. 北京：石油工业出版社. 1992.

[23] 中国石油天然气总公司勘探局. 油气资源评价技术[M]. 北京：石油工业出版社. 1999.

[24] 中国冶金建设管理协会. 决策技术及其应用[M]. 北京：冶金工业出版社. 1989.

[25] 周兴熙. 塔里木盆地油气藏[M]. 北京：石油工业出版社. 1995.

[26] Mackay J A. Risk management in international petroleum venture[J]. AAPG Bulletin，1996，80(12)：1845～1849.

[27] Megill R E. An introduction to exploration economics (3rd edition)[M]. Tulsa：Penn Well Books. 1988.

[28] Megill R E. An introduction to exploration risk analysis (2nd edition)[M]. Tulsa：Penn Well Books. 1984.

[29] Newendorp P D. Decision analysis for petroleum exploration[M]. Tulsa：Petroleum Publishing Company. 1975.

[30] Otis R M，Schneidermann N. A process for evaluation prospect[J]. AAPG Bulletin，1997，81(7)：1 087～1 109.

[31] Prather B E. Petroleum Geology of the Upper Jurassic and Lower Cretaceous，Baltimore Canyon Trough，western North Atlantic Ocean[J]. AAPG Bulletin，1991，75(2)：258～277.

第十章　油气勘查经济评价

油气勘查项目的经济评价，是把勘探项目的全过程和最终产出状况进行全面地分析、计算、研究从而判断项目在经济效益上好坏程度的过程。在勘探项目立项前进行经济评价，可以帮助决策者优化勘探投资方向；在一个勘探项目完成之后进行经济评价，可以使投资者对勘探项目运行过程、投资使用的结果，对立项的质量、施工管理水平、经济效益的高低，有一个完整的结论。影响未来勘探投资结果的很多因素，是勘探工作者无法控制的，因为其中有些因素非常之重要，必须持续不断地检验它们的经济效果。在本章主要讲述油气勘查经济评价中的参数、模型以及评价指标与方法。

第一节　油气勘查项目经济评价参数计算模型

一、投资计算模型

投资是经济增长的源泉，投资大体可分为三大类，即实业投资（主要是固定资产投资与更新改造投资）、金融投资（主要是股票、债券、保险业等）和产权投资（主要是兼并、收购、拍卖等）。这里主要讲固定资产投资。在本书中所讨论的投资是狭义的，是指人们在社会经济活动中为实现某种预定生产、经营目标而预先垫支的资金。

对于投资项目来说，总投资包括固定资产投资、固定资产投资方向调节税、建设期利息和流动资金四部分组成。

油气勘探开发建设项目投资估算的范围包括勘探工程投资、开发工程投资以及相应的地面建设工程投资。各类投资估算如下。

（一）固定资产投资估算

固定资产投资是指项目按拟定建设规模、产品方案、建设内容进行建设所需的费用。它包括工程费用、工程建设其他费用和预备费用。

1. 工程费用

(1) 勘探工程投资。油气勘探投资是指在一定时期内，以一定的地质单元为对象，以油气储量为目的，为了识别保证勘查的区域和对待特定区域探明或需进一步探明石油、天然气储量而发生的地质调查、地球物理勘探、钻井探井和勘探型参数井以及维持未开发储量而发生的费用。

勘探投资＝二维地震费用＋三维地震费用＋评价井费用＋其他费用

二维地震费用＝二维地震工程量(km)×二维地震单位综合成本(万元/km)

三维地震费用＝三维地震工程量(km^2)×三维地震单位综合成本(万元/km^2)

探井费用＝探井数×平均井深(m)×单位进尺综合成本(元/m)

地震综合成本包括地震资料采集和解释费；评价井综合成本包括新区临时工程费、钻前准备工程费、钻井工程费、录井测试作业费、固井工程费、施工管理费和试油工程费等7项费用；

其他费用指地震精查、综合研究和储量计算等费用。

勘探投资的取值原则：①在探明含油气面积内的井包括两部分，一部分可转为开发井，一部分无法使用需要报废。井的类型可能是探井，也可能是开发井。根据我国现行财务制度，采用的是成果法。前者可转为开发井的应计入投资，后者作为费用核掉。勘探投资示意图如图10-1所示。探井经过评价，发现经济可采储量，即确定为成功探井，有效井段探井成本转入"油气井及相关设施"，予以资本化，在成本中以折旧的形式回收。地质调查、地球物理勘探成本和其他非钻井成本；探井经过评价，如果未发现经济可采储量，即确定为干井的探井成本；探井无效井段探井成本，转入"勘探费用"，列入当期损益。即：

资本化勘探投资＝勘探投资×勘探成功

勘探费用＝勘探投资×(1－勘探成功率)

②在经济评价的勘探投资中不包括物化探投资和装备费用，同时对10年以前的勘探投资按沉没处理。③在经济评价的勘探投资中，对有井口地面设备的井应计算设备投资。

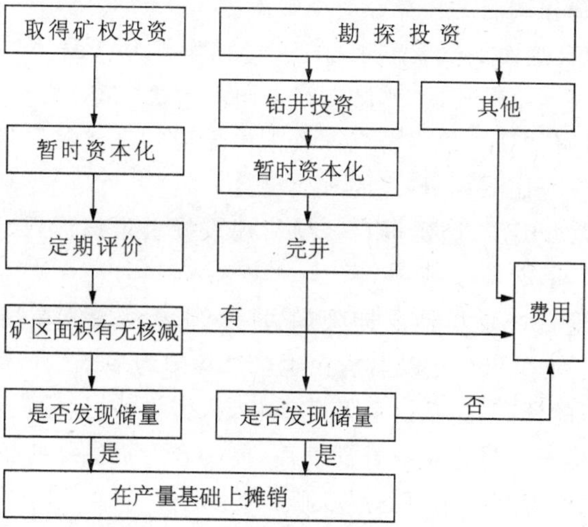

图10-1　成果法的资本化示意图

开发项目勘探投资的处理方法：开发项目勘探投资的处理包括已发生勘探投资和未来预计发生的勘探投资。①已发生勘探投资，a.勘探投资按照"成果法"的原则计入开发项目投资额中，即成功探井和勘探参数井所花费的费用予以资本化。原则上按照"成果法"核算勘探投资的方法，将拟动用探明可采储量成功探井和勘探参数井发生勘探投资资本化计入项目投资额中，不计利息、不折现，参与效益计算，不再计取预备费和考虑资金筹措。b.如原动用储量时已计算了所有转入开发井的探井(包括成功探井和勘探参数井，下同)的投资，对拟动用储量部分不再考虑；如原动用储量时只计算了部分转入开发井的探井投资，对拟动用储量部分需按一定的比例分摊转入开发井的探井投资；对于在已动用区块进行的老油田调整改造开发项目如加密井，或提高采收率三次采油项目不计算勘探投资。②项目开发阶段预计发生的勘探投资，对于有些开发项目如滚动勘探开发项目，在开发建设期和生产期还需要发生一部分勘探投资，可按下列方法处理：a.开发建设期预计发生勘探投资，可按勘探工作量的内容，参照类似区块已发生的勘探投资分项估算。包括物探费用(二维、三维地震费用)、探井费用、勘探装备费用、试采费用、其他费用。将其全部计入项目总投资中。b.生产期内发生的勘探投资以及维护产量递减发生的投资性支出，如打调整井、重新完井、地面设施的增加等，应根据所需工程内容估算每年的投资额，全部按资本化处理，直接计入现金流量表的现金流出，不计入项目总投资额。但形成资产后应计提折旧、折耗。同时注意与评价产量计处口径一致性。c.为已探明矿区的开发而进行的三维地震，如果三维（四维）地震研究用于提高或评价一个已探明的预计开发，地质和地球物理成本可作为开发投资资本化；如果一项地震研究同时也是为了勘探和扩边，为避免重复计算，其成本直接计入勘探投资。

（2）开发工程投资。开发工程投资是指为了开发探明可采储量，建造用于开采、处理、集输、储存油气和天然气的设施而发生的费用。

开发工程投资＝开发井投资＋地面建设工程投资

开发井投资＝平均井深(m)×钻井井数×每米进尺综合成本(元/m)

钻井井数应考虑钻井成功率，包括一定的后备井数量，采油井、注水井。

开发井综合成本包括新区临时工程费、钻前准备工程费、钻井工程费、录井测试作业费、固井工程费、施工管理费和试油工程费等7项费用。

地面建设投资包括地面油气集输工程、注气工程、贮运工程、轻烃回收、供电工程、供排水、通讯、道路、计算机工程、后勤辅助、矿区建设、环保、节能、非安装设备购置及其他工程投资。

地面建设工程投资估算可根据研究深度采用相应的3种测算方法：按单井折算地面投资测算、按钻井与地面投资比测算、按产能规模测算。

（3）固定资产、无形资产、递延资产。项目建设投资最终形成相应的固定资产、无形资产和递延资产3部分。

1)固定资产：固定资产是指使用期限超过一年，单位价值在规定标准以上（大型企业在800元以上，中小型企业在500元以上），在生产过程中为多个生产周期服务，并且在使用过程中保持原有实物形态的资产，包括房屋及建筑物、机器设备、运输设备、工具器具等。

2)无形资产：无形资产是指企业长期使用，能为企业提供某些权利或利益但不具有实物形态的资产，如专利权、非专利技术、商标权、版权、土地使用权等。

3)递延资产：递延资产是指不能全部计入当年损益，应当在以后年度内分期摊销的费用，包括开办费、以经营租赁方式租入的固定资产的改良支出等。

2.工程建设其他费用

工程建设其他费用包括土地征用补偿及安装费、工程保险费、压力容器检验费、投资前研究费、生产职工培训费、筹建费等。

3.预备费用

固定资产中的预备费应包括两部分内容：一是基本预备费；二是涨价预备费。

（1）基本预备费是指估算时难以预见的工程和费用，常以工程费用合计和其他费用之和为基础，乘以基本预备费率来估算。计算公式为：

基本预备费＝（固定资产＋无形资产＋递延资产）投资×基本预备费率

按现行规定基本预备费率为12％～15％。

（2）涨价预备费：涨价预备费又称差价预备费，是指从估算时到项目建成期间因建设费用上涨而增加的费用。一般是取定价格上涨指数后，以估算年价格水平下估算的投资额为基数，采用复利方法计算涨价预备费。现行规定涨价预备费只限于国内购置的设备及安装和建设工程费用材料，为简化计算，可将国内部分工程费用作为计算基数来计算。其计算公式为：

$$C = \sum_{t=1}^{n} I_t[(1+f)^{m+t} - 1] \tag{10-1}$$

式中：C 为涨价预备费；I_t 为建设期内各年按投资使用计划分配的投资额；n 为建设期年数；m 为估算期到建设开始的年数；f 为年价格上涨指数，现阶段取值 6%。

(二)固定资产投资方向调节税

固定资产投资方向调节税就是国家根据产业政策和项目经济规模，对项目的固定资产投资额实行差别税率征收的一种税。其作用是为了贯彻国家产业政策，控制投资规模，引导投资方向，实行规模经济，调整投资结构，加强重点建设，促进国民经济持续、稳定、协调发展。实行的税率分别为：0、5%、10%、15%、30%五种。

固定资产投资方向调节税额计算公式为：

$$\text{投资方向调节税额} = \text{计税依据} \times \text{税率}$$

基本建设投资项目计税依据为全部完成投资额，包括工程费用、工程建设其他费用和预备费用。

(三)建设期利息

建设期利息是指固定资产投资借款建设期利息，是工程成本的一部分。建设项目分年使用的并不是在一年中的某一时刻一次性投入的，而是按工程进度安排年度投资计划。在项目经济评价时，假设借款是自年初至年末陆续支用，平均起来就是借款发生在年中支用，故按半年计息，其后年份按全年计息，计算公式为：

$$\text{建设期每年应计利息} = \left(\text{年初借款本息累计} + \frac{\text{本年借款额}}{2}\right) \times \text{年利率}$$

建设期利息为建设期各年利息之和。在具体进行项目评价时，应对贷款机构的贷款条件、发放时间、利息计算、费用情况(指承诺费、管理费等)了解清楚，再进行计算，例如有的贷款规定按年初用款计算，则上述公式中本年借款额就不需除以 2，即借款发生当年也按全年计息。

(四)流动资金估算

建设项目除了建设期的固定资产投资外，在生产经营期间还必须占用一定的周转资金，才能维持企业的正常生产，这部分资金称为流动资金。

估算流动资金的方法一般有两种：一种是粗估法，即扩大指标估算法；另一种是分项详细估算法。项目在进行经济评价时要依深度的要求适当选用。

1. 扩大指标估算法

扩大指标估算法是按照流动资金占某种费用或收益的基数的比率来估算流动资金。一般常用的有销售收入、经营成本、总成本费用和固定资产投资等。究竟采用哪种估算基数依行业习惯而定。所采用的比例根据经验确定，或依行业或部门给定的参考值确定。例如石油行业，流动资金占达产年或各年平均经营成本的 25%～30%，或占固定资产原值的 1%～5%估算。扩大指标估算法简便易行，适用于项目初选阶段。

2. 分项详细估算法

分项详细估算法是国际上通行的流动资金估算方法。按流动资金构成分项估算：

$$\text{流动资金} = \text{流动资产} - \text{流动负债}$$

$$\text{流动资产} = \text{应收账款} + \text{存货} + \text{现金}$$

流动负债＝应付账款

流动资产和流动负债中各项计算公式如下：

(1)周转次数＝360÷最低周转天数(最低周转天数按实际情况分项确定)

(2)应收账款＝年经营成本÷周转次数

(3)存货＝外购材料、燃料、动力＋在产品＋产成品

外购材料、燃料、动力＝各项年外购原材料、燃料、动力费÷周转次数

在产品＝(年外购原材料、燃料和动力费用＋年工资及福利费＋年修理费＋年其他制造费用)÷周转次数

产成品＝年经营成本÷周转次数

(4)现金＝(年工资及福利＋年其他费用)÷周转次数

年其他费用＝制造费用＋管理费用＋财务费用＋销售费用－以上四项费用中所包含的工资及福利费、折旧费、维简费、摊销费、修理费和利息支出

(5)应付账款＝(年外购原材料、燃料和支力费)÷周转次数

流动资金一般在投资前开始筹措。按现行规定，流动资金在投产第一年开始按生产负荷进行安排，其借款部分按全年计算利息。流动资金利息应计入财务费用，项目计算期末回收全部流动资金。

(五)资金筹措

资金筹措是根据对建设项目投资估算的结果，研究落实资金来源渠道和资金筹集方式，从中选择条件优惠、成本低廉的资金，以提高项目的投资效益，同时通过资金筹措分析，有利于确保建设资金在项目建设期内能够及时到位，使项目按期建成投产，很好地发挥投资效益。

资金筹措，以资金来源看，其结构包括两部分：一是投资者权益即投资者投入的资本金；二是负债，即借入资金等。

1．资金筹措

(1)资本金的比例：资本金是指新建项目设立企业时在工商行政部门登记的注册资金。通俗地说，资本金就是开办企业的本钱。

国家规定油气勘探开发项目资本金的比例为20％以上，项目经济评价时可根据项目实际资本金的比例(不能低于国家规定资本金比例)计算。资本金的计算公式为：

资本金＝(固定资产投资＋固定资产投资方向调节税＋建设期利息＋铺底流动资金)×资本金比例

(2)资本金的筹措：资本金的筹集方式多种多样，即可以吸收货币资金的投入，也可以吸收实物、无形资产等形式的投资，还可以发行股票等筹集资金。以实物资产作为投资的，按要求进行资产评估。对于以无形资产作为资本金的，企业吸收投资者的无形资产(不包括土地使用权)一般不超过企业注册资金的20％，超过20％的应有审批机构批准，但最高不得超过30％。股份公司以货币方式认缴的资本金，其资金来源有：①股权筹资；②税后利润留用；③企业折旧资金；④按国家规定从资本市场上筹集的资金；⑤国家规定可以用作资本金的资金。

2．负债融资主要渠道

负债融资是指项目法人通过向银行和各类非银行金融机构申请货款、经批准发行企业债券、融资租赁等方式筹集的用于建设项目的资金。对于油气勘探开发项目负责融资的主要来源方式有：

(1)借款融资:包括国内外银行贷款。国内借款包括向国内商业银行、政策性银行以及各类非金融机构借款;国外借款包括国际金融组织、国际商业银行借款、国外政府贷款、出口信贷。

(2)债券融资:包括发行国内债券和国外债券。国内债券包括发行企业债券和公司债券。

(3)融资租赁:是指通过租赁公司代购设备,以“融物”代替“融资”的资金筹措方式,包括国内融资租赁和国外融资租赁。

(4)补偿贸易:包括直接补偿、间接补偿、综合补偿和劳务补偿等形式。

(5)合资合作项目的融资。

3.流动资金的筹措

按国家有关规定30%为铺底流动资金,由企业自筹;流动资金总额的70%由银行贷款,利息计入财务费用。

二、油气生产成本和费用计算模型

油气生产成本和费用是指油气田企业在生产经营活动中所发生的全部消耗。包括油气产品生产成本、管理费用、销售费用和财务费用,油气田企业生产过程中实际消耗的直接材料、直接工资,其他直接支出和其他开采成本等计入产品生产成本;发生的期间费用包括管理费用、财务费用、销售费用,作为当期损益,直接从当期销售收入中扣除,不计入产品生产成本。

1.油气生产成本

油气生产成本包括材料、燃料、动力、生产人员工资、职工福利费、折旧费、驱油物注入费、井下作业费、测井试井费、维护及修理费、稠油热采费、轻烃回收费、油气处理费、运输费、其他直接费、厂矿管理费。

油气生产成本＝材料＋燃料＋动力＋生产人员工资＋职工福利费＋折旧费＋驱油物注入费＋井下作业费＋测井试井费＋维护及修理费＋稠油热采费＋轻烃回收费＋油气处理费＋运输费＋其他直接费＋厂矿管理费。

油气操作成本＝油气生产成本－折旧费

2.管理费用

管理费用是指石油公司一级的行政管理部门为管理和组织经营活动而发生的各项费用。包括公司经费、工会经费、职工教育经费、劳动保险费、待业保险费、董事会费、咨询费、审计费、诉讼费、排污费、绿化费、税金、土地使用费、矿产资源补偿费、土地损失补偿费、技术开发费、无形资产摊销、业务招待费、坏账损失、存货盘亏、毁损和报废以及其他管理费用。

3.财务费用

财务费用是指企业为筹集资金而发生的各项费用,包括流动资金借款利息支出、生产经营期间发生的利息支出(或利息收入)、汇兑损失(或汇兑收益)、调剂外汇手续费、金融机构手续费以及筹资发生的其他财务费用。

4.销售费用

销售费用是指企业在销售产品、自制半成品和提供劳务等过程中发生的各项费用以及专设销售机构的经费,包括销售商品以及提供劳务中发生的应由企业负担的运输费、装卸费、包装费、保险费、展览费、租赁费(不含融资租赁费)代销手续和广告费,以及为销售本企业商品而专设的销售机构的职工工资、福利费、业务费、物料耗费、折旧费、修理费、低值易耗品摊销以及其他经费等。

油气生产成本和费用＝油气生产成本＋管理费用＋财务费用＋销售费用

5.经营成本

经营成本属经常性支出，何时发生就何时计入，不作分摊。因此，经营成本费用中不应包括一次性支出并已计入现金流出中的投资(以折旧形式收回)、摊销费、借款利息支出等费用，避免重复计算。

经营成本费用＝成本和费用－折旧－摊销费用－利息支出

6.固定成本和变动成本

成本和费用按其与油气产量的关系可分为固定成本和变动成本。

固定成本是指油气产量在一定幅度内变动时，不随产量变化而增减的费用。固定成本包括：生产人员工资、职工福利费、折旧费、维护及修理费、其他直接费、厂矿管理费、财务费用、管理费用(不包括矿产资源补偿费)等。

可变成本是指随油气产量变化而升降的费用。可变成本包括：材料、燃料、动力、驱油物注入费、井下作业费、测井试井费、稠油热采费、轻烃回收费、油气处理费、销售费用、管理费用中的矿产资源补偿费等。

7.固定资产折旧

(1)固定资产的计价

固定资产在其使用过程中发生磨损(有形磨损和无形磨损)，其磨损程度以折旧的形式逐渐地、部分地转移到产品的成本中去，固定资产的价值通过折旧的方法得到补偿。由于不断的磨损和折旧，因而固定资产价值处于不断变化之中，有原值、重估值和净值之分。

1)原值，原值是指已形成固定资产的原始价值。计算公式为：

固定资产原值＝固定资产投资－无形资产－递延资产＋投资方向调节税＋建设期利息

2)重估值，固定资产重估值是指在重新估价瞬间，根据当时的条件重新制造同类设备(或建厂房)所需的费用，即不论设备投产于何年，均按重估时的现行价格、运费及人工费进行估价。

3)净值，固定资产净值是指固定资产的原值减去累计折旧额后的净额。净值也称折余价值，它反映投资固定资产上的价值尚未收回的部分。用公式表示为：

固定资产净值＝固定资产原值－累计折旧额

(2)固定资产的折旧

固定资产在使用过程中转移到产品上去的价值称为“折旧”。计算固定资产折旧时，必须考虑3个因素：资产折旧费用、使用期限(即折旧年限)以及固定资产在使用期末的残值。折旧就是资产原值减去残值后在使用期内进行分摊的资产价值；使用期限预测较为困难，一般以国家规定的各类资产的折旧年限计算；残值是使用期限末清理资产变卖所得价值。固定资产折旧方法一般有直线折旧法、产量折旧法和加速折旧法等，目前油田主要采用直线折旧法。下面主要介绍直线折旧法。

直线折旧法又称平均年限法，是使用最广泛、最简单的一种折旧计算方法。按照直线折旧法，固定资产每年折旧额的计算公式为：

$$年折旧额 = \frac{固定资产原值 - 固定资产残值}{折旧年限}$$

或者

$$年折旧额 = 固定资产原值 \times 年折旧率$$

$$年折旧率 = \frac{年折旧额}{固定资产原值} \times 100\% = \frac{1-预计净残值率}{折旧年限} \times 100\%$$

固定资产净残值是预计的折旧年限终了时的固定资产残值减去清理费用后的余额。固定资产净残值与固定资产原值之比称为净残值率，预计净残值率一般按固定资产原值的3%～5%计取，在油田企业统一按10%（陆地上）综合折旧率计提折旧；油气井折旧年限为10年（陆地上），油气集输设置为14年，长输油气管线管为20年，油田内部输油气管线为10年。

8. 摊销费

主要包括无形资产摊销和递延资产摊销。无形资产应按规定期限分期采用直线摊销，没有规定期限的，不少于10年的期限进行分期摊销；递延资产中的开办费不少于5年的期限进行分期摊销。

三、油价、气价计算模型

1. 油气储量价值与油价的关系

油气储量价值是构成油气价格的重要组成部分，并通过油气价格得到补偿，因此油气储量价值与油价有密切的关系。从石油储量交易来看，油价的高低受国际政治及经济的形势、供需关系影响较大，油气储量价值随油价的升高而升高，随油价的下跌而下跌。石油储量买卖交易随油价的升高而增加，随油价的下跌而减少。

2. 油价、气价取值

如果从油田的财务资料收集油价、气价参数，需要考虑增值税的问题。在《产品销售》利润明细表中，油、气价是扣除增值税的油、气价，除合同规定外，油价、气价应取本公司一定时期或年的平均值；对将要开发的老区新油田，参照老油气田取值；对新区新油田，应取将要销售的价格。在进行储量评估时，油价、气价应该用含增值税的油价、气价，即在评价中统一使用含税油价、气价，并且油价、气价在评价期保持不变。在销售及附加支出中考虑增值税问题。因为，企业收取的销项税额和进项税额支出是相等的，即：

$$销项税额 = 进项税额 + 增值税$$

四、销售收入计算模型

产品销售收入是指建设项目通过销售商品取得的收入，销售收入的计算采用含税价格进行评价，同时计算不含税销售收入，计算公式如下：

$$年销售收入(含税) = 年油气产量 \times 油气商品率 \times 销售价格(含税)$$

$$年销售收入(不含税) = 年油气产量 \times 油气商品率 \times 销售价格(不含税)$$

油气商品率是油气商品量与油气产量之间的比率。

五、税金计算模型

税金是国家依据法律对有纳税义务的单位和个人征收的财政资金。国家采用这种筹集财政资金的手段叫税收。根据有关税法的规定，国家向企业和个人征收缴纳的税有十多种，目前，在石油天然气勘探项目财务评价中涉及的销售税金及附加有：增值税、资源税、城乡维护建设税、教育费附加等。

1. 增值税

增值税是以商品生产、流通和服务各个环节的增值额为征税对象，在我国境内销售货物或者提供加工、修理修配劳务以及进口货物的部门或个人都应缴纳增值税。

原油增值税率为17%，天然气增值税率为13%，油田内部生产的自用产品、内部调拨材料和设备、提供的劳务以及产品销售过程所发生的费用免交增值税。具体计算公式有两种方法：

(1)按占销售收入的比例计算

根据赋税水平的统计资料，可按增值税占销售收入的比例估算应纳增值税额。

(2)按增值税税法规定的方法计算

应纳增值税税额＝当期销项税额－当期进项税额

1)销项税

按销售额和规定的税率计算出的增值税称为销项税额，由纳税人向购买方在销售价格外收取。

$$销项税额 = \frac{销售收入(含税)}{(1+税率)} \times 税率$$

2)进项税

进项税额为纳税人购进货物或者接受应税劳务所支付或负担的增值税额。原油、天然气是不可再生资源，在寻找资源、开发资源过程中消耗的外购材料、动力等支付的增值税，均应予以扣除。进项税额分两种情况计算：

第一种：成本项价格不含税

$$进项税额=(外购材料费+燃料费+动力费)\times增值税税率$$

第二种：成本项价格含税

$$\begin{aligned}进项税额=&\frac{(外购材料费+燃料费+动力费)\times100\%}{1+增值税税率}\times增值税税率+\\&\frac{(维护修理费+稠油热采费+轻烃回收费)\times50\%}{1+增值税税率}\times增值税税率+\\&\frac{(井下作业费+测井试井费+油气处理费+驱油物注入费)\times30\%}{1+增值税税率}\times\\&增值税税率\end{aligned}$$

2. 资源税

资源税是指国家向在我国境内开采原油、天然气、煤炭、其他非金属矿原矿、黑色金属矿原矿、有色金属矿原矿及生产盐业的单位和个人征收的一种税。实际上，它是对因资源生成和开发条件的差异而客观形成的级差收入征收的一种税。本着资源条件好、盈利高的多征，资源条件差、盈利低的少征的原则。计算方法为：

$$应纳资源税额=课税数量\times单位税额$$

课税数量是指销售数量和自用数量，其开采油过程中用于加热、修井的原油免税。

3. 城乡维护建设税

城乡维护建设税是向凡是有营业收入的单位和个人征收的一种税，城乡维护建设税为增值税的7%。计算公式：

城乡维护建设税＝增值税额×税率(7%)

4.教育费附加

教育费附加是为了加快地方教育事业的发展，扩大地方教育经费的资金来源而开征的一种税。教育费附加为增值税额的3%。计算方法为：

教育费附加＝增值税额×税率(3%)

5.矿产资源补偿费

矿产资源补偿费按照矿产品销售收入的1%征收。

6.企业所得税

企业所得税是指对中华人民共和国境内的企业(外商投资企业和外国企业除外)的生产经营所得征收的一种税。它是国家与企业利润分配并直接调节其利润水平的一个关键性税种。国家对企业生产、经营和其他所得一律按25%的统一税率征收企业所得税。计算公式为：

应纳所得税额＝应纳税所得额×所得税率(25%)

式中：应纳税所得额＝利润总额－准予扣除项目金额

所得税暂行条例规定："纳税人发生年度亏损的可以用下一纳税年度的所得弥补；下一纳税年度的所得不足弥补的，可以逐年延续弥补，但延续弥补期最多不得超过5年。"因此，当财务评价中出现年度亏损时应用下一年度的所得予以弥补。其计算公式如下：

应纳所得税额＝(应纳税所得额－用于上一年度的亏损额)×所得税率(25%)

六、利润计算模型

利润，是劳动者为社会劳动所创造价值的一部分，是企业在一定期间的生产经营成果。油气勘探投资项目投产后所获得的利润可分为利润总额和税后利润两个层次：利润总额是销售收入减去销售税金及附加和总成本费用之和后的余额。即：

利润总额＝销售收入－总成本费用－销售税金及附加

税后利润＝利润总额－所得税

企业缴纳所得税后的利润除国家另有规定者外，税后利润一般按照下列顺序分配：

1)被没收财产损失，支付各项税收的滞纳金和罚款；

2)弥补企业以前年度亏损；

3)提取法定盈余公积金，法定盈余公积金按照税后利润扣除前两项后的10%提取，盈余公积金已达注册资金的50%时可不再提取；

4)提取公益金，公益金主要用于职工集体福利设施支出；

5)向投资者分配利润，分配顺序为：a.支付优先股股利；b.提取任意盈余公积金；c.支付普通股股利。

七、现金流量

1.现金流量的概念

现金流量是经济评价的基础，许多经济指标的计算是借助于现金流量完成的。把企业或项目作为一个独立系统来考察，项目在建设时期和生产经营期间要进行资源的投入，要消耗一定的资金，即资金流出；销售产品获得一定的销售收入，即资金流入。在技术经济分析中，把各个时间点上实际发生的这种资金流出和资金流入称为现金流量。为项目所消耗的一切现金称作现金流出；取得的收入则称作现金流入。所谓现金流量就是以项目为系统，在项目寿命期内现金流出和现金流入的总称。

现金流量的特点是现金何时发生就在何时计入，不包括内部转移支付。如折旧费、摊销费在建设期内已经发生计入，所以生产经营期间就不应再计入现金流出。

2.现金流量的构成

油气勘探项目的现金流量构成主要分现金流出和现金流入。

现金流出主要包括：建设期固定资产投资、固定资产投资方向调节税、流动资金投资；生产经营期间的经营成本、销售税金及附加、所得税等。

现金流入主要包括：生产经营期间销售产品的销售收入，在寿命期末回收的固定资产余值和回收的流动资金。

净现金流量：是指各个时间点上发生现金流入与现金流出之差。一般以年为时间单位，即：比较项目在一年内现金流入与现金流出的多少。净现金流量计算公式为：

净现金流量＝现金流入－现金流出

第二节 资金的时间价值

一、资金的时间价值概述

(一)资金的时间价值

所有项目的建设与运行、技术方案的实施，都有一个时间上的延续过程。资金的时间价值是指资金的价值与时间有关，它的价值随时间的推移发生了增加或减少的变化，其增加或减少的部分称为资金的时间价值。

资金的时间价值可以是正值(即资金增值)也可以是负值(即资金贬值)。资金之所以会发生增值，是因为资金属于商品经济范畴的概念。在商品经济条件下，当资金进入生产和流通领域以后，利用流通和交换使货币转换成劳动资料，再经过生产领域，由劳动者加工成新的产品，形成新的价值，这些新的产品再次回到流通领域，完成资金的循环，从而实现价值的增值。资金之所以会发生贬值，是因为资金被锁住，没有进入到生产和流通领域中，在通货膨胀存在的条件下，其价值(实际购买力)就会越来越小。对于资金贬值问题，在项目的经济分析中我们一般不单独考虑，所以在此不再叙述。

(二)利率及其计算

1.利息和利率

利息是资金运动时间因素的重要体现之一。因此通常用利息额的多少作为衡量时间因素的绝对尺度。利息是指占用资金所付的代价(或放弃使用资金所得到的补偿)。如果将一笔资金存入银行(或投入生产)，这笔资金就称为本金。即：

利息＝目前应付(应收)的总金额－原来的借(贷)款金额

利息通常根据利率来计算。利率也称利息率，是指一定时间内所付的利息金额与贷款(或存款)金额的比率，通常用百分数表示。即：

$$利率=\frac{每单位时间增加的利息}{原金额}\times 100\%$$

利率按其计息时间的长短可分为：年利率、季利率、月利率、周利率、日利率等。用以表示利率的时间单位称为利息周期。当包括了一个以上的利息周期时，则要考虑“单利”与“复利”问题。

2. 单利与复利

利息的计算分为两种，即单利计息和复利计息。

(1)单利法。单利法计算利息是指在计算利息时，只有本金生息，利息不再生息。单利法的计算公式如下：

设：P 代表本金，i 表示计息周期内的利率，n 代表计息次数，本利和 F 为：

第 1 年末 F_1 为：$F_1 = P + P \cdot i = P(1+i)$

第 2 年末 F_2 为：$F_2 = P(1+i) + P \cdot i = P(1+2i)$

……

第 n 年末 F_n 为：$F_n = P[1+(n-1)i] + P \cdot i = P(1+n \cdot i)$

即，n 个利息周期后的本利和为：

$$F_n = P(1+n \cdot i)$$

(2)复利法。复利法计算利息，是指在计算利息时，不仅本金生息，而且利息还要生息，俗称“利滚利”。在计算利息时，将本金加上先前周期累计利息之和为基数，来计算各期利息。复利法的计算公式如下：

设：P 代表本金，i 表示计息周期内的利率，n 代表计息次数，本利和 F 为：

第 1 年末 F_1 为：$F_1 = P(1+i)$

第 2 年末 F_2 为：$F_2 = F_1(1+i) = P(1+i)^2$

……

第 n 年末 F_n 为：$F = F_n = F_{n-1}(1+i) = P(1+i)^n$

即，n 个利息周期后的本利和为：

$$F_n = P(1+i)^n$$

二、资金等值计算及基本公式

在油气勘查项目经济分析中，为了考察投资项目的经济效果，必须对项目寿命期内不同时间发生的全部费用和全部收益进行计算和分析。在考虑资金时间价值的情况下，不同时间发生的收入或支出，其数值不能直接相加或相减，只能通过资金等值计算将它们换算到同一时点上进行分析。资金等值计算，是借助于普通复利计算公式来进行的。

资金等值的计算，根据现金的不同支付方式，有 7 个主要的复利计算公式。先将公式中经常用到的基本符号介绍如下：

P：现值(或本金)。在时间标度上，它出现在零点上或出现在我们所选定的用以度量时间的一其他点上。若不指明，P 处在初始周期的起点上。

F：终值(或将来值、本利和)。在时间标度上，它出现在点 n 或我们所选定的用以计算时间的某一未来点。若不指明，F 出现在最终周期的末尾。

A：年值(或年金)。表示一个期末支付的等额均匀序列。要满足这个定义，它们必需是等量的支付,并且必须出现在每一个周期的末尾。

i:利率。

n:计息周期数。

(一)一次支付类型

一次支付又称整付,是指所分析系统的现金流量,无论是流出还是流入,均在一个时点上发生。对于所考虑的系统来说,如果在考虑资金时间价值的条件下,现金流入恰恰能补偿现金流出,则 F 与 P 就是等值的。

1. 一次支付终值公式

已知期初投资为 P,期利率为 i,求第 n 期期末的终值(本利和) F 是多少。

一次支付终值公式在复利法计算利息中已经推导出。即:

$$F_n = P(1+i)^n \tag{10-2}$$

式(10-2)中,$(1+i)^n$ 为一次支付复利终值系数,也可以用 $(F/P,i,n)$ 表示(其中斜线右边字母表示已知的数据与参数,左边表示欲求的等值现金流量),其系数可通过查"一元一次支付终值系数表"求得。则上式可简化为:

$$F = P(F/P,i,n)$$

例 10-1:借一笔油田基建贷款 100 万元,年利率为 10%,5 年末的终值金额是多少?

解法一:$F = P(1+i)^n = 100 \times (1+10\%)^5 = 161.1$(万元)

解法二:$F = P(F/P,i,n) = 100 \times (F/P,10\%,5) = 100 \times 1.611 = 161.1$(万元)

答:5 年末的终值的金额为 161.1 万元。

2. 一次支付现值公式

已知第 n 期期末的终值 F,期利率为 i,求现值 P 是多少?此问题同一次支付终值问题正好相反。由公式(10-2)可直接推导出一次支付现值公式

$$P = F\left[\frac{1}{(1+i)^n}\right] \tag{10-3}$$

式(10-3)中,$\frac{1}{(1+i)^n}$ 为一次支付现值系数,亦可用 $(P/F,i,n)$ 表示。其系数可通过查"1 元一次支付现值系数表"求得。则上式可简化为:

$$P = F(P/F,i,n)$$

例 10-2:某石油公司想在 6 年末一次从银行提取 800 万元钱,年利率为 12%,问现在必须一次性存入银行多少钱?

解:$P = F(P/F,i,n) = 800 \times (P/F,12\%,6) = 800 \times 0.5066 = 405.28$(万元)

答:现在必须一次性存入银行 405.28 万元。

(二)等额支付类型

等额分付是多次支付形式中的一种。多次支付是指现金流入和现金流出在多个时点上发生,而不是集中在某一个时点上。现金流数额的大小可以是不等的,也可以是相等的。当现金流序列是连续的,且数额相等,则称为等额系列现金流。下面介绍等额系列现金流的 4 个等值计算公式。

1. 等额支付年金终值公式

已知每期期末等额支付资金额为 A,连续支付 n 期,期利率为 i,求第 n 期的终值 F。从

第一年末至第 n 年末有一等额的现金流序列，在考虑资金时间的条件下，n 年内系统的总现金流出等于总的现金流入，n 年末的现金流入 F 应与等额现金流出序列等值。F 相当于等额年值序列的终值，可把等额序列视为 n 个一次支付的组合，利用一次支付终值公式推导出等额分付终值公式：

$$F = A + A(1+i) + A(1+i)^2 + A(1+i^3) + \cdots + A(1+i)^{n-2} + A(1+i)^{n-1} \quad (10-4)$$

将(10－4)式两边×$(1+i)$，得：

$$(1+i)F = A(1+i) + A(1+i)^2 + A(1+i^3) + \cdots + A(1+i)^{n-1} + A(1+i)^n \quad (10-5)$$

式(10－5)—式(10－4)，得等额分付年金终值公式：

$$F = A\left[\frac{(1+i)^n - 1}{i}\right] \quad (10-6)$$

式中：$\frac{(1+i)^n - 1}{i}$ 为等额分付年金终值系数，亦可用 $(F/A,i,n)$ 表示。其值可以通过查"1元等额支付年金终值系数表"求得。则上式可简化为：

$$F = A(F/A,i,n)$$

例 10－3：某石油勘探公司，连续 8 年每年年末从利润中提取 500 万元存入银行，年利率为 10%，问 8 年后一次可以提取多少万元？

解：$F = A(F/A,i,n) = 500 \times (F/A,10\%,8) = 500 \times 11.436 = 5\ 718$（万元）

答：8 年后一次可以提取 5 718 万元。

2. 等额支付资金积累公式

已知第 n 期期末的将来值为 F，期利率为 i，求连续 n 期每期期末的等额支付值 A。等额支付资金积累公式是上述等额支付终值公式的逆运算。由式(10－6)直接推导出等额支付资金积累公式：

$$A = F\left[\frac{i}{(1+i)^n - 1}\right] \quad (10-7)$$

式中：$\frac{i}{(1+i)^n - 1}$ 为等额支付资金积累系数，亦可以用 $(A/F,i,n)$ 表示。其系数可查"1元等额支付资金积累系数表"求得。则上式可简化为：

$$A = F(A/F,i,n)$$

例 10－4：有一采油厂 5 年末更新一台钻机，其购置费为 60 万元，年利率为 10%，现在每年应该存入银行多少万元？

解：$A = F(A/F,i,n) = 60 \times (A/F,10\%,5) = 60 \times 0.1638 = 9.828$（万元）

答：现在每年应该存入银行 9.828 万元。

3. 等额支付年金现值公式

已知每期期末等额支付资金为 A，连续支付 n 期，期利率为 i，求现值 P。

在考虑资金时间价值的条件下，n 年内系统的总现金流出等于总现金流入，则第 0 年末的现金流出 P 应与从第一年到第 n 年的等额现金流入序列等值，P 就相当于等额年值序列的现值。

将式(10－6)两边各乘以 $\frac{1}{(1+i)^n}$，可得到等额支付年金现值公式：

$$P = A\left[\frac{(1+i)^n - 1}{i(1+i)^n}\right] \quad (10-8)$$

式中：$\frac{(1+i)^n-1}{i(1+i)^n}$ 为等额支付年金现值系数，亦可以用 $(P/A,i,n)$ 表示。其系数可查"1元等额支付年金现值系数表"求得。则上式可简化为：

$$P=A(P/A,i,n)$$

例 10－5：某石油勘探项目建成后预计每年可获利 1 000 万元，其寿命期为 10 年，银行存款年利率为 10%。问如果该项目可行，总投资应控制在多少万元以内？

解：$P=A(P/A,i,n)=1\,000(P/A,15\%,10)=1\,000\times 5.018\,8=5\,018.8$（万元）

答：总投资应控制在 5 018.8 万元以内。

4. 等额支付资金回收公式

已知现值为 P，期利率为 i，求连续 n 期每期期末的等额支付值 A。等额支付资金回收公式是上述等额支付年金现值公式的逆运算，由式(10－8)直接推导出等额支付资金回收公式：

$$A=P\left[\frac{i(1+i)^n}{(1+i)^n-1}\right] \tag{10-9}$$

式中：$\frac{i(1+i)^n}{(1+i)^n-1}$ 为等额支付资金回收系数，亦可以用 $(A/P,i,n)$ 表示。其系数可以查"1元等额支付资金回收系数表"求得。则上式可简化为：

$$A=P(A/P,i,n)$$

例 10－6：某石油工程项目投资贷款 200 万元，银行 4 年内等额收回全部投资贷款，已知贷款利率为 10%，那么项目每年的净收益至少应有多少万元？

解：$A=P(A/P,i,n)=200\times(A/P,10\%,4)=200\times 0.315\,5=63.1$（万元）

答：项目每年的净收益至少应有 61.3 万元。

第三节　油气勘查项目经济评价指标与方法

对油气资源勘探工作者来说，了解如何把他们的技术工作结果用来估算其所从事的项目的经济价值是至关重要的。否则，他们的地质技术成果得不到正确的应用或利用。这就要求他们有一个良好的技术经济知识，并与他们的地质技术经验结合起来。可以说油气勘查项目经济评价是石油天然气勘探项目可行性研究与项目建议书的重要组成部分，它是在石油天然气资源地质评价、工程评价的基础上，从经济的角度评价石油天然气勘探项目的经济可行性，为项目的科学决策提供重要依据。

一、油气勘查项目的特点

石油天然气勘探是一项极为复杂、大型的系统工程，具有风险大、投资多、周期长、技术工艺复杂等特点。为避免投资决策失误，提高勘探投资效益，根据勘探项目的特点对之进行经济评价。

1. 风险大

油气勘查项目是一种典型的高风险项目，是集资源风险、作业风险和市场风险于一体的特殊项目，其巨大的资源风险在一般项目中是不存在的，我们对油气资源的评价只能根据现有的勘探资料进行，而资料的取得是有限的。因而往往仅有一些片面的、局部的感性认识。若据之进行分析、类比、推断地质情况，将会与实际情况产生差别，这种认识与实际之间的差别就带来不可避免的风险性。

2. 投资多

油气勘探项目投资多，这是由于油气勘探要求运用各种先进的勘探技术，如地球物理，地球化学、地震、钻探、测试等多种技术，必须投入大量资金购置勘探、钻井、测井、试油、录井机器和设备，而且油田多处于边远地区，需要购置多种车辆和运输工具，人、财、物、资源消耗很大，由此种种都造成投资庞大。根据 1987 年资料，我国陆上油田每获一亿吨储量总投资约 6 亿元，需钻井 46 万 m，地震测线 1.7 万 km。海上每获一亿吨储量总投资约 2.5 亿美元，需钻井 10 万 m，地震测线 3.4 万 km。近些年，由于物价上涨等因素，使得亿吨储量投资额增加很多。1992 年每获一亿吨储量投资额平均为14.505 4亿元，2002 年每获一亿吨储量投资额平均为 20.35 亿元。

3. 周期长

由于油气深埋于地下，油藏地质条件十分复杂，加之地面的自然地理条件差异很大，尤其是海上、沙漠等情况更为复杂。油气资源的复杂性与巨大风险性决定了其勘探周期比一般项目要长得多，少则几年，多则十余年。

4. 技术工艺复杂

这是油气勘探项目的又一特点。为了更好地勘探开发地下油气资源，人们必须不断探索、研究、运用新科技成果、新的应用技术成果。例如项目地质综合研究中的新的认识方法，新的描述理论、解释理论，工程研究中的新工艺、新技术装备，以及国外新发展的先进的科学技术。

上述四大特点关系密切。油气资源固有的复杂性，就要求人们在勘探过程中采用先进的科学技术，投入大量的资金和长时间的努力，其风险之大是显而易见的。

二、油气勘查项目的经济评价原则

1. 阶段性经济效益分析与全过程经济效益分析相结合

油气勘探全过程具有阶段性的特点，经济评价工作应贯穿勘探工作的全过程。即在勘探之前，或勘探过程的各个阶段都应做出相应的技术经济评价。各勘探阶段的经济效益分析是勘探项目全过程经济效益分析的重要组成部分，只有确保阶段性经济效益分析的质量，才能提高全过程经济效益分析的可靠性。

2. 定量分析与定性分析、价值量分析与实物量分析相结合，以定量分析与价值量分析为主

经济评价客观上要求对油气建设和生产过程中的诸多因素，通过效益、费用计算，给出明确的综合的数量概念，从而便于进行经济分析和比较。但是，由于油气勘探项目受勘探程度的限制，对地质资源的认识有一个过程。一些经济因素如对潜在储量未来工业开发的可能性、生态、环境及其国民经济意义等难以量化，因此，往往不能直接进行数量分析。对此应进行实事求是、准确有效的定性描述，并与定量分析结合起来进行评价。同时，油气勘探项目的目的是探明地下资源量，勘探阶段不同、目的不同，所获成果也不同。因而我们在对油气勘探项目进行经济评价时既要计算经济效益指标，也要计算所获储量的数量、质量等实物量指标。

3. 动态分析与静态分析相结合，以动态分析为主，考虑时间因素

资金的价值与时间有关。投资者和决策者都必须树立资金时间价值的概念，用动态方法分析油气勘探的各项投入和产出，做到合理利用建设资金，提高勘探效益。当然，强调动态分

析并不排斥静态分析，尤其是油气勘探项目由于受到勘探程度的限制，特别是在区域勘探和预探勘探阶段，对地下资源的认识还不够全面、准确，因此，还必须计算一些静态指标，把动态分析与静态分析结合起来。

4.多目标综合评价原则

由于勘探工作是一项多学科、多工种联合作战的系统工程，工序多、周期长，因此，勘探经济效益是综合勘探的结果，是勘探决策层、管理层、执行层三大层次及物化探、钻探、地质综合研究共同作用的结果，用任何一个单项指标都难以对勘探经济效益做出全面评价，所以，必须实行全方位、全过程、多元评价指标综合评价的原则。

为确保勘探效益，必须按照上述四条评价原则，对油气勘探项目进行多方案的比选和优化，最终选择投资省、周期短、见效快、效益好的投资方案优先勘探。

三、油气勘查项目经济评价方法及指标

油气勘查项目经济评价方法，可分为概略评价法、常规经济评价法和风险评价法等。

(一)概略评价法

概略评价法主要以储量规模或经济可采储量规模为主线，预测油气勘探成本、商业油气流等实物量指标，分析勘探项目可行性。

1.实物量指标

(1)油气资源潜力。资源量是指项目区的油气资源量，应采用成因法、类比法等多种方法求得，均以概率分布曲线表示，是衡量项目未来可能的总规模指标。

油气资源量通过如下4个特征值表示：

P_{10}即大于累计概率值为10%的油气资源量；

P_{50}即大于累计概率值为50%的油气资源量；

P_{90}即大于累计概率值为90%的油气资源量；

不同概率下油气资源量加权求和获得油气资源量期望值。

储量规模是指项目区内的油气储量大小，主要采用容积法求得，经概率分布曲线表示，是项目未来经济效益指标的估算依据。

油气储量亦通过P_{10}、P_{50}、P_{90}和期望值4个特征值表示。

(2)丰度。资源丰度是预测的油气资源量期望值和项目区预测有效面积的比值。

$$资源丰度=\frac{油气资源量期望值(\times 10^4\,t 或 \times 10^8\,m^3)}{预测有效面积(km^2)}$$

储量丰度是项目区内预测探明储量期望值和预测探明含油气面积的比值。

$$储量丰度=\frac{预测探明储量期望值(\times 10^4\,t 或 \times 10^8\,m^3)}{预测探明含油气面积(km^2)}$$

(3)单井稳定产量。单井稳定产量是指油气田开发初期的平均单井稳产量，勘探阶段主要根据试油和试采资料采用各种方法求得。

(4)单位油气勘探开发成本(发现成本)。

$$单位油气勘探开发成本(元/t)=\frac{全部勘探开发投资(万元)}{探明可采储量(10^4\,t)}$$

(5)单位油气勘探成本。

$$单位油气勘探成本(元/t)=\frac{全部勘探投资(万元)}{探明可采储量(10^4t)}$$

2.确定实物量指标界限值

根据国家或石油行业标准规定，结合相似油区的统计分析资料，确定出评价指标的界限值。主要界限值指标如表10-1。

表10-1　指标界限值界定表

经济参数和评价指标名称	界限值
单位油气勘探开发成本	规定或2/3油价
单位油气勘探成本	规定或统计预测
探明储量丰度	参照储量规范分析
资源丰度	参照统计资料分析
单井产量限值	参照规定
最小探明储量规模	参照规定或计算
最小经济油田规模	参照规定或计算

(1)储量规模分类标准，如表8-3所示。

(2)储量丰度分类标准如表8-4所示。

(3)油(气)稳定日产能力四项指标等级划分如表8-6所示。

(4)最小探明储量规模是指进行勘探及后续投资之后探明储量的最低界限。如果未来探明的油气储量低于这一界限值，该项目就无法获得勘探投资所要求的最低回报。在新的勘探区，通过对估算的探明储量期望值和最小探明储量规模的边界值比较，可判断投资项目的可行性。

最小探明储量规模的预测是根据邻区油田指标类比确定的，它的预测方法有很多种，这里介绍以成本为基础的静态分析方法。

1)确定最高允许成本

$$最高允许成本(元/t)=\frac{[原油商品率(\%)\times油价(元/t)-单位税金(元/t)]}{[行业基准利润率(\%)+1]}$$

2)确定最高单位勘探成本

$$最高单位勘探成本(元/t)=最高允许成本(元/t)-单位开发投资(元/t)-单位操作成本(元/t)$$

3)确定最小探明储量规模

$$最小探明储量规模(10^4t)=\frac{勘探项目计划总投资(万元)}{最高单位勘探成本(元/t)}$$

(5)最小经济油田规模是指在当前技术条件下，按经济条件(油价、成本、税金等)估算的、经济可采的油气数量。

$$最小经济油田规模(10^4t)=\frac{年均固定总成本(万元)\times开采年限}{油价(元/t)-可变成本(元/t)-税金(元/t)}$$

3. 边际值法

边际值法是指在获得最低限度利润的前提下，能够接受的单位储量所花费用的投资上限。通过一系列分析，寻找出探明单位储量的投资边际值，作为勘探方案经济可行性的判别标准。

（二）常规经济评价法

油气勘查项目经济评价主要针对项目决策前的不同阶段进行评估：建议书阶段、可行性研究阶段和项目前评估阶段。这些不同阶段项目评估的关键是分析投资项目在未来一定时期的现金流量，并且估算现金流量的风险性，根据具体的财务决策评价方法，考察项目的盈利能力、清偿能力等指标情况，判断项目的经济可行性，并通过方案对比选择出最佳方案。油气勘查项目经济评价主要有投资盈利评价指标和清偿能力评价指标。

1. 投资盈利评价指标

油气勘查项目投资盈利评估的方法主要有净现值法、净现值比率法、内部收益率法和投资回收期法等。

(1)净现值法。评价原则：各方案的评价期相等；可预见方案的收益大小。

1)定义：按给定的折现率（或行业基准折现率）将投资方案在寿命期内各年净现金流量折现到同一时点（通常是期初）的现值代数和就是净现值。用计算公式表示为：

$$NPV = \sum_{t=0}^{n} (CI - CO)_t \, (1 + i_0)^{-t} \tag{10-10}$$

式中：NPV 为净现值/万元；$(CI - CO)_t$ 为第 t 年的净现金流量/万元；$(1 + i_0)^{-t}$ 为第 t 年的折现系数（或贴现系数）；i_0 为基准折现率（或 $i_c = 12\%$ 为石油行业原油、天然气开采业的基准折现率）；n 为投资方案的寿命期。

2)判别标准：根据净现值的定义可知，$NPV > 0$，表示项目除保证能实现规定的收益率外，尚可获得更高的收益；$NPV = 0$，表示项目正好达到所规定的收益率标准，而非投资项目盈亏平衡；$NPV < 0$，表示项目未能达到所规定的收益率水平，但不能确定项目已亏损。因此，净现值的判别标准是：

若 $NPV \geqslant 0$，可以考虑采纳该投资项目；若 $NPV < 0$，应该舍弃该投资项目；多方案比选时，应选择净现值最大的方案，净现值越大的方案相对越优（净现值最大准则）。

3)对净现值法的评价

净现值法的优点：是考虑了资金的时间价值，可以清楚地表明方案在整个寿命期内的绝对收益，简单、直观。

净现值法的局限性：其缺点是折现率或基准折现率的确定比较困难，而折现率或基准折现率的大小又直接影响方案的经济性。若折现率或基准折现率选取得过高，则会使经济效果较好的方案变为不可行；选取得太低，又会使经济效果不好的方案变为可行。此外，净现值所反映的是方案绝对经济效益，不能说明资金的利用效果大小。当各方案投资不同时，易选择投资大盈利也大的方案，而忽视投资较少、盈利较多的方案。特别是当各方案投资额相差很大时，仅根据净现值的大小选取并不全都合适。

(2)净现值比率法。净现值比率法（又称净现值指数法）是在净现值法的基础上发展起来的。净现值用于多方案比较时，虽然能反映每个方案的盈利水平，但是由于没有考虑各方案投资额的多少，因而不能直接反映资金的利用效率。为了考察资金的利用效率，可采用净现值比率作为净现值的一个补充指标。

净现值比率是方案的净现值与投资现值之比，其含义是每元投资的现值所“创造”的净现值收益。计算公式为：

$$NPVR=\frac{NPV}{I_{\mathrm{p}}}=\frac{NPV}{\sum_{t=0}^{n}I_t\,(1+i_0)^{-t}} \tag{10-11}$$

式中：I_t 为第 t 年的投资/万元；I_p 为投资现值，即如果工程项目的投资是分次投入，应将各次投资均换算为现值后相加。

判别标准：净现值比率最大准则寻求最佳经济效益，净现值比率最高者为最优方案。

(3)内部收益率法。

1)定义：所谓内部收益率，就是使净现值为零时的折现率。内部收益率是效率型指标，它能够反映项目所占用资金的盈利率，即考察项目资金使用效率的重要指标。

内部收益率的定义式为：

$$\sum_{t=o}^{n}(CI-CO)_t\,(1+IRR)^{-t}=0 \tag{10-12}$$

式中：IRR 为内部收益率。

2)计算方法：由式(10－11)知，当 $t=0,1,2,\cdots,n$ 时，$\sum_{t=o}^{n}(CI-CO)_t\,(1+IRR)^{-t}=0$ 是一个高次方程，不能采用一般的代数方法求解，通常采用“试算内插法”求 IRR 的近似解，求解过程如下：

先任取一个折现率 i_1，计算相应的 $NPV(i_1)$，若 $NPV(i_1)>0$，说明欲求的 $IRR>i_1$，则增加折现率 i_1 的值，若 $NPV(i_1)<0$，说明欲求的 $IRR<i_1$，则减小折现率 i_1 的值，根据此信息，将折现率修正为 i_2，求 $NPV(i_2)$ 的值。如此反复试算，直到净现值等于零或接近于零为止，然后用线性插值的方法求出内部收效率 IRR 的近似值。计算公式为：

$$IRR=i_1+\frac{NPV_1}{NPV_1+|NPV_2|}(i_2-i_1) \tag{10-13}$$

式中：i_1、i_2 分别是使净现值由正转为负的两个相近折现率，且 $i_2>i_1$；

NPV_1、NPV_2 分别为 i_1、i_2 时计算的净现值，$NPV_1>0$，$NPV_2<0$。

判别标准：计算出内部收益率 IRR 后，应与基准收益率 i_0 相比较。

对单方案来说，若 $IRR\geqslant i_0$，则认为方案在经济效果上是可行的；若 $IRR<i_0$，则认为方案在经济效果上是不可行的。

在多方案比选中，若各方案内部收益率 IRR_1，IRR_2，…，IRR_n 均大于 i_0，均可取，则此时应该与净现值指标结合起来考虑。一般是选择 IRR 较大且 NPV 也较大的方案，而非 IRR 越大的方案越好。

(4)投资回收期法。投资回收期法是分析项目投资回收快慢的一种重要方法。作为投资者，非常关心投资回收期。通常，投资回收期越短投资风险就越小，投资回收期是投资决策的重要依据之一。投资回收期法又分为静态投资回收期法和动态投资回收期法。

1)静态投资回收期法

a.定义：静态投资回收期是指投资项目从投资建设之日起每年所获得的净收益回收(抵偿)全部投资所需要的时间，一般以“年”为单位。用公式表示：

$$\sum_{t=0}^{P_t}(CI-CO)_t=0 \tag{10-14}$$

式中：P_t 为静态投资回收期(年)。

对于各年净收益不等的项目，投资回收期通常用财务现金流量表中累计净现金流量求出。

$$P_t=\begin{bmatrix}\text{累计净现金流}\\ \text{量开始出现正}\\ \text{值的年份数}\end{bmatrix}-1+\frac{\text{上年累计净现金流量的绝对值}}{\text{当年净现金流量}} \tag{10-15}$$

b. 判别标准：求出的投资回收期 P_t 必须与国家规定的基准投资回收期（Pt_c）进行比较，以判别项目的可行性。

若 $P_t \leqslant P_{tc}$，可以考虑采纳该项目；

若 $P_t > P_{tc}$，应该舍弃该项目。

c. 对 P_t 指标的评价：P_t 指标的优点为第一是概念清晰、直观，计算简便；第二便于投资者衡量项目承担风险的能力，同时在一定程度上反映了投资效果的优劣；第三在实际工作中可以作为项目评价的辅助指标得到广泛的应用。

P_t 指标的局限性：第一只考虑投资回收期之前的经济效果，不能反映回收之后的效益大小；第二由于没有考虑资金的时间价值，无法正确地判断项目的优劣可能导致错误的选择；第三没有考虑项目的寿命期及寿命期末残值的回收。

总之，静态投资回收期不考虑资金的时间价值，不考虑投资项目全过程，加上基准投资回收期难以准确确定，这些可能导致评价、判断的失误。因此，P_t 指标不是全面衡量投资项目的理想指标，只能用于粗略评价或者作为辅助指标，应和其他指标结合起来用。

2）动态投资回收期法

a. 定义：动态投资回收期就是在基准收益率或一定折现率下，投资项目用其投资后的净收益现值回收全部投资现值所需的时间，一般以“年”为单位。动态投资回收期一般从投资开始年算起，其定义式为：

$$\sum_{t=0}^{P'_t}(CI-CO)_t(l+i)^{-t}=0 \tag{10-16}$$

式中：P'_t 为动态投资回收期。

实际计算时一般采用净现金流量累计现值并结合以下插值公式求解 P'_t。

$$P'_t=\begin{pmatrix}\text{累计折现值出}\\ \text{现正值的年数}\end{pmatrix}-1+\frac{\text{上年的累积折现值的绝对值}}{\text{当年净现金流量的折现值}} \tag{10-17}$$

b. 判别标准：采用动态投资回收期法进行方案评价时，应将计算所得投资回收期（P'_t）与石油行业规定的基准投资回收期（P_{tc}）相比较，以确定方案的取舍。石油行业规定税后基准投资回收期：整装油田勘探与开发为 6 年(陆地)，特殊油田(稠油、复杂小断块)10 年，油气期与开发为 6 年。故其判别标准是：

若 $P'_t \leqslant P_{tc}$ 项目可行；若 $P'_t \geqslant P_{tc}$ 项目不可行。

c. 对动态投资回收期指标的评价

动态投资回收期指标的优点是概念明确，计算简单，突出了资金回收速度。需要注意的是，动态投资回收期与静态投资回收期相比，尽管考虑了资金的时间价值，但仍未考虑投资回收以后的现金流量，没有考虑投资项目的使用年限及项目的期末残值。此外，人们对投资与净收益的理解不同往往会影响该指标的可比性。因此，它常常被广泛地用作辅助指标。只有在资金特别紧缺、投资风险很大的情况下，才把动态投资回收期作为评价方案最主要的依据之一。

(5)静态财务盈利率

投资盈利率分析指标主要有投资利润率、投资利税率、资本金利润率等。

1)投资利润率

投资利润率是指建设项目达到设计生产能力后的一个正常生产年份的年利润总额与油气勘查项目总投资的比率，它是考察项目单位投资盈利能力的静态指标。

对于生产期内各年的利润总额变化幅度较大的项目，应计算生产期内年平均利润总额与项目总投资的比率。其计算公式为：

$$投资利润率=\frac{年利润总额或年平均利润总额}{总投资额}\times 100\%$$

年利润总额＝年产品销售(营业)收入－年产品销售税金及附加－年总成本费用

年销售税金及附加＝年增值税＋年资源税＋年城市维护建设税＋年教育费附加

项目总投资＝固定资产投资＋投资方向调节税＋建设期利息＋流动资金

投资利润率可根据损益表中的有关数据计算求得。在财务评价中，投资利润率与行业平均投资利润率对比，以判别项目单位投资盈利能力是否达到本行业的平均水平。投资利润率愈高，说明项目的财务效益愈好，盈利能力愈高。石油行业中天然原油开采的平均投资利润率为12%，天然气开采业的平均投资利润率为10%。

行业平均投资利润率，是衡量建设项目的投资利润率是否达到或超过本行业平均水平的评判参数，只作为建设项目财务评价的参考依据，不作为项目投资利润率是否达到本行业最低要求的判据。

2)投资利税率

投资利税率是指项目达到设计生产能力后的一个正常生产年份的年利税总额或项目生产期内的年平均利税总额与项目总投资的比率。其计算公式为：

$$投资利税率=\frac{年利税总额或年平均利税总额}{总投资额}\times 100\%$$

年利税总额 ＝ 年销售收入－年总成本费用

或：年利税总额 ＝ 年利润总额＋年销售税金及附加

投资利税率可根据损益表中的有关数据计算求得。在财务评价中，将投资利税率与行业平均投资利税率对比，以判别单位投资对国家积累的贡献水平是否达到本行业的平均水平。投资利税率愈高表明建设项目财务效益愈好。石油行业中天然原油开采的平均投资利税率为15%，天然气开采业的平均投资利税率为12%。

行业平均投资利税率，是衡量建设项目的投资利税率是否达到或超过本行业平均水平的评判参数，只作为建设项目财务评价的参考依据，不作为项目投资利税率是否达到本行业最低要求的判据。

3)资本金利润率

资本金利润率是指项目达到设计生产能力后的一个正常生产年份的年利润总额或项目生产期内的年平均利润总额与资本金的比率，它反映投入项目的资本金的盈利能力。计算公式为：

$$资本金利润率=\frac{年利润总额或年平均利润总额}{资本金总额}\times 100\%$$

对于油田勘探开发项目而言，资本金即总投资中的自有资金部分。

2.清偿能力分析指标

项目清偿能力分析主要是计算借款偿还期、资产负债率、流动比率和速动比率，以此来考察项目经营风险和债务偿还保证程度。

(1)借款偿还期

固定资产投资国内借款偿还期是指在国家财政规定及项目具体财务条件下，以项目投产后可用于还款的资金偿还固定资产投资国内借款本金和建设期利息(不包括已用自有资金支付的建设期利息)所需要的时间。其表达式为：

$$I_d = \sum_{t=1}^{P_d} R_t \tag{10-18}$$

式中：I_d为固定资产投资国内借款本金和建设期利息；P_d 为固定资产投资国内借款偿还期(从借款开始年计算。当从投产年算起时，应予以注明)；R_t 为 第 t 年可用于还款的资金，包括利润、折旧费、摊销费及其他还款资金。

借款偿还期可由资金来源与运用表及国内借款还本付息计算表直接推算，以年表示。详细计算公式为：

$$\text{借款偿还期} = \begin{bmatrix}\text{借款偿还后开始}\\\text{出现盈余年份数}\end{bmatrix} - \begin{bmatrix}\text{开始借}\\\text{款年限}\end{bmatrix} + \frac{\text{当年偿还借款额}}{\text{当年可用于还款的金额}}$$

涉及外资的项目，其国外借款部分的还本付息，应按已经明确的或预计可能的借款偿还条件(包括偿还方式及偿还期限)计算。

当借款偿还期满足贷款机构的要求期限时，即认为项目是有清偿能力的。

(2)资产负债率

资产负债率是反映项目各年所面临的财务风险程度及偿债能力的指标。其计算公式为：

$$\text{资产负债率} = \frac{\text{负债合计}}{\text{资产合计}} \times 100\%$$

国际上一般认为资产负债率值在40%～60%较适宜。

(3)流动比率

流动比率是反映项目各年偿付流动负债能力的指标。计算公式为：

$$\text{流动比率} = \frac{\text{流动资产总额}}{\text{流动负债总额}} \times 100\%$$

国际上认为流动比率合理值为2。

四、油气勘查项目风险分析

油气勘查项目进行经济评价时，所研究的问题都属于“未来的”问题。经济评价中所使用的各种主要数据，如投资规模、产量、生产成本、各种费用销售收入等等，主要是根据预测或估计得来的。如果将这些数据同将来实际情况相比，很可能有相当大的出入，那么用这些基本数据分析计算出来的经济效果指标也必将与实际经济效果有相当大的差别，也就是说，经济效果指标也存在着不确定性。经济评价的目的是为拟建的油气勘查项目提供决策依据，经济效果指标的不确定性将使决策很容易产生失误。因此我们必须在经济评价中进行不确定性分析，研究不确定性因素产生的原因，分析不确定因素对油气勘查项目经济效果的影响。油气勘查项目的风险分析主要有盈亏平衡分析、敏感性分析和概率分析。

1. 盈亏平衡分析

盈亏平衡分析又称量、本、利分析。它是根据油气产量或销售量、成本和利润三者之间相互依存关系进行综合分析，用以预测油气产量、成本等因素变化时对项目盈亏的影响，研究拟建油气勘查项目成本费用与收益的平衡关系的方法。通过盈亏平衡分析，油气勘查项目盈利与损失有个转折点，称为盈亏平衡点（BEP）。在盈亏平衡点上，销售收入等于总成本费用，项目刚好盈亏平衡。盈亏平衡分析就是要找出盈亏平衡点，通常根据项目正常生产年份产品产销量、固定成本、可变成本、产品销售价格及销售税金等数据进行计算，从而确定工程项目最佳的生产和运营方案，确定工程项目最佳的建设规模。计算公式为：

$$\text{总成本费用为：} C_T = C_F + C_V = C_F + C_v \cdot Q \tag{10-19}$$

$$\text{销售收入为：} S' = P \cdot Q(1-t') \tag{10-20}$$

$$\text{利润总额为：} R = S' - C_T = P \cdot Q(1-t') - C_F - C_v \cdot Q \tag{10-21}$$

式中：C_T 为年总成本费用；C_F 为年总固定成本；C_V 为年总可变成本；C_v 为单位产品的可变成本；R 为利润总额；S' 为扣除税金后的销售收入；Q 为年总产量；P 为单位产品价格；t' 为销售税率。

当盈亏平衡时，收入与支出相等（$R=0$），即税后销售收入（S'）等于总成本费用（C_T）即：

$$C_F + C_v \cdot Q = P \cdot Q(1-t') \tag{10-22}$$

当 $Q = BEP_Q$ 时，$S' = C_T$，$R=0$，这时处于盈亏平衡状态；

当 $Q > BEP_Q$ 时，$S' > C_T$，$R>0$，这时处于盈利状态；

当 $Q < BEP_Q$ 时，$S' < C_T$，$R<0$，这时处于亏损状态。

在销售收入及总成本都与产量呈线性关系的情况下，可以很方便地用解析方法求出以产品产量、生产能力利用率、产品销售价格、单位产品变动成本等表示的盈亏平衡点。

（1）盈亏平衡点的产量（BEP_Q）。在产品的价格、固定成本、单位变动成本已知的条件下，可以求出盈亏平衡点的产量为：

$$BEP_Q = \frac{C_F}{P(1-t') - C_v} = \frac{C_F}{P - C_v - t} \tag{10-23}$$

式中：t 为单位产品税金（$t = P \times t'$）。

（2）盈亏平衡点的销售收入（BEP_S）。当确定产品的价格时，根据盈亏平衡时的产量，可以求出盈亏平衡时的销售收入。即：

$$BEP_S = BEP_Q \times P \tag{10-24}$$

能力利用率（BEP_n）。若盈亏平衡点用设计的生产能力百分比可表示为：

$$BEP_n = \frac{BEP_Q}{Q_0} \times 100\% = \frac{C_F}{Q_0(P - C_v - t)} \times 100\% = \frac{C_F}{S - C_v - T} \times 100\% \tag{10-25}$$

式中：T 为年销售税金（$T = Q \times P \times t'$）；Q_0 为设计生产能力；S 为年销售收入。

（3）盈亏平衡点的销售价格（BEP_P）。若按项目设计能力进行生产和销售，则盈亏平衡点的销售价格为：

$$BEP_P = \frac{S}{Q_0} = \frac{C_T}{Q_0} = C_v + \frac{C_F}{Q_0} \tag{10-26}$$

（4）盈亏平衡点的单位产品成本（BEP_{C_v}）：若在设计能力进行生产和销售，且销售价格已定，则盈亏平衡点的单位产品成本为：

$$BEP_{C_v} = P - \frac{C_F}{Q_0} \tag{10-27}$$

盈亏平衡点越低，表明项目适应市场变化的能力越大，抗风险能力越强；反之，抗风险能力越差。多方案比较时，选择盈亏平衡点低的方案。

盈亏平衡时的生产能力利用率又称经营风险率，此值越高，风险越大，反之，风险越小。与经营风险率相对应的指标称作经营安全率。计算公式为：

$$经营安全率 = 1 - \frac{BEP_Q}{Q_0} \tag{10-28}$$

经营安全率越大，表明企业生产经营状况越好，拟建项目越安全可靠。一般来说，经营安全率在30%以上，说明企业生产经营状况安全；在25%～30%表明较为安全；在15%～25%表明不太安全；在10%～15%表明要警惕；在10%以下表明很危险。

盈亏平衡点越低，项目盈利的可能性就越大，造成亏损的可能性就越小。

2.敏感性分析

敏感性分析也称敏感度分析。它是一种常用的评价油气勘查项目经济效果的不确定性分析方法。为了使油气勘查项目的经济评价结论更好地为决策服务，常需要分析研究对油气勘查项目的现金流量起主要作用的因素，诸如投资、成本、价格、生产规模和建设工期等参数发生变化时，对项目的经济效果指标，如投资回收期、净现值、内部收益率等有什么影响，其影响大小程度如何，这样的分析研究工作就称为敏感性分析。

如果某个影响因素发生较小的变化时，经济效果指标发生较大变化，则称经济效果指标对此因素敏感；反之，如果某一影响因素发生较大变化时，经济效果指标变化较小，则称经济效果指标对此因素不敏感，如果有几个方案相比较，当影响因素发生同样变化时，经济效果指标变化大的方案为敏感性强的方案，经济效果指标变化小的方案为敏感性弱的方案。

(1)确定分析的经济效果指标。利用油气勘查项目的投资、收入、成本、寿命等基本数据，按照经济评价的方法，计算经济效果指标，如投资回收期、净现值、内部收益率等。选定其中一种或几种指标来进行敏感性分析。

(2)确定不确定性因素。对于油气勘查项目而言，通常从以下几个因素中选定不确定性因素。①项目总投资额，包括固定资产投资与流动资金投资；②油气产量；③油气价格；④经营成本；⑤折现率、外汇汇率；⑥项目寿命期等。

(3)进行敏感性分析的计算。对于选定的各个不确定性因素，逐次接着增加或减少一定百分比(如10%，15%，20%，…，等)的假定条件，去计算相应的经济效果指标值。也就是先假定一个因素变化，算出经济效果指标所对应的变化范围，再假定第二个因素变化，再算出经济效果指标对应的变化范围，……这样一个一个地往下进行，直到把每一个选定的不确定性因素变化都算出经济效果指标对应的变化范围时为止。

(4)汇总敏感性分析结果。在上面对不确定性因素逐个计算的基础上，将结果加以整理，并采用表或图的形式表示出不确定性因素变动与分析的经济效果指标随之变动的对应数量关系。列表法是通过把各因素变化后的经济指标值按对应关系列出，并计算各因素增减1%变化率，然后按变化率大小排序，变化率最大者为最敏感因素，最小者为不敏感因素。

绘制敏感性分析图的具体做法是：将不确定性因素变化率作为横坐标，以某个评价指标，如内部收益率为纵坐标作图，由各种不确定性因素的变化可以得到内部收益率随之变化的曲线。只要将这条曲线延长与基准收益率线相交，其交点就是各种不确定性因素变化的临界点。

第四节 油气勘查项目经济评价案例

一、盆地项目经济评价

盆地项目是指在新区或新层系，从石油地质调查开始到优选出有利含油气区带的全过程。通过收集资料、野外地质调查、非地震物化探、地震概查和普查、参数井和区域探井钻探等手段，完成既定的盆地评价任务，估算盆地的生油气量、资源量，提交综合评价及总结。还应提出有利勘探区带，下一阶段勘探部署及工作建议，并预测其勘探成果及效益指标。

1.盆地项目经济评价的特殊性

(1)盆地项目需要的投资占个勘探项目总投资的比重较少，一般在10%以下。但是影响盆地勘探投资的因素很多，变化也较大，往往难以进行较准确的投资估算。

(2)盆地项目的成果很难以价值形态来度量，这样，就难以对项目进行整体性的投入产出评价。

(3)由于盆地项目投资风险大，在有条件时应进行风险分析。

(4)盆地项目一般都经历较长时间，因此在经济评价中应考虑资金的时间价值，宜采用动态与静态相结合的评价方法。本项目主要采用储量价格边际值法。

2.盆地项目经济评价方法

本项目主要采用最高允许成本法和储量价格边际值法。

(1)储量价格边际值的含义和作用。储量价格边际值是指储量的购买者——石油公司，在一定的油价和获得平均利润的前提下，能够接受的储量价格上限，也就是储量的最高价格。

测定储量价格的边际值，不但对采油企业，而且对勘探企业都是至关重要的。因为，如果某盆地(探区)的储量成本高于储量价格边际值，则此储量最多也只能按储量价格边际值出售，用于勘探成果的投资不能全部收回。因此，勘探单位在确定投资方向时，不但要预测储量成本，而且要预测储量价格的边际值，才能确定勘探项目的经济可行性。

(2)最高允许成本。最高允许成本是指在一定的油价下，企业出售的原油收入，计算好抵偿所交付的税金和获得平均利润时的成本，超过这一成本界限，企业将得不到平均利润，甚至亏本。

根据以上定义，最高允许成本的数学关系式为：

$$C_{\mathrm{m}} = \frac{P-R}{1+L} \tag{10-29}$$

式中：C_{m} 为最高允许成本/(元·t^{-1})；R 为单位原油税金/(元·t^{-1})；P 为原油价格/(元·t^{-1})；L 为平均利润率/%。

(3)储量价格边际值。储量价格边际值等于最高允许成本减去开发成本和经营成本。即：

储量价格边际值＝最高允许成本－开发成本－经营成本

如果开发成本和经营成本缺乏可信资料，则可采用以下公式预测储量价格边际值。

$$C_{\mathrm{m}A} = K \cdot C_{\mathrm{m}} = K \cdot \frac{P-R}{1+L} \tag{10-30}$$

式中：C_{mA} 为探明单位可采储量投资边际值/(元·t^{-1})；K 为勘探成本占完全成本的比例系数(用小数表示)。

3.应用实例

某A盆地勘探项目单位储量成本为897元/t,原油售价为2 200元/t,单位原油税金(增值税、城市建设维护税、教育费附加、资源税)为150元/t,平均利润率为12%,开发成本为488元/t,经营成本为380元/t。试判断A盆地勘探项目的经济可行性。

用最高允许成本法计算其储量的价格边际值。

$$\text{最高允许成本}=\frac{2\ 200-150}{1+0.12}=1\ 919.6(\text{元/t})$$

$$\text{储量价格边际值}=1\ 919.6-488-380=1\ 051.6(\text{元/t})$$

A盆地单位储量成本879元/t低于储量价格边际值1 051.6元/t,A盆地勘探项目经济上是可行的。

二、区带项目经济评价

在油田的勘探开发实践中,同样的油气价格,储量规模大,产量高的油田经济效益好;相反,储量规模小,产量低的油田经济效益差,而储量规模和产量降低到一定程度就没有经济效益了,这就是油田生产的规模效应。因此,经济效益,即利润等于零时的油田储量规模可以作为经济储量的界线值,经济储量的评价可以用最小经济储量规模作为区带项目评价指标。A断陷资源经济评价方法主要采用最小经济储量规模法,最小经济储量规模是油田勘探的最低界线,可以大大减小勘探部署的盲目性,对油田勘探部署有重要的指导作用。

A断陷位于松辽盆地南部,二维地震测线网为1km×1km,三维地震覆盖了A断陷最有利的区带,约1 000km^2,目前的勘探工作量主要集中在浅层,实施探评井78口,总进尺5 041.2m,为中等勘探成熟区。发现了5个油气田,天然气探明储量为93.15×$10^8 m^3$,预测储量72.92×$10^8 m^3$;石油探明储量1 830万t,控制储量85万t,预测储量209万t。

1.确定最小经济油田储量规模的理论依据

确定最小经济油田储量规模的理论依据是盈亏平衡分析理论。它是根据产品产量或销售量、固定成本、变动成本、利润和税收等要素之间相互依存关系进行综合分析的基础上,用以预测产品产量、成本等因素变化时对项目盈亏的影响。通过盈亏平衡分析,可以确定盈亏平衡点(最小经济油田储量规模),在盈亏平衡点上,销售收入等于总成本费用。以最小经济油田储量规模为截点,位于截点以上者为有经济价值的油田,位于截点以下者为无开采价值的油田(图10-2)。同时对于某一探区来说,只有找到的探明储量大于最小经济储量规模,该探区才有可能部署勘探工作量。

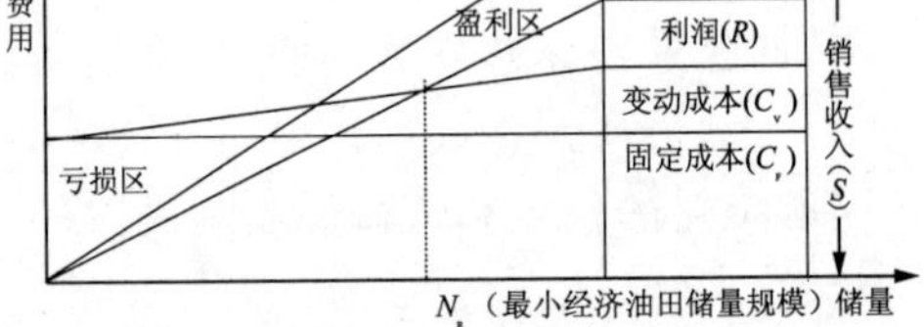

图10-2 最小经济油田储量规模盈亏分析图

2.影响最小经济油田储量规模因素分析

影响最小经济储量规模的因素有很多,很复杂,大致可分为自然因素和综合因素两大类。

(1)自然因素。包括①地理环境:盆地或区带可能位于海洋、沙漠、高山、丘陵或平原,这是最小经济油田储量规模可能所处的自然地理环境,而该地区的交通、政治、经济、文化等的发展状况则是最小经济油田储量规模可能所处的经济地理环境。②地质特征:地质特征主要包括地质构造、油藏类型、储量规模、埋藏深度、单井产能、非均质性、渗透率、孔隙度、含油饱和度、储集层厚度、储集层空间结构、润湿性等。这些因素的优劣也将影响最小经济油田储量规模的大小。③流体性质:主要包括原油地面比重、凝固点、胶度、含腊量、含沥青量、以及残渣油杂质含量、原油黏度、体积系数、油层温度、油气比等。

(2)综合因素。包括①油气价格。油气价格是影响最小经济油田储量规模大小的主要因素之一,油气价高,最小经济油田储量规模就小;反之,则大。②生产成本。生产成本也是影响最小经济油田储量规模大小的主要因素之一,成本高,最小经济油田储量规模就大;反之,则小。③技术水平。主要包括二维、三维地震技术、探井钻井技术、物探解释技术、开采方式、驱动类型、井网密度、压力水平、开采速度等,而勘探开发技术水平的高低直接影响勘探开发投资费用的大小以及油气产量的多少,进而影响最小经济油田储量规模的大小。④管理水平。管理水平的高低是影响最小经济油田储量规模大小的一个重要因素。管理水平高,油田的勘探开发工作就能取得事半功倍的效果,油田的勘探开发如能降低成本增加效益就能步入良性循环。

上述影响因素有的可以量化,例如原油价格、成本、采油速度等;有的暂时还不能做到量化,只能做定性分析,例如自然因素、技术水平、管理水平等。下面仅对可以量化的因素进行定量分析,以推导出最小经济油田储量规模的计算模型。

3.建立最小经济油田储量规模的经济要素模型

勘探投资、开发投资、生产成本属于项目的投入部分,销售收入、利润和税金则属于产出部分。因此,进行最小经济油田储量规模计算时,投资、成本、销售收入、利润和税金等将是不可缺少的基本经济要素。

(1)油气销售收入。

销售收入是指项目投产后向社会提供的商业产品实现销售后的收入,取决于原油价格和销售量。

1)油气价格

油气价格是指各油气田出厂价格或合同价格。在实际计算过程中,分别给出不同的油气价格,石油价格区间为800～2000元/t,天然气价格区间为500～1500元/km^3。

2)油气产量

假设最小经济储量规模为N_R,采油(气)速度为v_p,年产量Q_n为:

$$Q_n = N_R v_p \tag{10-31}$$

式中:Q_n为年度产量/(万 $t \cdot a^{-1}$);N_R为最小经济油田储量规模/万 t;V_p为采油速度/t。

3)销售收入

设原油(天然气)商品率为α,油(气)价格为P,销售收入S为:

$$S = Q_n \alpha P \tag{10-32}$$

式中:S为销售收入/万元;P为石油(天然气)价格(元/t、元/km^3);α为原油(天然气)商品率/小数。

(2)勘探投资

勘探投资＝地震投资(二维、三维)＋探井投资＋其他投资(井场投资、老资料处理＋非地震物化探＋矿权登记＋研究＋管理)

每万吨探明储量勘探投资为:

$$I_{kt} = (l_1 \times KS_1 + S_2 \times KS_2 + N_{tj} \times H_{tj} \times K_{tj})(1 + D_{qt}) \times C_{kt} \tag{10-33}$$

式中：l_1 为每万吨探明储量平均需要二维地震测线长度/km；KS_1 为单位二维地震所花费用/(万元·km^{-1})；S_2 为每万吨探明储量平均需要三维地震面积 km^2；KS_2 为单位面积三维地震所花费用/(万元·km^{-2})；H_{tj} 为探井平均井深/m；N_{tj} 为每万吨探明储量平均需要探井数/口；K_{tj} 为单位探井进尺投资/(万元·m^{-1})；I_{qt} 为其他投资/万元；C_{kt} 为勘探总成本换算系数。

探明储量规模为 N_R 万吨的勘探总投资 I_{zkt} 为：$I_{zkt} = N_R I_{kt}$ (10-34)

(3)开发投资

开发投资主要包括开发井投资、地面建设及系统工程投资等。每万吨产能建设需要开发总投资 I_{kf} 为：

$$I_{kf} = (N_{kf} H_{kf} K_{kf} + N_{kf} K_{dm}) C_{kf} \tag{10-35}$$

式中：I_{kf} 为每万吨产能建设开发投资/(万元·万 t^{-1})；N_{kf} 为每万吨产能建设平均需要开发总井数/口；H_{kf} 为开发井平均井深/m；K_{kf} 为开发井进尺成本/(万元·m^{-1})；K_{dm} 为平均单井地面建设、系统工程费用/(万元·口$^{-1}$)；C_{kf} 每万吨产能建设总投资换算系数。

开发产能总投资 I_{zkf} 为：$I_{zkf} = N_R v_p I_{kf}$ (10-36)

(4)生产成本费用

成本是指油田在采油气过程中消耗的一切活劳动和物化劳动总和。根据油气成本中各项费用和产量之间的关系，可将油气成本分为固定成本和变动成本两类。

固定成本是指不随产量变动的费用，包括管理费、工资福利费、修理费、井下作业费、测井试井费、其他开采费用以及材料费、燃料费、动力费中的固定成本；变动成本费用是指随产量变化的费用，主要包括销售费用、轻烃回收费、油气处理费、运输费、其他直接费用以及材料费、燃料费、动力费中的变动部分。

总成本 C 为：$C = C_v N_R v_p + C_F$ (10-37)

式中：C_F 为固定成本/万元；(本项目固定成本主要是固定资产折旧费)；C_v 为单位变动成本/(元·t^{-1})。

(5)税金

目前，最小经济储量规模油气田在开采过程中涉及的税金主要有增值税、营业税、城乡维护建设税、教育附加税、资源税等。为了简化计算，采用综合税率，综合税率是指上述5种税费用占销售收入的比例。

$$R_p = N_R v_p \alpha P_y r \tag{10-38}$$

式中：税金为 R_p，r 为综合税率/小数。

在分析经济要素时，计算最小经济储量规模时所涉及的主要参数取值如表10-2。

4.建立最小经济储量规模模型

最小经济储量规模是指在目前的投资和经营环境下，考虑石油价格、税收、石油生产条件、油田所在地理环境条件和交通经济条件等各种因素，计算该油田累计总销售收入扣除累计固定成本、累计变动成本费用以及累计税金后的净收益正好等于行业规定收益的储量。

本项目用规定投资回收期内利润绝对值表示，油气开采的效益收益计算公式为：

利润＝总销售收入－总投资－固定成本－变动成本－税金

总销售收入是指探明最小经济储量规模的累计油(气)销售收入；总投资是指探明最小经济储量规模所花费的勘探投资、开发投资和其他一次性投入的费用及贷款利息；总成本是指探

表 10-2 最小经济储量规模计算所涉及的主要参数表

1.勘探投资		与产量有关的成本	
万吨探明储量平均需要探井数	0.037 口	材料、燃料、动力费	50 元/t
探井平均深度	1 985.82m	制造费用	5元/t
探井进尺成本	1 631 元/m	其他费用	40 元/t
万吨探明储量需要二维地震长度	0.79km	单位生产原油成本①（除折旧费）	328 元/t
二维地震单位成本	425 元/km		
万吨探明储量需要三维地震平方米	1.96km²	固定资产折旧费	39.58 万元/年
三维地震单位成本	14 710 元/km²	4.税金	
勘探总投资换算系数	1～1.4116	原油增值税	17%
单位探明地质储量勘探费用①	15.12 元/t	增值税天然气	13%
2.开发投资		营业税	3%
每万吨产能需开发井数	3.27 口	城市建设维护税	0.2%～0.6%
开发井平均井深	1 487.03m	资源税	8%
开发井单位进尺成本	814.91 元/m	教育费附加	3%
单井地面建设、系统工程费用	68 万元/口	综合税率①	12%
产能建设总投资换算系数	1～1.411 6	5.销售收入	
单位产能开发费用①	608.81 元/t	原油价格	1 500 元/t
3.生产成本		原油商品率	天然气价格
与产量无关的成本		原油商品率	95%
工资、福利	19 元/t	天然气商品率	95%
财务费用	61 元/t	采油速度	1.31%
管理费用	103 元/t	采气速度	2.5%
其他直接费用	40 元/t		

注：①资料不全时，可以不做具体分析；天然气 1 000m³ 折 1t 油当量。

明最小经济储量规模的固定成本和变动成本；总税金是指最小经济储量在开采过程中累计上缴的销售税金及附加；总利润是指企业规定的最小经济储量规模的经济效益，最小经济储量规模可用以下模型取得。

若投资回收期为 P_t，利润＝0

$$P_t\text{利润}=P_t\text{总销售收入}-\text{总投资}-\text{固定成本}-P_t\text{总变动成本}-P_t\text{总税}$$

则：$P_tN_Rv_p\alpha P_y-I_{kt}N_R-I_{kf}N_Rv_p-P_tN_Rv_p\alpha C_v-C_F-P_tN_Rv_p\alpha P_yr=0$

得：
$$N_R=\frac{C_F}{P_tv_p\left[(1-r)P_y\alpha-\dfrac{I_{kf}}{P_t}-C_v\right]-I_{kt}} \qquad (10-39)$$

根据以上最小经济储量规模的模型分别计算了不同油（气）价格下的最小经济储量规模（表 10-3、表 10-4、图 10-3、图 10-4、图 10-5、图 10-6）。

5.评价与结论

在当前油（气）价格、油（气）藏深度计算出的最小经济储量规模小于实际储量规模，A 断陷勘探投资项目可行，该探区具有部署勘探经济价值，最小经济储量规模较小者为优先勘探开发。由于最小经济储量规模主要是根据以发现油田为主，按当地的自然经济环境进行计算的，因此，一般断陷含油气越富，最小经济储量规模越小。

表 10-3 A 断陷不同油价下的最小经济储量规模

原油价格（元/t）	常规油藏不同油藏深度的最小经济储量规模（万 t）						低渗透油藏不同油藏深度的最小经济储量规模（万 t）					
	100（m）	1 500（m）	2 000（m）	2 500（m）	3 000（m）	3 500（m）	100（m）	1 500（m）	2 000（m）	2 500（m）	3 000（m）	3 500（m）
800	39.05	32.02	44.24	55.79	68.47	80.86	40.96	33.48	46.52	58.99	72.88	86.58
900	28.96	24.17	32.35	39.68	47.14	54.10	30.00	24.99	33.56	41.27	49.19	56.61
1 000	23.02	19.41	25.50	30.78	35.95	40.65	23.67	19.94	26.25	31.74	37.12	42.05
1 100	19.10	16.22	21.05	25.15	29.05	32.56	19.54	16.58	21.55	25.78	29.81	33.45
1 200	16.32	13.93	17.92	21.26	24.37	27.15	16.64	14.20	18.28	21.71	24.91	27.77
1 300	14.24	12.20	15.60	18.41	20.99	23.29	14.49	12.41	15.87	18.74	21.39	23.74
1 400	12.64	10.86	13.81	16.23	18.43	20.38	12.83	11.02	14.02	16.49	18.74	20.73
1 500	11.36	9.78	12.39	14.52	16.43	18.12	11.51	9.91	12.56	14.73	16.67	18.40
1 600	10.31	8.90	11.23	13.13	14.82	16.32	10.44	9.01	11.38	13.30	15.02	16.54
1 700	9.44	8.16	10.28	11.98	13.50	14.84	9.55	8.25	10.39	12.13	13.66	15.02
1 800	8.71	7.54	9.47	11.02	12.39	13.60	8.80	7.62	9.57	11.14	12.53	13.75
1 900	8.08	7.00	8.78	10.20	11.46	12.56	8.16	7.07	8.86	10.31	11.57	12.69
2 000	7.54	6.54	8.18	9.50	10.65	11.66	7.61	6.60	8.26	9.59	10.75	11.77

表 10-4 A 断陷不同天然气价格下的最小经济储量规模

天然气价格（元/km^3）	常规油藏不同油藏深度的最小经济储量规模（亿 m^3）						低渗透油藏不同油藏深度的最小经济储量规模（亿 m^3）					
	100（m）	1 500（m）	2 000（m）	2 500（m）	3 000（m）	3 500（m）	100（m）	1 500（m）	2 000（m）	2500（m）	3 000（m）	3 500（m）
500	2.01	1.77	2.16	2.46	2.71	2.93	3.37	2.79	3.79	4.71	5.70	6.62
600	1.50	1.32	1.61	1.84	2.02	2.18	2.14	1.81	2.37	2.85	3.31	3.74
700	1.19	1.05	1.28	1.46	1.61	1.74	1.57	1.34	1.72	2.04	2.34	2.60
800	0.99	0.87	1.07	1.22	1.34	1.45	1.24	1.06	1.35	1.59	1.81	2.00
900	0.85	0.75	0.91	1.04	1.15	1.24	1.02	0.88	1.11	1.30	1.47	1.62
1 000	0.74	0.65	0.80	0.91	1.00	1.08	0.87	0.75	0.95	1.10	1.24	1.36
1 100	0.66	0.58	0.71	0.81	0.89	0.96	0.76	0.66	0.82	0.96	1.07	1.17
1 200	0.59	0.52	0.64	0.73	0.80	0.86	0.67	0.58	0.73	0.84	0.94	1.03
1 300	0.54	0.47	0.58	0.66	0.73	0.78	0.60	0.52	0.65	0.76	0.84	0.92
1 400	0.49	0.43	0.53	0.60	0.67	0.72	0.55	0.48	0.59	0.68	0.76	0.83
1 500	0.45	0.40	0.49	0.56	0.61	0.66	0.50	0.44	0.54	0.62	0.70	0.76

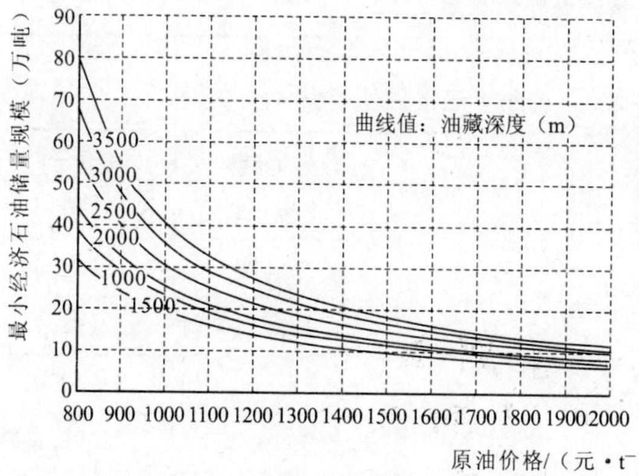

图 10－3　不同油价下的常规油藏最小经济石油储量规模

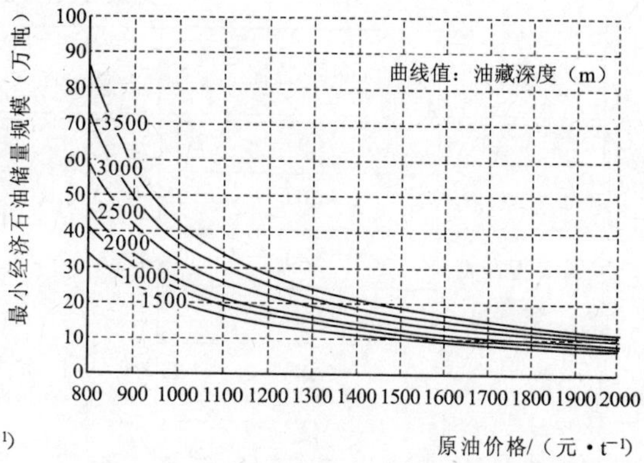

图 10－4　不同油价下的低渗油藏最小经济石油储量规模

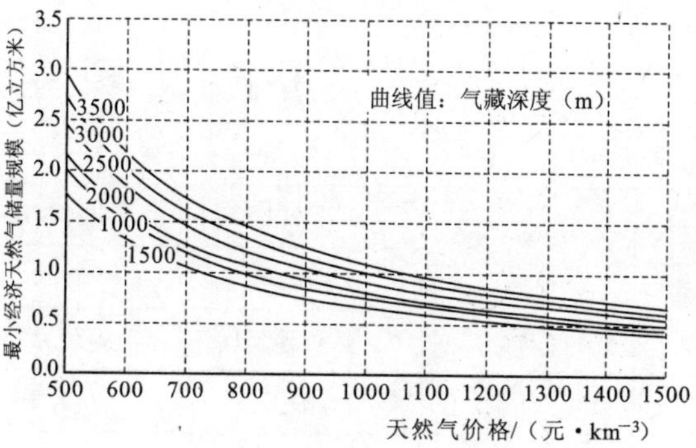

图 10－5　不同气价下的常规气油藏最小经济天然气储量规模

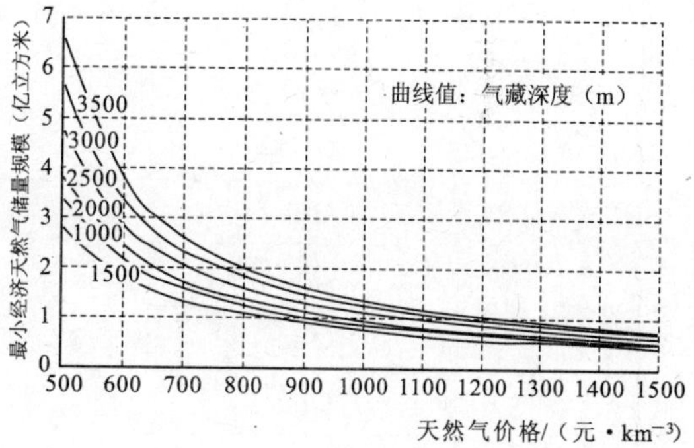

图 10－6　不同气价下的低渗气油藏最小经济天然气储量规模

三、圈闭项目经济评价

圈闭是油气勘探的具体目标，圈闭的评价是油气资源评价的重要组成部分，圈闭中所含油气的经济价值是决定是否对圈闭进行进一步勘探的关键因素。圈闭经济评价采用现金流法，通过计算项目的经济效果指标，判断圈闭的经济价值及项目的可行性。

（一）项目概况

准噶尔盆地位于天山、阿尔泰山、青格里底山之间，大至呈三角形，面积 $13.6\times10^4 km^2$。地表条件主要为戈壁和沙漠，为大型含油气盆地。根据对准噶尔盆地的最新研究和已有对圈闭实际地质条件的认识，主要针对 17 个圈闭进行经济评价。

（二）基础参数确定

本项目实行滚动勘探开发，其特点是边勘探边开发，项目周期 15 年，从建设期第 2 年投产，生产期为 14 年，采油速度为 0.024，稳产期 5 年，基础资料数据如表 10－5。

表 10-5 基础资料数据表

地区	圈闭名称	单油井日产(t/d)	递减率(a)	资源量(10^4t)	原油产量(10^4t)
准噶尔盆地腹部	QB_1	25	0.14	1 172.21	231.96
	QB_2			7 259.96	1 436.60
	QB_3			4 755.76	941.06
	QB_4			10 778.71	2 132.75
	QB_5			6 277.06	1 242.09
	QB_6			5 553.12	1 098.84
准噶尔盆地南缘	QB_7	30	0.15	2 022.40	404.48
	QB_8			2 459.60	491.92
准噶尔盆地西北缘	QB_9	17	0.14	1 443.70	292.31
	QB_{10}			2 205.8	446.61
	QB_{11}			2 997.03	606.81
	QB_{12}			7 495.30	1 499.06
准噶尔盆地东部	QB_{13}	20	0.14	1 359.25	271.85
	QB_{14}			4 740.08	948.02
	QB_{15}			4 895.95	979.19
	QB_{16}			1 731.75	346.35
	QB_{17}			7 737.00	1 547.40

(三)经济参数测算

1. 总投资估算

油气勘查圈闭经济评价项目总投资包括勘探投资、开发工程投资、固定资产投资方向调节税、建设期利息和流动资金等。

(1)勘探投资

该项目勘探期为 3 年,准噶尔盆地腹部地区单位资源量勘探投资 11.19 元/t,准噶尔盆地南缘地区单位资源量勘探投资 16.25 元/t,准噶尔盆地西北缘地区单位资源量勘探投资 16.39 元/t,准噶尔盆地东部地区单位资源量勘探投资 19.11 元/t。勘探投资是通过单位资源量勘探投资计算的,即:

勘探投资=单位资源量勘探投资×资源量

(2)开发工程投资

开发工程投资=开发井投资+地面建设投资+预备费

1) 开发钻井投资=钻井数×井深×开发井单位投资

$$开发井数=\frac{(本年产量上年产量)\times 10\ 000}{365\times 单井日产量}$$

2)地面建设投资＝开发井数×单井地面建设投资

3)预备费＝基本预备费＋涨价预备费

基本预备费＝(开发投资＋地面建设投资)×12%

涨价预备费在本项目中暂忽略不计。

开发工程投资中基础数据如表 10-6。

表 10-6　开发工程投资基础数据表

地区	井深(m)	开发井单位成本(元/m)	单井地面建设费(万元/口)
准噶尔盆地腹部	4 000	2 000	180
准噶尔盆地南缘	4 500	3 000	200
准噶尔盆地西北缘	3 200	1 600	120
准噶尔盆地东部	3 500	1 500	120

(3)固定资产方向调节税

对于石油勘探开发项目固定资产方向调节税税率为零。

(4)建设期利息

因为本项目是滚动勘探开发项目，边建设边生产，所以建设期利息计入生产期间财务费用，总投资里就不计算建设期利息。

(5)流动资金

依石油行业给定的参考值确定，流动资金占各年平均经营成本的30%。

总投资为：总投资＝勘探投资＋固定资产投资＋固定资产方向调节税＋流动资金

17 个圈闭总投资计算结果如表 10-7。

表 10-7　圈闭项目投资估算表　(单位：万元)

圈闭名称	勘探投资	固定资产投资	流动资金	总投资
QB_1	13 117.09	11 267.37	1 284.68	43 655.44
QB_2	81 239.73	78 779.87	7 956.55	257 311.88
QB_3	53 216.94	47 669.04	5 212.02	179 069.69
QB_4	120 607.01	108 844.09	11 812.15	406 640.97
QB_5	70 240.19	63 122.32	6 879.27	236 555.93
QB_6	62 139.40	55 768.63	6 085.88	209 200.17
QB_7	32 864.00	26 433.06	2 240.20	98 314.89
QB_8	39 968.50	32 285.68	2 724.48	119 706.84
QB_9	23 662.17	13 821.25	1 618.93	60 598.31
QB_{10}	36 153.08	21 333.51	2 473.53	92 803.48
QB_{11}	49 121.27	25 527.94	3 360.79	126 239.22
QB_{12}	122 847.97	63 051.95	8 302.49	313 347.58
QB_{13}	25 975.27	1 1061.11	1 505.63	55 884.45
QB_{14}	90 583.02	39 197.86	5 250.56	195 509.36
QB_{15}	93 561.60	40 514.40	5 423.21	201 965.78
QB_{16}	33 093.74	14 207.49	1 918.25	71 314.58
QB_{17}	147 854.07	64 301.76	8 570.22	319 441.08

2.成本和费用及其估算

根据《石油工业建设项目经济评价方法与参数》及财务报表。本项目评价的成本取值如下：

经营成本：油为 240 元/t；

折旧：折旧年限为 8 年，折旧率 12.5%，残值为 0。

储量有偿使用费：100 元/t。

油田维护费：110 元/t。

财务费用：83 元/t。

管理费用：35 元/t。

销售费用：12 元/t。

总成本费用＝生产成本＋财务费用＋管理费用＋销售费用

生产成本＝经营成本＋折旧＋储量有偿使用费＋油田维护费

17 个圈闭成本和费用测算如表 10－8。

表 10－8 成本和费用估算表 （单位：万元）

圈闭名称	生产成本	财务费用	管理费用	销售费用	总成本和费用
QB_1	116 991.39	19 252.31	8 118.45	2 783.47	147 145.62
QB_2	460 236.78	78 107.98	32 937.10	11 292.72	582 574.58
QB_3	726 593.87	119 237.80	50 281.00	17 239.20	913 351.87
QB_4	1 069 925.59	177 018.25	74 646.25	25 593.00	1 347 183.09
QB_5	607 290.24	103 093.47	43 473.15	14 905.08	768 761.94
QB_6	537 312.47	91 203.72	38 459.40	13 186.08	680 161.67
QB_7	211 329.06	33 571.84	14 156.80	4 853.76	263 911.46
QB_8	256 529.68	40 829.36	17 217.20	5 903.04	320 479.28
QB_9	146 280.55	24 261.40	10 230.71	3 507.67	184 280.33
QB_{10}	223 229.61	37 068.63	15 631.35	5 359.32	281 288.91
QB_{11}	299 514.04	50 365.23	21 238.35	7 281.72	378 399.34
QB_{12}	739 932.95	124 421.98	52 467.10	17 988.72	93 4810.75
QB_{13}	134 429.61	22 563.55	9 514.75	3 262.20	169 770.11
QB_{14}	467 877.51	78 685.41	33 180.60	11 376.20	591 119.72
QB_{15}	483 221.90	81 272.77	34 271.65	11 750.28	610 516.60
QB_{16}	171 100.99	28 747.05	12 122.25	4 156.20	216 126.49
QB_{17}	763 221.76	128 434.20	54 159.00	18 568.80	964 383.76

3.销售收入及销售税金

(1) 销售收入

销售收入＝原油产量×商品率×原油价格

原油商品率取 96%；油价采用当时国际油价 900 元/t。

(2)销售税金及附加

销售税金及附加＝增值税＋城市维护建设税＋教育费附加＋资源税

为方便计算，销售税金及附加以销售收入为计征基础，取综合税率为 12%。

企业所得税：根据国家规定，按利润的 33%征收。

17个圈闭的销售收入、税金如表10-9。

4.利润及其估算

石油工业投资项目投产后所获得的利润可分为利润总额和税后利润两个层次：即

利润总额＝销售收入－总成本费用－销售税金及附加

税后利润＝利润总额－所得税

表10-9 销售收入、销售税金、所得税及利润估算表 （单位：万元）

圈闭名称	销售收入	销售税金及附加	利润总额	所得税	税后利润
QB_1	200 409.64	24 049.16	29 214.86	9 640.90	19 573.96
QB_2	813 075.84	97 569.10	132 932.16	44 013.02	89 359.76
QB_3	1 241 222.40	148 946.69	178 923.84	59 300.52	120 398.03
QB_4	1 842 696.00	221 123.52	274 389.39	90 548.50	183 840.89
QB_5	1 073 165.76	128 779.89	175 623.93	58 160.47	118 083.38
QB_6	949 397.76	113 927.73	155 308.36	51 398.44	104 354.41
QB_7	349 470.72	41 936.49	43 622.77	14 395.51	29 227.26
QB_8	425 018.88	51 002.27	53 537.33	17 667.32	35 870.01
QB_9	252 552.38	30 306.29	37 965.77	12 528.70	25 437.06
QB_{10}	385 871.04	46 304.52	58 277.61	19 231.61	39 046.00
QB_{11}	525 017.25	63 002.07	82 970.44	27 380.24	55 590.19
QB_{12}	1 295 187.84	155 422.54	204 954.54	67 635.00	137 319.55
QB_{13}	234 878.40	28 185.41	36 922.88	12 184.55	24 737.06
QB_{14}	819 086.69	98 290.40	129 676.57	42 793.27	86 883.30
QB_{15}	846 020.16	101 522.42	133 981.14	44 213.78	87 767.37
QB_{16}	299 246.40	35 909.57	47 210.34	15 579.41	31 630.93
QB_{17}	1 336 953.60	160 434.43	212 135.40	70 004.68	142 130.72

（四）财务评价

1.盈利能力分析

本项目的财务评价主要分析项目的盈利能力。通过编制现金流量表，计算财务净现值、财务内部收益率和投资回收期等评价指标。同时计算投资利润率和投资利税率等静态指标。将计算结果与石油行业建设项目财务评价的基准参数对比，从而衡量圈闭项目的盈利和经济可行性。

（1）财务现金流量表（全部投资）。该表不分投资资金来源，以勘探投资、固定资产投资、固定资产投资方向调节税、流动资金等作为全部投资的计算基础，因为是滚动勘探开发项目，边勘探边生产，所以在总投资中该项目不考虑建设期利息，而将建设期利息计入财务费用中。根据圈闭项目的现金流入和现金流出，以考察项目全部投资的盈利能力，为各个投资方案（不论其资金来源及利息多少）进行比较建立共同基础，判别项目的可行性。各圈闭计算经济指标结果如表10－10。

（2）损益表。损益表主要由产品销售收入、销售税金及附加、总成本费用、利润总额、所得税、税后利润及可供分配利润等部分组成。该表反映项目生产期内各年利润总额、所得税及税后利润的分配情况，用以计算投资利润率、投资利税率等指标。以判别项目单位投资盈利能力和对国家积累的贡献水平是否达到石油行业的平均水平。计算结果如表10－10。

表10－10 准噶尔盆地圈闭经济效益指标

效益指标 / 圈闭名称	财务净现值（万元）	财务净现值率（%）	财务内部收益率（%）	投资回收期（年）	投资利润率（%）	投资利税率（%）
QB_1	15 861.99	0.57	25.68	7.85	5.15	9.39
QB_2	141 188.14	0.54	25.80	7.94	5.19	9.37
QB_3	101 534.04	0.6	25.90	7.78	5.35	9.80
QB_4	61 235.73	0.53	24.91	7.92	5.71	9.90
QB_5	80 648.60	0.53	24.92	7.93	5.71	9.90
QB_6	71 410.67	0.53	24.94	7.93	5.71	9.90
QB_7	13 881.11	0.22	17.54	9.90	3.41	6.69
QB_8	16 708.58	0.22	17.48	9.93	3.44	6.72
QB_9	10 544.40	0.37	20.59	9.77	4.82	8.67
QB_{10}	22 571.51	0.37	20.50	8.79	4.83	8.67
QB_{11}	31 579.71	0.38	20.86	8.82	5.06	8.93
QB_{12}	69 768.77	0.34	19.67	9.15	5.03	8.85
QB_{13}	13 029.98	0.34	19.59	8.93	5.08	8.96
QB_{14}	44 844.91	0.34	19.47	8.97	5.10	8.97
QB_{15}	46 293.24	0.34	19.47	8.97	5.10	8.97
QB_{16}	16 491.32	0.34	19.53	8.95	5.09	8.97
QB_{17}	72 892.60	0.37	19.43	8.98	5.11	8.97

根据计算结果17个圈闭的投资回收期均大于6年、投资利润率小于12%、投资利税率小于15%没有达到石油行业的基本要求，这些指标只作为项目评价的辅助指标，不影响项目判断。而17个圈闭的财务净现值大于零、财务静现值比率大于零、财务内部收益率大于12%，均满足石油行业要求，这17个圈闭项目为经济可行项目。

2.圈闭目标优选

对上述17个圈闭分别进行了财务经济效益指标计算，根据净现值的大小来优选勘探目标，在17个圈闭中应选择净现值最大的圈闭，净现值越大的圈闭相对越优先勘探开发(净现值最大准则)。根据17个圈闭的净现值比较，可见莫西庄构造经济效益最好，为最优先勘探开发的圈闭，如表10－11。

表10－11　准噶尔盆地新勘探区内圈闭经济效益指标优选表

圈闭名称	净现值(万元)	优选排队
QB_1	15 861.99	14
QB_2	141 188.14	1
QB_3	101 534.04	2
QB_4	61 235.73	7
QB_5	80 648.60	3
QB_6	71 410.67	5
QB_7	13 881.11	15
QB_8	16 708.58	12
QB_9	10 544.40	17
QB_{10}	22 571.51	11
QB_{11}	31 579.71	10
QB_{12}	69 768.77	6
QB_{13}	13 029.98	16
QB_{14}	44 844.91	9
QB_{15}	46 293.24	8
QB_{16}	16 491.32	13
QB_{17}	72 892.60	4

(五)敏感性分析

敏感性分析是一种直观表示不确定性因素对目标影响程度的分析方法。通过绘制敏感性分析图可以直观地表示各种不确定性因素对项目的影响程度。找出其变化的临界点，即该不确定性因素允许变动最大幅度，或称极限变化。不确定性因素的变化超过了这个极限，项目由可行变为不可行。将这个幅度与估计可能发生的变化幅度比较，若前者大于后者，则表明项目经济效益对该因素不敏感，项目承担的风险不大。在敏感性分析中，某种因素变化曲线斜率最大者为最敏感因素，反之为不敏感因素。

本项目以经济效益最好的QB_2为例进行敏感性分析，以内部收益率为经济效果指标值；取原油价格、经营成本和投资为不确定性因素，不确定性因素分析结果如表10－12、图10－7。从表10－12、图10－7中可以看出，在不同的变动率下，原油价格变化率最大，是最敏感因素，投资变化率次之，经营成本变化率最平缓，是最不敏感因素。

当原油价格降低到22%时，方案的内部收益率等于基准收益率，即销售收入的变化极值是－22%；投资增加到55%时，方案的内部收益率才等于基准收益率，即投资变化的极值为55%；经营成本增加到70%时，方案的内部收益率等于基准收益率，即经营成本的极值为70%。也就是说，如果投资与经营成本不变，原油价格降低于预期值22%以下，或者原油价格与经营成本不变，投资额高于预期值70%，再或者原油价格与投资不变，经营成本增加55%以上，方案将变得不可行。

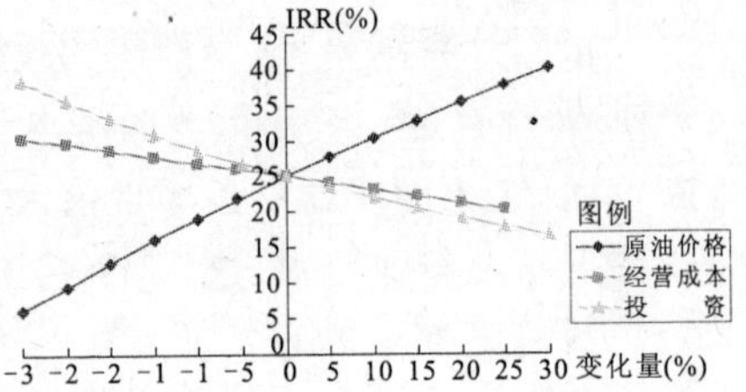

图10-7　敏感性分析图

表10-12　不确定因素的变动对内部收益率的敏感性分析结果

变动率/%	－30	－25	－20	－15	－10	－5	0	5	10	15	20	25	30
原油价格/万元	6.16	9.68	13.00	16.17	19.20	22.12	25.08	27.67	30.32	32.9	35.41	37.84	40.26
经营成本/万元	30.51	29.61	28.72	27.82	26.91	26.00	25.08	24.15	23.22	22.23	21.32	20.39	19.43
投资/万元	38.56	35.74	33.19	30.88	28.78	26.86	25.08	23.44	21.92	20.50	19.18	17.94	16.77

（六）评价结论

该项目的主要经济评价指标：17个圈闭的全部投资税后净现值均大于零，税后内部收益率均大于12%，税后净现值率均大于零，税后投资回收期均大于6年，投资利润率均小于17%，投资利税率小于20%。从计算结果看税后净现值、税后净现值率和税后内部收益率均能满足石油行业要求，税后投资回收期、投资利润率和投资利税率均没要达到石油行业的要求，从敏感性分析结果看该项目具有一定的抗风险能力，总体上分析，17个圈闭勘探项目具有经济可行性，其中QB_2项目经济效益最好，建议最优先勘探开发。

附：QB_2项目财务评价测算表（表10-13～表10-17）

表10-13　QB_2项目投资估算表

项　目 ＼ 年　数	1	2	3	4	5	6	合计
原油产量/万t	0.00	0.00	67.96	101.94	169.91	255.93	2 132.75
勘探总投资/万元	48 242.81	36 182.10	36 182.10				120 607.01
开发工程投资/万元	0.00	0.00	72 349.39	36 494.70	72 989.39	92 388.32	108 844.09
流动资金/万元	0.00	0.00	11 812.15	0.00	0.00	0.00	11 812.15
总投资/万元	48 242.81	36 182.10	120 343.65	36 494.70	72 989.39	92 388.32	406 640.97

表 10-14 QB_2项目成本费用估算表

（单位：万元）

项目 \ 年数	3	4	5	6	7	8	9	10	11	12	13	14	15	合计
1.生产成本	44 356.44	59 647.90	90 230.83	128 942.01	128 942.01	128 942.01	112 818.42	98 952.13	73 253.62	62 998.11	54 178.37	46 593.40	40 070.33	1 069 925.59
1.1 经营成本	16 310.90	24 466.34	40 777.24	61 423.20	61 423.20	61 423.20	52 823.95	45 428.60	39 068.59	33 598.99	28 895.13	24 849.81	21 370.84	511 860.00
1.2 折旧	13 773.51	13 773.51	13 773.51	13 773.51	13 773.51	13 773.51	13 773.51	13 773.51						198 677.65
1.3 储量有偿使用费	6 796.21	10 194.31	16 990.52	25 593.00	25 593.00	25 593.00	22 009.98	18 928.58	16 278.58	13 999.58	12 039.64	10 354.09	8 904.52	213 275.00
1.4 油田维护费	7 475.83	11 213.74	18 689.57	28 152.30	28 152.30	28 152.30	24 210.98	20 821.44	17 906.44	15 399.54	13 243.60	11 389.50	9 794.97	234 602.50
2.销售费用	815.54	1 223.32	2 038.86	3 071.16	3 071.16	3 071.16	2 641.20	2 271.43	1 953.43	1 679.95	1 444.76	1 242.49	1 068.54	25 593.00
3.财务费用	5 640.85	8 461.28	14 102.13	21 242.19	21 242.19	21 242.19	18 268.28	15 710.72	13 511.22	11 619.65	9 992.90	8 593.89	7 390.75	177 018.25
4.管理费用	2 378.67	3 568.01	5 946.68	8 957.55	8 957.55	8 957.55	7 703.49	6 625.00	5 697.50	4 899.85	4 213.87	3 623.93	3 116.58	74 646.25
5.总成本费用	53 191.51	72 900.51	112 318.50	162 212.91	162 212.91	162 212.91	141 431.40	123 559.29	94 415.77	81 197.56	69 829.90	60 053.72	51 646.20	1 347 183.09

表 10-15 QB_2项目销售收入及销售税金及附加估算表

（单位：万元）

项目 \ 年数	3	4	5	6	7	8	9	10	11	12	13	14	15	合计
1.原油价格(元/t)	900.00	900.00	900.00	900.00	900.00	900.00	900.00	900.00	900.00	900.00	900.00	900.00	900.00	
2.原油产量(万 t)	67.96	101.94	169.91	255.93	255.93	255.93	220.10	189.29	162.79	140.00	120.40	103.54	89.05	2 132.75
3.产品销售收入/万元	58 719.22	88 078.83	146 798.06	221 123.52	221 123.52	221 123.52	190 166.23	163 542.96	140 646.94	120 956.37	104 022.48	89 459.33	76 935.02	1 842 696.00
4.销售税金及附加/万元	7 046.31	10 569.46	17 615.77	26 534.82	26 534.82	26 534.82	22 819.95	19 625.15	16 877.63	14 514.76	12 482.70	10 735.12	9 232.20	221 123.52

表 10-16 QB_2项目损益估算表

（单位：万元）

项目 \ 年数	3	4	5	6	7	8	9	10	11	12	13	14	15	合计
1.产品销售收入	58 719.22	88 078.83	146 798.06	221 123.52	221 123.52	221 123.52	190 166.23	163 542.96	140 646.94	120 956.37	104 022.48	89 459.33	76 935.02	1 842 696.00
2.总成本费用	53 191.51	72 900.51	112 318.50	162 212.91	162 212.91	162 212.91	141 431.40	123 559.29	94 415.77	81 197.56	69 829.90	60 053.72	51 646.20	1 347 183.09
3.销售税金及附加	7 046.31	10 569.46	17 615.77	26 534.82	26 534.82	26 534.82	22 819.95	19 625.15	16 877.63	14 514.76	12 482.70	10 735.12	9 232.20	221 123.52
4.利润总额(1−2−3)	−1 518.59	4 608.87	16 863.79	32 375.79	32 375.79	32 375.79	25 914.88	20 358.51	29 353.54	25 244.04	21 709.88	18 670.49	16 056.62	274 389.39
5.弥补上年度亏损	0.00	1 518.59												
6.所得税	0.00	1 019.79	5 565.05	10684.01	10 684.01	10 684.01	8 551.91	6 718.31	9 686.67	8 330.53	7 164.26	6 161.26	5 298.69	90 548.50
7.税后利润(4−5−6)	0.00	2 070.49	11 298.74	21 691.78	21 691.78	21 691.78	17 362.97	13 640.20	19 666.87	16 913.51	14 545.62	12 509.23	10 757.94	183 840.89
经济评价指标：投资利润率＝5.19%　投资利税率＝9.37%														

表 10－17 QB_2项目财务现金流量表

（单位：万元）

项目＼年数	1	2	3	4	5	6	7	8	9	10	11	12	13	14	15
1 现金流入															
1.1 产品销售收入	0.00	0.00	58 719.22	88 078.83	146 798.06	221 123.52	221 123.52	221 123.52	190 166.23	163 542.96	140 646.94	120 956.37	104 022.48	89 459.33	76 935.02
原油产量(万 t)	0.00	0.00	67.96	101.94	169.91	255.93	255.93	255.93	220.10	189.29	162.79	140.00	120.40	103.54	89.05
1.2 回收固定资产余值															0.00
1.3 回收流动资金	0.00	0.00	0.00	0.00	0.00	0.00	0.00	0.00	0.00	0.00	0.00	0.00	0.00	0.00	11 812.15
2 现金流出															
2.1 固定资产投资	48 242.81	36 182.10	108 531.50	36 494.70	72 989.39	92 388.32									
2.2 固定资产投资调节税	0.00	0.00	0.00	0.00	0.00	0.00	0.00	0.00	0.00	0.00	0.00	0.00	0.00	0.00	0.00
2.3 建设期利息	0.00	0.00	0.00	0.00	0.00	0.00	0.00	0.00	0.00	0.00	0.00	0.00	0.00	0.00	0.00
2.4 流动资金	0.00	0.00	11 812.15	0.00	0.00	0.00	0.00	0.00	0.00	0.00	0.00	0.00	0.00	0.00	0.00
2.5 经营成本费用	0.00	0.00	16 310.90	24 466.34	40 777.24	61 423.20	61 423.20	61 423.20	52 823.95	45 428.60	39 068.59	33 598.99	28 895.13	24 849.81	21 370.84
2.6 销售税金及附加	0.00	0.00	7 046.31	10 569.46	17 615.77	26 534.82	26 534.82	26 534.82	22 819.95	19 625.15	16 877.63	14 514.76	12 482.70	10 735.12	9 232.20
2.7 所得税	0.00	0.00	0.00	1 019.79	5 565.05	10 684.01	10 684.01	10 684.01	8 551.91	6 718.31	9 686.67	8 330.53	7 164.26	6 161.26	5 298.69
3 净现金流量	−48 242.81	−36 182.10	−84 981.63	15 528.54	9 850.61	30 093.16	122 481.49	122 481.49	105 970.42	91 770.89	75 014.05	64 512.08	55 480.39	47 713.13	52 845.45
4 累计净现金流量	−48 242.81	−84 424.91	−169 406.54	−153 878.00	−144 027.39	−113 934.22	8 547.26	131 028.75	236 999.17	328 770.06	403 784.11	468 296.19	523 776.58	571 489.71	624 335.16
5 折现系数(i=12%)	0.892 9	0.797 2	0.711 8	0.635 5	0.567 4	0.506 6	0.452 3	0.403 9	0.360 6	0.322 0	0.287 5	0.256 7	0.229 2	0.204 6	0.182 7
6 财务净现值	−43 073.93	−28 844.15	−60 488.25	9 868.67	5 589.50	15 246.13	55 404.41	49 468.22	38 213.99	29 547.77	21 564.75	16 558.64	12 714.67	9 763.05	9 654.67
7 累计财务净现值	−43 073.93	−71 918.08	−132 406.33	−122 537.66	−116 948.16	−101 702.03	−46 297.62	3 170.60	41 384.59	70 932.36	92 497.11	109 055.75	121 770.42	131 533.48	141 188.14

财务评价指标：财务静现值：$NPV = 141\ 188.14$ 万元　　财务内部收益率：$IRR = 25.08\%$　　投资回期：$P_t = 7.94$a

四、油气藏项目经济评价

某石油勘探开发公司在A油田埋藏深度3700～4000 m处已探明地质储量几万吨，为了分析该油田油气藏开发的可能性，现对D_1、D_2、D_3、D_4等4个油气藏的已探明未动用储量作经济评价。

1. 基础参数

(1)D_1油气藏。含油面积1.5km^2，探明储量265万t，预计钻油井8口，注水井4口，平均井深4000m，原油密度0.855g/cm^3。基础资料见表10-18。

表10-18 D_1油气藏基础资料

参数＼生产年数	1	2	3	4	5	6	7	8	9	10	合计
产油量(万t)	0.96	2.40	2.21	2.03	1.87	1.72	1.52	1.45	1.33	1.22	16.71
含水率(%)	0	4.50	8.70	12.50	16.00	19.20	22.20	24.90	27.40	29.70	
产液量(万t)	0.96	2.51	2.42	2.32	2.23	2.13	2.03	1.93	1.83	1.74	20.10
注水量(万m^3)	1.54	3.95	3.75	3.54	3.35	3.16	2.94	2.80	2.63	2.47	30.13

(2)D_2油气藏。含油面积1.3km^2，探明储量223万t，预计钻油井9口，注水井4口，平均井深3 700m，原油密度0.865g/cm^3。基础资料见表10-19。

表10-19 D_2油气藏基础资料

参数＼生产年数	1	2	3	4	5	6	7	8	9	10	合计
产油量(万t)	0.86	2.16	1.99	1.83	1.68	1.55	1.43	1.32	1.21	1.11	15.14
含水率(%)	0	5.0	9.5	13.5	17.3	20.8	24.0	26.9	29.6	32.1	
产液量(万t)	0.86	2.27	2.20	2.12	2.03	1.96	1.88	1.81	1.73	1.63	18.49
注水量(万m^3)	1.38	3.57	3.39	3.22	3.04	2.89	2.74	2.60	2.46	2.30	27.59

(3)D_3油气藏。含油面积0.6km^2，探明储量81万t，预计钻油井3口，注水井1口，平均井深4 000m，原油密度0.86g/cm^3。基础资料见表10-20。

表10-20 D_3油气藏基础资料

参数＼生产年数	1	2	3	4	5	6	7	8	9	10	合计
产油量(万t)	0.50	1.26	1.16	1.07	0.98	0.90	0.83	0.76	0.70	0.64	8.8
含水率(%)	0	6	12	17	22	26	30	34	37	40	
产液量(万t)	0.50	1.34	1.32	1.30	1.26	1.22	1.19	1.15	1.11	1.07	11.46
注水量(万m^3)	0.80	2.10	2.02	1.94	1.85	1.76	1.69	1.61	1.53	1.45	16.75

(4)D_4油气藏。含油面积1.2km^2，探明储量426万t，预计钻油井17口，注水井9口，平均井深3 900m，原油密度0.842g/cm^3。基础资料见表10-21。

表 10-21　D_4油气藏基础资料

参数 \ 生产年数	1	2	3	4	5	6	7	8	9	10	合计
产油量(万 t)	3.06	7.65	7.04	6.48	5.96	5.48	5.04	4.64	4.27	3.93	53.55
含水率(%)	0	9	17.3	23.3	30.3	36.7	42.6	48.0	53.0	57.6	
产液量(万 t)	3.06	8.41	8.51	8.45	8.55	8.66	8.78	8.92	9.09	9.27	81.70
注水量(万 m^3)	4.89	13.00	12.73	12.34	12.13	11.95	11.80	11.70	11.65		102.19

2.投资估算

A 油田 4 个油气气藏的经济评价采用已探明未动用储量经济评价方法，该方法在投入中将已发生的勘探投资沉没，并根据油田目前已基本建成百万吨系统配套骨架工程的实际情况，新开发油气藏不再分摊系统配套工程投资，只计算开发井投资和在地面建设工程投资。

(1)开发井投资。根据各油气藏新钻油井数和注水井井数及平均井深，计算开发井总进尺，开发井单位成本为 1 500 元/ m。

各油气藏开发井投资估算结果：D_1油气藏 7 200 万元；D_2油气藏 7 215 万元；D_3油气藏 2 400 万元；D_4油气藏 15 210 万元。

(2)地面建设工程投资。地面建设工程投资定额为 300 万元/万 t。各油气藏地面建设工程投资根据达产年建成产能(万 t)和地面建设工程投资定额估算。

各油气藏地面建设工程投资估算结果：D_1油气藏 720 万元；D_2油气藏 648 万元；D_3油气藏 378 万元；D_4油气藏 2 295 万元。

(3)固定资产投资方向调节税。根据国家有关规定，石油勘探开采行业的固定资产投资方向调节税税率为零。

(4)建设期利息。假设全部固定资产投资为自有资金，或建设期为一年，当年建设当年投产，故不计算建设期固定资产投资贷款利息。如果不是当年建设当年投产，就要计算建设期的固定资产投资贷款利息。所以本项目不计算建设期利息。

(5)流动资金估算。流动资金按达产年经营成本的 30%估算，按生产负荷分两年投入。根据国家有关规定，必须有 30%的铺底流动资金，因此各油气藏流动资金中 30%为自有资金，70%向银行贷款，贷款年利率为 10.98%，当年流动资金贷款利息进入当年的财务费用。

各油气藏流动资金的估算结果：D_1油气藏 327 万元；D_2油气藏 294 万元；D_3油气藏 172 万元；D_4油气藏 1 042 万元。

(6)总投资估算

总投资＝开发井投资＋地面建设工程投资＋固定资产投资方向调节税＋
建设期利息＋流动资金

各油气藏总投资估算结果：D_1油气藏 8 247 万元；D_2油气藏 8 157 万元；D_3油气藏 2 950 万元；D_4油气藏 18 547 万元。

3.成本和费用估算

(1)单位开采成本估算

根据 A 油田的实际成本水平，各油气藏的单位开采成本(元/t)：①材料费：12.74 元/t；

②燃料费：2.40 元/t；③动力费：38 元/t；④生产工人工资：14.20 元/t；⑤提取的福利费：1.98 元/t；⑥折旧费：根据各油气藏固定资产投资和总产量测算；⑦注水注气费：69.85 元/t；⑧井下作业费：120 元/t；⑨油田维护费：49.48 元/t；⑩储量有偿使用费：62.77 元/t；⑪测井试井费：22.37 元/t；⑫修理费：36.57 元/t；⑬油气处理费：22.27 元/t；⑭其他开采费：64.33 元/t。

各油气藏单位开采成本估算结果：D_1油气藏 822.9 元/t ；D_2油气藏 768.5 元/t ；D_3油气藏 665.3 元/t；D_4油气藏 699.2 元/t。

(2)单位经营成本估算

单位经营成本＝单位开采成本－折旧费－储量有偿使用费

各油气藏单位经营成本为：454.19 元/t

(3)管理费用估算

管理费用是石油企业管理局一级的行政管理部门为组织经营生产活动所发生的各项费用，根据石油公司规定，矿产资源补偿费也列入管理费用。

为简化估算，除矿产资源补偿费外，其他管理费用按 56 元/t 计算。矿产资源补偿费率按销售收入的 1%计取。

吨油管理费用＝吨油矿产资源补偿费＋吨油其他管理费

＝1 310 元/t×1%＋56 元/t＝69.1 元/t

(4)财务费用估算

主要包括生产经营期间发生的利息净支出，本项目财务费用为 70%流动资金贷款利息。

流动资金按达产年经营成本的 30%，其中自有资金 30%，70%向银行贷款，贷款年利率 10.98%，经估算，各油气藏取吨油财务费用 15 元。

(5)销售费用估算

销售费用按销售收入的 0.5%估算。

吨油销售费用＝1 310 元/t×0.5%＝6.55 元/t

(6)年成本和费用、年经营成本和费用

年成本和费用＝(单位开采成本＋吨油管理费用＋吨油财务费用＋吨油销售费用)×年产量

年经营成本和费用＝年成本和费用－年折旧费用－年储量有偿使用费

应说明：年成本和费用计算公式中的年产量为井口产量，而不是商品产量，因为每生产 1t 油即要支付相应的成本和费用。

4.产品销售收入估算

年销售收入＝年产量×商品率×销售价格

本项目的商品率为 94%，销售价格为 1 310 元/t。

5.销售税金及附加估算

销售税金及附加＝增值税＋城市建设维护税＋教育费附加＋资源税

(1)增值税

应纳税额＝当期销项税额－当期进项税额

$$销项税额=\frac{销售收入}{(1+税率)}\times 税率$$

原油增值税税率为 17%。

则上式应为：

$$销项税=\frac{销售收入}{(1+17\%)}\times17\%=销售收入\times14.5\%$$

进项税：根据石油公司规定，按原油成本项目，分3个档次扣除进项税：

材料、燃料、动力费按销项税率14.5%的100%比例从费用中扣除进项税；

修理费、油田维护费、热采费、轻烃回收费按销项税率14.5%的50%从费用中扣除进项税；

井下作业费、注水注气费、测井试井费、油气处理费按销项税率14.5%的30%从费用中扣除进项税。

本项目吨油增值税测算：

吨油销项税＝1 310×14.5%＝189.95(元)

吨油进项税：

1)(12.74＋2.4＋38)×14.5%＝7.71(元)

2)(36.57＋49.48)×14.5%×50%＝6.24(元)

3)(120＋69.85＋22.27)×14.5%×30%＝10.2(元)

吨油进项税＝7.71＋6.24＋10.2＝24.15(元)

吨油增值税＝189.95－24.15＝165.8(元)

(2)城市建设维护税。城市建设维护税以销售收入为计税依据。本项目城市建设维护税税率为0.4%。

吨油城市建设维护税＝1 310×0.4%＝5.24(元)

(3)教育费附加。教育费附加以增值税为计征基础。本项目税率为3%。

吨油教育费附加＝165.8×3%＝4.97(元)

(4)资源税。应纳税额＝课税数量×单位税额

课税数量为实际产量(含自用量)，A油田资源税单位税额为8元/t。

吨油销售税金及附加＝165.8＋5.24＋4.97＋8＝184.01(元)

6. 企业所得税

应纳税额＝应纳税所得额×税率

本项目应纳税所得额为销售收入减去成本和费用，弥补上年度亏损后的企业利润总额；税率为33%。

7. 财务评价

(1)盈利能力分析。本项目的财务评价主要分析项目的盈利能力，按已探明未动用储量经济评价方法，将发生的勘探投资沉没，并且忽略而不计配套系统及公用工程投资，只计算开发投资和地面工程投资。编制新增开发投资财务现金流量表，计算财务内部收益率、财务净现值等动态经济评价指标。同时编制损益表计算投资利润率和投资利税率等静态指标。

1)动态财务盈利指标。各油气藏财务内部收益率和财务净现值的估算结果：

D_1油气藏所得税前财务内部收益率为1.8%，小于石油行业基准折现率12%；财务净现值为－2 012万元，小于零，这个油气藏为经济不可行项目。

D_2油气藏所得税前财务内部收益率为－0.27%，小于石油行业基准折现率12%；财务净现值为－2 380万元，小于零，这个油气藏为经济不可行项目。

D_3油气藏所得税前财务内部收益率为12.65%，大于石油行业基准折现率12%；财务净现值为48万元，大于零，这个油气藏为经济可行项目。

D_4油气藏所得税前财务内部收益率为11.58%，小于石油行业基准折现率12%；财务净现值为-195万元，小于零，这个油气藏为经济不可行项目。

2)静态财务盈利指标。在新增开发投资财务现金流量表的基础上编制损益表，反映项目评价期内各年的利润总额、所得税及税后利润情况，主要计算投资利润率和投资利税率指标。

各油气藏投资利润率和投资利税率的估算结果如下：

D_1油气藏平均投资利润率为-0.48%，平均投资利税率为3.0%；

D_2油气藏平均投资利润率为-1.28%，平均投资利税率为3.94%；

D_3油气藏平均投资利润率为4.02%，平均投资利税率为9.19%；

D_4油气藏平均投资利润率为3.56%，平均投资利税率为8.57%。

经计算，4个油气藏的平均投资利润率和平均投资利税率都低于行业平均水平，在经济评价中平均投资利润率和平均投资利税率只作为辅助评价指标。

(2)风险分析。本项目风险分析主要采用盈亏平衡分析法。4个油气藏在评价期内总产量(商品量或销售量)的盈亏平衡点计算结果如下：D_1油气藏17.78万t；D_2油气藏17.07万t；D_3油气藏7.39万t；D_4油气藏45.79万t。

开发方案的预测产量与盈亏平衡点的产量对比如表10-22所示。

表10-22　开发方案的预测产量与盈亏平衡点的产量对比表　(产量/万t)

油气藏	开发方案预测产量	盈亏平衡点产量	差额
D_1	15.71	17.78	-2.07
D_2	14.23	17.07	-2.84
D_3	8.27	7.39	+0.88
D_4	50.34	45.79	+4.55

正值表示开发方案的预测产量高于盈亏平衡点值，说明项目没有风险；负值表示开发方案的预测产量低于盈亏平衡点值，说明项目有风险。

8.产量的经济边际值测算(目标寻求)

在动态的现金流量模型中，是根据每年的现金流入和现金流出来计算财务内部收益率的，现在作为目标寻求，即假定财务内部收益率为12%，计算项目的原油产量，称此时的产量为经济边际值产量。

开发方案的预测产量、盈亏平衡点产量、经济边际值产量对比如表10-23。

表10-23　各油气藏的预测产量、盈亏平衡点产量和经济边际值产量对比表　(产量/万t)

油气藏	开发方案预测产量	盈亏平衡点产量	经济边际值产量
D_1	15.71	17.78	23.07
D_2	14.23	17.07	22.94
D_3	8.27	7.39	8.10
D_4	50.34	45.79	51.05

盈亏平衡点产量是静态盈亏平衡分析方法测算的当销售收入等于总成本和费用利润为零时的产量。

经济边际值产量是用动态现金流量分析方法，假设财务内部收益率达到行业基准收益率12%时，各油气藏应该达到的产量水平。经济边际值产量对投资决策具有更重要的参考价值。

根据各油气藏在评价期内总产量的经济边际值，可以测算出各油气藏的单井平均日产量边际值。

计算公式为：

$$单井平均日产量经济边际值=\frac{评价期内总产量经济边际值}{评价期年数\times 油井井数\times 330天}$$

各油气藏单井平均日产量经济边际值估算结果：D_1油气藏 8.74t；D_2油气藏 7.72t；D_3油气藏 8.18t；D_4油气藏 9.09t。

9.平均增量成本法(*AIC*)

平均增量成本法是世界银行推荐的一种动态经济评价方法，其优点是所需参数较少，计算简便。为了检验评价结果，在作了以上估算之后，再采用平均增量成本法。

计算公式：

$$AIC=\frac{\sum_{t=1}^{n}(I_t+C_t-C_0)(1+i)^{-t}}{\sum_{t=1}^{n}(Q_t-Q_0)(1+i)^{-t}} \tag{10-40}$$

式中：*AIC* 为平均增量成本(元/t)；I_t 为第 t 年投资(万元)；C_t 为第 t 年经营成本费用(万元)；Q_t 为第 t 年的产量(万 t)；i 为基准收益率(%)；n 为项目评价期年数(年)。

计算结果 *AIC* 是吨油的平均增量成本。

判别标准：

如果 *AIC* =原油价格－吨油储量使用费－吨油销售税金，则项目的财务内部收益率恰好等于基准收益率 i，项目达到边际效益。

如果 *AIC* <原油价格－吨油储量使用费－吨油销售税金，则项目的财务内部收益率大于基准收益率 i，项目经济可行。

如果 *AIC* >原油价格－吨油储量使用费－吨油销售税金，则项目的财务内部收益率小于基准收益率 i，项目经济上不可行。

总之，*AIC* 越小，项目的经济效益越好，油气藏优选时，可按 *AIC* 数值由低到高排序，优先开发 *AIC* 最低的储量。

A 油田的 4 个油气藏采用平均增量成本法时，参数取值如下：

I_t 为第 t 年开发井和地面建设投资(万元)；C_t 为第 t 年经营成本费用(万元)；Q_t 为第 t 年井口产量(万 t)；$C_0=0$；$Q_0=0$；$i=12\%$；$n=10$ 年。

各油气藏的平均增量成本估算结果：D_1油气藏 1 298.14 元/t；D_2油气藏 1 374.18 元/t；D_3油气藏 1 056.24 元/t；D_4油气藏 1 077.75 元/t。

原油价格－吨油储量使用费－1t 油销售税金＝1 310－62.77－184.01＝1 063.22(元/t)

将 4 个油气藏的 *AIC* 值由低到高排序，并和 1 063.22 元/t 对比，以判断项目的经济可行性，如表 10-24、表 10-25。

表 10 - 24 平均增量成本法排序

序号	油气藏	AIC (元/t)	AIC −1 063.22	评价结论
1	D_3	1 056.24	−6.98	经济可行
2	D_4	1 077.75	14.53	接近边际效益
3	D_1	1 298.14	234.92	经济不可行
4	D_2	1 374.18	310.96	经济不可行

表 10 - 25 财务内部收益率排序法

序号	油气藏	财务内部收益率	评价结论
1	D_3	12.65%	经济可行
2	D_4	11.58%	接近边际效益
3	D_1	1.80%	经济不可行
4	D_2	−0.27%	经济不可行

由表 10 - 24、表 10 - 25 清楚可见，两种不同的评价方法得到完全一致的评价结论，不仅验证了方法的科学性，而且证明计算比较准确，结论可信。

参考文献

[1] 蔡鹏展主编. 油田开发经济评价[M]. 北京：石油工业出版社. 1997.
[2] 傅家骥，仝允桓主编. 工业技术经济学[M]. 北京：清华大学出版社. 1996.
[3] 黄渝祥，邢爱芳主编. 工程经济学[M]. 上海：同济大学出版社. 1995.
[4] 黄耀琴编著. 石油工业技术经济学[M]. 武汉：中国地质大学出版社. 2000.
[5] 黄耀琴. 净现值法评价十屋断陷最小经济储量规模[J]. 天然气工业. 2002，(4)：148～150.
[6] 油气勘探开发经济评价译文集[M]. 刘圣志等译. 北京：石油工业出版社. 2002.
[7] 曲德斌，胡素云，秦俭，宋国春编著. 圈闭描述评价原理及 TrapDES1.0 使用指南[M]. 北京：石油工业出版社. 1998.
[8] R. E. 麦格尔著. 油气勘探经济学概论[M]. 李国玉等译. 北京：石油工业出版社. 1982.
[9] Reter R. Rose 著. 油气勘探项目的风险分析与管理[M]. 窦立荣等译. 北京：石油工业出版社. 2002.
[10] 童晓光，崔耀南著. 海外油气田新项目评价技术和方法[M]. 北京：石油工业出版社. 2005.
[11] 袁自学，郦君一著. 油气储量资产评估方法和资产化管理探讨[M]. 北京：石油工业出版社. 2002.
[12] 查全衡著. 石油天然气资源经营管理基础[M]. 北京：石油工业出版社. 1999.
[13] 中国石油天然气总公司计划局，中国天然气总公司规划设计院. 石油工业建设项目经济评价方法与参数(第四版)[M]. 北京：石油工业出版社. 2006.
[14] 张今弘，袁致中等著. 石油天然气储量商品化[M]. 北京：石油工业出版社. 1995.
[15] 中国石油天然气总公司勘探局编. 油气勘探经营管理[M]. 北京：石油工业出版社. 1997